普通高等教育农业农村部“十四五”规划教材

“大国三农”系列规划教材

普通高等教育“十四五”规划教材
普通高等农林院校人工智能与智慧农业专

农业机器人导论

INTRODUCTION TO AGRICULTURAL ROBOT

张　漫◎主编

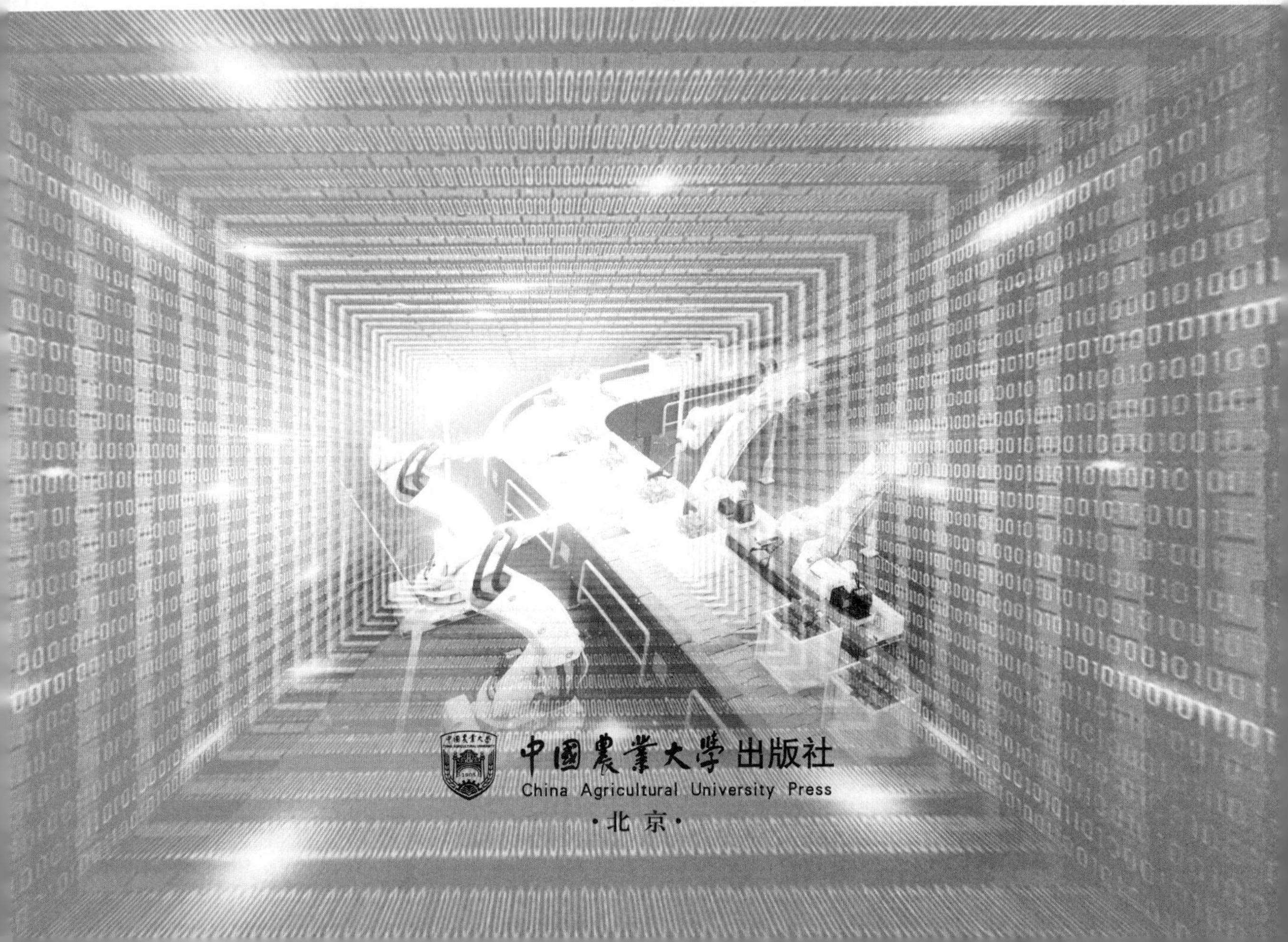

中国农业大学出版社
China Agricultural University Press
·北京·

内 容 简 介

本教材以农业机器人的系统构成为主线，系统介绍农业机器人关键技术和应用前沿。结合具体作业环境和应用案例，向学生普及农业机器人的结构设计感知方式、导航定位系统及决策控制系统等。通过学习农业机器人工作方式、特点及涉及的关键技术，学生能够深刻理解如何针对多样性和变化性的非结构化环境，提出不同的农业机器人解决方案。本教材突出工程教育理念，以学生为中心、以成果为导向设计教学内容，针对农业生产特有的场景与环境，利用数字资源，提供生动形象同时又浅显易懂的实际机器人案例，帮助学生理解抽象晦涩的机器人结构设计、系统运动学、动力学控制等理论。

图书在版编目(CIP)数据

农业机器人导论/张漫主编. --北京：中国农业大学出版社，2023.1(2024.10 重印)
ISBN 978-7-5655-2903-0

Ⅰ.①农…　Ⅱ.①张…　Ⅲ.①农业-专用机器人-高等学校-教材　Ⅳ.①TP242.3

中国国家版本馆 CIP 数据核字(2023)第 007291 号

农业农村部教材办公室审定编号：NY-1-0058

书　　名　农业机器人导论
Nongye Jiqiren Daolun
作　　者　张　漫　主编

策划编辑　赵　艳　　**责任编辑**　赵　艳
封面设计　李尘工作室　　**出 版 人**　董夫才
出版发行　中国农业大学出版社
社　　址　北京市海淀区圆明园西路 2 号　　**邮政编码**　100193
电　　话　发行部 010-62733489,1190　　读者服务部 010-62732336
编辑部 010-62732617,2618　　出　版　部 010-62733440
网　　址　http://www.caupress.cn　　**E-mail** cbsszs@cau.edu.cn
经　　销　新华书店
印　　刷　运河(唐山)印务有限公司
版　　次　2023 年 7 月第 1 版　　2024 年 10 月第 2 次印刷
规　　格　185 mm×260 mm　　16 开本　　16 印张　　396 千字
定　　价　48.00 元

编审人员

主　　编	张　漫	中国农业大学
副 主 编	李　寒	中国农业大学
	叶大鹏	福建农林大学
参　　编	刘羽飞	浙江大学
	刘金存	中国农业大学
	赵　然	中国农业大学
	翁海勇	福建农林大学
	刘立超	安徽农业大学
	赵华民	山西农业大学
	杨原青	山西农业大学
	何雄奎	中国农业大学
	李　斌	北京市农林科学院信息技术研究中心
	冯青春	北京市农林科学院智能装备技术研究中心
	张　昭	中国农业大学
主　　审	王　昊	北京市农林科学院智能装备技术研究中心

前言

Preface

随着科学技术的迅速发展，机器人已广泛应用于工业、医疗、农业等各个领域。机器人将给农业带来一场新的变革，由机器人技术带动的农业升级，正在为农民生活改善打开新空间。农业机器人不仅可以在大田耕、种、管、收等各个环节贯通应用，还可以在畜牧养殖业中发挥重要作用。

农业机器人集感知、传输、控制、作业为一体，是新一代信息技术的综合应用，大大推进了农业的标准化、规范化，它不仅可以节省人力成本，还可以提高品质控制能力，增强自然风险抗击能力。通过智能感知、智能识别、无线通信等技术将农作物与物联网相连，进行信息实时交互，进而实现智能化识别、定位、跟踪、监控和管理等功能。与工业机器人或者其他领域机器人相比，农业机器人工作环境多变，以非结构环境为主，工作任务具有极大的挑战性。20 世纪 80 年代，日本、美国等国家的科研机构和企业开始研制农业机器人，我国在解决“三农”问题、发展现代农业的同时，迫切要求涉农高校加强对学生在农业机器人等领域的培养。

本教材根据研究型大学的培养目标和学生素质特点，面向农林院校，针对电子信息工程、人工智能、机械工程、农业工程等专业的本科生和研究生，在智慧农业发展时代背景下，对农业机器人发展背景、关键技术等知识进行科普，引导学生加强对农业机器人基本功能构成、各个系统的工作方式与原理的认识和理解。因此，编者在研究国内外同类教材的基础上，结合多年的教学经历，编写了本教材。本教材通过对农业机器人的原理、构成、案例和相关思想理论教育等的介绍，展示我国在农业机器人领域从跟随到并跑、并持续提升的发展历程，同时增强学生的民族自信和强国有我的家国情怀，启发学生的探索精神、辩证思维。

本教材在介绍农业机器人机械构成、感知方式、控制决策算法、自动导航方法等内容的基础上，结合国内外在大田、果园、温室设施、畜牧养殖等不同作业环境机器人设计研究案例，理论联系实际、简单生动地介绍农业机器人前沿发展关键技术。面向低年级的本科生，突出工程教育和系统设计理念，加强解决复杂工程问题能力的培养，体现“做中学、学中做”的思想，有助于培养学生理论联系实践的能力，以及培养创新型工程人才。面向农业电气化与自动化专业的低年级研究生，通过对农业机器人的分模块学习、实践和系统整体集成认知，着重培养其对多学科知识的集成应用能力、工程实践能力，为农业机器人领域培养人才。

本教材具有以下特色：①“基础”与“前沿”相结合，注重基础是让读者掌握基本的知识，了解农业机器人的基本原理和作业方式，从而能在科研和生产实践中正确认识和应用农业机器人；注重前沿是让读者了解农业机器人关键技术的国内外发展趋势与先进研究成果，以推进农业机器人的进一步发展。②“理论”与“实践”相结合，在前 5 章详细介绍农业机器人关键技术的基础上，在第 6 章列举了大量不同作业用途和结构的机器人案例，通过实际案例，启发学生对农业机器人相关领域进行深入探索。

本教材是中国农业大学 2021 年度“大国三农”系列规划教材和“智慧农业前沿技术”系列教材之一，编者均长期从事农业机器人领域系列课程的教学与研究。本教材的出版得到了中国农业大学本科生院、中国农业大学信息与电气工程学院和中国农业大学出版社的大力支持。

本教材共 6 章，第 1 章是绪论，第 2～5 章主要介绍对农业机器人系统的 4 个关键组成部分，包括农业机器人机械结构、农业机器人感知系统、农业机器人控制系统以及农业机器人自主导航系统，第 6 章主要介绍农业机器人应用实例。

本教材由张漫任主编，李寒、叶大鹏任副主编。第 1 章由张漫统稿，1.1 节由赵华民执笔，1.2 节、1.3 节和 1.4 节由张漫执笔；第 2 章由赵然统稿，2.1 节由杨原青执笔，2.2 节由赵然执笔，2.3 节由赵华民执笔；第 3 章由叶大鹏统稿，3.1 和 3.3 节由刘金存执笔，3.2 节由张漫执笔，3.4 节由刘立超执笔，3.5 和 3.6 节由叶大鹏和翁海勇执笔；第 4 章由刘金存统稿和执笔；第 5 章由刘羽飞统稿，5.1 节由张漫执笔，5.2 节由刘羽飞和张漫执笔，5.3 节由李寒执笔，5.4 节由刘羽飞、张漫、李寒执笔；第 6 章由李寒统稿，6.1.1 节由张漫执笔，6.1.2 节由刘立超执笔，6.2.1 节由何雄奎执笔，6.2.2 节由张昭执笔，6.3.1 节由李寒执笔，6.3.2 节由刘羽飞和李寒执笔，6.4.1 节由刘羽飞执笔，6.4.2 节由李斌执笔，6.4.3 节由冯青春执笔，6.4.4 节由叶大鹏和翁海勇执笔。研究生季宇寒、李世超、苗艳龙、张振乾、王宁、彭程、韩雨晓、李帅、张驰、吴梓玮、刘杨、余越、褚航剑、刘晓航参与了本教材部分章节的整理和校对。张漫、李寒、叶大鹏对全书进行了统稿。王昊对全书进行了审读。

限于编者水平，书中错误及不妥之处恳请读者批评指正。

编　者

2022 年 4 月

目录

Contents

第1章　绪　论

本章学习目的与要求

了解农业机器人的定义和农业机器人的发展历史，包括机器人的发展历史、农业机器人的发展历史和农业机器人的分类。了解智慧农业、无人农场和无人渔场的概念，以及农业机器人在无人农场和无人渔场中的应用前景。

1.1　农业机器人简介

机器人的名字来源于捷克作家 Karel Capek 撰写的一部《罗萨姆的万能机器人》小说，在该书中，引入名词 Rebota，意思是劳动者。第一台机器人于 20 世纪 50 年代在美国诞生，20 世纪 60 年代工业机器人产品问世，随着自动控制理论和计算机等技术的发展，工业机器人发展迅速。国际标准化组织（ISO）将机器人定义为“自动控制的可再编程、多用途、有数个自由度的带操纵机能的机械”。我国将其定义为一种自动化的机器，所不同的是这种机器具备一些与人或生物相似的智能能力，如感知能力、规划能力、动作能力和协同能力，是一种具有高度灵活性的自动化机器。机器人主要分为两大类：工业机器人和特种机器人。农业机器人属于特种机器人范畴。

农业机器人目前尚无统一的定义。京都大学的近藤直教授将与农业生产相关的、拥有像手臂一样多自由度机构的机械系统、具有高度感知与判断等机能的自动机械，以及虽然外形仍为传统农业机械但可以自主移动的机械称为农业机器人。另有部分专家将农业机器人定义为一种以完成农业生产任务为主要目的、兼有人类四肢行动、部分信息感知和可重复编程功能的柔性自动化或半自动化设备，集传感技术、监测技术、人工智能技术、通信技术、图像识别技术、精密及系统集成技术等多种前沿科学技术于一身，在提高农业生产力，改变农业生产模式，解决劳动力不足，实现农业的规模化、多样化、精准化等方面显示出极大的优越性。根据上述定义，服务农业生产的机器人及智能化机器都可以称为农业机器人。

按照工作内容的多样性，农业机器人可以分为如下 3 类。

（1）大田生产农业机器人：如大田播种、移栽机器人，大田植保机器人，大田收获机器人等。

（2）设施农业机器人：如果蔬嫁接、收获机器人，花卉修剪机器人，植物工厂机器人，水产养殖机器人等。

(3)农产品加工与鉴定机器人:如果蔬分拣机器人,肉类加工机器人,食品安全鉴定机器人等。

按照从事的农业生产种类,农业机器人可以分为如下4类。

(1)种植业用机器人:如整地、播种、移栽、嫁接、植保机器人,各类采摘、收获机器人,以及果蔬自动分选、分级机器人等。

(2)畜牧业用机器人:如放牧机器人,挤奶机器人,剪毛机器人等。

(3)林业用机器人:如伐木、整枝、造林机器人,伐根清理机器人等。

(4)渔业用机器人:如水产养殖机器人、水下机器人等。

1.2 农业机器人发展历史

1.2.1 机器人的发展

1962年美国Unimation公司研制出世界上第一台工业机器人,并在美国新泽西州特伦顿的GM Ternstedt工厂生产线上安装使用。1986年日本本田公司研制出了第一台类人机器人H0。近几十年来,工业机器人技术取得了迅速的发展。以德国库卡(KUKA)公司、日本Motoman公司、瑞典ABB公司等为代表的企业生产的工业机器人是现代化工厂制造过程自动化的重要支撑,使工厂的生产效率、良品率、机械设备寿命等都得到了前所未有的提高。目前,以日本本田公司的阿西莫(Asimo)和美国波士顿动力公司的阿特拉斯(Atlas)为代表的一批机器人代表了当前双足类人机器人的世界最高水平。而且美国、中国等国家也将轮式移动机器人送到了火星上,极大地拓展了人类的探索空间。

1.2.2 农业机器人的发展

农业机器人的发展与工业机器人的发展密不可分。农业机器人的发展也贯穿于农业1.0到农业4.0的发展过程中。

第一阶段:20世纪50年代以前,农业都处于以体力劳动为主的1.0时代,生产过程依靠人力、畜力来完成,以使用手工工具、畜力农具为主。

第二阶段:直到农业机械的出现,拖拉机、联合收割机等各种机械代替手工工具进行生产,对农业做出了巨大贡献,给农业带来了巨大变革,农业进入2.0时代。但仍然存在着许多难以实现机械化的作业,例如从结构复杂的果树上摘取成熟柔软果实的作业,分选、包装作业,嫁接、插条等需要人的手指完成的精细作业,剪枝等需要辨识复杂形状并需要直觉判断的作业,等等。

第三阶段:随着电子信息技术、物联网、大数据“3S”技术等现代科技的发展,农业3.0模式通过将现代智能技术与农业生产相结合,不仅可以收集空气湿度、光照强度和病虫害等作物生长环境数据,还可以通过移动通信技术将数据实时传送给智能决策系统,通过数据分析和调控为农作物提供良好的生长环境,实现对生产过程的信息感知和智能决策。在这一阶段,一些农业机械、设施已经可以被称为机器人,在日本工业标准中,机器人定义为:拥有可自动控制的操纵机能或移动机能、可完成各种作业程序、可使用在产业中的机械。20世纪80年代,日本、美国等农业发达国家开始了农业机器人的研究,此时农业机器人研究的主要任务或是将机器人工程学应用在农业中，或是根据植物的物理特性探索利用现有的适用的工业机器人的可能性。但是，工业机器人难以应对农业环境的非结构性和多样性。20 世纪 90 年代，渐渐开始将农机与农艺相结合，开展便于机器人操作的栽培方式探讨，这一阶段农业机器人研究得到巨大发展。

第四阶段：进入 21 世纪以来，产业结构转型和人口结构调整，催生着进一步的农业产业革命——农业 4.0，以科技为核心的绿色农业革命，未来的农业将以农业机器人为载体，使农业生产更有利可图、更高效、更安全、更环保。新一代智能、灵活、鲁棒、兼容、互联的机器人和自动系统，在农场和食品工厂与人类紧密合作，支持农业的可持续集约化发展，并支撑未来的粮食安全。

1.2.3 农业机器人

农业机器人可以分为专注于特定领域与任务的机器人和用于在不同领域执行多个任务的通用平台，两者都扮演着重要角色。农业生产具有多种多样的作业需求，如插条、移植、采摘、喷洒、套袋等；不同的作业对象，有果实类、叶菜类、花卉等；不同的作业环境，有大田、温室、水下等，对农业机器人提出了不同的需求。工业机器人往往工作于固定场所或只进行规则重复的移动，农业机器人需要在具有挑战性的动态和半结构化环境中移动，如地面机器人需要在不平整、泥泞的土壤上行走，而空中飞行器需要在不同的天气条件下长时间运行。农业机器人的自动导航也是目前的研究热点，基于全球导航卫星系统（GNSS）的农机导航如今已经由单个农机的导航发展到多农机协同作业导航，温室设施内的导航方法经历了铺设轨道、基于无线传感网络的定位与导航、基于激光雷达的自动建图与导航的发展与更新迭代。作业机器人与智能导航底盘的有机结合将进一步提升农业机器人的自动化和智能化程度。

农田作业大体上可分为田间管理、栽培管理、收获、筛选等。不同功能的农业机器人发展情况也不尽相同。

在田间管理作业中，基于拖拉机的耕作机器人技术进展非常迅速，基本已经达到了实用化的程度。基于 GNSS 的自动驾驶技术首先在种植、施肥和收获作业得到推广，但目前仍然需要驾驶员辅助驾驶，如果自动驾驶的安全性问题得到解决，大田机器人将得到进一步推广与应用。此外，能够提供农田信息的土壤传感器，2004 年也有企业开始进行应用试验，装在拖拉机三点悬挂装置上的传感器，可以实时检测土壤水分、有机物、氮素、pH、电导率（EC）等；实时监测作物长势、叶绿素含量、水分胁迫状态的传感器，以及变量施肥、变量喷药装置也正在迅速发展。用于喷洒农药的植保无人机，可以根据作物生长位置、密度以及病虫害情况实时调整喷药量。未来，自动驾驶、自主变量作业的大田机器人将实现农场的无人化全自动管理。

栽培管理作业包括播种、育苗、间苗、嫁接、扦插、移栽等。对于蔬菜、水稻等的播种作业，从穴盘的自动供给到苗床培土、压实、覆土、灌水等全部实现了自动化作业。此外，装载在拖拉机上进行播种的机械已广泛应用。对于育苗、嫁接作业，使用摄像机或者光电传感器的穴盘补苗装置，在国外已实现实用化。幼苗定植机器人、株距调节机器人等目前也有相关研究。今后，随着植物工厂自动化、智能化水平不断提高，机器人必将会更加活跃。

在收获作业方面，众多研究机构针对不同作物的采收，展开了许多研究和改进。目前，最接近实用化的收获机器人当属高架栽培的草莓等果菜类收获机器人，但是，地域不同，栽培方式品种、经营规模、生产者的栽培动机及对机器人的需求等也各不相同。因此，收获机器人与后文介绍的果实分选设施相同，都应当是与当地的需求相适应的专用机器人，其形式因地区而异。另外，生菜、萝卜、牛蒡、大白菜、甘蓝、非卷心蔬菜、大葱、薯类等的收获机已投入使用。此外，在联合收获机收获谷物的同时，能同时测量谷物水分和质量的装置也被开发出来，据此就能够生成农田产量分布图。

在畜牧养殖机器人方面，针对奶牛的基于产奶量特性的粗/精饲料自动适量供给装置和挤奶机器人均已广泛投入使用。挤奶机器人以 50 头规模拴系饲养牛舍为对象，可自动进行乳房的清洗和干燥、挤奶杯装卸以及挤奶等作业。澳大利亚已经开发了剪羊毛机器人。鸡舍自动巡检和鸡蛋收获机器人近几年也有广泛研究。海参捕捞机器人和渔场自动巡检机器人也正在迅速研究和发展中。

1.3 智慧农业与无人农场

1.3.1 智慧农业

随着人工智能、大数据、物联网等前沿技术的发展，农业生产方式从机械化向自动化、智能化迅速转变。信息与通信技术促进了精细农业技术体系的更新换代，新时代的精细农业技术体系被称为精细农业 2.0，也被称为“智慧农业”(smart agriculture)。智慧农业以物联网、大数据、云计算等信息通信技术(ICT)和农业自动化(包括农业机器人)技术进步为依托，同时发挥知识和信息的作用，构建现代化农业生产和管理体系，以获得最佳的综合效益。

智慧农业已成为各国现代农业科技竞争的制高点、未来农业发展的新业态。近年来，我国在智慧农业发展方面开展了系列部署，实施了一批重大应用示范工程，农业专家系统、农业智能装备、北斗农机自动导航驾驶等智慧农业科技取得了突破。然而与发达国家相比，我国智慧农业研发应用水平整体呈落后态势，农业传感器、农业模型与核心算法等关键技术和产品亟待突破，各地区的智慧农业建设水平参差不齐。提高农业质量效益和竞争力，促进智慧农业高质量发展已成为国家发展的必然要求。

1.3.2 农业机器人与无人农场

农业机械发展经过了 4 个阶段，从最初的机器代替人力和畜力作业，到全程全面机械化，又到用信息技术提升农业机械化水平，再到如今的自动化、智能化阶段。农业机器人不仅越发多元化、智能化，还推动了“无人农场”等新兴概念的出现。实施农业机器人科技创新，发展承担高劳动强度、适应性强、性价比高、可智能决策的新一代农业机器人，用新一代人工智能(AI)技术提升大田种植机器人、设施园艺机器人、养殖机器人等的技术水平，对于示范智慧(无人化或少人化作业)农场集成技术的推进将发挥重要的作用。

1. 无人农场

农作物生产全程无人自主作业包括耕整、种植、田间管理和收获各环节。如生产环节无人化包括从机库到田间及完成作业后回到机库的全过程，需要无人驾驶耕整作业机械、无人驾驶种植机械、无人驾驶田间管理机械和无人驾驶收获机械的支撑。同时，农作物生长全程自动监控，包括从耕整到收获各阶段作物的生长状况及灌溉、施肥和喷药的监测及决策。

全球首个"无人农场"诞生在英国，哈珀亚当斯(Harper Adams)大学与精准决策(Precision Decision)公司合作，推出了"Hands Free Hectare"项目，实现了全球第一批全程无人工介入的大麦种植管理。在1 hm^2的实验田内，实现了全过程自动化，整个种植过程不允许任何人进入农田，采用无人机进行作物长势检测，采用农业机器人进行土壤采样、喷药等管理，采用农业机器人(具有自动导航的联合收获机)进行收获，整个过程只需要参与者在操作间完成。实验田的产量虽仅为4.5 t/hm^2，低于人力密集型种植方式(平均产量为6.8 t/hm^2)，但为未来农业的发展指明了方向。

日本也开展了智慧农业的研究与示范，在智慧农场示范区推广应用研发的智慧农业先进技术。主要技术包括：远程操控无人驾驶农业机械，无人机感知和人工智能相结合的精准施肥施药，适应无人智能农机的土地整治，智能手机在种植和养殖中的应用，农业大数据的共享与应用等。

我国从农业发展实际出发，大力研究、推广、应用智慧农业技术，我国北斗卫星导航系统的建设助推了智慧农业，农机自动导航技术的研发与应用成为我国发展智慧农业的亮点。在黑龙江农垦和新疆生产建设兵团，由于作业面积、作物、作业要求的特点，农机自动导航装备得到了广泛应用，特别是在新疆棉花产区的棉花穴播作业播种的同时需要测深施肥，播种施肥的同时又需要铺膜，铺膜的同时还需要铺设滴灌管，这些农艺特点使得农机自动导航装备成为不可缺少的配置。

2.无人渔场

渔业1.0主要是传统渔业，依靠人力、手工工具和经验进行养殖；渔业2.0是设施养殖，通过装备、机械、设施来实现养殖的集约化，通过机器实现对部分劳动人工的替代；渔业3.0是在装备数字化、网联化和部分环节决策智能化的基础上形成所谓的智慧渔业；渔业4.0指的是无人渔场，达到装备对人工的全部替代，实现无人化。

无人渔场将新一代信息技术高度集成，主要包括：基于物联网与现代通信技术实现数据的准确、实时获取；基于大数据实现智能决策；通过智能装备与机器人实施。在水产养殖中，特别是深远海养殖时，人工很难下到深远海中，这就需要机器人完成目标的识别、路径的规划、导航、作业的控制，以及它本身的动力系统管控等。

因此，在水产养殖实践中，水下机器人首先应用于水产养殖监测。通过搭载摄像机、声呐、水质传感器等设备，借助水下机器人机动灵活的运动能力，实现对养殖环境及对象的大范围监测。其次，水产养殖水下机器人可搭载机械手、捕捞网、清洗装置等工具，基于作业目标识别与定位、制导与控制，完成养殖产品收获、网箱清洗、死鱼捡拾、漏洞检测及修补等复杂任务。此外，水产养殖水下机器人还可与其他的水面、水下、空中平台(如水面船舶、水下探测节点、无人机等)灵活组网，并借助地面基站、卫星等通信设备，构建"水陆空天"一体化监控系统。

综上所述，除了应用于无人农场的"耕、种、管、收"机器人，应用于无人渔场的水质监测、捕捞机器人外，在设施园艺、设施养殖、果园农业应用场景中，机器人也发挥着越来越重要的作用。例如，基于机器视觉的采摘机器人，除了具有自主导航的功能外，还需要通过图像预处理、目标的识别与分割、图像的特征匹配等，实现对采摘对象的准确定位，进而通过控制机械臂运动实现果实的采摘。奶牛饲喂机器人，可通过移动终端选择预存的日粮配方，下达配料任务后，机器人自动进入配料车间的特定位置，按顺序接收不同的饲料原料；在行走至约定的投料位置过程中，基本完成必要的饲料混合，然后边行走边搅拌并边投料，完成投料后会自动返回到待岗位置。

1.4 总结与展望

1.4.1 总结

随着我国人口的老龄化、城镇化的推进以及青壮年劳动力就业观念的变化，农业劳动力日益短缺。为了改变农业生产对劳动力的依赖，实现农业生产过程的自动化、智能化，机器人化是解决上述问题的根本途径，也是现代农业的发展方向。农业机器人不同于工业或其他行业机器人，首先其作业环境开放，其次其作业对象具有生命力，这就给农业机器人的设计、开发和应用带来了更大的挑战。

本教材面向现代农业实际需求，详细讲述了机器人的机械结构、感知系统、控制系统和自动导航系统。在此基础上，对农业机器人在大田、果园、设施园艺、养殖的典型应用案例进行了介绍。

1.4.2 展望

随着5G、云计算、大数据和人工智能等新一代信息技术与农业技术的深度融合，技术瓶颈将不断被突破，农业机器人在我国具有广阔的发展空间。对于农业机器人的发展和应用，还需要在以下方面取得新的突破。

1. 复杂环境下农业机器人安全与可靠作业

随着机器人技术和新一代信息技术的不断发展，机器人自动进行农业工作已不再局限于理想的农业环境，对复杂的非结构性农业工作的研究已经成为当前农业机器人研究的热点之一。这些复杂环境包括不断变化的天气、机器本身振动、极端的温度和湿度等，这对农业机器人的设计提出了挑战和要求。另外，随着机器人应用的不断拓展，农业机器人与农业生产者之间的交互工作也日益频繁，如何消除机械安全隐患，使得农业机器人刚性与柔性之间的转换也成为研究热点之一。

2. 农业机器人系统融合能力及协同作业

农业机器人由机器人移动底盘、机械臂、末端执行器以及识别系统等组成，其工作性能不仅取决于每个组成部分的工作性能，更取决于每个系统间的合作协调能力。目前，各国学者针对机器人手臂协调、手眼协调等开展了大量研究，但仍没有达到理想的效果，农业机器人各个系统之间的协调合作仍然是当前的研究热点。另外，农业作业场景复杂，很多情况下需要多台机器人协同工作来完成某个作业任务，就需要围绕多机器人调度、任务分配、路径规划、障碍物识别与实时避障等问题展开研究。

3. 人工智能驱动的智能机器人

人工智能与5G技术的结合，促进实时视频监控、远程诊断等方面产生了新的发展，同样促进了农业机器人的精准控制和可靠工作。农业领域的人工智能不断涌现，为提高作物产量、养殖场智能饲喂等提供创新的解决方案，人工智能驱动的机器人和自主系统也将用于农业产业的转型。

近年来，在大田管理方面，农业机器人已被用于无人农场，如安装了计算机视觉系统并具备机器学习能力的机器人在不影响作物的情况下，精确地检测和清除给定区域的杂草，机器视觉技术通常是这些机器人的核心能力。人工智能算法可以快速处理所有数据，并执行复杂任务。例如，植保机器人，当一台机器人在仔细检查某些作物后发现害虫或疾病时，它会标记出现害虫或疾病的位置和程度；另一台机器人可以专门用于杀虫剂的施用，可以自动转向标记位置，并根据害虫或疾病的类型喷洒必要的药剂。所有这些任务序列都必须在大范围内快速执行，并使用不同部署机器人之间的高速可靠交互通信来完成。

在设施园艺方面，因为温室是封闭结构的受控环境，也就成为农业机器人应用的理想场所之一。可以在温室中部署多个机器人手臂，以执行多种任务，如播种、间苗、浇水和收获等，机器人可以在温室环境中自动导航，并通过使用5G技术传输大量数据，通过云计算进行远程管控。

在动物养殖方面，人工智能驱动的面部识别用于检测猪的情绪状态，并在检测到任何异常时发出预警；还可以用于奶牛个体识别，便于监控和跟踪它们的活动。

思考题

1. 简述农业机器人的定义和分类。
2. 简述智慧农业、无人农场、无人渔场的概念，以及农业机器人在相关领域的应用前景。

二维码 1-1
思考题及参考答案

参考文献

[1] 包建华，李道亮，王鹏，等. 海参捕捞装置导航中低成本陀螺仪的降噪研究与试验[J]. 中国农业大学学报，2018，23(12)：122-130.

[2] 陈浩，王熙，王新忠，等. 玉米中耕变量施肥作业面积计算方法研究[J]. 黑龙江八一农垦大学学报，2020，32(5)：90-94，107.

[3] 姜凯，陈立平，张骞，等. 蔬菜嫁接机器人柔性夹持搬运机构设计与试验[J]. 农业机械学报，2020，51(S2)：63-71.

[4] 姜凯，冯青春，王秀，等. 国外蔬菜嫁接机器人研究动态[J]. 农业工程技术，2020，40(4)：10-17.

[5] 近藤直，门田充司，野口伸，等. 农业机器人[M]. 乔军，陈兵旗，孙明，等译. 北京：中国农业大学出版社，2009.

[6] 刘继展，吴硕. 草莓全程生产机械化技术与装备研究进展[J]. 农业机械学报，2021，52(5)：1-16.

[7] 刘继展. 温室采摘机器人技术研究进展分析[J]. 农业机械学报，2017，48(12)：1-18.

[8] 乔浪，张智勇，陈龙胜，等. 基于无人机图像的玉米冠层叶绿素含量检测与分布研究[J]. 农业机械学报，2019，50(S1)：182-186，194.

[9] 石华灵.我国农业3.0模式的全产业链分析、问题与对策研究[J].农村金融研究,2018(3):62-66.

[10] 王长青.剪羊毛机器人[J].畜牧兽医科技信息,1998(1):8.

[11] 吴丹,赵丽霞,孙涛.北京市延庆区农机推广发展方向——基于"露地甘蓝全程机械化技术集成与示范"项目[J].农业工程,2016,6(S2):33-35,17.

[12] 闫振华,张华崇,赵树琪,等.植保无人机飞防棉花病虫害技术[J].湖北农业科学,2020,59(S1):126-127.

[13] 张漫,季宇寒,李世超,等.农业机械导航技术研究进展[J].农业机械学报,2020,51(4):1-18.

[14] 张振乾,彭程,孙意凡,等.联合收获机喂入量监测系统信号分析与处理[J].农业机械学报,2019,50(S1):73-78.

[15] 赵春江.智慧农业发展现状及战略目标研究[J].智慧农业,2019,1(1):1-7.

[16] 周鹏,李民赞,杨玮,等.基于近红外漫反射测量的车载式原位土壤参数检测仪开发[J].光谱学与光谱分析,2020,40(9):2856-2861.

[17] Cadena C, Carlone L, Carrillo H, et al. Past, present, and future of simultaneous localization and mapping: Toward the robust-perception age[J]. IEEE Transactions on Robotics, 2016,32(6):1309-1332.

[18] Lehnert C, English A, McCool C, et al. Autonomous sweet pepper harvesting for protected cropping systems[J]. IEEE Robotics and Automation Letters, 2017,2(2):872-879.

[19] Liu Y, Ma X, Shu L, et al. From industry 4.0 to agriculture 4.0: Current status, enabling technologies, and research cshallenges[J]. IEEE Transactions on Industrial Informatics, 2020(99):1-1.

[20] Marian K, Anna M, Alicja K, et al. Relationships between selected physiological factors and milking parameters for cows using a milking robot[J]. Animals, 2020,10(11):2063.

[21] Xu Z, Fan M, Zhang Y. Visual detection of eggs based on deep learning for egg picking robot[J]. Journal of Physics: Conference Series, 2021,1976:012013.

[22] Yin W, Wen H, Ning Z, et al. Fruit detection and pose estimation for grape cluster-harvesting robot using binocular imagery based on deep neural networks[J]. Frontiers in Robotics and AI, 2021,8:626989.

第2章　农业机器人机械结构

本章学习目的与要求

熟悉农业机器人驱动机构、操作臂以及末端执行器的基本原理及其常见结构，能够掌握各种结构及其应用特点。从而在农业实践中，可以因地制宜地选择合适的驱动机构、操作臂以及末端执行器进行农业机器人设计。

2.1　农业机器人驱动机构设计

农业机器人驱动机构是机器人的重要运动执行部件，包括驱动装置、传动机构、位置检测元件、传感器、电缆及管路等部分。农业机器人驱动机构一方面支承机器人的机身、臂部和手部，因而必须具有足够的刚度和稳定性；另一方面还需根据作业任务的要求，实现机器人在更广阔空间内的运动。驱动机构根据驱动形式可分为螺旋桨式、车轮式、履带式、轨道式等类型。螺旋桨式驱动机构主要用于水田作物的作业；车轮式驱动机构主要用于地形较好的作物作业；履带式驱动机构具有良好的通过性和涉水性能，主要用于地形变化较大的丘陵地形的作物作业；轨道式驱动机构主要用于固定轨迹作业，如横梁式机器人、地面轨道机器人等用于温室等田间作业。目前腿式驱动机构也在快速发展和完善中，其仿动物型机构，有两足式、四足式等，与地面为间断接触，可以实现多种复杂地形的作业。

2.1.1　螺旋桨式驱动机构

1.发展现状

我国幅员辽阔，有大面积的松软地面，它们是发展农业与林业、开发海洋资源与矿产能源的宝地。如黄淮海地区有1亿多亩湿地需要改造，东北三江平原沼泽地，黄河、长江、珠江等河口三角洲和滩涂地等数亿亩湿地有待开发。普通的车轮式机器人和履带式机器人难以通过极端松软地带，因此，解决这些地形条件下的农业机器人驱动机构问题具有重要的意义。螺旋推进驱动机构能轻松实现在松软复杂土壤环境的驱动，完成牵引、负重等功能，降低特殊环境下人工作业的危险系数。对这种螺旋推进驱动机构的驱动理论和规律进行深入研究，将为该驱动机构的进一步开发和走向实用化提供重要的理论依据。

对于螺旋推进驱动装置的构想和尝试由来已久。国外专家首先将螺旋推进理论应用到机

图 2-1 螺旋推进车

械驱动机构并设计制造了螺旋推进汽艇，成功实现了水上行驶。随后科学家通过进一步研究，设计出了螺旋推进水陆两栖拖拉机，从而实现了水陆两种驱动作业方式。1960 年荷兰科学家发明制造的螺旋推进车，如图 2-1 所示，在原有螺旋推进车的基础上进行了改进，从而能够更加灵活地穿越沼泽、水潭和其他复杂的地形，还能进行横向移动，而其他任何履带式机器人或者车轮式机器人都无法做到这点。

我国对地面机器人系统的研究工作起步较晚，新中国成立后为响应国家提出的农业机械化号召，我国着重对螺旋驱动系统进行了研发，首先主要是针对南方水田作物环境下的作业，研发适用于水田作业的农业自动化机械。先后研发出用于水田作业的双轴差距螺旋水耕机、螺旋双驱动农耕机、多功能等距锥形螺旋耕作机等农业现代化机具，进一步提高了农业机械化效率，也为螺旋桨式农业机器人的发展奠定了基础。

2. 工作原理

螺旋驱动机构特点是接地压力小，推动力大，通过性能强，特别适宜在水田及极端松软地带行驶。螺旋推进驱动机构采用螺旋推进器作为驱动机构，通过改变左右螺旋滚筒不同的旋转方向实现不同方式的前进。在流体、半流体地面，螺旋滚筒可以起到浮筒作用，能有效降低接地比压，使机器人不致陷入地面。采用螺旋推进器作为行驶机构的机器人接地比压非常低，仅次于气垫运载工具，是一种适合在河海滩涂、沼泽、雪地等软土地面行驶的水陆两栖全地形车。

螺旋推进驱动机构主要靠一对（或多对）螺旋滚筒向不同时针方向的转动来实现直线驱动和转向，因此通过改变左右两侧滚筒的转动速度，可以实现不同角度的转向。与履带式机器人类似，螺旋推进车采用的是差速转向方式，即滑移转向。这有利于提高转向的机动性和特殊地形的通过性，还能有效保护螺旋滚筒的密封性，保证其优越的两栖性能。螺旋驱动机构通过主动地调整两侧滚筒的速度来实现不同半径的转向，转向时，外侧滚筒的推力增加，内侧滚筒的推力减小，使得机器人获得所需的转向力矩。在该力矩的作用下，螺旋推进车克服转向时受到的转向阻力矩，实现转向。在转向过程中，螺旋滚筒主要克服推土阻力、压实阻力和滚筒圆柱体与地面的动摩擦力等，如图 2-2 所示。

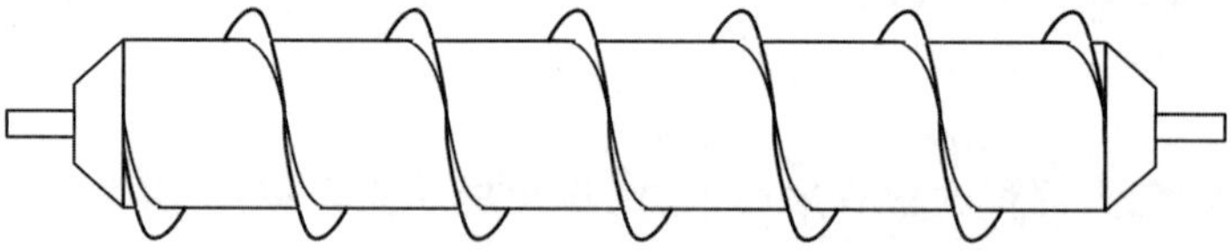

图 2-2 螺旋驱动轮结构示意图

螺旋驱动机构在松软地面行进的过程可以看作是螺旋滚筒叶片对松软地面的切割过程，螺旋驱动机构依靠土壤对螺旋滚筒叶片的反作用获得推力，因两螺旋驱动机构的螺旋滚筒叶片旋向相反，当螺旋滚筒转速大小和方向变化时，左右螺旋滚筒的推力也随之变化，螺旋驱动机构的行驶方向也随之改变，如图 2-3 所示。两个旋向相反的左右螺旋驱动滚筒在不同的滚筒转速和方向组合下所受轴向力和径向力的方向与大小也不同，螺旋驱动机构因而实现不同的行驶方向。当两个螺旋滚筒等速反向转动时，左滚筒所受的轴向力和右滚筒所受的轴向力大小和方向相同，左轮所受的径向力和右轮所受的径向力大小相等、方向相反且作用在同一直线上，因而机构能够实现向前或向后行驶；当两个驱动轮等速同向转动时，左右滚筒的轴向力大小相等、方向相反且分别作用在左右轮轴线上，从而形成转向力矩使行走机构做旋转运动；同理，当机构差速转向时，左右轮需有差速且转向相反，转弯半径与两个驱动轮转速差有关。

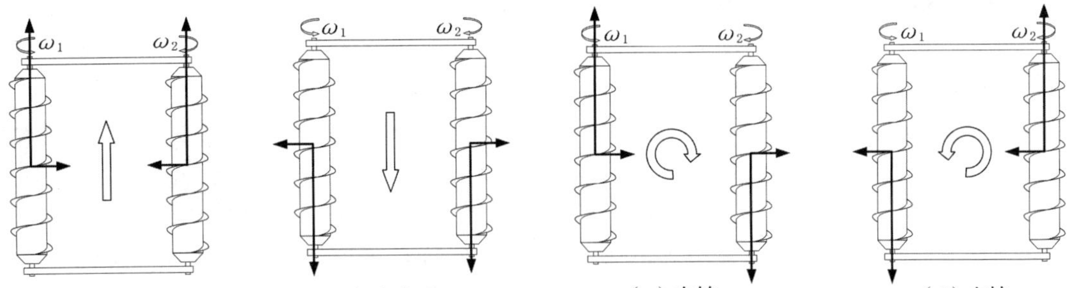

图 2-3　松软路面上左右螺旋驱动轮转向与机构行驶方向关系

2.1.2　车轮式驱动机构

1. 发展现状

车轮式驱动机构具有结构简单、控制简便、效率高等优点，但是越障性能和地形适应性略逊一筹，通过悬架机构提高车轮式移动机器人的地形适应性和越障能力已成为新型车轮式移动机器人的发展趋势。车轮式移动机器人根据车轮的数量和种类的不同，可以分为独轮、双轮、三轮、四轮、多轮以及全方位移动机器人等，在农业机器人应用领域中，车轮式驱动机构主要以三轮或四轮作为主要驱动机构，独轮、双轮农业机器人应用较少。独轮机器人只具有一个轮子，通过独轮的滚动实现行走，但是其在松软地面的稳定性较差，因此主要用于温室作业的作物形态生长监控。双轮滚动机器人包括自行车式和双轮并列式。在农业机器人的应用中，自行车式由于稳定性较三轮式、四轮式差，更多地应用于辅助人工行进的移动机器人。车轮式驱动机构具有移动平稳、能耗小、容易控制移动速度和方向等优点，因此得到了普遍应用，但这些优点只有在平坦的地面上才能发挥出来，目前应用的车轮式驱动机构主要为三轮式或四轮式。

2. 工作原理

机器人车轮的数目不尽相同、排布方式各异，但是按驱动方式分类，车轮式移动机构大体上可以分为以下 2 种。

①导向驱动方式：机器人的运动方向和运动速度由不同的驱动轮和驱动器进行控制。

②差分驱动方式：采用相同的车轮和驱动器实现移动机器人的运动方向和运动速度的控制，运动方向的改变通过有比例地控制每个驱动轮的旋转速度来实现。

三轮式驱动机构具有最基本的稳定性，典型车轮的配置方法是一个前轮、两个后轮：一种是前轮作为导向轮，用来改变方向，后轮作为驱动轮，给整台机器人提供动力；另一种是用后两轮独立驱动并导向，前轮仅起支承作用，靠两轮的转速差或转向来改变移动方向，从而实现机器人灵活的、小范围的移动。如果需要做长距离的直线前进，应选择第一种前轮导向后轮驱动的结构。

四轮式驱动机构是农业机器人使用最多的车轮式驱动机构，基本原理类似于三轮式驱动机构，具有两种驱动导向方式：一种是四轮式驱动机构采用两个驱动轮和两个导向轮，和汽车驱动方式相同的驱动机构，可以根据前后轮的驱动、导向不同分为前驱或者后驱，二者区别在于前进或者后退时的转弯半径不同。另一种为转向采用了四连杆机构，回转中心在驱动车轴的延长线上，可以自主地进行左、右转向，因而可以提高回转精度。在四轮式驱动机构中，导向轮可沿其回转轴回转，直至转到要求的方向上为止，这期间驱动轮产生滑动，因而很难求出正确的移动量。另外，用转向机构改变运动方向时，在静止状态下驱动机构会产生很大的阻力。

车轮式驱动机构的驱动桥是指变速器与驱动轮之间除联轴器及传动轴以外的所有传动部件和壳体的总称。驱动桥的主要功用包括：一是将万向传动装置传来的发动机转矩通过主减速器、差速器、半轴等传到驱动轮，并实现减速增扭；二是通过主减速器圆锥齿轮副改变转矩传递方向，使其与机器人运行方向相符；三是通过差速器保证内、外侧车轮以不同转速实现机器人的转向。

与其他形式的驱动机构相比，车轮式驱动机构最大的优点是具有能够在工作环境中根据任务的需求自由移动的运动平台。车轮式驱动机构的运动机构性能直接决定了机器人的运动精度、灵活性乃至整个移动机器人系统的可靠性。车轮式机器人控制简单，运动单位距离所消耗的能量较小且反应灵敏，运动速度快，因此在农业机器人领域应用最为广泛。

2.1.3 履带式驱动机构

1. 发展现状

履带式驱动机构在农田作业中具有良好的通过性与稳定性，广泛应用于丘陵山地地区。履带式驱动机构可以在凸凹不平的地面上驱动，也可以跨越一定障碍物、攀爬台阶等。履带式机器人，由于没有自位轮和转向机构，在进行转弯操作时只能靠左、右两个履带的速度差实现转向，所以不仅在横向，而且在前进方向上也会产生滑移，转弯阻力较大，不能准确地确定回转半径。履带式驱动机构由于采用履带底盘，在通过性能、负重能力、爬坡能力等多方面均优于车轮式驱动机构，适合在恶劣的环境下行驶作业。由于履带式驱动机构与地面的接触面积较大，所以对于地面的压实及损坏性也最低，广泛应用于农业机器人中。

履带式驱动机构工作在复杂多变的环境之中，因此其重心高度对其行驶的稳定性及通过性影响巨大，离地高度对机器人重心高低的影响最为显著。离地高度较低时，机器人重心偏低，机器人行驶更加稳定，但其通过性变差，反而限制了履带式机器人的作业性能；离地高度较高时，机器人重心偏高，通过性加强，但在高速行驶或转向时稳定性降低，易发生翻车事故，影响行驶安全。在自身质量较大且采用金属履带的工程机械或装甲车上，由于设置有弹性悬架，乘坐的舒适性明显提高，且不影响机器人行驶过程中的可靠性。但在自身质量较小且采用橡胶履带的农田机器人中，设置弹性元件的履带行驶系统很容易导致履带滑脱故障。在复杂的农田机器人工作环境中，履带式驱动机构的通过性与稳定性一直以来都是履带式驱动机构研究的核心方向。能够在多种工作环境下都能保持稳定作业的履带平台是未来履带式驱动机构的发展趋势。

履带式机器人，主要指搭载履带底盘机构的机器人。履带移动机器人具有牵引力大、不易打滑、越野性能好等优点，可以搭载摄像头、探测器等设备代替人类从事一些危险工作（如排爆、化学探测等），减少不必要的人员伤亡。当前履带式机器人主要包括：军用机器人，如排爆机器人、反恐机器人等；民用机器人，如农业机器人、消防机器人、救援机器人、巡逻机器人等。随着光机电一体化技术迅速发展，各项技术正从原来的技术体系分离出来，具有较强的系统特色和相对独立的研究和应用领域。

（1）形状可变履带式机器人　是指该机器人所用履带的构形可以根据地形条件和作业要求进行适当变化。该机器人的主体部分是两条形状可变的履带，分别由两个主电动机驱动。当两条履带的速度相同时，机器人实现前进或后退移动；当两条履带的速度不同时，机器人实现转向运动。当主臂杆绕履带架上的轴旋转时，带动行星轮转动，从而实现履带的不同构形，以适应不同的运动和作业环境。

（2）位置可变履带式机器人　是指履带相对于车体的位置可以发生变化的机器人。这种位置的改变既可以是一个自由度的，也可以是两个自由度的。各履带能够绕车体的水平轴线和垂直轴线偏转，从而改变机器人的整体构形。

（3）变位履带式机器人　集履带式机器人和全方位车轮式机器人的优点于一身，当其履带沿一个自由度方向变位时，可用于攀爬阶梯和跨越沟渠；当其履带沿另一个自由度方向变位时，可实现车体的全方位驱动方式。

2.工作原理

履带式驱动机构将整个履带底盘驱动机构划分为上层承载架与下层行驶架，如图2-4所示。以上层承载架为基础，其前端安装有驱动轮，用于驱动履带；中间部位设置有车架升降支撑架组件。在车架升降支撑架组件之间安装有减震液压缸组件，用于调整上、下层之间的相对高度与实现减震功能；后端设置有履带调整器与后支撑轮组件，用于调节在高度变化过程中的履带包围长度变化与张紧履带，防止调节与行驶过程中发生履带脱落。下层行驶架与上层承载架之间通过车架升降支撑架组件连接，并在其间隔位置设置有承重轮组件。

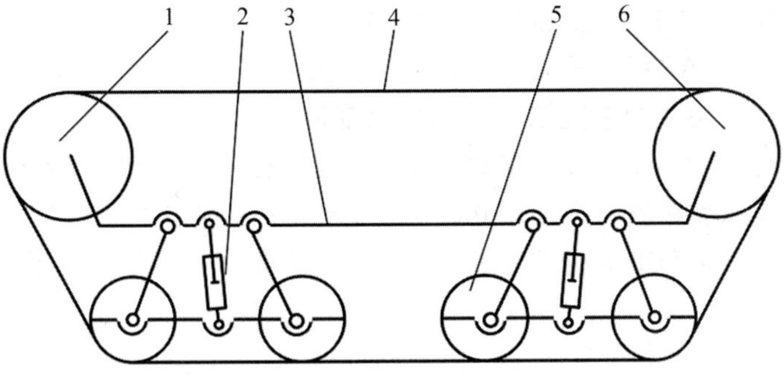

1.驱动轮　2.液压缸　3.承载架　4.履带　5.支撑轮　6.导向轮

图2-4　履带式驱动机构结构图

2.1.4 轨道式驱动机构

1.发展现状

轨道式机器人驱动机构，具有动力强劲、重复定位精度高、响应速度快、运行平稳可靠等特点。采用的驱动方式包括滚珠丝杠驱动和滚杠滚轮驱动两种。轨道式机器人驱动机构是整台机器人物流传输系统的传输主干线，负责各机器人在轨道上的自动传输与止停。

2.工作原理

滚珠丝杠驱动机构工作原理：在丝杆和螺母上加工有弧形螺旋槽，当它们套装在一起时便形成螺旋滚道，并在滚道内装满滚珠。滚珠则沿滚道滚动，并经回珠管做周而复始的循环运动。回珠管两端还起挡珠的作用，以防滚珠沿滚道掉出。滚珠丝杠轨道式驱动机构的机械效率可高达 92%～98%，用滚珠的滚动代替了普通丝杆螺母副的滑动，减小了摩擦力。

2.2 操作臂设计

操作臂(manipulator)又称为多自由度机械臂，是农业机器人中的一项重要执行机构。操作臂最初主要用于生产制造流通领域，应用场合多为工厂。随着操作臂柔性的提高以及生产成本的降低，操作臂被越来越多地应用于农业领域，如采摘、移栽、枝叶修剪等作业。本节主要介绍操作臂的机构类型、简图画法、驱动和传动等内容。

2.2.1 操作臂的机构

操作臂的机构由原动件和机架组成，具有确定运动的运动链。机器人的机构是用来将输入的运动和力转为期望的运动和力的输出。对于操作臂而言，其机构分为串联型机构和并联型机构。

1.串联型操作臂(serial robot manipulator)

操作臂的本质是由一系列关节和连杆组成的运动链。串联型操作臂是从基座开始，由连杆和关节顺序连接而成的开式链机构构成。典型的例子有 3 自由度操作臂(直角坐标机器人)、4 自由度操作臂(包括 4 自由度关节机器人和 4 自由度 selective compliance assembly robot arm 机器人，即 SCARA 机器人)、6 自由度操作臂、7 自由组操作臂等，如图 2-5 所示。通常根据串联型操作臂关节的个数来定义其自由度数目。

串联型操作臂是将运动副顺序连接组成的，因此具有工作空间大、运动速度快、正运动学求解简单的优点。串联型机械臂由于结构不紧凑，导致其刚度较弱，承载能力相对较小。操作臂每个关节的运动位置都与前面的关节紧密相关，因此容易引起累积误差、定位精度较低、逆运动学求解复杂等问题。

（a）直角坐标操作臂

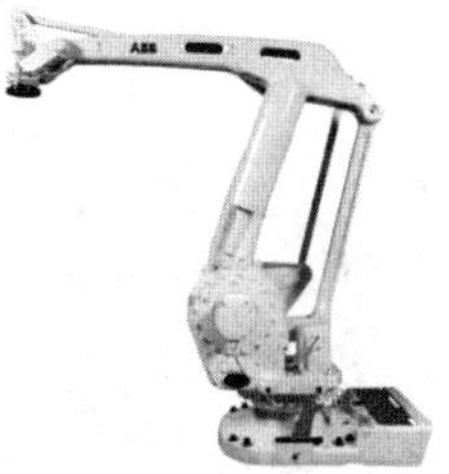

（b）4自由度关节操作臂

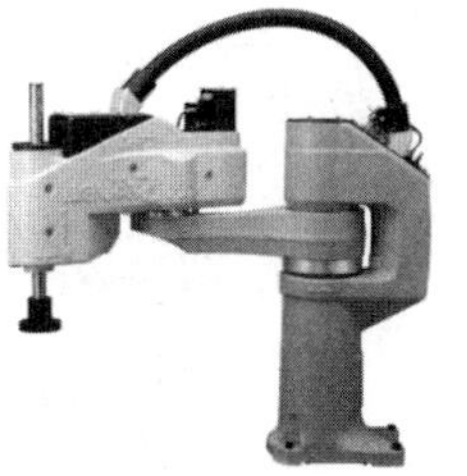

（c）4自由度SCARA操作臂

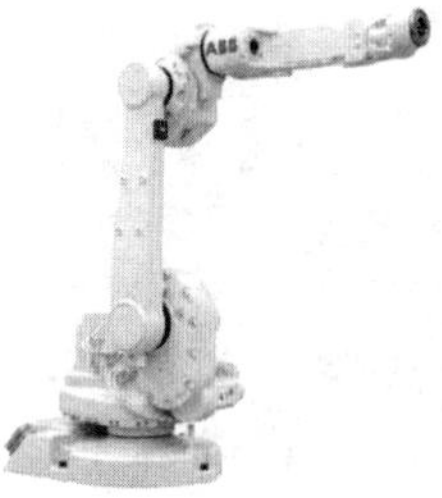

（d）6自由度操作臂

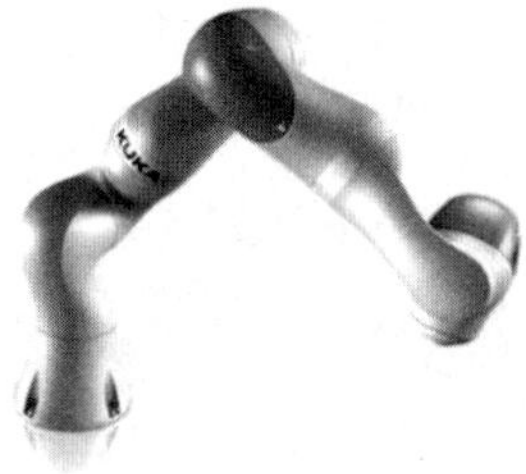

（e）7自由度操作臂

图 2-5　串联型操作臂

2. 并联型操作臂（parallel robot manipulator）

并联型操作臂是一种闭环机构，其动平台和定平台通过至少两个独立的运动链相连，机构具有两个或两个以上自由度，且以并联方式驱动。并联型操作臂根据自由度的数目可以分为 3 自由度的 Delta 机器人和 6 自由度的 Stewart 机器人，如图 2-6 所示。

（a）3自由度的Delta机器人

（b）6自由度的Stewart机器人

图 2-6　并联型操作臂

与串联型机构相比，并联型机构具有刚度大、速度快、运动负载小、无累积误差等优点，但由于其高度紧凑的结构，致使工作空间较小，所以并联型操作臂在需要高刚度、高精度或者大载荷而不需要很大工作空间的领域内得到了广泛的应用。而在位置求解上，与串联型机器人相反，并联型操作臂的正解困难、反解却非常容易。串联型操作臂和并联型操作臂在农业领域均有广泛的用途，如果实采摘、除草等，分别如图 2-7 和图 2-8 所示。

需要指出的是，前面提到的两种操作臂的优缺点是以两种机构对比得出的结果，如这里讲到串联型机器人定位精度较低，是与并联型机器人相比而言，而实际的运动精度是非常高的。

例如库卡(KUKA)的KR180系列串联型操作臂,重复精度可以达到±0.06 mm。

图 2-7 串联型采摘机器人

图 2-8 并联型除草机器人

(并联型操作臂悬挂于移动车体下方,对田间杂草进行清除)

2.2.2 操作臂机构简图画法

如图2-5和图2-6所示,操作臂的结构比较复杂,对于初学者而言,很难快速从图中看出这些操作臂的自由度数目、关节类型和关节之间的连接形式。为了便于理解和使用,需要一种直观并且简单的形式来表示操作臂的机构信息,如采用图形符号来表示机械臂的关节、连杆及其连接关系,这就是机器人的机构简图。

1.典型机构的图形符号

(1)关节(joint) 关节是各杆件间的结合部分,是实现机器人各种运动的运动副。机器人主要包括两类关节:转动关节(revolute joint)和平动关节(又称为移动关节,prismatic joint),分别如图2-9和图2-10所示。转动关节使相邻的两个构件绕转动轴产生旋转运动,其中产生运动的构件称为转动件,不动的构件称为基座。移动关节使相邻的两个构件产生相对直线移动,产生位移的构件称为滑动件,不动的构件称为固定件。这两类关节都只有一个自由度。

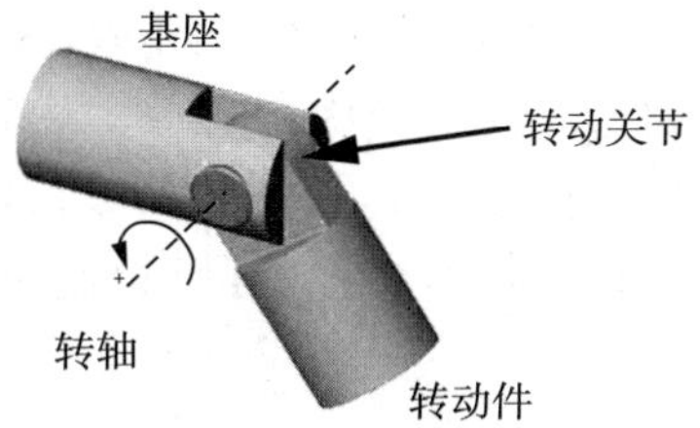

图 2-9　转动关节

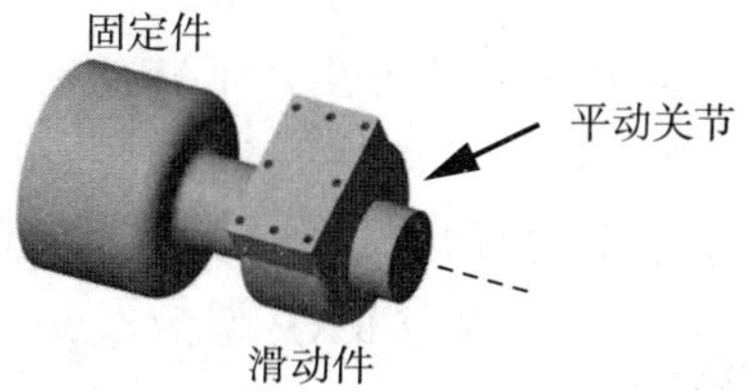

图 2-10　平动关节

表 2-1 分别展示了转动关节和平动关节的二维符号和三维符号。需要说明的是，目前机器人机构的图形符号并没有统一的表示方式，这些符号只是一种象形表达，目的是对机器人机构进行简化，便于机器人操作者和科研人员使用。因此对于同样的操作臂机构，读者在不同的资料中会看到不同的图形符号表示方式。

表 2-1　操作臂关节的图形符号

符号类别	转动关节	平动关节
二维符号		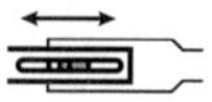
三维符号		

转动关节的表示方法一般为两个相邻的连杆绕垂直于纸面的轴线转动，旋转关节的变量为 θ_i，表示连杆 i 相对于连杆 $i-1$ 转动的角度，变量的符号由旋转方向决定，逆时针旋转时 θ_i 为正，反之为负。平动关节的表示形式为可沿平行于纸面的轴线移动的矩形滑块，其变量为 d_i，表示连杆 i 相对于连杆 $i-1$ 的位移。

(2)连杆(link)　连杆的图形符号非常简单，一般采用矩形或者直线段表示，如图 2-11 所示。

(3)基座(base)　基座是用来将操作臂与地面或者工作台固定的部分，因此一般采用剖面线来表示，如图 2-12 所示。

(4)末端执行器(end-effector)　末端执行器采用的是象形表示方法，一般采用叉子的形状表示机器人末端安装的执行器，如图 2-13 所示。

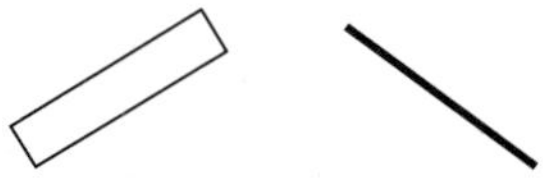

图 2-11　连杆的两种图形符号

图 2-12　机器人基座的两种图形符号

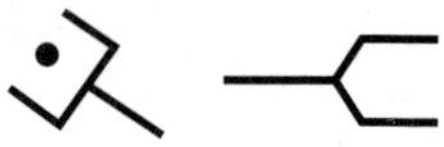

图 2-13　末端执行器的两种图形符号

2. 典型操作臂的机构简图

前文介绍了操作臂各个部分的图形符号，通过这些符号和操作臂的运动副连接关系，就可以绘制操作臂的机构简图。下面介绍典型操作臂的机构简图。

(1)球坐标操作臂　球坐标操作臂又被称为极坐标机器人，是一款经典的机器人模型，因其工作空间的几何形状为球面而得名，该类型操作臂凭借结构直观、运动快速的优点得到广泛的应用。典型球坐标操作臂的结构如图 2-14 所示，其机构简图如图 2-15 所示，从图 2-15 中可以看出，关节 1 控制操作臂绕着 Z 轴转动，关节 2 控制操作臂绕着 X 轴转动，关节 3 控制操作臂沿着 Y 轴移动。从图 2-15 中可以清楚地知道，球坐标操作臂具有 3 个关节，包含 2 个转动关节(R)和 1 个平动关节(P)，平动关节与操作臂的末端执行器相连，可以控制末端工具的伸缩。这种类型的机器人称为 RRP 型操作臂。

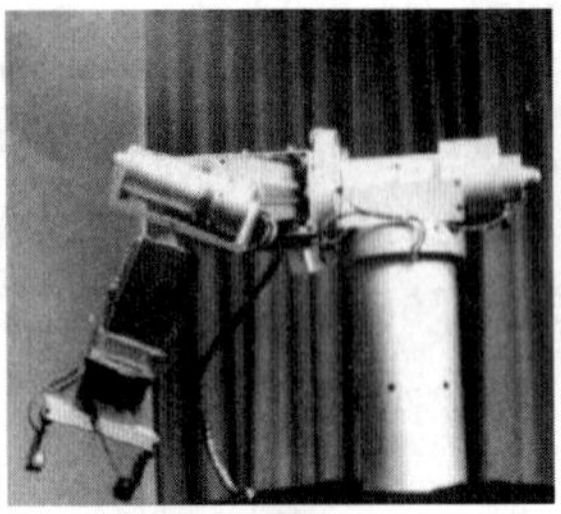
（a）球坐标操作臂外形

（b）球坐标操作臂结构

图 2-14　球坐标操作臂

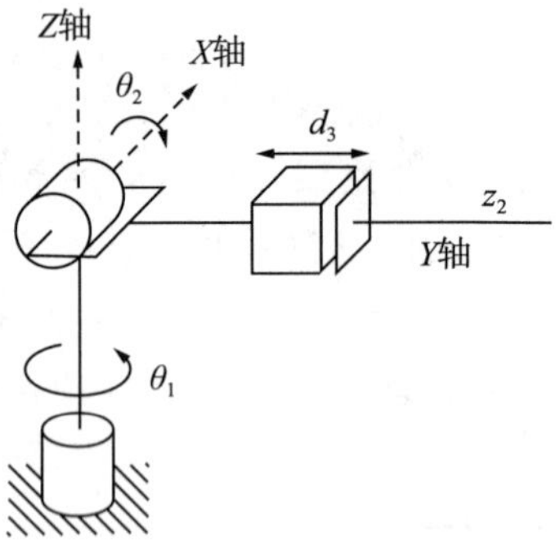

图 2-15　球坐标操作臂的机构简图

球坐标操作臂的特点包括：①关节之间耦合性强；②运动空间大，运动灵活性好，机构紧凑；③存在控制死区，控制复杂，逆运动学求解复杂。

(2)SCARA 机器人　SCARA 是 selective compliance assembly robot arm 的缩写，中文译名为选择顺应性装配机器手臂，是一种圆柱坐标型的特殊类型操作臂。1978 年，日本山梨大学牧野洋发明 SCARA，该机器人具有 4 个轴和 4 个运动自由度(包括绕 X、Y、Z 轴的旋转和沿 Z 轴的平移自由度)。SCARA 机器人有 3 个旋转关节，其轴线相互平行，在平面内进行定位和定向。其还有一个移动关节，用于完成末端件在垂直于平面的运动，因此 SCARA 操作臂为 RRPR 型。SCARA 机器人及其结构见图 2-16，其操作臂结构简图见图 2-17。

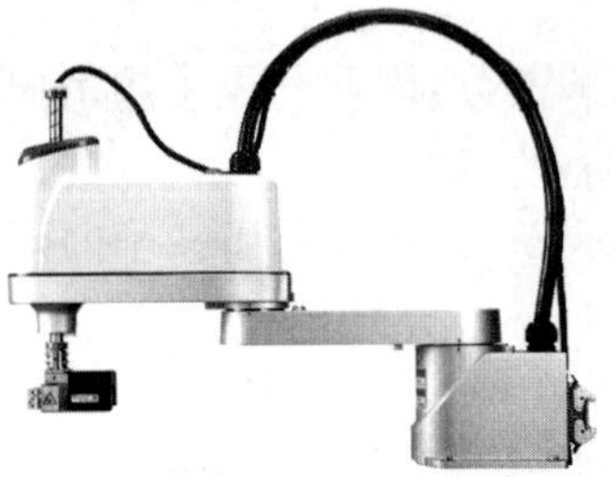
（a）SCARA机器人

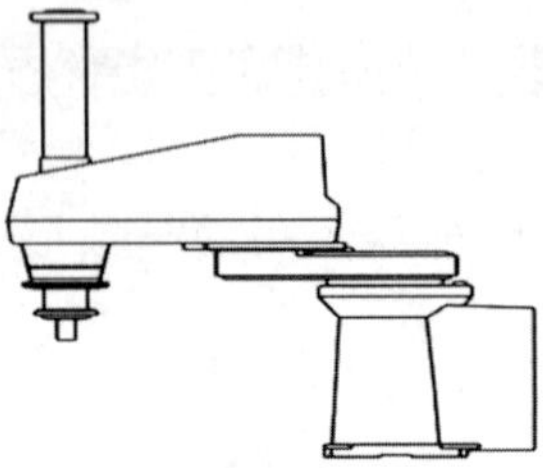
（b）SCARA机器人结构

图 2-16　SCARA 机器人及其结构

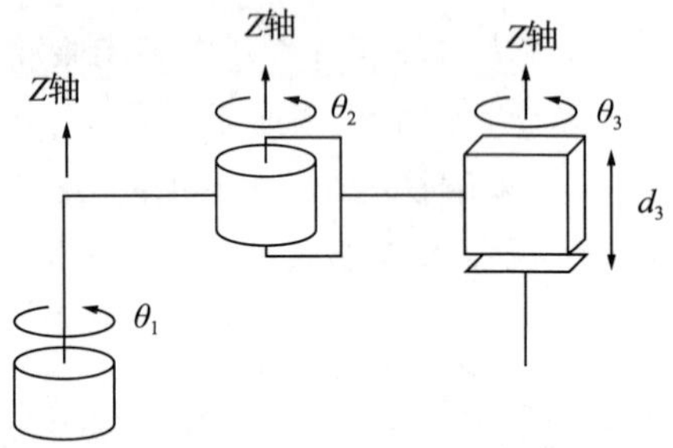

图 2-17　SCARA 操作臂结构简图

SCARA 操作臂的特点包括：①兼具刚性和柔性，SCARA 操作臂在 X-Y 平面的运动具有较大的柔性，而在 Z 轴的运动具有很强的刚性，所以，它具有选择性的柔性；②运动灵活，速度快，速度可达 10 m/s；③结构巧妙，采用串联的两杆结构，与人的手臂类似，可以进入狭窄或者受限空间中作业；④3 个转动关节相互平行，具有耦合性，运动学建模与控制相对复杂。

(3)直角坐标操作臂　直角坐标操作臂又被称为笛卡尔操作臂(Cartesian manipulator)或 XYZ 机器人，这类机器人具有 3 个关节，分别沿着直角坐标系的 X、Y、Z 3 个坐标轴做直线运动，因此直角坐标操作臂的运动副均为平动关节，为 PPP 型操作臂，其机构简图如图 2-18 所示。

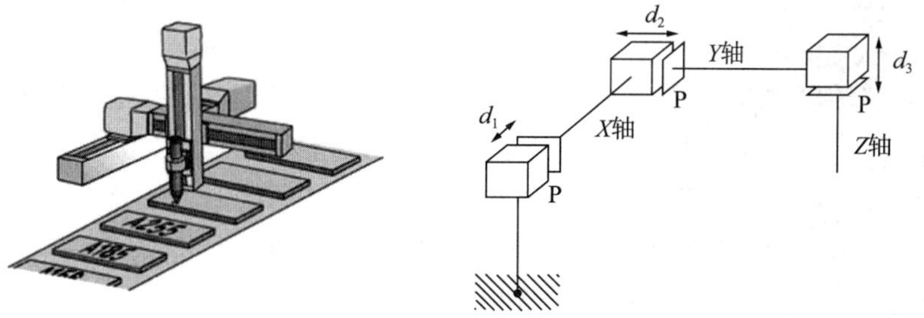

图 2-18　直角坐标机器人及其机构简图

直角坐标机器人的特点包括：①只含有平动关节，没有转动且 3 个自由度的运动相互独立，因此运动学建模和正逆解均非常简单；②运动速度快，定位精度高；③结构简单，控制容易；④3 个关节均为刚性，操作臂整体结构刚性大。

(4)通用多关节操作臂　通用多关节操作臂主要指 5 自由度、6 自由度或 7 自由度的机器人，这类操作臂与人的手臂类似，其特点是能像人手一样灵活运动。例如，遇到障碍物时，多关节机器人能绕过障碍物到达目标处，对此，一般的极坐标或 SCARA 坐标型的工业机器人是难以做到的。多关节机器人还可像人手那样，用最少的时间从一点移动到另一点。如果在多关节机器人手部和腕部装上触觉和力的传感器，它就能完成更多、更复杂的工作。多关节操作臂的运动都为转动关节，因此其机构简图形式为转动关节符号的串联。

通用多关节操作臂的特点：①灵活度高，有很高的自由度，适合于几乎任何轨迹或角度的工作，工作空间大；②结构标准化程度高，通用性强；③系统刚度低，柔性高；④关节之间具有复杂的耦合关系，运动学建模和逆解复杂，控制复杂。

(5)串联型操作臂自由度的编号方式　以 6 自由度机械臂为例，介绍一下操作臂自由度的编号规则，如图 2-19 所示，关节的编号方式如下：①从基座开始，第一个关节为关节 1；②第二个关节为关节 2；③以此类推，操作臂最末端的关节为关节 6。

连杆的编号方式如下：①从操作臂的固定基座开始编号，固定基座(或称为地杆、不动杆)为连杆 0；②和连杆 0 相连，第一个可动杆件为连杆 1；③以此类推，操作臂最末端的连杆为连杆 6。

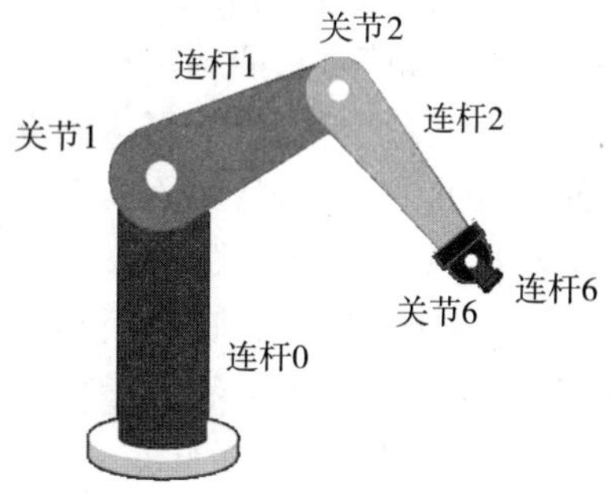

图 2-19　操作臂关节和连杆的编号方式

2.2.3　操作臂的驱动和传动

1. 驱动形式和装置

根据驱动能源的不同，操作臂的驱动形式分为液压驱动、气压驱动和电气驱动。液压驱动的特点是功率大，结构简单，可以省去减速装置，能直接与被驱动的连杆相连，响应快，伺服驱动具有较高的精度，但需要增设液压源，而且易产生液体泄漏，所以目前多用于特大功率的机器人系统。气压驱动的能源、结构都比较简单，但与液压驱动相比，同体积条件下功率较小，而且速度不易控制，所以多用于精度不高的点位控制系统。电气驱动所用能源简单，机构速度变

图 2-20　伺服电动机示意图

化范围大，效率高，速度和位置精度都很高，且具有使用方便、噪声低和控制灵活的特点。在农业应用中通常采用电气驱动来控制关节的运动，因此本节只介绍几种常见电气驱动装置。

（1）伺服驱动器　伺服驱动器的作用类似于变频器作用于普通交流电动机（马达），属于伺服系统的一部分，主要应用于高精度的定位系统。一般是通过位置、速度和力矩三种方式对伺服电动机（图 2-20，图 2-21）进行控制，实现高精度的传动系统定位，目前是传动技术的高端产品。

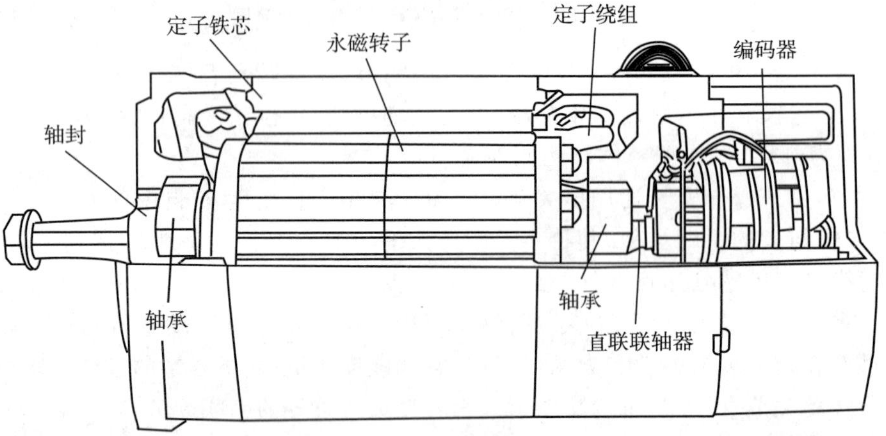

图 2-21　伺服电动机剖视图

（2）步进电动机驱动器　步进电动机驱动器是一种将电脉冲转化为角位移的执行机构。当步进驱动器接收到一个脉冲信号，它就驱动步进电动机按设定的方向转动一个固定的角度（称为“步距角”），它的旋转是以固定的角度一步一步运行的。步进驱动器可以通过控制脉冲个数来控制角位移量，从而达到准确定位的目的；同时可以通过控制脉冲频率来控制电动机转动的速度和加速度，从而达到调速和定位的目的。步进电动机也叫脉冲电动机，包括反应式步进电动机（VR）、永磁式步进电动机（PM）、混合式步进电动机（HB）等（图 2-22）。

反应式步进电动机：也叫感应式、磁滞式或磁阻式步进电动机。其定子和转子均由软磁材料制成，定子上均匀分布的大磁极上装有多相励磁绕组，定、转子周边均匀分布小齿和槽，通电后利用磁导的变化产生转矩。

（a）反应式步进电动机　　（b）永磁式步进电动机　　（c）混合式步进电动机

图 2-22　步进电动机的分类

永磁式步进电动机：通常该电动机转子由永磁材料制成，软磁材料制成的定子上有多相励磁绕组，定、转子周边没有小齿和槽，通电后利用永磁体与定子电流磁场相互作用产生转矩。

混合式步进电动机：也叫永磁反应式、永磁感应式步进电动机，混合了永磁式和反应式的优点。其定子和四相反应式步进电动机没有区别，转子结构较为复杂。

（3）无刷直流电动机　无刷直流电动机（图 2-23）由电动机主体和驱动器组成，是一种典型的机电一体化产品。由于无刷直流电动机是以自控式运行的，所以不会像变频调速下重载启动的同步电动机那样在转子上另加启动绕组，也不会在负载突变时产生振荡和失步。

图 2-23　无刷直流电动机

2. 操作臂的关节传动

驱动装置产生的动力需要借助一定的传动装置转移到操作臂的杆件，在操作臂的内部结构里，传动装置一般包括减速器和传送皮带，本部分重点介绍减速器的相关知识。

减速器是一种由封闭在刚性壳体内的齿轮传动、蜗杆传动、齿轮-蜗杆传动所组成的独立部件，常用作原动机与工作机之间的减速传动装置。其在原动机和工作机或执行机构之间起匹配转速和传递转矩的作用，在现代机械中应用极为广泛。减速器根据结构的不同可以分为齿轮减速器、蜗轮蜗杆减速器、谐波减速器和行星减速器（图 2-24）。

（a）齿轮减速器　（b）蜗轮蜗杆减速器　（c）谐波减速器　（d）行星减速器

图 2-24　减速器的分类

齿轮减速器一般用于低转速大扭矩的传动设备，普通的减速机也会有几对相同原理齿轮达到理想的减速效果，大小齿轮的齿数之比，就是传动比。

蜗轮蜗杆减速器是一种动力传达机构，即利用齿轮的速度转换器，将电动机（马达）的回转数减速到所要的回转数，并得到较大转矩的机构。

谐波减速器由固定的内齿刚轮、柔轮和使柔轮发生径向变形的波发生器组成。谐波齿轮减速器是齿轮减速器中的一种新型传动结构，它利用柔性齿轮产生可控制的弹性变形波，引起刚轮与柔轮的齿间相对错齿来传递动力和运动。这种传动与一般的齿轮传递具有本质上的差别，在啮合理论、集合计算和结构设计方面具有特殊性。谐波齿轮减速器具有高精度、高承载力等优点。

行星减速器是利用齿轮的速度转换器，将电动机的回转数减速到所要的回转数，并得到较大转矩的机构。行星减速器传动轴上的齿数少的齿轮啮合输出轴上的大齿轮以达到减速的目的。

需要注意的是，减速器是操作臂的核心部件，因为机器人通常执行重复的动作，以完成相同的工序；为保证操作臂在生产中能够可靠地完成工序任务，并确保工艺质量，对定位精度和重复定位精度要求很高。因此，提高和确保操作臂的精度就必须使用减速器。减速器的另一作用是传递更大的扭矩。当负载较大时，一味提高伺服电动机的功率是很不划算的，可以在适宜的速度范围内通过减速器来提高输出扭矩。此外，伺服电动机在低频运转下容易发热和出现低频振动，不利于长时间和周期性工作的操作臂精确、可靠地运行。因此，减速器的国产化对于我国机器人发展具有非常重要的作用。

2.3 末端执行器设计

末端执行器被定义为“操作机直接执行工作的装置（如加持器、工具、传感器等）”，相当于人的手，一般安装在操作臂的前端用来进行某种作业。工业机器人作业环境较单一，通用性较高。但是农业机器人作业环境较复杂，作业对象多种多样，即使同一作业对象在不同的农时阶段也具有不同的形状、大小、颜色和外部环境，因此农业机器人必须要能够根据作业对象和环境的变化，一边回避枝叶等障碍物，一边接近作业对象进行有目的的作业。所以，农业机器人必须自己从外界收集信息，并加以处理，自行决定接近作业对象的方法，并完成作业目标。

2.3.1 末端执行器的结构

末端执行器（机械手、剪刀、吸盘、柔性手等）是农业机器人的执行部件，其设计和形状根据作业目标的不同而千差万别。根据其用途可以分为手抓和工具，其中，手抓可以进行采摘、移栽等作业，具有一定的通用性；工具可以进行除草、松土等作业。

根据末端执行器的机构功能，农业机器人末端执行器常用机构有夹持机构、吸引和吸附机构、分离机构、插入机构和其他的特殊机构。

1. 夹持机构

夹持机构是机器人最常用的机构。根据其结构形式可以分为以手指为支点的中心开闭型和直线平移型。

(1)以手指为支点的中心开闭型　如图 2-25 所示。此类手抓夹紧和松开物体时手指做回转运动，前端运动轨迹为弧形。开闭的基本机构有连杆式、滑槽式和凸轮式等。

该夹持机构一般在采摘机器人采摘圆形或长条形的果实时采用，可以为二爪或三爪及以上。如 1999 年，李芳繁和王智立采用三爪机械手进行柑橘的采摘。如图 2-26(a)所示，直流马达带动螺杆向后运动，带动三爪指握住果实，然后向内缩入一个固定的容器内，切刀在容器口把果梗切断，在推拉杆上有一个受拉力的弹簧，平时弹簧拉力使手爪处于闭合状态。殷红梅等(2015)采用齿轮齿条杠杆式结构研究了花卉采摘末端执行器，如图 2-26(b) 所示。

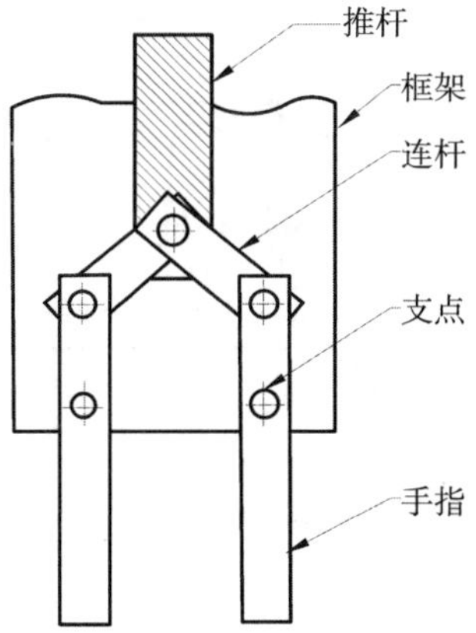

（a）

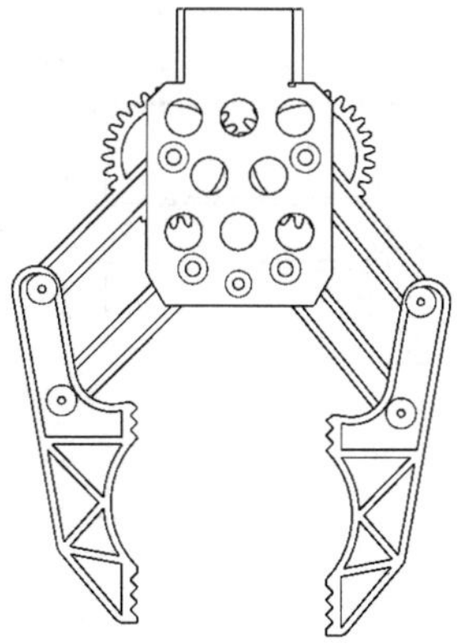

（b）

图 2-25　中心开闭型

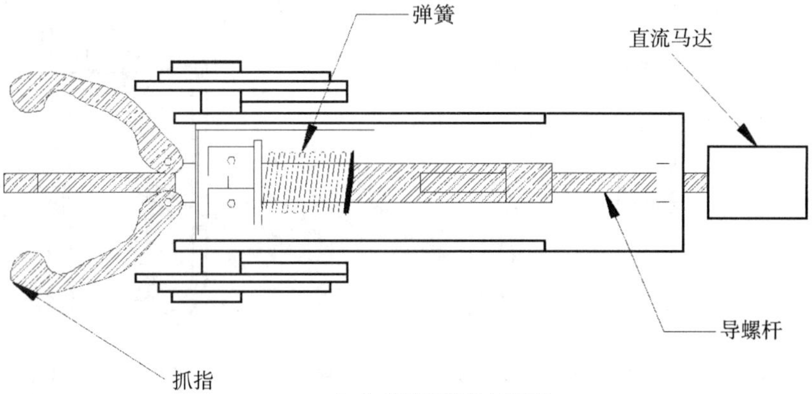

（a）柑橘采摘机械手抓

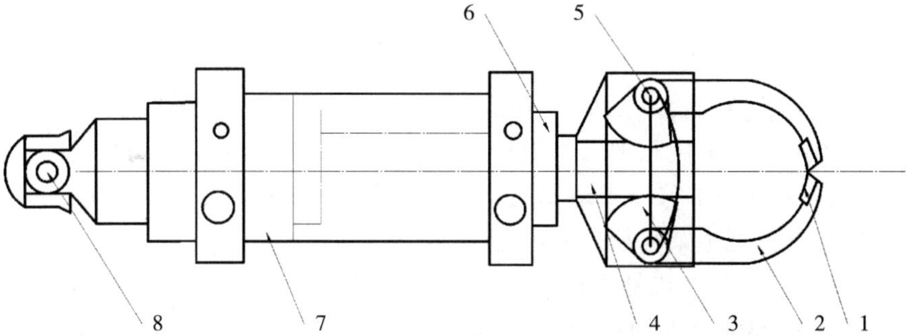

1.置刀槽　2.球形薄型槽型爪　3.扇形齿轮　4.齿条型活塞杆　5.圆柱销　6.连接法兰　7.气缸　8.万向节

(b)花卉采摘末端执行器

图 2-26　采摘末端执行器

张凯良等(2009)采用如图 2-27 所示的二爪机械手研究了草莓采摘机器人。赵春江院士团队(2019)研究了采用单驱双夹式草莓末端执行器实现了草莓的果柄剪断和果实夹持，如图 2-28 所示。王宜磊等(2018)采用四指多连杆机构设计了猕猴桃采摘机械手，如图 2-29 所示。

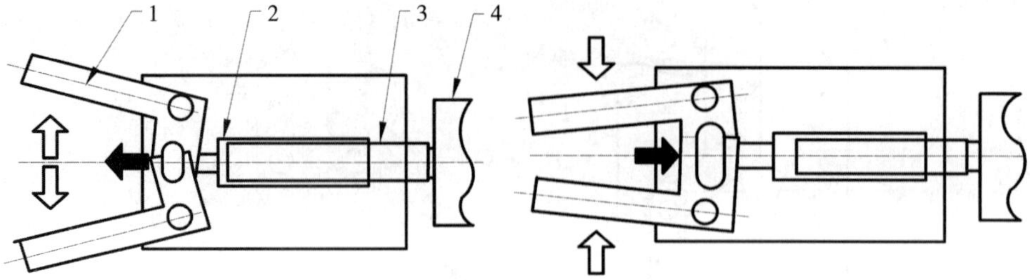

1. 手指　2. 内螺纹管　3. 丝杠　4. 电动机

图 2-27　二爪草莓采摘机械手

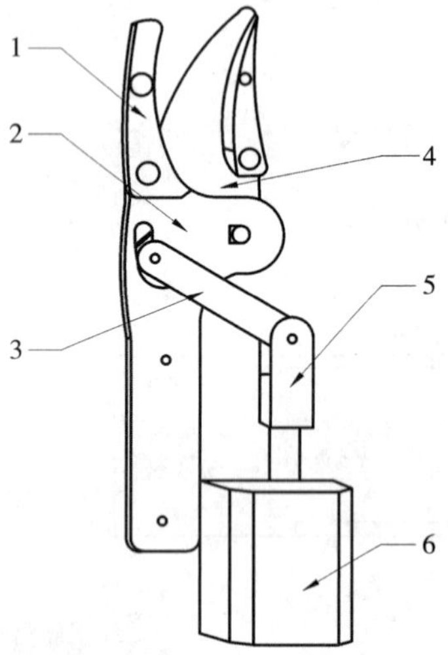

1. 夹持块　2. 定刀　3. 连杆　4. 动刀　5. Y 形连接头　6. 气缸

图 2-28　单驱双夹式草莓末端执行器

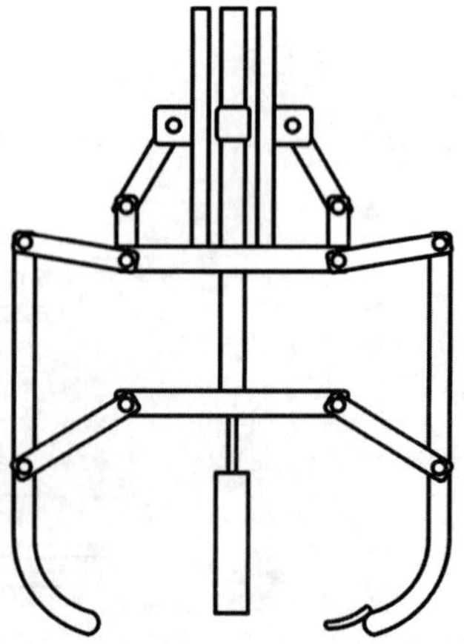

图 2-29　四指多连杆机构猕猴桃采摘机械手

(2)直线平移型　当手抓夹紧或松开对象时，手指做平移运动，并保持夹持中心不变。多采用连杆式或齿轮齿条结构使手指保持平移运动。平移型手抓传动机构如图 2-30 所示。西北农林科技大学的陈军等采用相似结构设计了猕猴桃采摘末端执行器。中国农业大学的刘长林等采用如图 2-31 所示的平移型末端执行器进行了茄子采摘的研究。徐赛超等研究了基于双曲柄滑块机构的平动型生菜采摘末端执行器，如图 2-32 所示。

(3)多指仿生手　大部分机器人的手部只有两根或三根手指，并且一般没有关节。但是为了适应不同外形的农业作业目标，提高机器人通用性，并且使物体表面受力更均匀，实现灵巧操作和精确力控制，就必须有一个运动灵活、动作多样的灵巧手，即多指仿生手。多指仿生手多采用柔性材料，像人手一样包握住对象物体，可以对不同外形物体实施抓取，并使物体表面受力比较均匀，所以适合夹持脆弱的物体。多指仿生手的实现方法主要有以下 3 种。

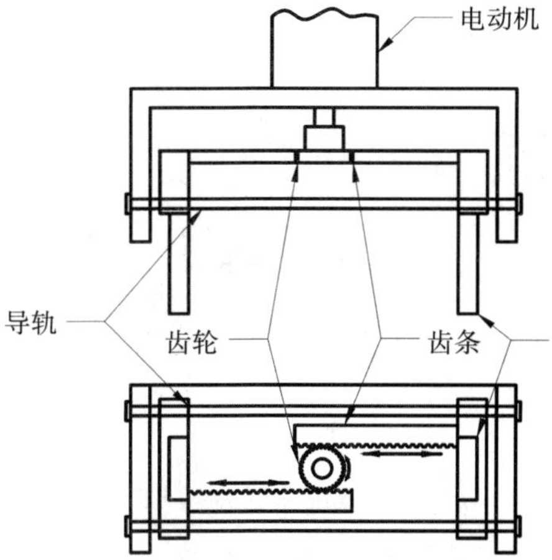

图 2-30 平移型手抓传动机构

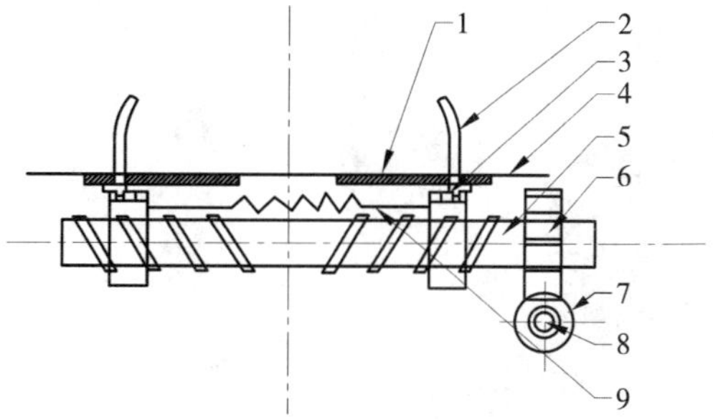

1. 滑轨 2. 夹持手指 3. 丝杠上的螺母
4. 末端执行器外壁 5. 双向丝杠
6. 蜗 7. 蜗杆 8. 电动机轴
9. 回位弹簧

图 2-31 茄子采摘末端执行器

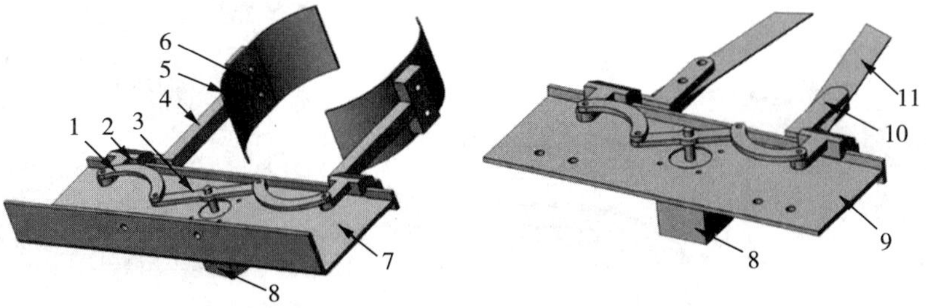

1. 连杆 2. 滑块 3. 曲柄 4. 夹持连接杆 5. 夹持爪 6. 压力传感器
7. 夹持器底板 8. 步进电动机 9. 剪切器底板 10. 刀架 11. 刀片

图 2-32 生菜采摘末端执行器

第一种实现方法为:每根手指的结构都采用单自由度连杆机构。通过动力源驱动连杆,整个连杆机构可完成相应的动作,用来模拟人手指的弯曲和伸直运动。手指的动力源大多采用直线电动机和舵机。西北农林科技大学的 Shi 等采用此种结构研究了苹果采摘机械手,如图 2-33 所示,手指采用 3D 打印生成,每个关节都采用减速电动机驱动。

第二种实现方法为:每根手指由多个杆件构成,杆件之间通过铰链连接。在手指弯曲的方向上,模拟指尖关节的杆件固连着一根钢丝绳的一端,钢丝绳的另一端连接在动力源上,动力源多采用直线电动机或舵机。在手指伸直的方向上,加有手指的弹性复位弹簧或相反方向拉动的钢丝绳,该装置的作用就是在手指由弯曲状态变为伸直状态的过程中施加恢复力,使手指伸直。该方法实现手指抓握和伸直的具体过程为:在动力源的驱动下,拉动钢丝绳,使手指弯曲;手指要伸直时,动力源的执行元件翻转拖动反向的钢丝绳或弹性元件,由于复位的作用,对模拟指尖的杆件施加恢复力,使手指伸直,原理如图 2-34 所示。日本 Naoshi Kondo(近藤直)教授等(1996)开发的番茄采摘机器人末端执行器,具有四个柔性手指,每个手指由四段相连的尼龙软管固定于尼龙支板上,一根缆绳穿过软管固定于指端,在缆绳施加拉力时,手指弯曲抓住果实,如图 2-35 所示。美国俄亥俄州立大学的 Peter P. Ling 等(2004)开发的四指式末端执行器也只有一根缆绳同时驱动各指,并用 ABS 塑料管替代了尼龙软管,以减少夹持时的侧向运动,如图 2-36 所示。

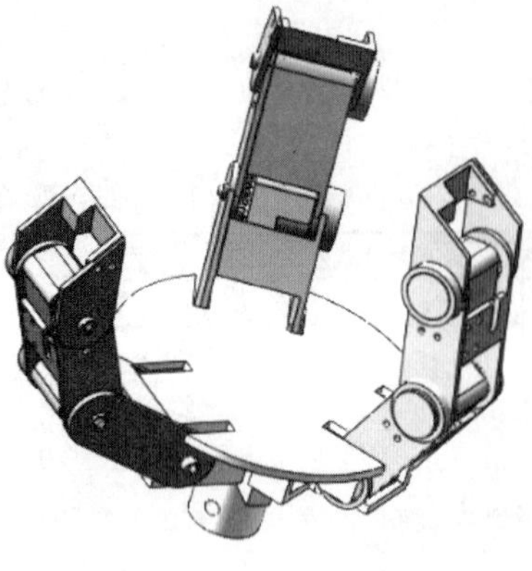

图 2-33　多指仿生苹果采摘机械手

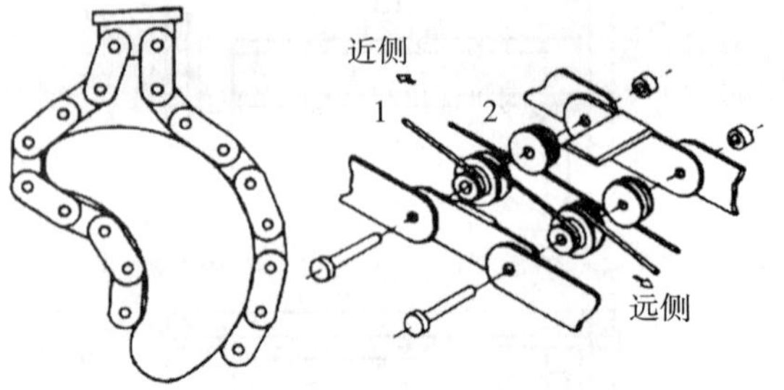

图 2-34　多关节机械手

（引自：www.eadianqi.com）

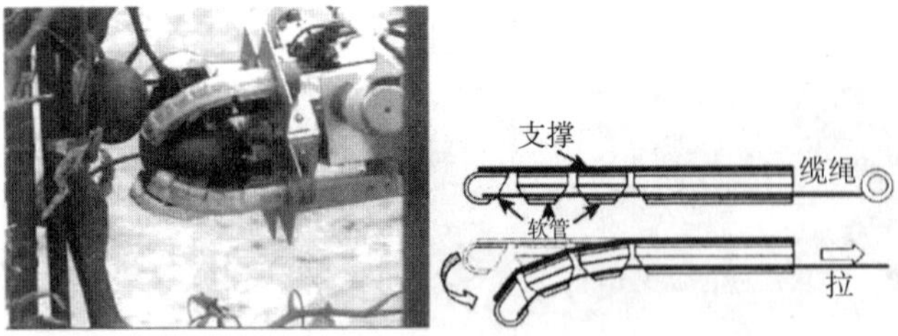

图 2-35　前驱动番茄采摘机器人末端执行器

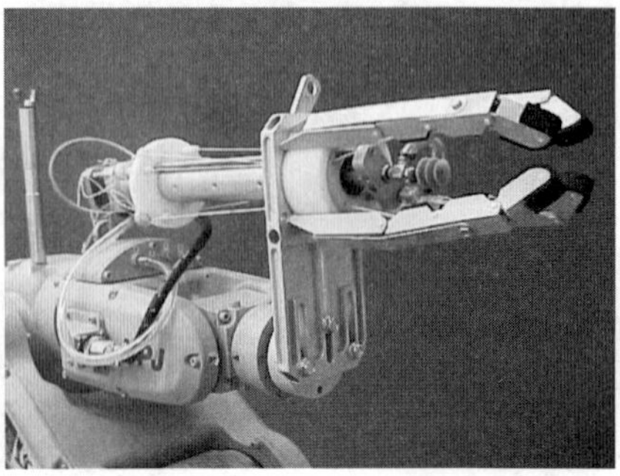

图 2-36　四指式番茄采摘末端执行器

第三种实现方法为：采用气动手指，如图 2-37 所示为使用 FMA（flexible micro actuator）制作的柔性末端执行器。FMA 除了具有伸长、偏转、弯曲等运动形式外，驱动器还可以绕中心轴做旋转运动。

浙江工业大学研究开发的 FPA（flexible pneumatic actuator）末端执行器如图 2-38 所示。FPA 由管接头、两端端盖、弹簧和橡胶管组成。主要部分是弹性橡胶管，弹簧镶嵌在橡胶管壁中间，与橡胶管一起硫化处理，弹簧可以约束橡胶管的径向膨胀变形，当向 FPA 内腔充入压缩

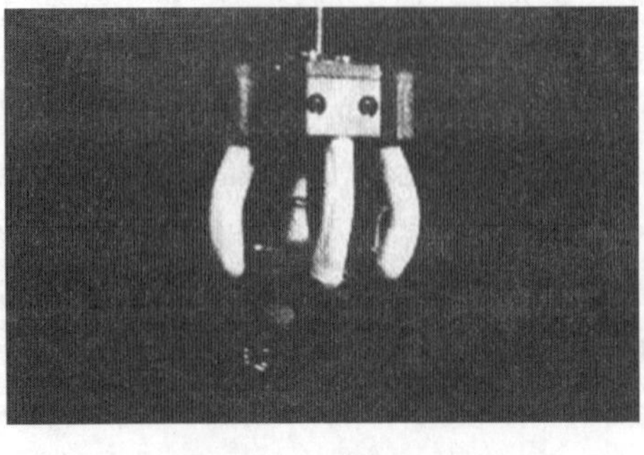

图 2-37　气动手指

图 2-38　FPA 末端执行器

气体时，由于弹簧的约束作用，弹性橡胶管只能沿轴向伸长变形，整个驱动器在轴向发生直线位移；释放 FPA 内腔的压缩气体，由于橡胶管和弹簧的弹性恢复作用，驱动器恢复到初始状态。

泰国蒙库特国王理工大学通布里分校的 Asiwan Kultongkham 及浙江理工大学的崔志军等都采用气囊结构研究了一种柔性机械手，其手指截面结构如图 2-39 所示。通过手指内气囊收缩或膨胀时的形变对物体进行夹持。气囊充气时手末端执行器夹持状态如图 2-40 所示。

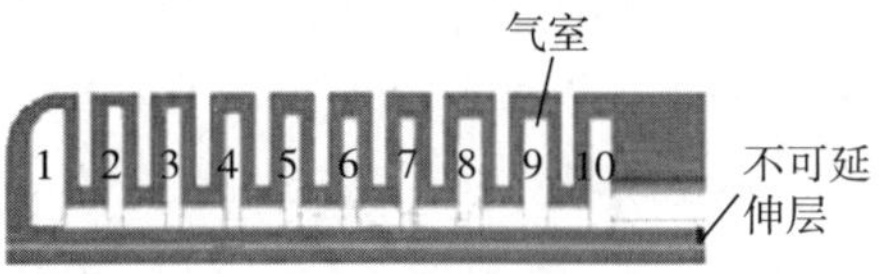

图 2-39　气囊结构柔性机械手截面图

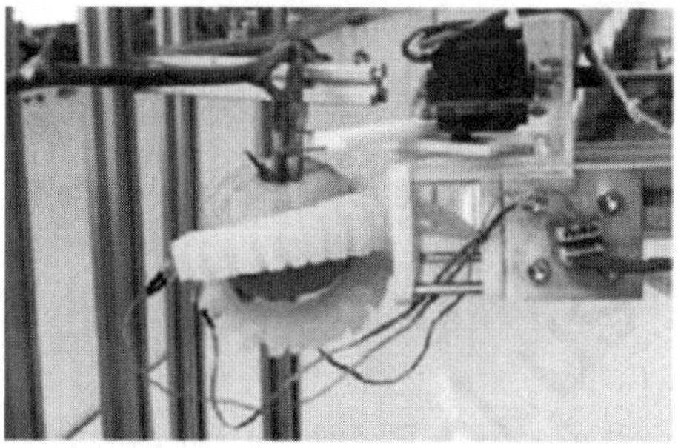

图 2-40　柔性机械手夹持状态

荷兰瓦赫宁根大学的 Jochen Hemming 还研究了一种柔性甜椒采摘机械手，如图 2-41 所示。机械手通过气缸驱动进行平动，当靠近物体时，手指中的鳍片发生变形加紧物体。

图 2-41　柔性甜椒采摘机械手

2. 吸引和吸附机构

在机器人收获作业时，一般夹持果实或果梗进行作业，但是对于小型果实和密集果实，直接夹持比较困难，所以需要利用吸力将其吸入末端执行器中，这样可以降低对果实的损伤，还可以节省将收获的果实放入果实箱的动作，节省采摘时间。此外还可以消除果实生长偏移导致的误差。另外，对于生长密集并且果蒂或根系较容易与其生长母体分离的果实，也可以采用吸附机构(吸盘)直接采摘，并将果实收入果实箱内。

吸引机构主要分为气吸式和磁吸式两种，其中气吸式根据形成压力差的原理可以分为真空吸附、气流负压吸附和挤压排气式 3 种。磁吸式是利用永磁铁或电磁铁通电后产生的磁力来吸附工件，在工业上应用较广，但是对农产品的吸附性较差，应用较少。

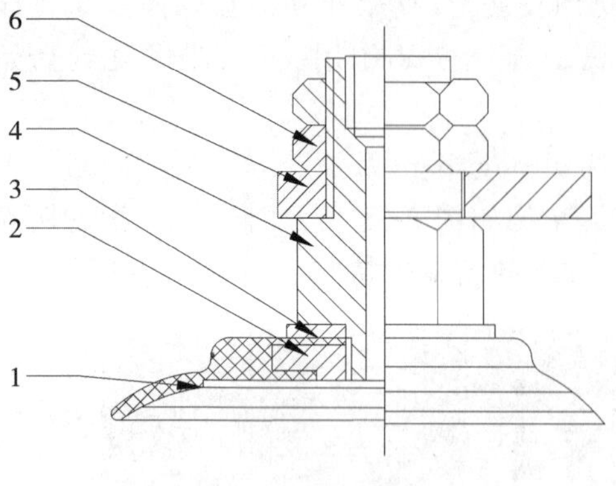

1. 蝶形吸盘　2. 固定环　3. 垫片

4. 支撑杆　5. 基板　6. 螺母

图 2-42　真空气吸吸附手部

真空气吸吸附手部如图 2-42 所示。主要由真空泵、电磁阀、电动机和吸盘组成，吸盘吸力大，结构简单，可靠。取料时，橡胶吸盘与物体表面接触，橡胶吸盘的边缘起密封作用，也起缓冲作用，然后真空抽气，吸盘内腔形成真空，吸取物料。放料时，管路接通大气，失去真空，物料放下。日本京都大学近藤直教授研究的高架草莓采摘机器人，末端执行器采用了真空泵产生真空，将草莓吸入末端执行器，然后由光电传感器确定果实的位置，腕部转动将果梗引导进入切割位置将其切断。

由于农业机器人采摘作业有时需要将目标与藤蔓或旁边的果实分离后再夹持，所以执行器需要先将目标吸附固定住，向后拉动，然后再夹持或拉断。之后有学者设计出了结合夹持式和吸附式的综合式手抓，如刘继展等(2008)采用直线平移型机械手抓作为番茄采摘机器人的末端执行器如图 2-43 所示。通过感知系统中距离与接近传感器获取番茄的位置、距离、形状等信息，通过多传感器的信息融合，控制真空吸盘前进，当吸住果实后拉动其后退，使果实从果束中分离出来；手指合拢，激光聚焦透镜转动，定位于果梗并由激光束将果梗切断；机械手带动末端执行器将果实放入贮藏箱，从而完成番茄的采摘。

气流负压吸附手部利用流体力学的原理如图 2-44 所示，当需要取物时，压缩空气高速流经喷嘴时，出口处的气压低于吸盘腔内的气压，于是腔内的气体被高速气流带走而形成负压，完成取物动作。当需要释放时，切断压缩空气即可。此种方式经济性好，成本较低。

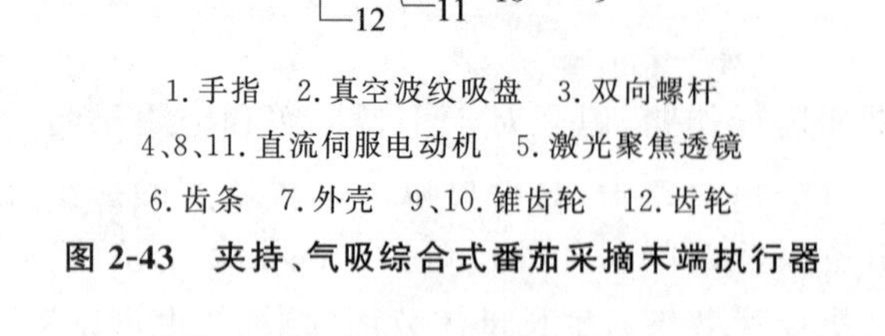

1. 手指　2. 真空波纹吸盘　3. 双向螺杆

4、8、11. 直流伺服电动机　5. 激光聚焦透镜

6. 齿条　7. 外壳　9、10. 锥齿轮　12. 齿轮

图 2-43　夹持、气吸综合式番茄采摘末端执行器

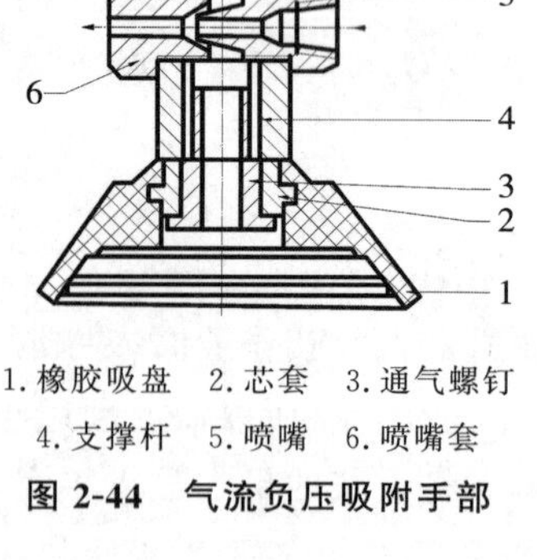

1. 橡胶吸盘　2. 芯套　3. 通气螺钉

4. 支撑杆　5. 喷嘴　6. 喷嘴套

图 2-44　气流负压吸附手部

挤压排气式负压气吸吸附手部的工作原理如图 2-45 所示，取料时橡胶吸盘压紧物体，橡胶吸盘变形，挤出腔内的多余空气，手部上升，靠橡胶吸盘恢复力形成负压将物体吸住。释放时压下推杆，使吸盘腔与大气连通而失去负压。挤压排气式手部结构简单，但要防止漏气，不易长时间停顿。图 2-46 为利用吸盘的蘑菇收货机器人。蘑菇在培养基质表面密集生长，不宜

采用夹持手抓采收，该机器人利用吸盘吸附蘑菇伞的表面，对蘑菇施加旋转力，使其脱离培养基质进行收获。另外，此机器人能根据蘑菇的大小更换不同大小的吸头。

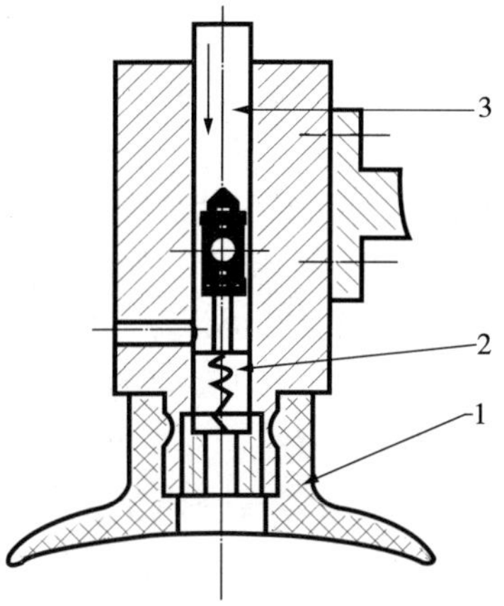

1.橡胶吸盘　2.弹簧　3.推杆

图 2-45　挤压排气式负压气吸吸附手部

图 2-46　蘑菇收获机器人

3.分离机构

农业机器人上需要分离机构的情况有收获、剪枝、整形、摘果、除草、剪毛等。根据不同的情况，切断机构不同，需要的切断力也不同，必须在充分了解作业对象的切断特性、形状、大小的情况下设计切断机构。

根据分离结构最常用的为机械切断式和热切割式。图 2-47 为剪切切断式，利用剪刀原理进行剪断，并同时实现夹持。图 2-47 所示的番茄采摘末端执行器夹持果实后采用直流电动机

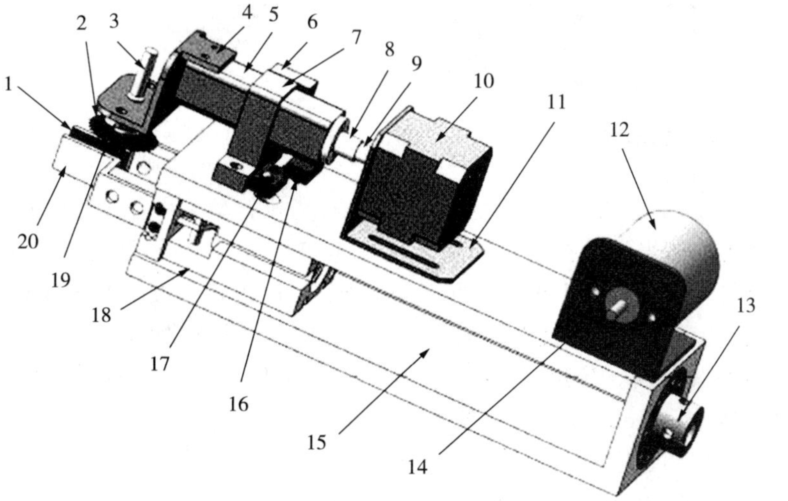

1.压电膜式传感器　2.圆形锯片　3.锯片连接杆　4.锯片连接件　5.套筒　6.漫反射型光电开关
7.支撑座　8.丝杆螺母　9.丝杆　10.42 步进电动机　11.步进电动机支架　12.R755 直流电动机
13.法兰　14.直流电动机支架　15.末端执行器支架　16.对射式红外光电开关投光器
17.对射式红外光电开关受光器　18.气缸　19.卧式轴承座　20.夹爪

图 2-47　机械切割式番茄采摘机械手

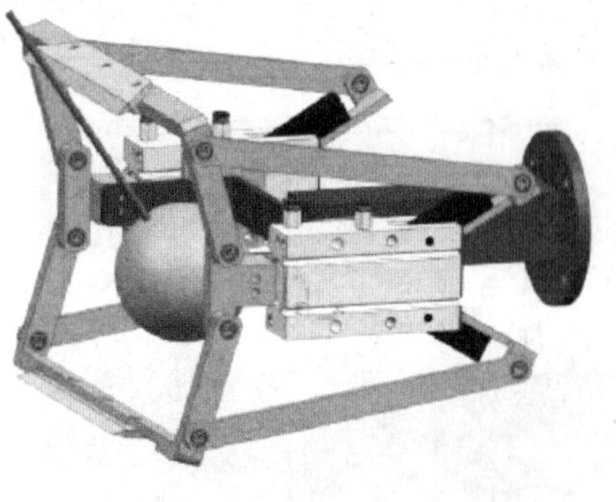

图 2-48　蛇形末端执行器

通过钢丝带动圆形锯片将果梗进行切割。这种先通过夹持机构固定果实，再通过刀片进行切割分离的形式较为常见。如图 2-48 所示，重庆大学的王毅等，借鉴蛇头骨的咬合原理设计的咬合式柑橘采摘末端执行器，末端执行器吞入果实并在水平位置附近咬合即可完成对果柄的剪切。

除了采摘机器人，切断机构在进行植物整形时也常使用。图 2-49 所示为日本丰田工业学院研制的树木剪枝机器人，采用 4 个轮作为驱动，可以灵活地在垂直的树木上攀爬，根据树枝硬度大的特性，采用链锯作为切断装置，具有良好的应用效果。另外，对于扦插机器人或嫁接机器人，其切断机构多采用刀片，也可以像超声波刀具一样在刀刃上加上振动，以获得更大的切断力。对于除草机器人，其末端执行器可以为喷药的喷头、释放高压电的电极或手抓。如果采用切断除草模式，其切断装置一般为各类刀盘(图 2-50)或锄刀。其一般采用旋转方式对杂草进行切断。

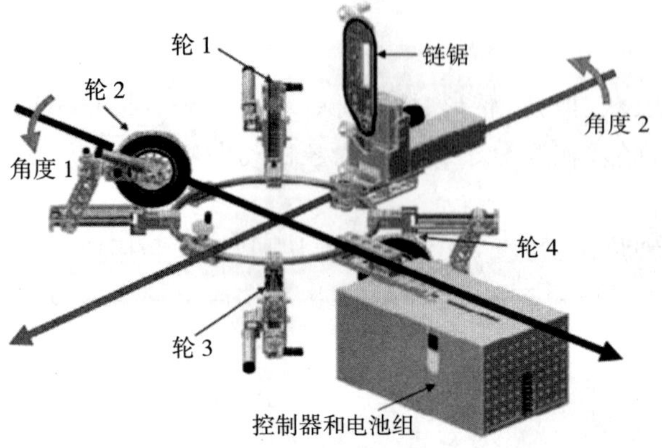

图 2-49　树木剪枝机器人

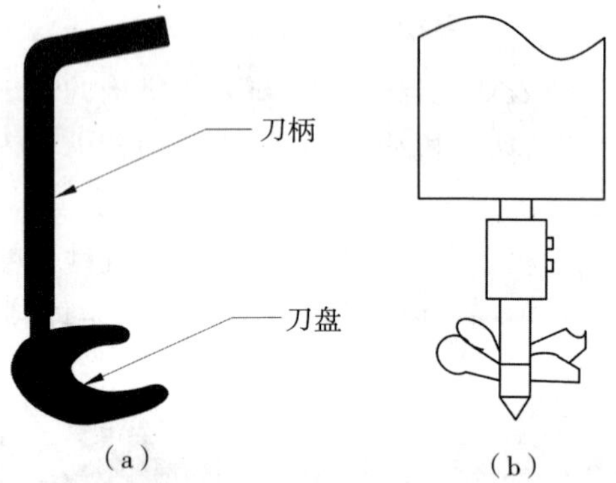

图 2-50　各类除草机器人刀盘

热切割应用方面，如图 2-43 所示的番茄采摘末端执行器，采用激光束对果梗进行切断。果梗激光切断装置由激光发生控制单元和果梗聚焦切断单元组成，作业时由固定于机械手上的双目视觉系统与末端执行器上的距离传感器相配合，以进行果梗的精确定位；通过直流伺服电动机带动聚焦透镜转动，使透镜对准果梗；由电磁阀控制激光器打开，激光束聚焦于果梗上(焦距为 50 mm)将其切断。聚焦透镜的倾角可以进行调整，以满足不同品种果实的梗长需要。

瓦赫宁根大学 van Henten 等设计的温室黄瓜采摘机器人的末端执行器(图 2-51)主要包含夹持爪、吸盘、热切割装置和一个小型摄像机。当末端执行器靠近黄瓜时，吸盘吸附在黄瓜的表面起稳定黄瓜的作用，同时夹持爪握住黄瓜的果实和果梗的连接处，位于夹持爪上方的热分割刀片对果梗进行切割将果实分离，随后机械臂把末端执行器放到指定位置，松开黄瓜果实，完成采摘动作。中国农业大学张铁中等研究的草莓采摘机器人，末端执行器同样采用电热切割装置，切断过程如图 2-52 所示。末端执行器运动就位后，机械爪的手指逐渐闭合，较靠上的一部分果柄先与电热丝接触，并被电热丝推向另一侧的酚醛塑料板；然后机械爪闭合到位，接近草莓果实的果柄被手指稳定地夹住，较靠上的部分果柄被电热丝顶在对侧的酚醛塑料板上，机械触点刚好闭合并发出开关量信号，控制芯片控制电动机停止转动；手爪以预定的力度保持夹紧状态，电热切割器开始工作，草莓果柄被高温烧断，末端执行器结束一次作业，准备把草莓送到收集装置。热切割可以在加热过程中杀死细菌防止植物染病，并且果梗的切口被烧灼可以控制水分蒸发和防止染病。

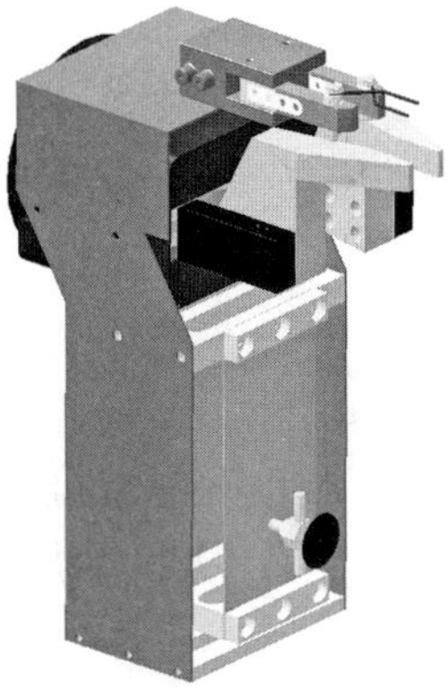

图 2-51　温室黄瓜采摘机器人的末端执行器

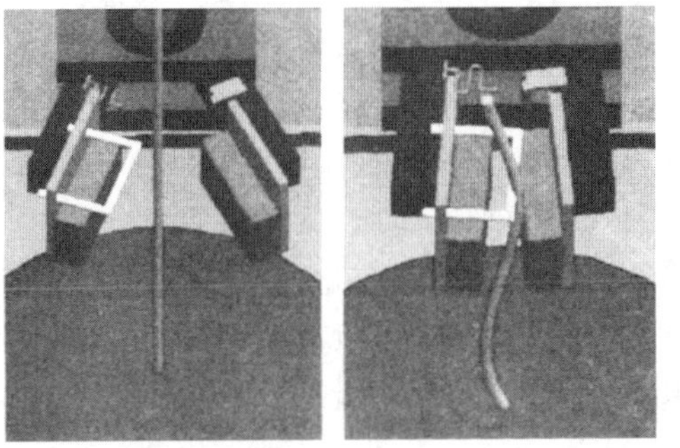

图 2-52　电热切割草莓采摘机器人末端执行器

4. 插入机构

插入机构常作为移栽机器人的末端执行器，如图 2-53 所示，移栽时，将铲状的机械手插入培养土中，前端交叉，在该状态下提升末端执行器，即可几乎不接触幼苗将其连培养土一起运送。

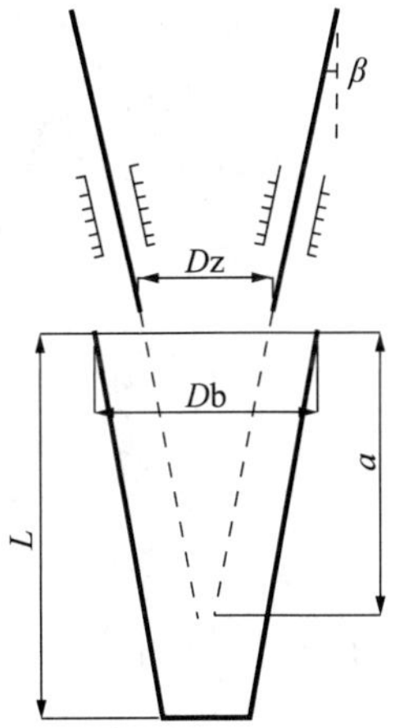

图 2-53　插入机构结构示意图

2.3.2　末端执行器驱动系统

驱动器为机器人和末端执行器提供动力源。常用的驱动方式有电气驱动、液压驱动和气压驱动 3 种类型。

1. 电气驱动器

电气驱动是指利用电动机直接或通过机械传动装置来驱动执行机构。目前多用直流电动机、交流电动机、步进电动机。普通交、直流电动机驱动需要加减速装置，输出力矩大，但控制性能差，惯性大，适用于中型或重型机器人。伺服电动机驱动和步进电动机驱动输出力矩较小，控制性能好，可实现速度和位置的精确控制，适用于小型机器人和末端执行器的驱动。交、直流伺服电动机一般用于闭环控制系统，而步进电动机则主要用于开环控制系统，一般用于精度要求不高的系统。电动机使用简单，且随着材料性能的提高，电动机性能也逐渐提高，所以，目前机械人关节驱动大多为电动机驱动。

另外，在小距离往复运动中，也经常使用比电动机构造和控制都更为简单的螺线管。螺线管也有交流和直流 2 种，交流螺线管反应快，直流螺线管小型轻巧，各具特色。根据可动铁芯的动作，可以分为推式、拉式和推拉式 3 种，也有实现一定角度旋转的螺旋式螺线管。螺线管的运动原理如图 2-54 所示。

2. 液压驱动器

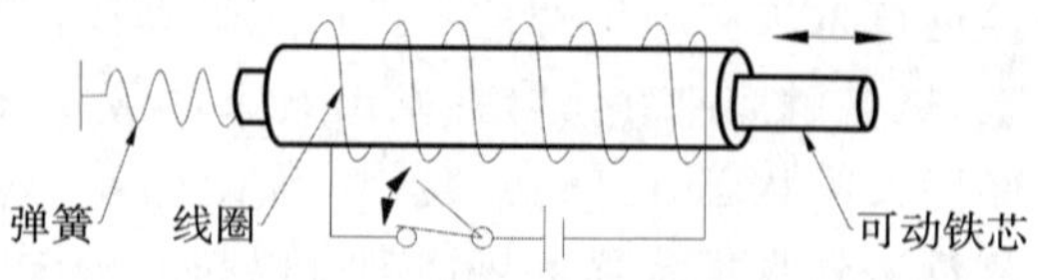

图 2-54　螺线管的运动原理

早期的工业机器人多选用液压驱动器，驱动器常有液压气缸、液压马达以及液压摇动马达。其优点如下：

①结构简单，功率大，可以在小体积下获得较大的推力或转矩。

②可以省去减速装置，能直接与被驱动的杆件相连。

③响应快，伺服驱动具有较高的精度，并且力、速度和方向比较容易实现自动控制。

④液压油具有自润滑性能，能提高设备使用寿命。

液压驱动的不足之处主要为：

①漏液问题难以克服，维护较复杂。

②油液黏度随温度变化，影响系统的工作性能。

目前液压驱动多用于特大功率的机器人系统。在农业机器人中，应用于自动化整地、播种等的提升机构，以及收获西瓜等较重农产品的机械臂上。

3. 气压驱动器

气压驱动的能源、结构简单，起初只应用在简单的执行装置上。与液压驱动相比，同体积下设备功率较小，而且速度不易控制，所以多用于精度不高的点位控制系统。常用的气动驱动器有气缸、气动马达及摇动型气动驱动器等。

气压驱动的优点主要为：

①结构简单，易用且成本低。

②在点到点的运动中表现出色，且速度高，效率高。

③以空气作为动力，对环境无污染。

其不足之处主要如下：

①空气压缩性大，速度不易控制，工作平稳性差，定位精度较低。

②压缩空气常用压力为 0.4～0.6 MPa，若要获得较大动力，其结构就要增大。

农业机器人中主要用于较轻作物的提举或控制机械手抓的开闭。如图 2-38 所示的 FMA 材料制作的末端执行器，图 2-39 的柔性机械手及图 2-41 的柔性甜椒采摘机械手。

图 2-55　Elliptec 压电电动机

4. 其他驱动器

另外，一些其他类型的驱动器也已应用于机器人。如形热学、状记忆合金(SMA)、压电材料、磁致伸缩、弹性容器和微机电系统(MEMS)的驱动器。这些驱动器目前用于特殊应用的机器人，如图 2-55 所示 Elliptec 压电电动机。

2.3.3　末端执行器感知系统

末端执行器工作的稳定性和可靠性依赖其对工作环境的感觉和自适应能力，因此需要高性能的传感器及传感器之间协调工作。末端执行器感知系统一般由分布于末端执行器各部分的伺服电动机编码器、距离传感器、接近传感器、指力传感器、腕力传感器和压力传感器等组成，以充分感知末端执行器的外部和内部信息。末端执行器中常用的传感器有如下 4 类。

1. 位置和位移传感器

常用的位移传感器有电位器式位移传感器、光电编码器等。电位器式位移传感器由一个线绕电阻（或薄膜电阻）和一个滑动触点组成。滑动触点通过机械装置受被检测位置量的控制，当被检测的位置量发生变化时，滑动触点也发生位移，从而改变滑动触点与电位器各端之间的电阻值和输出电压值。按照传感器的结构，电位器式位移传感器可以分成直线型电位器式传感器和旋转型电位器式位移传感器，如图 2-56 所示。电位器式位移传感器输出模拟信号。

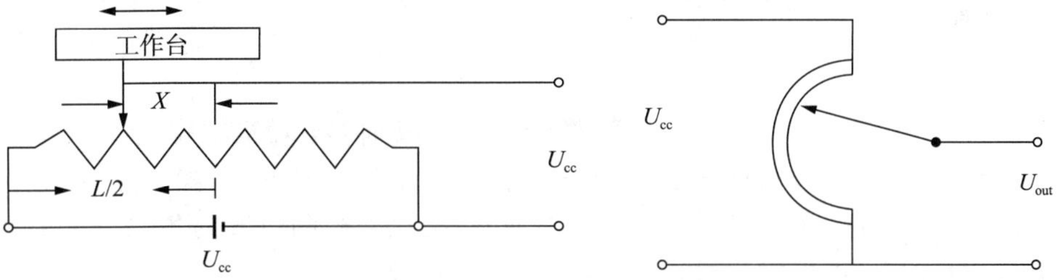

（a）直线型电位器式位移传感器　　（b）旋转型电位器式位移传感器

图 2-56　电位器式位移传感器工作原理

与电位器式传感器不同，编码器输出数字信号。同样的编码器分为线性编码器和旋转编码器，分别用来检测线性位移和旋转角度。依照检测原理分为光学式、磁场式、电磁诱导式等。根据输出方式的不同，编码器又分为增量式编码器和绝对式编码器。增量式编码器是将位移转换成周期性的电信号，再把这个电信号转变成计数脉冲，用脉冲的个数表示位移的大小。绝对式编码器的每一个位置对应一个确定的数字码，因此它的示值只与测量的起始和终止位置有关，而与测量的中间过程无关。

如图 2-57 所示，两种编码器都由连接在旋转轴上的缝隙圆盘、发光元件、受光元件等组成。增量式的缝隙圆盘上间隔一定角度刻有缝隙，可透过发光元件发出的光，受光元件与缝隙圆盘的旋转同步产生开/关的脉冲。因此，如果已知其全部缝隙的数目，即可通过计数脉冲求得旋转角度。

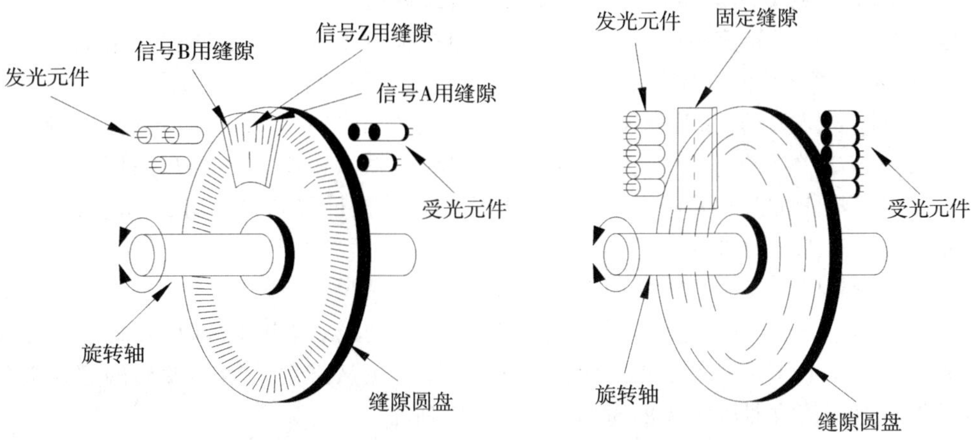

（a）增量式　　（b）绝对式

图 2-57　编码器工作原理

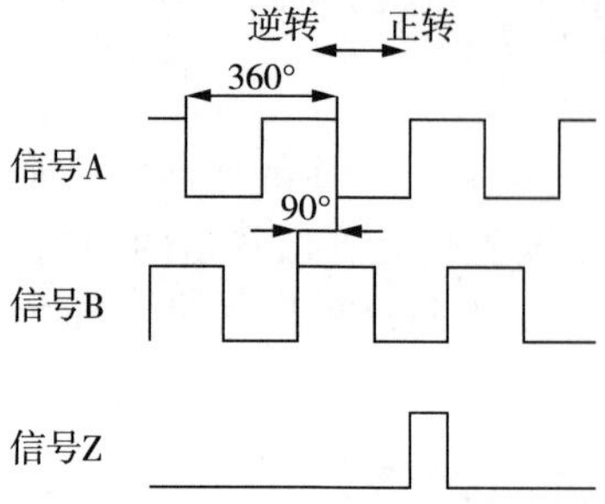

图 2-58 增量式编码器的输出波形

如图 2-58 所示，一般的增量式编码器可输出 3 种信号，相位差为 90°的脉冲信号 A 和 B，以及旋转一周输出一个脉冲信号 Z。根据 A、B 相中任何一光栅输出脉冲数的多少，就可以确定编码盘的相对转角；根据输出脉冲的频率就可以确定编码盘的速度；采用适当的逻辑电路，根据 A、B 相输出脉冲的相序就可以确定编码盘的旋转方向。而 Z 相光栅的输出为标志信号，编码盘每旋转一周，发出一个标志信号脉冲，用来指示机械位置或对积累量清零。增量式编码器断电后会失去位置信息。而电位器式位移传感器断电再接通后原来的信息也能保存下来。

绝对式编码器码盘处于发光元件与受光元件之间，其轴与电动机轴相连，随电动机的旋转而旋转。码盘上有 n 个同心圆环码道，整个圆盘又以一定的编码形式（如二进制编码）分成若干（2^n）等份的扇形区段。光电编码器利用光电原理，把代表被测位置的各等份上的数码转化为脉冲信号进行输出。断电时绝对式编码器位置不会丢失。

2. 接近觉传感器

接近觉传感器用来判断在一规定距离范围内是否有物体存在，主要用于物体抓取或避障类近距离工作的场合。目前使用最广泛的接近觉传感器主要有电感式接近觉传感器、电容式接近觉传感器、光电式接近觉传感器、超声波接近觉传感器和气压接近觉传感器等。

电感式接近觉传感器是一种利用涡流感知物体接近的接近开关，它由高频振荡电路、检波电路、放大电路、整形电路及输出电路组成。感知敏感元件为检测线圈，它是振荡电路的一个组成部分。在检测线圈的工作面上存在一个交变磁场，当金属物体接近检测线圈时，金属物体会产生涡流而吸收振荡能力，使振荡减弱直至停振。振荡与停振这两种状态经检波电路转换成开关信号输出，从而实现对物体的感知。这种传感器只能检测金属物。

电容式接近觉传感器的测量头在测量时通常构成电容器的一个极板，而另一个极板是物体的本身，当物体移向接近开关时，物体和接近开关之间的介电常数会发生变化，使得和测量头连接的电路状态也随之发生变化，由此便可以控制开关的接通和关断。电容式接近觉传感器检测对象不限于金属导体，也可以是绝缘的液体或者粉末状物体。

光电式接近觉传感器简称光电开关，可以利用被检测物体对特定波长光束的遮挡或者反射，由同步回路选通来检测物体的有无。其检测对象为所有能遮挡或反射光线的物体。根据检测方式的不同，光电开关可以分为漫反射式、镜反射式、对射式、槽式和光纤式 5 种，如图 2-59 所示。在 Kondo 等研究的樱桃番茄和草莓等采摘机器人末端执行器都采用了光电开光作为距离检测传感器。张振国等研究的红花花丝采摘末端执行器同样采用了光电开关作为是否有花丝遮挡并开启工作的检测传感器。

人们能够听到的声音是由物体振动产生的，它的频率在 20 Hz 至 20 kHz 之间，频率超过 20 kHz 的声波称为超声波。超声波传感器由超声波发送器、超声波接收器、控制电路及电源部分组成。其基本工作原理基于渡越时间的测量，即测量从发射换能器发出的超声波经目标反射后沿原路返回接收器所需要的时间，如图 2-60 所示。

气压接近觉传感器通过检测喷射气流遇到物体时检测腔内的压力变化来测定和物体之间的距离，如图 2-61 所示。气源送出具有一定压力 p_1 的压缩气体，并使其从喷嘴喷出，喷嘴离物

体的距离 x 越小，气流喷出时的面积就越窄，气流阻力越大，反馈到检测腔内的压力 p_2 越大，如果事先求得距离 x 和气体压力 p_2 的关系，即可根据压力表的读数 p_2 来测定距离 x。Li 等研究的末端执行器中间就采用了接触气压传感器用以判断是否有果实接近。

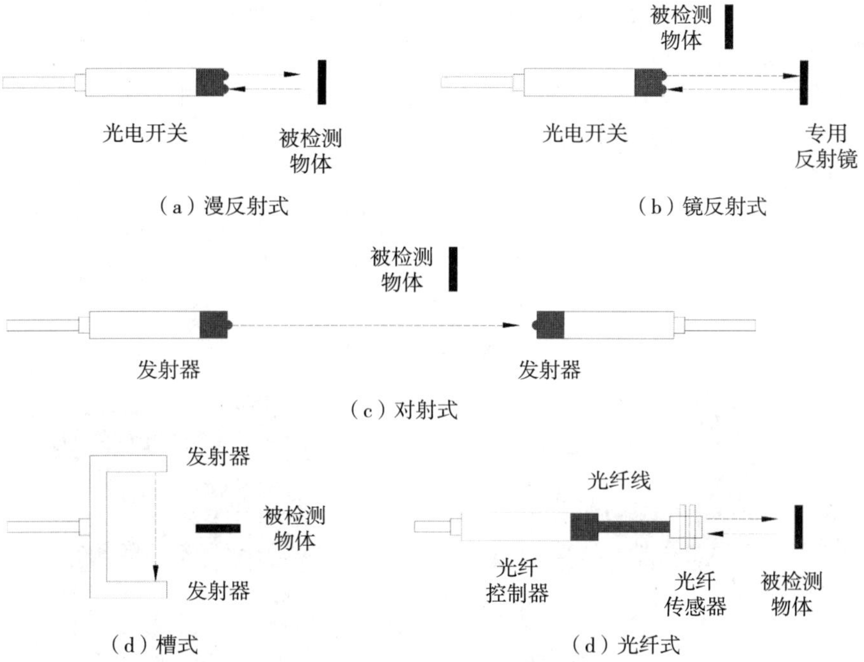

图 2-59　各种检测方式的光电开关

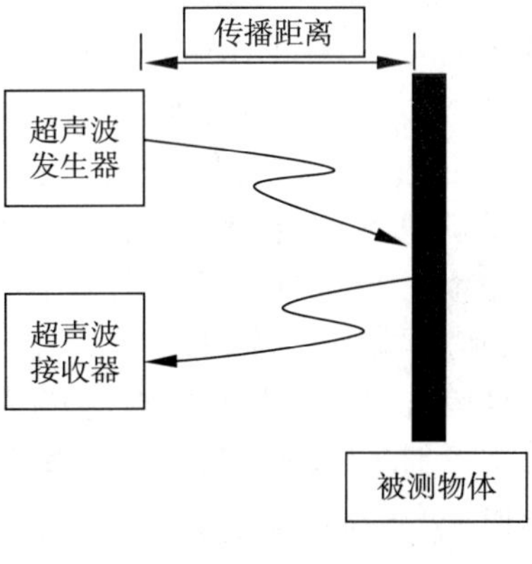

图 2-60　超声波传感器工作原理

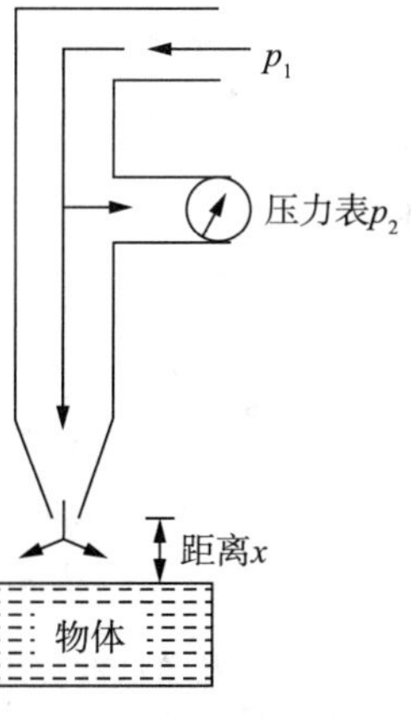

图 2-61　气压接近觉传感器工作原理

红外传感器为检测物体发射红外线的传感器。例如红外水龙头或照明的自动开关等被广泛应用于生活的各个方面。这种传感器能够透过 5～14 μm 波长红外线滤光器。人体能发射波长 9～10 μm 的红外线，所以这种传感器适合检测人体。该传感器有两个受光元件，两受光元件上入射的红外线有差别就会发生反应。红外线传感器对太阳光线比较敏感，应用时应避免阳光直射。在农业中，主要应用于探测家禽的移动等方面。

3. 触觉传感器

触觉传感器可检测到机器是否接触目标或者环境，用于寻找物体或感知触碰，是末端执行器应用最多的传感器之一。用以判断机器人部件是否和对象物体发生了接触，以确定机器人的运动正确性，适合合理抓握或防止碰撞。常用的触觉触感器有微动开关、柔性触觉传感器、触觉传感器阵列、仿生皮肤等。

微动开关的基本结构如图 2-62 所示。主要由手柄和 3 个端子构成。当手柄上未施加外力时，COMMON 与 NC（normally closed）端子的触点在内部接触；当手柄上施加外力时，COMMON 端子的触点由控制按钮按下，与 NO（normally open）端子的触点接触。

在 COMMON 端子上加载电信号，检测出 NC 和 NO 端子的信号即可知道手柄位于哪个位置，以及物体是否接触手柄。

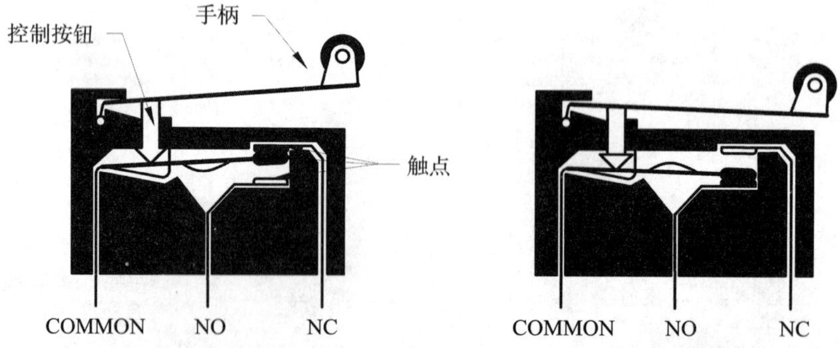

（a）手柄未施加外力时　（b）手柄上施加外力时

图 2-62　微动开关的基本结构

柔性触觉传感器主要有柔性薄膜触觉传感器、导电橡胶传感器和气压式触觉传感器。柔性薄膜触觉传感器具有获取物体表面形状二维信息的潜在能力，它是采用柔性聚氨基甲酸酯泡沫材料的传感器。柔性薄层触觉传感器如图 2-63 所示，泡沫材料用硅胶薄层覆盖。这种传感器结构与物体周围的轮廓相吻合，移去物体时，传感器即恢复到最初形状。导电硅胶应变计连接到薄层内表面，拉紧或压缩应变计时，薄层的形变会被记录下来。导电橡胶传感器以导电橡胶为敏感元件，当触头接触外界物体受压时，会压迫导电橡胶，使它的电阻发生改变，从而使流经导电橡胶的电流发生变化。

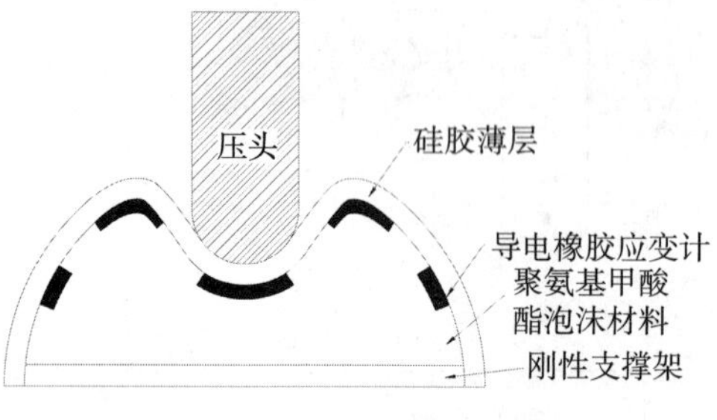

图 2-63　柔性薄层触觉传感器

气压式触觉传感器主要由体积可变化的波纹管式密闭容腔、感知端内藏于容腔底部的微型压力传感器和压力信号放大器组成。其工作原理为：当波纹管式密闭容腔的上端盖与外界物体接触受压时，将产生轴向移动，使密闭容腔容积缩小，内部气体将被压缩，引起气压变化，压力的变化由底部的压力传感器检出，通过容腔内压力的变化，来间接测量波纹管的压缩位移，从而判断传感器与外界物体的接触程度。其结构如图 2-64 所示。

触觉传感器阵列是最新的触觉传感器。最新报道的阵列有美国 LORD 公司研制的 LTS-

100 触觉传感器(图 2-65),还有 Pressure Profile System 公司生产的电容性接触式传感器阵列等。

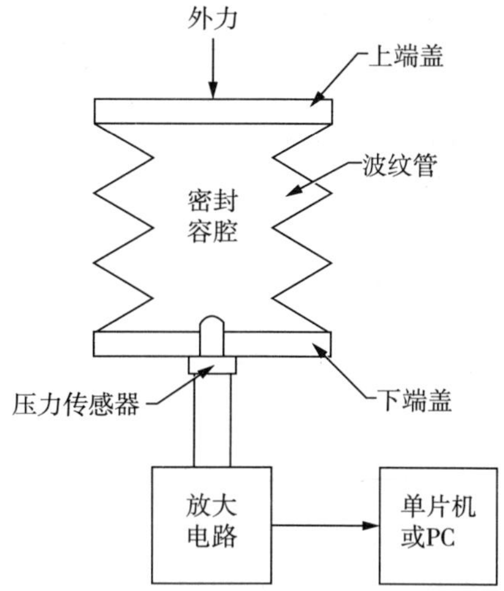

图 2-64　气压式触觉传感器原理图

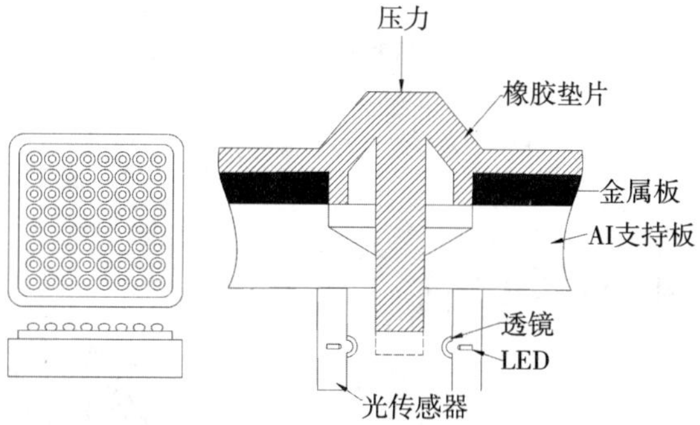

图 2-65　LTS-100 触觉传感器

仿生皮肤是集触觉、压觉、滑觉和温觉传感器于一体的多功能复合传感器,具有类似于人体皮肤的多种感觉功能。仿生皮肤使用具有压电效应和热释电效应的聚偏氟乙烯(PVDF)敏感材料,具有温度范围宽、体电阻高、质量轻、柔顺性好、强度高和频率相应宽等特点。

4. 力觉传感器

力觉是指对机器人的指、肢和关节等运动中所受力或力矩的感知。在具有吸引或者吸附机构的机器人中,检测机构上的压力并进行反馈时使用压力传感器。图 2-66 所示为一典型的压力传感器,它是一种半导体压力传感器,利用了压阻效应,即半导体受到压力后电阻将发生大幅度的变化。传感器芯片是膜片式构造,膜片受到压力时会产生变形,在膜片上有 4 片半导体应变片构成惠斯登电桥。传感器上多装有温度补偿电路、放大器等,可直接连接到测量机器上。

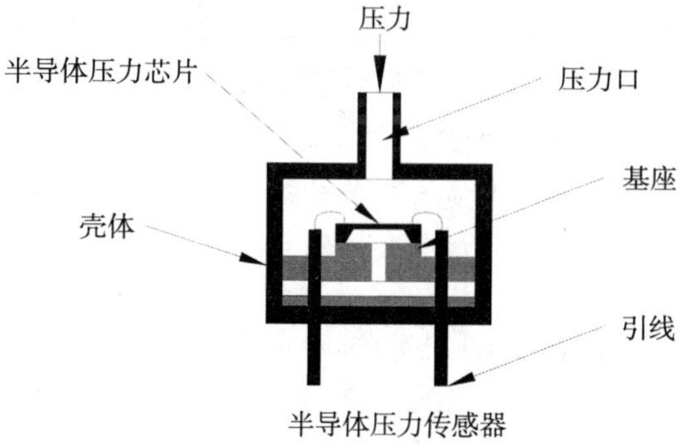

图 2-66　半导体压力传感器

应变片是另一种常用的力觉传感器,在负荷、压力、扭矩变形等力学测量中广泛应用。其利用物体弹性变形的原理,金属受到拉伸则伸长变细,反之受到压缩则收缩变粗。变形量相对于原来长度的比率称为应变。应变片利用了金属上产生的应变量与施加的外力成正比,同时与电阻的变化量成反比的原理。应变片的构造如图 2-67 所示,其由金属电阻丝贴在绝缘的基板上制成。将应变片贴到要测量的物体上,随着对象物体的伸缩,应变片上的金属电阻丝也伸缩,电阻也成比例地变化,即应变片是一种从电阻的变化量测定应变量(即测量外力)的装置。也有利用半导体代替金属丝的半导体应变片,这是一种利用半导体受到外力时内部电阻会大幅度变化的压阻效应的应变片，比金属电阻丝型的灵敏度更高，但其内部电阻易受到温度影响，一般采用惠斯登电桥提高精度并进行温度补偿。在农业机器人中，将力传感器贴在末端执行器手指上，用于以微小的力夹持秧苗或果实等物体时的力控制。

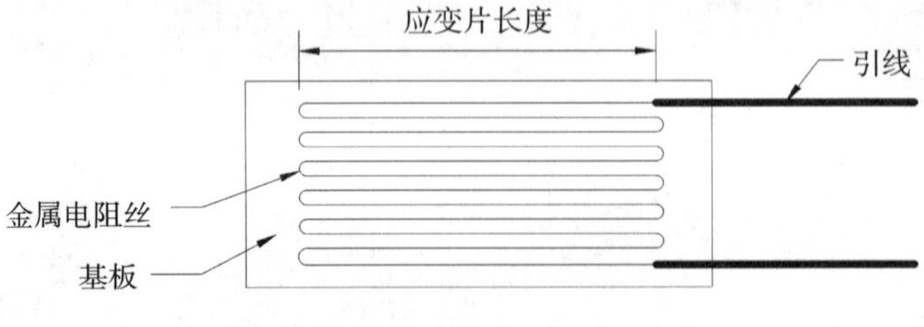

图 2-67　应变片结构示意图

拓展阅读

二维码 2-1　如何应对机器人核心零部件"卡脖子"问题

思想理论教育：

面对我国农业工人严重短缺的现状，农业机器人技术成为建设"农业强国"的重要支撑技术之一。《数字农业农村发展规划(2019—2025 年)》和《农业农村部关于加快推进设施种植机械化发展的意见》都对农业机器人的发展做了重要部署。在国家政策的支持下，新型多功能农业机器人技术快速发展，在大田、果园、设施园艺、养殖等各个场景的应用越来越成熟。党的二十大提出"全面推进乡村振兴"，继续发展强化农业机器人等农业科技和装备，有助于加快建设农业强国，助力全面推进乡村振兴。

思考题

1. 使用机械驱动装置的优点有哪些？
2. 除了本章中提到的内容，请举出 2～3 种操作臂在农业领域的应用。
3. 操作臂如果要实现空间 6 个方向的运动，至少需要几个关节？
4. 请画出下面 PUMA560 机器人操作臂(图 2-68)的机构简图。
5. 末端执行器常用机构有哪些？
6. 简述末端执行器常用的驱动方式。
7. 在生活中或网络上查找一款农业机器人并分析其末端执行器的结构及所用到的感知系统。

二维码 2-2
思考题及参考答案

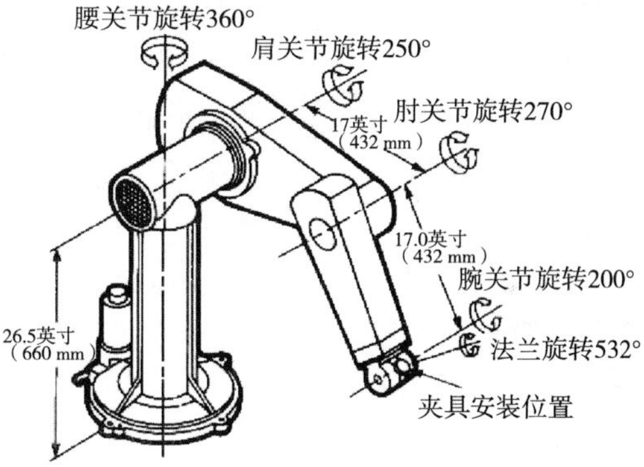

图 2-68　PUMA560 机器人及其结构

参考文献

[1] 鲍官军. 气动柔性驱动器 FPA 的特性及其在多指灵巧手设计中的应用研究[D]. 杭州：浙江工业大学，2006.

[2] 陈斌，张致远，肖名涛，等. 离地高度可调的减振式履带驱动机构设计[J]. 农业装备与车辆工程，2020，58(3)：32-34.

[3] 陈秉聪. 车辆驱动机构形态学及仿生减速粘脱土理论[M]. 北京：机械工业出版社，2001.

[4] 陈锋. 基于 PVDF 压电传感器的机械手爪夹持力控制系统研究[J]. 电脑编程技巧与维护，2020，8(8)：127-129，135.

[5] 陈军，王虎，蒋浩然，等. 猕猴桃采摘机器人末端执行器设计[J]. 农业机械学报，2012，43(10)：151-154.

[6] 郭晓林，刘杰，赵炎，等. 螺旋推进车研究现状概述[J]. 农业装备与车辆工程，2014，52(4)：14-17，27.

[7] 国家质量监督检验疫总局，中国国家标准化管理委员会. 工业机器人　词汇[S]：GB/T 12643—2013.

[8] 靳航嘉，吴文福，吴子丹，等. 螺旋驱动式粮仓机器人行走机构设计与试验[J]. 农业工程学报，2021，37(2)：20-26.

[9] 李芳繁，王智立. 采摘柑橘果实机器手臂之研制[J]. 农业机械学刊，1999，8(3)：1-8.

[10] 李金彦. 枸杞采摘机械手设计[J]. 南方农机，2019，50(24)：1.

[11] 连京华，孙凯，祝伟，等. 基于智能巡检机器人的家禽健康管理系统研究[J]. 山东农业科学，2019，51(7)：4.

[12] 刘长林，张铁中，杨丽. 茄子采摘机器人末端执行器设计[J]. 农机化研究，2008(12)：62-64.

[13] 刘继展，李萍萍，李智国. 番茄采摘机器人末端执行器的硬件设计[J]. 农业机械学报，2008，39(3)：109-112.

[14] 路杰，梁喜凤. 番茄果实串采摘末端执行器设计与运动仿真[J]. 农机化研究，2020，42(7)：88-93.

[15] 史美功. 俞学廉. 工业机器人[M]. 上海：上海科技出版社，1997.

[16] 唐火红，栾铸. 基于PVDF压电传感器的采摘机械手研究[J]. 压电与声光，2019，41(3)：387-391.

[17] 王宜磊，陈霖，易柳舟，等. 猕猴桃采摘机械手末端执行机构的设计[J]. 食品与机械，2018，34(1)：89-91.

[18] 向泽锐，支锦亦，王超，等. 轨道列车工业设计方法与实例[M]. 北京：机械工业出版社，2019.

[19] 熊有伦. 机器人技术基础[M]. 武汉：华中理工大学出版社，1996.

[20] 殷红梅，王迪，吕力. 花卉采摘机械手末端执行器及控制方案的设计[J]. 机电产品开发与创新，2015，28(4)：113-114.

[21] 袁晓东. 机电设备安装与维护[M]. 北京：北京理工大学出版社，2008.

[22] 翟建华，吴福晓，魏晓华，等. 可变形轮腿式机器人行走机构设计与研究[J]。机械传动，2021，45(1)：157-161.

[23] 战强. 机器人学——机构、运动学、动力学及运动规划[M]. 北京：清华大学出版社，2020.

[24] 张凯良，杨丽，张铁中. 草莓收获机器人末端执行器的设计[J]. 农机化研究，2009，31(4)：54-56，60.

[25] 张曼，徐瑞峰，冯青春，等. 单驱双夹式草莓末端执行器设计[J]. 农机化研究，2019，41(6)：93-97，103.

[26] 张振国，吕全贵，任杰宇，等. 旋转剪切式红花花丝采摘机械关键部件的设计[J]. 中国农机化学报，2019，40(7)：1-6.

[27] 周思路. 黄瓜采摘机械手结构优化及其机器视觉研究[D]. 吉林：吉林大学，2019.

[28] 周行健. 平旋推进器桨叶驱动机构的研究[J]. 机电设备，1996(5)：18-26.

[29] Arima S, Kondo N, Monta M. Strawberry harvesting robot on table-top culture[C]. Ottawa：ASAE Annual International Meting, 2004.

[30] Arima S, Kondo N, Yagi Y, et al. Harvesting robot for strawberry grown on table top culture. Part 1. Harvesting robot using 5 DOF manipulator[J]. Shokubutsu Kojo Gakkaishi, 2001，13(3)：159-166.

[31] Henten E, Hemming J, Tuijl B, et al. An autonomous robot for harvesting cucumbers in greenhouses[J]. Autonomous Robots, 2002，13(3)：241-258.

[32] Kondo N, Nishitsuji Y, Ling P P, et al. Visual feedback guided robotic cherry tomato harvesting[J]. Trans Asae, 1996，39(6)：2331-2338.

[33] Kultongkham A, Kumnon S, Thintawornkul T, et al. The design of a force feedback soft gripper for tomato harvesting[J]. Journal of Agricultural Engineering, 2021, 52：1090.

[34] Ling P P, Ehsani R, Ting K C, et al. Sensing and end-effector for a robotic tomato harvester[C]. Ottawa：ASAE Annual International Meeting, 2004.

[35] Monta M, Kondo N, Ting K C, et al. End-effector for tomato harvesting robot[C]. Arizona：ASAE Annual International Meeting, 1996.

[36] Veki S, Kawasaki H, Ishigure Y, et al. Development and experimental study of a novel pruning robot[J]. Artificial Life & Robotics, 2011，16(1)：86-89.

第3章　农业机器人感知系统

本章学习目的与要求

随着智能农业装备和计算机技术的高速发展，机器人技术在农业生产系统中得到了广泛应用，传感器技术也在机器人感知等环节发挥着巨大的作用。感知系统是智能农业装备发展过程中不可或缺的部分，通过学习农业机器人感知系统，可以了解并掌握农业机器人感知系统在农业生产中的应用，有利于对农业机器人的研究，以实现农业生产的进一步升级。通过本章的学习，读者能够了解农业机器人感知系统的分类、几种具有代表性的传感器技术在智能农业生产中的应用案例、相同功能不同类别传感器之间的差异及各自适应的使用场景、各类典型传感器的结构组成、工作原理及算法。

3.1　视觉感知系统

视觉感知是人类感知世界的一种重要方式，人类通过视神经将视觉器官获得的信号传送到大脑，大脑处理视觉输入用于感知外部世界并做出反馈。随着科技的进步，机器人技术得到了长足的发展，为了让机器人在更为复杂苛刻的环境下执行任务，满足更高的智能化要求，机器人需要根据当前环境信息和环境变化及时做出反馈，所以机器人能够决策执行的前提便是环境感知。视觉感知作为环境感知的主要途径，其重要性不言而喻。在视觉感知系统中，视觉输入设备和机器学习方法等被广泛应用于模拟人类的视觉感知系统，因此视觉感知系统和相关技术在工业视觉、机器人视觉中早已成熟落地，并且得到了不断完善和发展。机器人的视觉感知系统可以分为图像采集单元、信息处理单元和决策执行单元。图像采集单元主要用于获取外部环境中与视觉相关图像信息，是将光等相关信号通过电子器件转换成电信号，进一步转换成计算机可以运算的数字信号的单元；信息处理单元通过相关算法处理和提取图像中所需的重要特征信息，如目标纹理、颜色、位置、姿态等信息；最终机器人会通过特征信息等做出相应决策并执行。简而言之，机器人视觉感知是将相机传感器获得的原始数据经过预处理和算法分析，再通过程序逻辑执行特定任务的过程。

3.1.1　图像采集

图像采集作为机器人视觉感知的最前端，通过相机传感器等相应部件将光等信号转化为电信号，进而转化为数字信号，供运算单元处理。图像采集系统包括外部光学照明系统和成像系统。根据外部环境和相关任务，决定是否需要外部光学照明系统。拥有光学照明的系统也被称为主动视觉，主动视觉可以根据视觉感知任务要求，主动改变传感器和相机的内部参数与外部参数，被动视觉则是采用自然测量的方式采集图像。成像系统包括镜头、工业相机等关键成像部件，将光学图像转化为数字信号供后续模块处理。

成像系统的原理为小孔成像，即所有景物发射或反射的光线通过摄像机光轴中心点投射到成像平面上。同时成像平面上分布着感光器件，将照射到该平面的光信号转化为电信号，经过放大处理得到数字信号。镜头作为重要的成像部件，其参数选择也十分重要，镜头焦距、畸变等内部参数和工作环境（如工作距离）等共同决定了镜头型号的选择，镜头质量将直接影响成像质量。

工业相机按照图像传感器类型可以分为电荷耦合器件（CCD）相机、互补金属氧化物半导体器件（CMOS）相机。工业相机内部包括光电转化、外部电路和接口等，其中，光电转化部分也被称为图像传感器、感光元件等。图像传感器是工业相机里最为核心的部件，CCD 的主要材质为硅晶半导体，通过光电效应，由感光元件表面感应来源光线，从而转换成储存电荷的能力。CMOS 的主要材质为硅和锗这两种元素，这使其在 CMOS 上共存着 N 型和 P 型半导体，这两个互补效应所产生的电流，经过处理后直接转换成对应的数字信号。

除了材质不同，CCD 和 COMS 工作方式的主要区别在于信号的输出方式不同，CCD 传感器通过电荷传递方式传输数据，在同步时钟控制下整行数据串行输出并进行信号放大，此工艺使其成像质量更具优势但成品率下降，导致 CCD 制造成本提高。CMOS 传感器每个像素点都配备数模转换和放大电路，信号可以并行读取，但分布其中的电路产生的噪声会对 CMOS 传感器产生干扰。CCD 和 COMS 图像传感器的电荷传输示意如图 3-1 所示。所以 CCD 传感器的优点是成像质量较高，如低照度效果好、高信噪比、色彩还原能力好等，但制造成本较高、功耗较大也制约了其发展；CMOS 传感器的优势在于制造成本较低、功耗较低，但是成像质量较低。然而，随着 CMOS 不断提高的制作工艺和其低成本低功耗的优势，CMOS 传感器也得到了越来越广泛的应用。

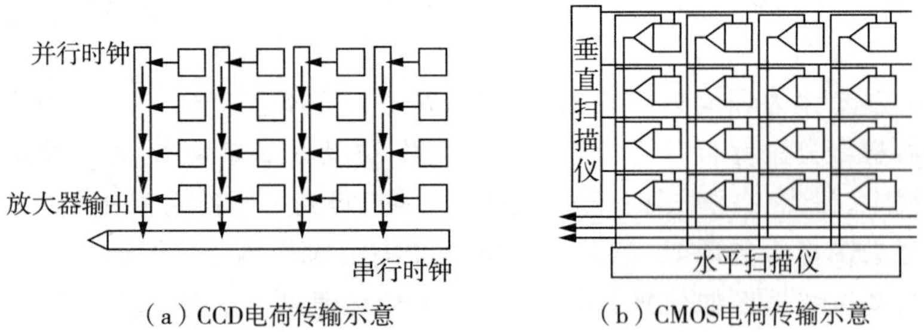

（a）CCD电荷传输示意　　（b）CMOS电荷传输示意

图 3-1　图像传感器电荷传输示意

此外，工业相机按照传感器的结构特性可以分为线阵相机、面阵相机和 3D 相机。线阵相机，顾名思义，它的成像为线性，其图像是宽度为单个或者多个像素的一行图像，所以线阵相机也被称为一维（1D）视觉传感器。线阵相机的扫描行坐标由光栅提供，由于高精度的光栅尺的示值精度可以高于面阵 CCD 像素间距的制作精度，所以线阵 CCD 相机在扫描方向上的图像精度高于面阵 CCD 相机图像的精度。线阵相机的典型应用是对金属玻璃等生产材料表面的连续检测，被检测物体匀速运动，线阵相机通过逐行扫描可以实现对整个被检测物体表面的均匀检测，同时线阵相机的高分辨率使其非常适用于测量场景，它的测量精度可以达到微米的数量级。面阵相机则是在成像时生成二维图像信息的相机，也是工业相机和农业机器人视觉感知中应用最广泛的相机，被称为二维(2D)视觉传感器。面阵相机的二维图像信息可以直观地表达图像中目标的几何尺寸、轮廓、颜色等信息，随着工业相机的发展和应用，面阵相机也成了最成熟的图像传感器。三维(3D)视觉传感器是指由多个模块组成的具有比二维信息更丰富的三维信息传感器，可以更加成熟地应用于机器人的视觉测量和后续的视觉控制中，对于机器人的视觉导航、机器人机械臂的目标物抓取等意义重大。主流的 3D 传感器包括基于双目立体视觉的双目相机、由激光投射器和工业相机组成的结构光 3D 传感器和利用脉冲往返飞行时间(time of flight，TOF)计算深度信息的 3D 传感器。常见的线阵相机、面阵相机和 3D 相机如图 3-2 所示。

(a) 线阵相机　　(b) 面阵相机　　(c) 3D相机

图 3-2　常见的线阵相机、面阵相机和 3D 相机

基于双目立体视觉的双目相机与人眼类似，和基于结构光和 TOF 原理的深度相机不同，不需要像主动视觉一样投射光线，完全根据两个摄像头拍摄的图片来计算图片中各像素位置的深度信息。双目相机视觉测量的步骤是首先对两个相机参数进行标定，求取摄像头内外参数信息和相关变换矩阵，然后根据标定结果对原始图像进行图像校正，校正后的两张图像处于同一平面且相互平行，同时对校正后的两张图像进行像素点匹配，最后根据匹配结果计算每个像素的深度以获取深度信息。结构光 3D 传感器由不可见光红外线(IR)发射模组、IR 接收模组、镜头模组和图像处理芯片四部分组成。结构光 3D 传感器首先通过投影装置向被测物体表面投射出经过编码的图案，被测物体会使编码图案发生畸变，畸变程度与被测物体表面的深度、投影装置及接收装置的位置有关；其次通过接收装置对畸变后的图案进行接收，接收到的图案即为被测物体深度信息的体现；最后利用计算机处理系统对畸变图案进行解调，便可实现对被测物体的 3D 重构。结构光 3D 传感器成像系统如图 3-3 所示。TOF 深度相机可直接输

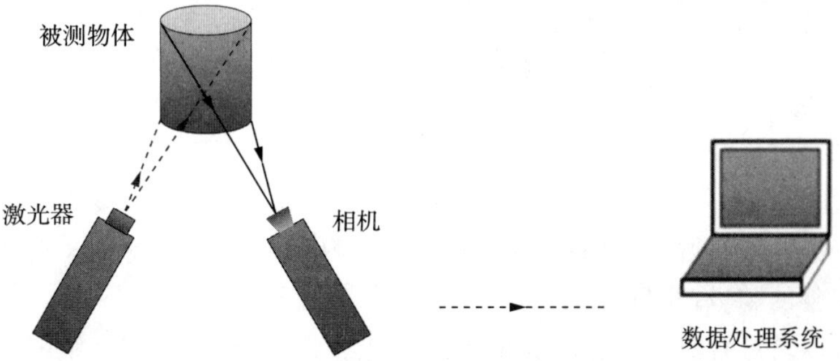

图 3-3　结构光 3D 传感器成像系统

出深度与场景中的反射系数信息。TOF深度相机中,传感器发出经调制的近红外光,遇物体后反射,传感器通过计算光线发射和反射时间差或相位差换算被拍摄物体的距离,以产生深度信息,再结合物体的二维图像信息,就能将物体的三维轮廓以不同颜色代表不同距离的地形图方式呈现出来。

3.1.2 信息处理

图像采集单元通过图像传感器等将光信号转换为计算机能够识别的数字信号,如何从这些含有大量冗余信息的图像中提取到机器人所需的有用信息,即如何在图像中获取能够表征图像的特征信息就显得尤为重要。通过能够实现不同功能的图像处理算法对图像信息进行预处理和特征提取等操作,计算机能够获得特征抽象后的更高维特征表达,用于完成图像中信息和目标的分析和理解。图像处理方法可以分为传统的图像处理方法和深度学习方法。传统图像处理方法多是基于像素点的逐像素点操作,其特征提取主要依赖人工设计的特征提取器,专业的知识和复杂的参数调节尤为重要,同时针对不同方法都有着具体的应用。在解决某些特定场景、人工设计的图像任务时具有一定应用价值,可解释性较强,但其泛化性和鲁棒性都较差。随着科技的不断发展,人类社会已经步入数字化和大数据时代,海量的图像数据不断产生,必然对计算机的数据处理能力提出了更高的要求,同时在硬件(如图形处理器等)并行计算能力不断提高和神经网络算法不断创新发展的加持下,硬件设备的并行计算能力和运算速度足以支撑神经网络算法中海量参数的运算,这促使了计算机视觉等在深度学习领域的不断发展。深度学习图像处理方法基于数据驱动进行特征提取,能够从海量数据中提取到更为深层的特征表达,所以其抽取的特征鲁棒性更强,同时泛化能力更强。但是大量的数据需求和算力的消耗,以及可解释性较差是深度学习的缺点。

图像的处理过程又可以分为图像的预处理和特征提取与表达,图像预处理是在高效准确地提取图像特征之前,对图像进行的畸变矫正、图像增强等操作,以便于提升图像质量。为了建立真实世界和图像坐标之间的精确对应关系,需要进行相机标定来修正镜头畸变等导致的成像误差,为后期的特征提取和目标定位等操作提供更加准确的位置信息。另外,图像的成像质量可能因外部环境、相机成像设备制作工艺和信号传输等影响,导致图像中出现噪声和模糊的现象,此时使用图像去噪便可以改善图片质量。图像增强是为了增强图像中的有用信息,以便于改善图像的视觉效果,加强图像的判读和识别效果。图像增强包括图像去噪、对比度增强、图像超分、图像恢复等操作。图像预处理方法在传统图像处理和深度学习中都有着诸多的算法实现。在传统图像处理和深度学习中,特征的提取与表达的过程是对图像中目标的颜色、纹理、形状等信息的提取过程,但深度学习方法可以提取除颜色、纹理、形状等以外的更高维度的特性。这就是传统图像处理的特征提取过程可解释性更强,深度学习方法的可解释性较差的原因。Zeiler等尝试通过反卷积的形式可视化深度学习卷积层特征提取的内容,对AlexNet网络进行了反卷积可视化,如图3-4所示,经过卷积神经网络学习后的特征是忽略背景并把关键信息进行提取。从layer 1、layer 2学习到的特征基本上是颜色、边缘等低层特征;layer 3则开始稍微变得复杂,学习到的是纹理特征;layer 4学习到的则是比较有区别性的特征;layer 5学习到的则是完整的、具有辨别性的关键特征。

深度学习可以通过计算机模拟人类的神经模式和学习行为,提取高维图像语义信息,以获取新的知识和技能。深度学习在机器视觉处理方面有着广泛应用,包括图像分类、目标检测、图像分割、目标跟踪、图像增强、动作识别、三维重建等。深度学习的发展也助力了机器人视觉感知技术的发展。

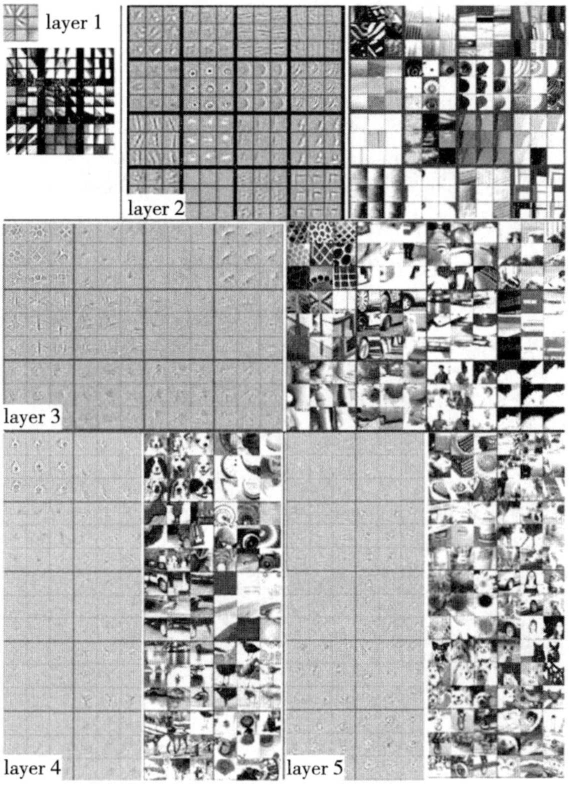

图 3-4　卷积神经网络可视化图

在机器人视觉感知的信息处理阶段，目标检测一直发挥着重要作用，本章以下部分将对深度学习目标检测方法进行详细介绍，并在本章 3.1.3 节为读者展示应用实例——基于深度学习的水下残饵检测算法原理与实现。目标检测的定义是多样本的分类任务加定位任务，基于深度学习的目标检测算法主要分为两类：一类是两阶段（two-stage）目标检测算法，另一类是一阶段（one-stage）目标检测算法。两者的主要区别在于算法是否生成候选框，two-stage 目标检测算法首先使用选择性搜索（selective search）或者 RPN（region proposal network）方法生成大量的样本候选框，然后通过卷积神经网络对样本进行分类。而 one-stage 目标检测算法无须生成候选框，而是将目标定位问题直接转化为回归问题进行处理。两类目标检测算法的性能差异主要表现为：two-stage 目标检测算法由于候选框的存在有着更高的精度，但是速度因候选框而受到限制；one-stage 目标检测算法虽然检测速度更具优势，但是精度较 two-stage 算法稍显逊色。two-stage 目标检测算法实际上指的是 R-CNN 系列等目标检测算法，其中代表性的算法包括 R-CNN、SPP-Net、Fast R-CNN 和 Faster R-CNN 等。One-stage 目标检测算法主要包含两个系列：YOLO 系列目标检测算法和 SSD 系列目标检测算法。

YOLO 系列目标检测算法在近几年不断发展创新，取得了广泛的应用。YOLOv1 骨干网络使用 GoogLeNet，由 24 个卷积层和 2 个全连接层组成。YOLOv1 将输入图像分割成一个 S×S 网格，如果一个物体的中心落在其中一个网格单元，该网格单元就负责检测该物体。预测的网格会通过非极大值抑制算法筛选最优结果。

3.1.3 视觉感知系统在农业中的应用

3.1.3.1 水下残饵数据集制作

1. 数据获取与图像特点

本实例所使用实验视频数据采集于位于中国黄海冷水团区域的“深蓝 1 号”深远海养殖网箱。养殖网箱中饲养的是成年大西洋鲑鱼，采集投喂大西洋鲑鱼时水下残饵下落的视频。网箱尺寸和图像采集原理如图 3-5 所示。网箱周长 180 m，高度 38 m，有效养殖水深 30 m。为了避免垂直光线的冲击，相机从下往上拍摄，与水面夹角 α 为 60°。为了捕捉水下图像，相机使用变焦镜头并开启自动模式。镜头的视角为 2α，在 34°～84°间变化，典型的最大视觉距离 d 约为 20 m，对应的检测区域为投喂点下方区域。采集到的视频尺寸大小为1 920×1 080，帧率为 60 fps，并从视频数据中提取存在残饵的图像作为数据集。具体的操作是从视频中每隔 5 s 提取一帧图。考虑到每张图片中都有大量未被吃掉的饲料颗粒，最终选择 40 张未被吃掉的饲料颗粒图。图片中的饲料颗粒多为小目标样本，满足 MS-COCO 数据集小目标样本的定义，即像素范围为(0×0)～(32×32)。每张图片中标注的残饵样本数量为 0～500。

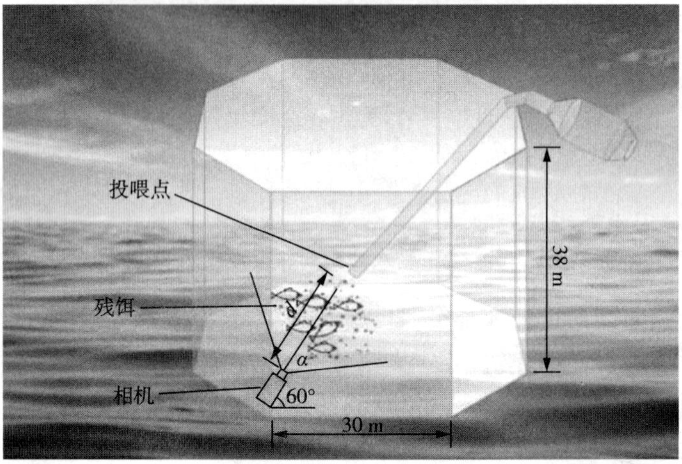

图 3-5 网箱尺寸与图像采集示意图

本实例从训练数据集图片中截取局部画面(图 3-6)，可以看出，小目标饵料检测任务存在较大挑战，主要表现在以下 5 个方面。

①水质浑浊：水中鱼类排泄物、漂浮物等导致图像模糊，如图 3-6(a)所示。

②密度大：饵料检测属于小目标检测，一张图片中所含目标数量多，造成检测难度增加，挑战 YOLO 系列算法检测极限，如图 3-6(b)所示。

③遮挡、粘连：饵料之间存在遮挡和粘连的情况，如图 3-6(c)所示，容易导致漏检。

④像素模糊：饵料下落运动导致目标模糊，水下图像由于光线、运动模糊、相机未对焦等问题造成目标像素模糊，如图 3-6(d)所示。

⑤极小目标：饵料距离相机位置过远，导致极小目标的出现，如图 3-6(e)所示。

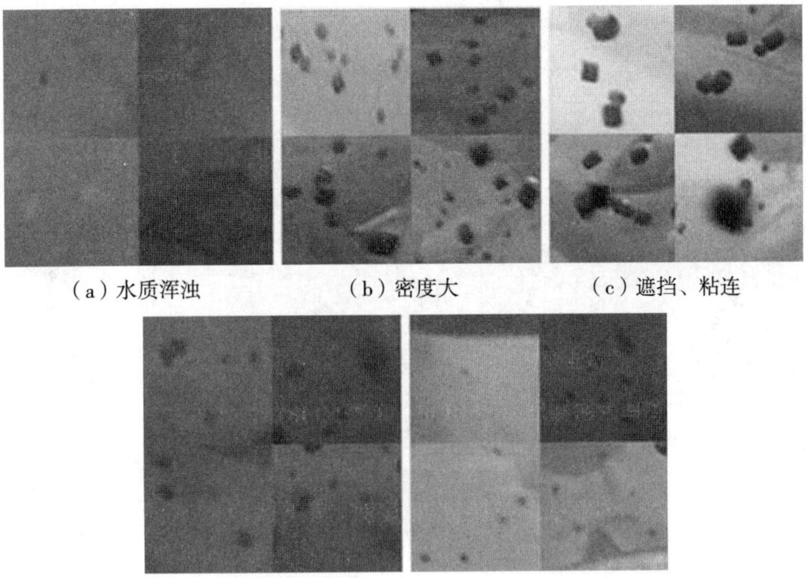

（a）水质浑浊　（b）密度大　（c）遮挡、粘连

（d）像素模糊　（e）极小目标

图 3-6　局部区域较难检测图片

2. 图像标注与数据集制作

本实例使用 GitHub 上的开源脚本 LabelImg（https://github.com/tzutalin/labelimg）对数据集进行标注。运行 LabelImg 脚本后，标记每个图像中的目标样本，然后生成 XML 文件。XML 文件包含用于数据集训练的目标类型和坐标信息。考虑到水下残饵数据集中目标数量过多，导致标注难度较大。另外，还存在数据集较难被模型特征学习和拟合，导致后续模型训练难度较大的问题。制作了预训练数据集用于迁移学习，由手机拍摄水下饵料图片构成。

预训练数据集制作使用了 175 张手机拍摄水下饵料图片，标记目标正样本量 7 684 个。改进后的网络用于训练预训练数据集，训练过程中的参数设置如下。动量设置为 0.949，初始学习率设置为 0.001，权重衰减设置为 0.000 5。同时，将批次大小设置为 16，并执行 6 000 次迭代以生成预训练权重文件。海上网箱养殖场景下训练数据集制作使用了 40 张水下图片，标记正样本量 7 200 个。其中，35 张图片作为训练数据集，标注的残饵样本为 6 007 个；验证数据集使用 5 张图片，标注的残饵样本为 1 193 个。训练时使用预训练数据集生成的权重文件对训练数据集进行迁移学习。标注图片的示例如图 3-7 所示。

3. 模型评价指标

对于目标检测算法，需要用性能评价指标来评价算法模型。根据神经网络模型的评价指标，本部分使用精确率 Precision、召回率 Recall、F_1-score 值以及检测精度 AP（average precision）作为评价指标。Precision、Recall 和 F_1-score 的计算分别如式（3-1）、式（3-2）和式（3-3）所示。公式（3-1）中，TP（true positive）代表将饵料正确分类为饵料的样本量，FN（false negative）代表将饵料错误分类为背景的样本量，TN（true negative）代表将背景正确分类为背景的样本量，FP（false positive）代表将背景错误分类为饵料的样本量。

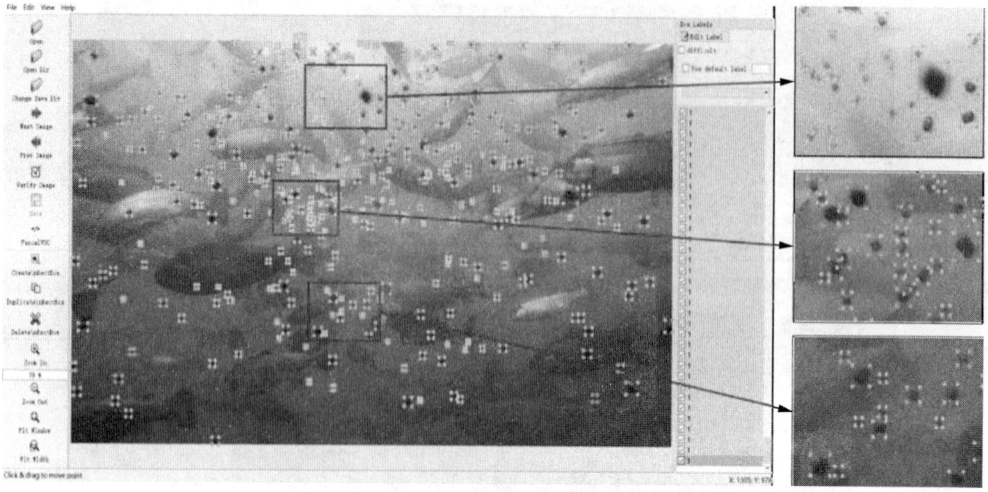

图 3-7　数据集标注图片

$$\text{Precision}=\frac{\text{TP}}{\text{TP}+\text{FP}} \tag{3-1}$$

$$\text{Recall}=\frac{\text{TP}}{\text{TP}+\text{FN}} \tag{3-2}$$

$$\text{F}_1\text{-score}=\frac{2\times\text{Precision}\times\text{Recall}}{\text{Precision}+\text{Recall}} \tag{3-3}$$

检测精度 AP 的计算如式(3-4)所示，其中 r 表示积分变量，用于求解 0～1 之间 Precision×Recall 的乘积积分值。检测精度 AP 表示 Precision-Recall 曲线下方包围面积。AP_{50}是 IOU 为 0.5 时不同 Recall 下的 Precision 的平均值，AP_{75}是 IOU 为 0.75 时不同 Recall 下的 Precision 的平均值。$AP_{50:95}$是 AP_{50}，AP_{55}，…，AP_{90}，AP_{95} 十个值的平均值，如式(3-5)所示。

$$\text{AP}=\int_0^1 \text{Precision}\times\text{Recall}\,\mathrm{d}r \tag{3-4}$$

$$\text{AP}_{50:95}=\frac{1}{10}(\text{AP}_{50}+\text{AP}_{55}+\cdots+\text{AP}_{90}+\text{AP}_{95}) \tag{3-5}$$

3.1.3.2　YOLOv4 算法原理

YOLOv4 网络作为目前优秀的 one-stage 目标检测算法，经历了 YOLOv1，YOLOv2，YOLOv3 的不断改进。YOLO 系列目标检测算法的原理相同，相对于以 Faster R-CNN 为代表的 two-stage 算法去除了 Region Proposal Network，极大提升了检测速度。作为经典的 one-stage 算法，通过将图片分割成 S×S grids 的网格，预测网格中是否存在目标，用回归的方法预测位置信息和置信度，基本原理如图 3-8 所示，grid 的置信度计算公式如下：

$$\Pr(\text{Class}_i \mid \text{Object})\times\Pr(\text{Object})\times\text{IOU}_{\text{pred}}^{\text{truth}}=\Pr(\text{Class}_i)\times\text{IOU}_{\text{pred}}^{\text{truth}},\Pr(\text{Object})\in\{0,1\} \tag{3-6}$$

当 grid 判断为有正样本时，Pr(Object) 为 1，若无正样本，则为 0。预选框生成后通过使用非极大抑制筛选最终预测结果。图 3-8 中由于鱼为负样本，等价于背景，网络预测鱼的所在位置的 grid 置信度时，Pr(Object) 为 0，直接被判定为背景。

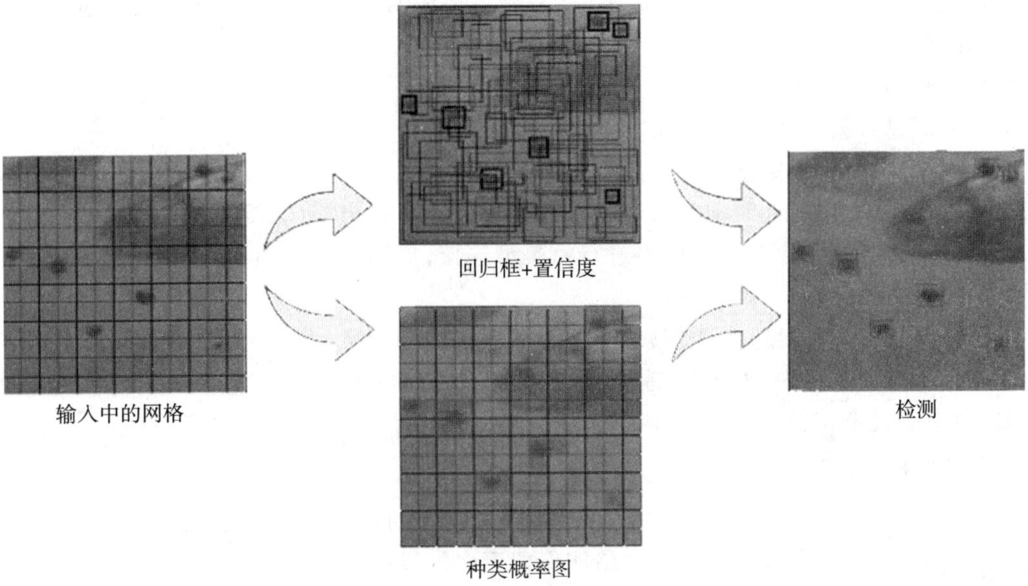

图 3-8　YOLO 算法检测原理

YOLOv4 算法是在原有 YOLOv3 目标检测框架的基础上，对数据处理、主干网络、网络训练、激活函数、损失函数等各个方面都有不同程度的优化。YOLOv4 使用了 mosaic 数据增强方法，CSPDarknet53 作为主干网络，多尺度训练方式进行网络训练，采用 SPP 特征金字塔池化，mish 激活函数和 CIOU loss 作为边界框回归损失等。YOLOv4 的算法结构图见二维码 3-1。

二维码 3-1 YOLOv4 算法结构图

YOLOv4 的损失函数包括回归框损失、置信度损失和分类损失。Loss(coord)是回归框损失，Loss(conf)是置信度损失，Loss(cls)是分类损失。损失函数的公式如下：

$$\mathrm{Loss(object)} = \mathrm{Loss(coord)} + \mathrm{Loss(conf)} + \mathrm{Loss(cls)} \tag{3-7}$$

$$\mathrm{Loss(coord)} = \lambda_{\mathrm{coord}} \sum_{i=0}^{K\times K} \sum_{j=0}^{M} I_{ij}^{\mathrm{obj}} (2 - w_i \times h_i) [L_{\mathrm{CIOU}}] \tag{3-8}$$

$$\begin{aligned}\mathrm{Loss(conf)} = & -\sum_{i=0}^{K\times K} \sum_{j=0}^{M} I_{ij}^{\mathrm{obj}} [\hat{C}_l \log(C_i) + (1-\hat{C}_l)\log(1-C_i)] \\ & - \lambda_{\mathrm{noobj}} \sum_{i=0}^{K\times K} \sum_{j=0}^{M} I_{ij}^{\mathrm{noobj}} [\hat{C}_l \log(C_i) + (1-\hat{C}_l)\log(1-C_i)]\end{aligned} \tag{3-9}$$

$$\mathrm{Loss(conf)} = -\sum_{i=0}^{K\times K} I_{ij}^{\mathrm{obj}} \sum_{c\in \mathrm{classes}} \{\hat{p}_l(c)\log[p_i(c)] + [1-\hat{p}_l(c)]\log[1-p_i(c)]\} \tag{3-10}$$

其中 $\lambda_{\mathrm{coord}}=5$，$\lambda_{\mathrm{noobj}}=0.5$，$i$ 代表特征输出层第 i 个 cell，k 表示 grid size，j 代表第 j 个负责的预测框，w 和 h 代表真实框的宽和高。C_i 代表 grid 的置信度，I_{ij}^{obj} 代表第 i 个 cell 有无物体，L_{CIOU} 为 CIOU 的损失函数。

YOLO 算法本身的性能决定了 YOLOv4 算法的速度基本能满足水下残饵检测任务实时性的要求，但是由于残饵目标小、数量多，检测精度不够理想，所以本实例通过改进 YOLOv4 网络，提升检测精度，使其能够适用于水下残饵检测任务。

3.1.3.3 基于改进的 YOLOv4 水下残饵检测网络

本实例通过数据集特点对 YOLOv4 进行如下改进。

（1）为了解决小目标数量过多的问题，本实例修改 PANet 网络连接方式，获取细粒度信息更加丰富的特征输出层，同时剪枝负责检测大目标的特征输出层（二维码 3-2）。

（2）为加快训练速度，对残差网络进行密集型连接，加强特征传递和复用，解决数据集训练过程中的梯度消失问题（二维码 3-3）。

（3）为了提高计算速度，本实例减少了 YOLOv4 网络层数，将 CSPDarknet53 中的剩余块 CPS1、CPS2、CPS8、CPS8、CPS4 更改为密集连接块 D-CPS1、D-CPS2、D-CPS4、D-CPS4、D-CPS2 以减少冗余特征（二维码 3-4）。

1. 特征输出层改进

二维码 3-2
特征输出层改进

针对 FPN+PANet 对 YOLOv4 的输出特征层进行改进，融合更浅层特征图信息，使得网络能保留更多的浅层特征，产生更利于小目标检测的特征输出层，获取更丰富的细粒度信息；同时摒弃对数据集无用的负责大目标检测的特征输出层。算法改进前后结构见二维码 3-2，本实例将 backbone 输出的卷积层多进行一次上采样，并将其输出与 CSPDarknet53 中的对应层 C2 进行特征层融合，生成 F2 特征输出层，同时减少网络末端的两次下采样操作，去除 F4、F5 特征输出层，在保证检测任务的前提下，尽量减少模型运算成本。

2. 残差模块改进

二维码 3-3
残差模块改进

针对 YOLOv4 中 CSPDarknet53 中残差模块，修改为密集型连接方式。在 YOLOv4 中的 Res unit 中，引入 DenseNet 的密集型连接机制，添加两条 shortcut 连接，并命名为 Dense unit，针对小目标检测任务，进一步解决梯度消失问题，加强小目标检测的特征传递与复用。连接方式见二维码 3-3。

3. 去冗余改进

二维码 3-4
去冗余改进

由于 YOLOv4 网络层数较多，适用于难度大、复杂度高的数据集训练。针对水下残饵数据集，检测种类仅有饵料一种，重点需要解决的是小目标检测和特征复用的问题，YOLOv4 相对于水下残饵检测任务而言模型过于冗杂，所以对 backbone 进行去冗余操作，削减网络层数，对 CSPDarknet53 中的卷积模块 CSP1、CSP2、CSP8、CSP8、CSP4 修改为密集型连接块 D-CSP1、D-CSP2、D-CSP4、D-CSP4、D-CSP2，减少冗余特征，提高计算速度。改进前后结构见二维码 3-4。

3.1.3.4 实验结果分析

本实例中使用 Darknet 框架对 YOLOv4 模型进行改进。实验环境如表 3-1 所示。训练模型时，考虑到 GPU 的内存限制，本实例将 batch size 设置为 16。为了更好地分析训练过程，进行了 14 000 次迭代。动量、初始学习率、权值衰减等参数参考了 YOLOv4 模型中的原始参数。在确定训练参数后对模型进行训练。10 000 步后学习率下降到 0.000 1,12 000 步后下降到 0.000 01。

本实例利用训练好的改进 YOLOv4 模型对测试图像进行了一系列实验,以验证算法的性能。采用与训练输入分辨率相同的图像进行测试。由于 YOLOv4 算法前期进行了 5 次下采样,所以输入图片尺寸应该为 32 的倍数。为验证改进算法对小目标检测结果的影响,故选用更有挑战性的 416×416 的低分辨率图片进行实验。

表 3-1 实验环境

配置	型号/版本
CPU	Intel Core i7-9700K
GPU	Nvidia GeForce RTX 2080 Ti
操作系统	Windows 10
加速环境	CUDA10.2 CUDNN7.6.5
开发环境	Visual Studio 2019
库	OpenCV3.4.0

1. 训练结果分析

通过对数据集进行训练,得到训练过程的损失曲线如图 3-9 所示,可以看出,迭代 1 400 次之前,损失值快速下降,之后随着迭代次数的增加,损失缓慢地震荡下降并趋于稳定,损失值稳定在 2 左右。然而,由于数据集本身的复杂性,损失值不能继续降低。损失值逐渐减小并趋于稳定,表明模型逐渐收敛,训练结果符合预期。

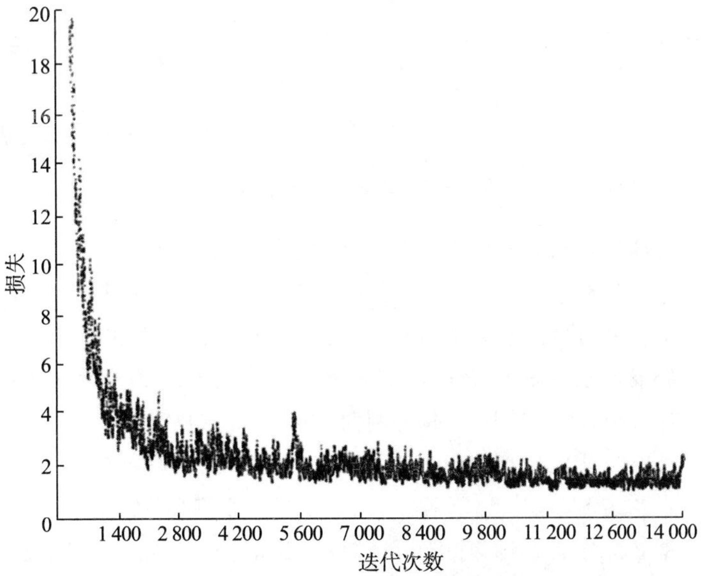

图 3-9 训练损失曲线图

对验证集在改进前后的检测结果进行统计，验证集中正样本的数量为 1 193，取 Conf-thresh（目标置信度阈值）为 0.25，IOU 为 0.5 进行验证，结果如表 3-2 所示，改进后的 Precision、Recall、F_1-score 都有不同程度的提升。其中，准确率提高了 8%，召回率提高了 20%，F_1-score 提高了 14%。TP 的显著提升和 FN 的显著降低是召回率提升的主要原因，这意味着正确预测了更多的 TP 样本，证明了改进算法的有效性。

表 3-2　Conf-thresh＝0.25，IOU＝0.5 指标下验证集评价结果

Conf-thresh＝0.25，IOU＝0.5	Precision	Recall	F_1-score	TP	FP	FN
YOLOv4	0.86	0.69	0.77	827	139	366
改进 YOLOv4	0.94	0.89	0.91	1 062	70	131

2. 改进算法性能评价

（1）预训练　由于水下残饵图片数据获取困难，同时标注难度较大，为达到数据增强的目的，本实例制作了由 175 张手机拍摄水下饵料图片组成的预训练数据集，并训练生成了预训练权重文件，获得数据集的局部优解，而后使用迁移学习训练数据集。图 3-10(a)为是否使用了迁移学习策略的结果对比。实验表明，使用迁移学习策略，AP 值提升了 3 个百分点，策略有效。

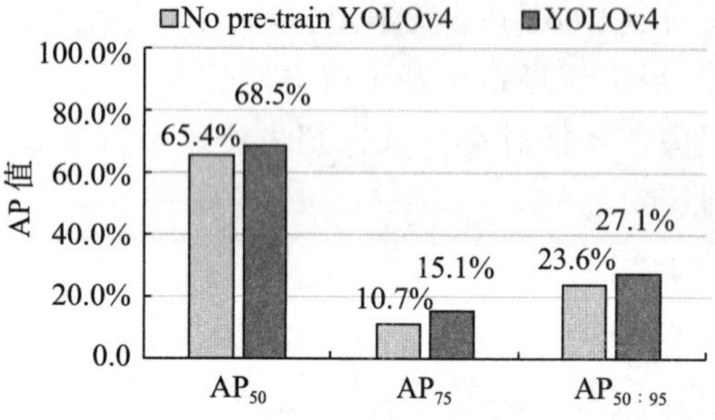

（a）预训练结果对比

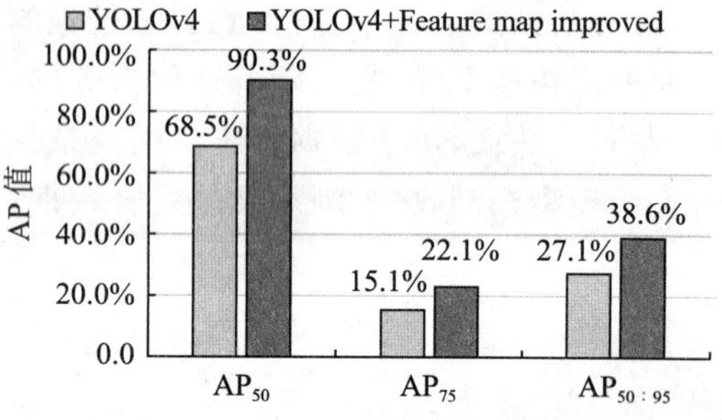

（b）特征输出层改进结果对比

图 3-10　改进算法结果对比

（2）特征输出层提取网络改进性能比较　使用未改进的 YOLOv4 算法对鱼饵进行检测时，存在较频繁的误检、漏检、边界框预测等问题。被错误检测的区域多是密度较高、重叠和目标太小等原因，从而导致了高误检、高漏检。由于没有可以负责更小目标的特征输出层，YOLOv4 本身的特征输出层无法对小目标的高密度情况进行负责预测，导致检测出错。

针对数据集中多为小目标的问题，本实例对 YOLOv4 的特征输出层进行了改进。添加了更有利于小目标检测的特征输出层，同时对负责大目标检测的特征输出层进行了舍弃，减少模型计算量。改进后结果如图 3-10(b)所示。特征输出层改进后，验证集 AP_{50} 从 68.5% 提升到 90.3%，提升了 21.8 个百分点。结果表明，针对小目标对特征输出层进行的改进，可以极大提升检测精度。这是因为更细粒度的特征层中的网格单元可以负责较小的像素区域。因此，更细粒度的特征层能够正确检测出之前漏检的小目标和模糊目标，同时有效提高边界框的预测精度，减少遮挡等情形下误检情况的发生。

(3)密集型连接改进性能比较　密集型连接改进后检测结果如图 3-11 所示。连接改进后，验证集的 AP_{50} 从 68.5%提高到 73.6%，提升了 5.1 个百分点。密集型连接的目的是通过增加特征复用改善训练过程中出现的梯度消失问题。对 YOLOv4 主干网络中的残差块连接进行修改，由于改进是基于连接方式进行的，增加的运算多为卷积核的累加操作，所增加的运算成本很少，可以忽略不计，却能够有效提高检测精度。

(4)去冗余性能比较　水下残饵检测为单目标检测任务，YOLOv4 的网络结构相对于该任务来说过于庞大冗杂，可在保证检测精度的前提下，通过适当裁剪网络，达到提升速度的目的。各算法和改进版本的总运算量 BFLOPs(十亿次浮点运算)如图 3-12 所示。结果表明，通过去冗余操作和特征输出层修改，改进算法可降低大约 1/3 的运算量，以提升检测速度。去冗余操作减少了卷积网络的层数，从而减少了模型的总运算量。

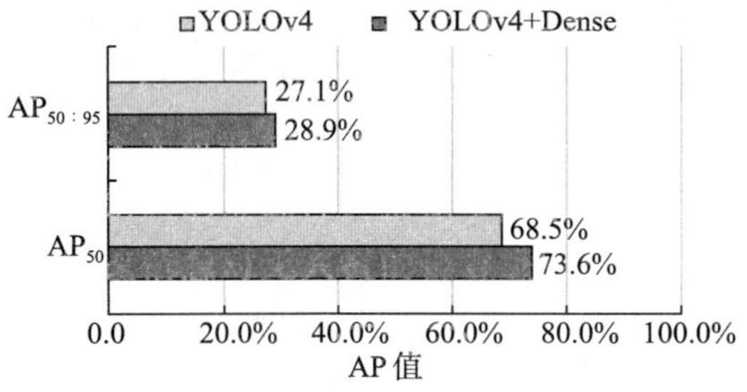

图 3-11　密集型连接改进结果对比

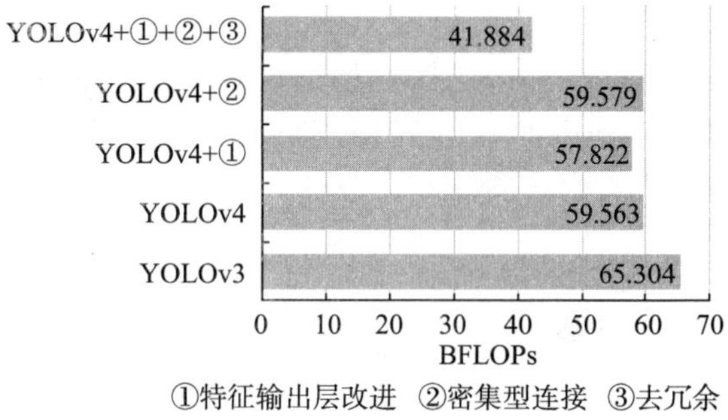

图 3-12　去冗余结果对比

3.算法整体性能比较

对不同改进策略下的算法精度进行对比，结果如表 3-3 和图 3-13 所示，与 YOLOv3 相比，YOLOv4 具有更好的目标检测性能，在 YOLOv4 算法上使用预训练、特征输出层改进、密集型连接改进和去冗余操作后，饵料检测精度得到了极大提升。结果表明，验证集 AP_{50} 从 65.40%提升到 92.61%，提升 27.21 个百分点。经过一系列的改进操作后，有效解决了小目标检测准确率低的问题。

表 3-3　改进算法结果对比

算法	AP_{50}	AP_{75}	$AP_{50:95}$
YOLOv3	46.98%	5.02%	15.08%
No pre-train YOLOv4	65.40%	10.68%	23.57%
YOLOv4	68.49%	15.12%	27.14%
YOLOv4＋①	90.30%	22.09%	38.55%
YOLOv4＋②	73.63%	13.15%	28.92%
YOLOv4＋①＋②＋③(改进 YOLOv4)	92.61%	22.34%	38.88%

注：①特征输出层改进，②密集型连接，③去冗余。

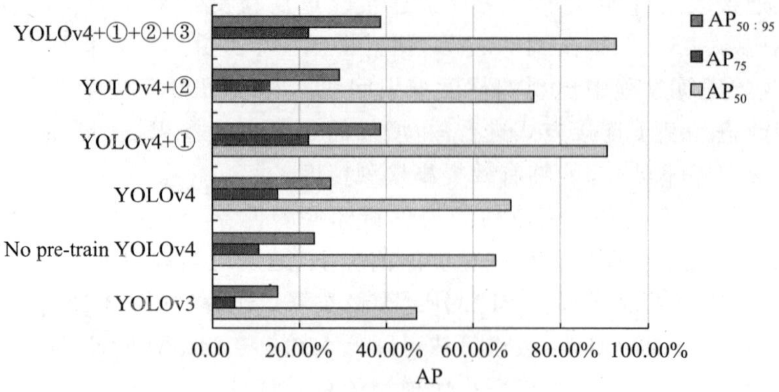

图 3-13　改进算法结果对比图

图 3-14 是关于饵料检测的算法改进前后 PR 曲线对比，从图中可以直观地看出改进后 PR 曲线包围面积均大于改进前的 PR 曲线包围面积。这意味着提出的算法得到了更高的平均精度。

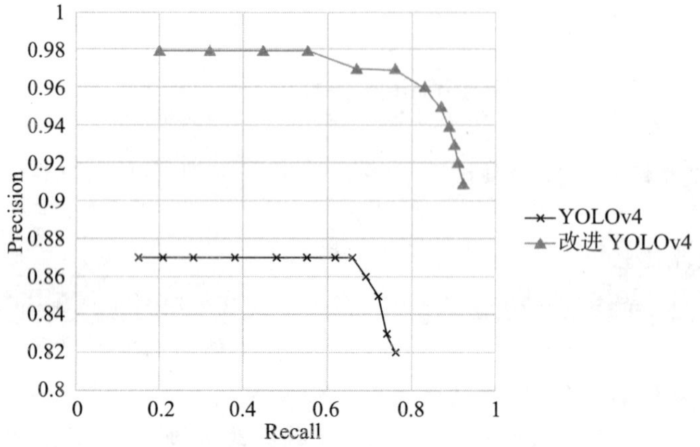

图 3-14　残饵模型的 PR 曲线

二维码 3-5
局部测试结果对比

二维码 3-5 所示为改进前后局部图片的测试结果对比(选取于 1 920×1 080 输入图片结果，输入检测时，图片由模型调整大小为 416×416，局部图片大小为(40×40)～(70×70)。红框表示正确检测，蓝框表示错误检测，绿框表示漏检。其中，(a)代表目标高密度情况下的目标检测；(b)代表着目标粘连、遮挡情况下的目标检测；(c)代表目标模糊情况下的目标检测；(d)代表目标为极小目标情况的目标检测。其中高密度意味的是局部图片内包含较多数量的样本，可能包含极小目标；极小目标意味着样本占据着更小的像素点，所以极小目标并不代表高密度，使用本实例将上述两种情况分开介绍。结果表明，改进后的 YOLOv4 算法有效地提高了饵料的检测精度。原因是原始 YOLOv4 的特征图提取网络中的网格单元负责较大的像素区域，换句话说，较大的像素区域需要预测更多可能的目标。因此，在高密度、重叠和小目标的情况下，更容易引起预测误差。改进后的特征图提取网络的网格单元可以在较小的像素区域内预测目标，有效地提高了检测精度。密集型连接的改进通过特征复用使模糊区域中的目标特征更丰富，从而更有利于模型预测。

同时，对改进前后整张图片的测试结果进行了对比，如二维码 3-6 所示，改进前 YOLOv4 检测存在很多的漏检和错检，改进后在高密度、极小目标等因素干扰下，仍然具有较好的检测结果，效果明显优于改进前。其中(a)和(b)代表同一区域(红色框)改进前后的检测结果；(c)和(d)代表同一区域(蓝色框)改进前后的检测结果。通过对比，可以明显看出改进后的检测结果更加精确。结果表明，优化后的算法可以应用于水下残饵检测的视觉感知系统中，并取得较高的精度。

二维码 3-6
整张图片检测结果对比

本节介绍的基于深度学习的水下残饵检测算法原理与实现，仅仅是一个简单的视觉感知系统应用实例，根据特定的应用场景优化计算机视觉相关算法，以实现具体的视觉感知系统应用。随着计算机视觉和深度学习的发展，越来越多技术成熟的视觉感知系统实例被应用于工业生产和生活中，如自动驾驶、3D 检测、字符识别、尺寸检测、产品缺陷检测、设备工件定位、物体抓取等。相信在未来，视觉感知系统将在各个领域得到更广泛的应用，提高生产力，造福人类社会。

3.2 全球导航卫星系统(GNSS)

人类利用天体来辅助确定某个位置的历史，可以追溯到 6 000 多年以前，古波利尼西亚人通过手掌测量地面点与天体的夹角，在推算天体位置的基础上，对远处的点进行导航定位。1957 年 10 月，世界上第一颗人造地球卫星发射成功，不仅为卫星通信、卫星气象、卫星遥感等提供了新的平台，而且由于卫星位置可以通过卫星轨道参数计算求得，为卫星定位系统的发展奠定了必要的理论基础。

世界上第一个卫星导航系统是 1964 年 1 月在美国海军授权下，由霍普金斯应用物理实验室开发，用于美国海军舰队导航与定位的卫星系统，即海军导航卫星系统(Navy Navigation Satellite System，NNSS)。该系统的卫星轨道均通过地极，因此也被称为“子午卫星系统”。利用该卫星系统，在地球表面任何地方，在任何气候条件下，1 h 内均能测定位置，其定位精度根据观测卫星的次数确定(1～500 m)，因此该系统被誉为是一种简便可靠的全天候全球导航卫星系统。但是该系统也存在着较大的缺陷，如由于卫星数目较少(约 5 个)，往往会出现卫星发送的无线电信号突然间断，观测所需等待卫星出现的时间较长(35～100 min)，高精度定位虽然可以达到 1 m，但需要 40 次以上的卫星观测(数天)，且需要使用精密星历等，这些都不能满足实时、动态、精确定位的需要。1973 年 12 月，美国国防部批准建立新的卫星导航定位系统计划，即全球定位系统(Global Positioning System，GPS)。1978 年第一颗试验卫星发射成功，1994 年顺利完成了 24 颗卫星的布设，1995 年宣布达到全运行工作能力，历经 20 年，该系统不仅集成了以前所有的单用途卫星系统，并且致力于更广泛的用途。

在美国开发建立和运行 GPS 过程中，苏联、欧洲以及我国等也相继开始研制和建立各自的卫星导航定位系统。俄罗斯的全球导航卫星系统(GLONASS)由苏联于 1978 年开始研制，1982 年 10 月开始发射导航卫星。欧洲航天局在 2005 年 12 月发射了第 1 颗 GALILEO 卫星，标志着欧洲的全球卫星导航系统开发工作迈出了第一步。我国从 20 世纪 70 年代就开始了北斗(Beidou,BD)卫星导航系统的论证和研究工作,该系统由卫星、控制站和接收机组成,是全天候、全天时、全覆盖提供卫星导航信息的导航系统。自 2012 年起正式向亚太大部分地区提供区域服务,2019 年北斗导航全球组网进入冲刺期,2020 年按计划提供全球范围的定位、导航、授时等服务。BD 系统的建成,标志着我国在卫星应用方面摆脱了对国外卫星导航系统的依赖。

综上所述,全球导航卫星系统(Global Navigation Satellite System,GNSS)是一种空间无线电定位系统,包括一个或多个卫星星座,可为地球表面、近地表和地球外空任意地点用户提供 24 h 三维位置、速率和时间信息。GNSS 主要包括美国的 GPS、俄罗斯的 GLONASS (Global Navigation Satellite System)、欧盟的 GALILEO 和中国的北斗卫星导航系统(Beidou Navigation Satellite System, BDS)。

3.2.1 GPS

目前世界上广泛采用的卫星定位系统,是由美国研制并发射的"卫星授时与测距导航系统"(NAVSTAR GPS-Navigation by Satellite Timing and Ranging Global Positioning System),简称全球定位系统(GPS)。GPS 是美国继阿波罗登月计划和航天飞机之后的第三大空间工程。GPS 在 1994 年建成,共发射了 24 颗卫星,之后通过发射替代卫星(替代失效卫星)和增强卫星,截至 2019 年 9 月,GPS 在轨卫星数为 32 颗(其中有 2 颗不健康)。

GPS 由 3 部分组成,即 GPS 卫星(空间部分)、地面监控系统(地面监控部分)和 GPS 接收机(用户部分)。其中:空间部分至少由 24 颗工作卫星和 3 颗备用卫星组成。监控部分包括 1 个主控站、3 个注入站和 5 个监测站,主要负责收集数据、编算导航电文、诊断状态及调度卫星。用户部分即 GPS 接收机,主要负责接收、跟踪、变换和测量 GPS 信号,随着使用目的的不同,用户要求的 GPS 接收机也各有差异。

GPS 接收机之所以能进行定位就在于 GPS 卫星能发射无线电信号,GPS 卫星发播两个频率的载波无线电信号:L_1=1 575.42 MHz 和 L_2=1 227.6 MHz。L_1 上调制有 1.023 MHz 的粗捕获码(C/A 码)、10.23 MHz 的精码(P 码)及每秒 50 bit 的导航电文。L_2 上仅调制了 P 码和导航电文。与 C/A 码和 P 码相对应,GPS 提供两种定位服务——标准定位服务(standard positioning service,SPS)和精密定位服务(precision positioning service,PPS)。目前,SPS 对一切用户开放,也不直接向用户收费。PPS 的服务对象限于美国军事用户以及与国防部(DoD)有专门协定的美国同盟国政府的军事部门和政府部门,它能提供高精度的定位、定时和测速服务。

3.2.1.1 GPS 卫星(空间部分)

用于定位的 GPS 卫星共 24 颗,分布在 6 个轨道面内,每个轨道面上分布 4 颗卫星,卫星运行周期为 11 h 58 min。图 3-15 显示出 GPS 工作卫星星座的卫星分布,同一观测站每天出现的卫星分布图形相同,只是每天提前约 4 min。GPS 卫星在空间的上述配置,保障了在地球上任何地点、任何时刻均至少可以同时观测到 4 颗卫星,最多可达 11 颗。卫星信号传播和接收不受天气影响,因此,GPS 是全球性、全天候的连续实时定位系统。但个别地区可能在短时间内(如数分钟)观测到的 4 颗卫星图形结构较差,不能

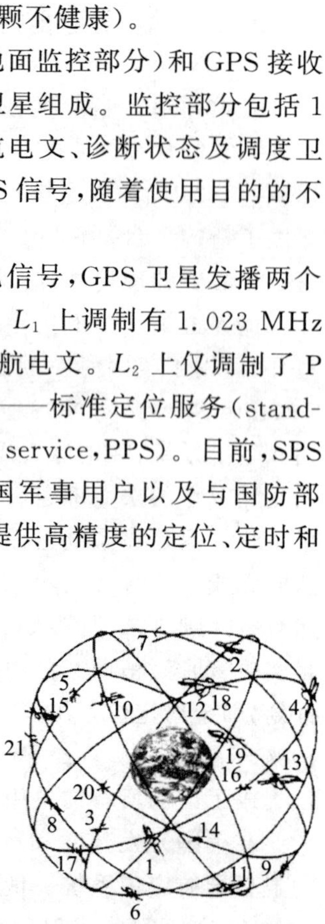

图 3-15 GPS 工作卫星星座

达到定位精度要求，这段时间称为“间隙段”。

3.2.1.2　GPS 地面监控系统(地面监控部分)

导航定位系统，首先必须知道卫星的位置，此位置根据卫星星历来计算。地面监控系统负责测量和计算每颗卫星的星历，编辑成电文发送给卫星，然后由卫星实时地播送给用户。这就是卫星提供的广播星历。工作卫星的地面监控系统包括 1 个主控站、3 个注入站和 5 个监测站，如图 3-16 所示。监测站的主要任务是对每颗卫星进行观测，并向主控站提供观测数据；主控站是整个地面监控系统的管理中心和技术中心，具备监测站的功能，负责协调和管理地面监控系统；注入站除具备监测站的全部功能外，还负责将主控站推算和编制的导航电文注入相应的 GPS 卫星中，然后由 GPS 卫星发送给广大用户。

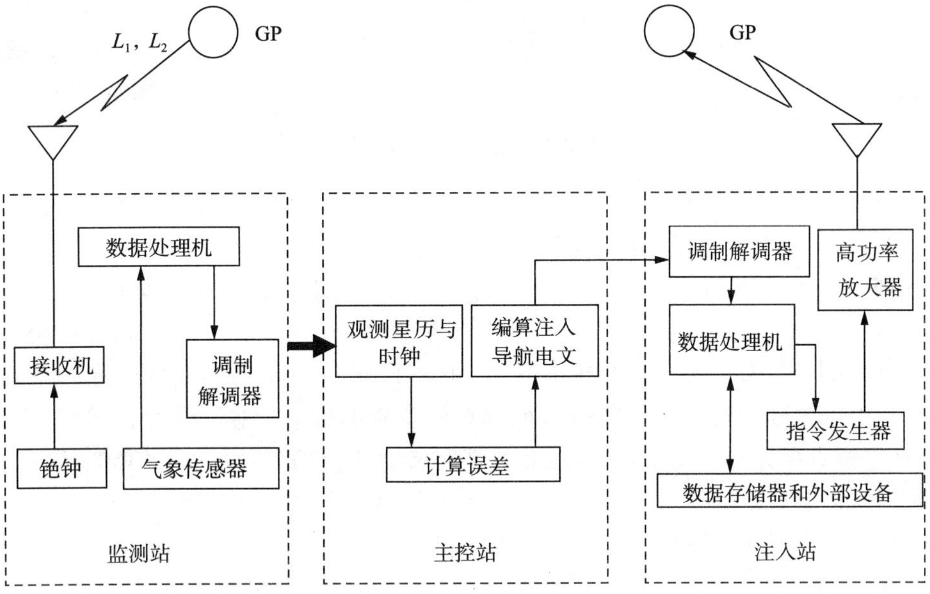

图 3-16　地面监控系统框图

主控站位于科罗拉多斯普林斯(Colorado Springs)的联合空间执行中心(CSOC)，3 个注入站分别设在大西洋、印度洋和太平洋的 3 个美国军事基地上，即大西洋的阿森松(Ascension)岛、印度洋的迪戈·加西亚(Diego Garcia)和太平洋的卡瓦加兰(Kwajalein)，5 个监测站分布在美国本土和三大洋的美军基地上，保证了全球 GPS 定轨的精度要求。由这 5 个监测站提供的观测数据形成了 GPS 卫星实时发布的广播星历。

3.2.1.3　GPS 接收机(用户部分)

GPS 接收机是用户接收卫星信号的设备，定位质量与其有直接关系。衡量接收机性能的指标主要有：信号跟踪的通道数、跟踪信号种类、跟踪卫星数、定位精度、重捕信号时间、工作温度与湿度、体积、重量、天线类型及用途等。现在接收机主要部件已集成化，用户可以单独购买接收机的集成芯片。

对接收机采集到的数据进行处理，有实时和后处理两种方式。实时数据处理是指接收机接收卫星信号后，在测站点直接通过微处理器进行数据运算与平差运算，得到三维测站点坐标信息。数据后处理方式是将采集到的数据存入存储器，在室内通过 GPS 解析软件进行计算。GPS 接收机也可称为用户装置，主要由天线、接收单元、微处理机和输入输出部分组成，其主要结构框架(单频接收机)如图 3-17 所示。

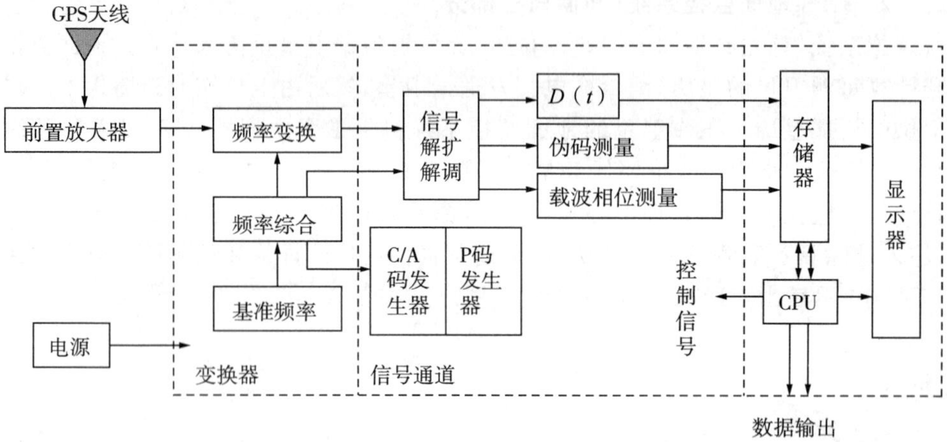

图 3-17　接收机结构框图

天线单元由接收天线和前置放大器组成。目前,GPS 接收机天线采用定向天线、偶极子天线、微带天线、一(二、四)线螺旋天线和圆锥螺旋天线等;前置放大器是一种关键性元件,直接影响着接收信号的信噪比,因此要求它具有噪声系数小、增益高和动态范围大的特点。

接收单元一般由信号通道单元、存储单元、计算和显示控制单元以及电源等部分构成。其中:①信号通道单元。用来接收来自天线单元的信号,经过变频、放大、滤波等一系列处理过程,实现对 GPS 信号的跟踪、锁定、测量,提供计算位置的数据信息。②存储单元。为了差分定位和相对定位事后处理的要求,一些接收机能将实时定位的各种数据、原始观测量以及计算结果存储下来,供事后处理用。③计算和显示控制单元。主要功能包括工作开始的自检;根据采集到的卫星星历、伪距观测值计算三维坐标和速度;人机对话,输入航路进行自动导航。④电源。GPS 接收机采用直流供电,可将蓄电池装在接收机内,也可外接蓄电池。

3.2.2　GLONASS

全球轨道导航卫星系统(Global Navigation Satellite System,GLONASS)是苏联从 20 世纪 80 年代初开始建设的与美国 GPS 类似的卫星定位系统,也由卫星、地面监控站和用户设备 3 部分组成,现由俄罗斯空间局管理。1982 年初开始发射首颗卫星,1995 年成为拥有 24 颗卫星(21 颗运行,3 颗备份)的完整系统,耗资 30 多亿美元。

GLONASS 卫星运行在 19 100 km 高空轨道内(稍低于美国的 GPS),每颗卫星绕轨一周约 11 h 15 min。卫星在轨间距经过设定,特定时间点至少有 5 颗卫星在视线之内。GLONASS 的单点定位精度水平方向为 16 m,垂直方向为 25 m。俄罗斯目前对 GLONASS 采用的是军民合用、不加密的开放政策。

俄罗斯已经研制的第 2 代、长寿命的 GLONASS 卫星称为 GLONASS-M,设计寿命为 7 年,旨在减轻 GLONASS 卫星补网的压力,在 2004 年左右进行了 GLONASS-M 的飞行试验。2005 年 12 月,携带 3 颗 GLONASS 卫星的质子-K 火箭发射升空,其中 2 颗卫星属于 GLONASS-M 卫星新系列,第 3 颗卫星则属从前系列。俄罗斯在 2005 年开始设计名为 GLONASS-K 的第 3 代卫星,寿命达 10 年以上,其质量只有现运行卫星的 1/2。

与美国的 GPS 不同，GLONASS 采用频分多址（frequency division multiple access, FDMA）方式，根据载波频率来区分不同卫星。通过接收卫星连续传送的导航无线电报文，GLONASS 的系统用户可以完成三维位置、速度和时间测量。每颗 GLONASS 卫星传送 SP 和 HP 两种类型的信号，每颗 GLONASS 卫星发播的两种载波的频率分别为：

$L_1=1\,602+0.562\,5n$(MHz)和 $L_2=1\,246+0.437\,5n$(MHz)，其中 $n=1\sim24$ 为每颗卫星的频率编号。GLONASS 的主要参数见表 3-4。

表 3-4　GLONASS 的主要参数

名　称	参　数
轨道数	3，间隔 120°
卫星分布/轨道	8，均匀分布
轨道倾角	64.8°
轨道半径	25 510 km
轨道周期	8/17 恒星日(11 h 15 min)
地面重复跟踪	每 8 个恒星日
载波信号	$(1\,602+n\times0.562\,5)$ MHz　n=通道数
编码	所有卫星相同，频分制
调制码	C/A，P
码率(P)	5.11 MHz
码率(C/A)	511 kHz
星历数据表示方式	大地直角坐标系
坐标系	PZ-90
时钟数据	时钟和频率偏移
轨道数据	卫星位置，速度和加速度，每隔 0.5 h 一次

GLONASS 接收机自动接收来自至少 4 颗卫星传送的导航信号，然后测量它们的伪距和速度，同时还会从卫星信号中选择处理导航信息。GLONASS 接收机根据输入数据计算出三维坐标值、精确时间值和三维速度向量。

GLONASS 卫星星座的运行通过地面基站控制体系（ground control system，GCS）完成，该体系包括一个系统控制中心（Golitsyno-2，莫斯科地区）和几个分布于俄罗斯大部地区的指挥跟踪台站（control trace system，CTS）。这些台站主要用来跟踪 GLONASS 卫星，接收卫星信号和遥测数据。然后由信号处理中心处理这些信息以确定卫星时钟和轨道姿态，并及时更新每个卫星的导航信息。这些更新信息再通过跟踪台站传到各个卫星。

作为无线电导航信号重要组成部分的 GLONASS 导航电文包括：①广播星历；②相应 GLONASS 系统时间和 UTC(SU)的卫星时间变换比例；③时间标记；④GLONASS 历书。星历用于计算卫星在 PZ-90 空间参考系统中的精确坐标。历书保存了所有 GLONASS 卫星的信息和所在轨道的开普勒参数，相对于 GLONASS 的粗略变换时间比例和卫星健康状态标志。

3.2.3 GALILEO

欧洲空间局较早就开始了对新一代卫星导航定位系统(GNSS-2)的研究。GNSS-2 被称为伽利略(GALILEO)计划,是欧洲导航卫星系统(European Navigation Satellite System, ENSS)的重要组成部分和未来发展目标。

GALILEO 计划的目标是建设欧洲自主的民用全球卫星导航服务系统,是从欧洲广域差分系统工作引申发展而来的。GALILEO 系统分为星座、卫星、地面设施、地面部分、欧洲地球静止导航重叠服务(European Geostationary Navigation Overlay Service, EGNOS)等部分。2005 年第一颗卫星发射成功;2014 年 8 月,伽利略全球卫星导航系统第二批第一颗卫星成功发射升空,与太空中已有的 6 颗正式的伽利略系统卫星组成网络,初步发挥地面精确定位的功能。截至 2016 年 12 月,已经发射了 18 颗工作卫星,具备了早期操作能力。该系统设计的卫星星座由分布在 3 个轨道上的 30 颗中等高度卫星组成,每个轨道上有 10 颗卫星,其中 9 颗正常工作,1 颗运行备用。轨道倾斜角 56°,轨道高度 23 616 km,运行周期 14 h 4 min。系统的卫星重 625 kg,设计寿命 20 年。地面部分主要完成导航控制、星座管理、完好性检测和分发。导航控制和星座管理部分包括导航系统控制中心、15 个地面监测站和 4 个遥测遥控站;完好性监测和分发部分由若干个完好性监视站、完好性注入站和完好性控制中心组成。GALILEO 系统的主要参数见表 3-5。

表 3-5 GALILEO 系统的主要参数

名称	参数
每轨道卫星个数	10(9 颗工作,1 颗备用)
卫星分布轨道面数	3
卫星总数	30 颗(27 颗工作,3 颗备用)
轨道倾斜角	56°
轨道高度	23 616 km
运行周期	14 h 4 min
卫星寿命	20 年
卫星重量	625 kg
电量供应	1.5 kW
射电频率	1 202.025 MHz;1 278.750 MHz 1 561.098 MHz;1 589.742 MHz

GALILEO 系统将提供 5 套定位导航信号,其中 2 套信号提供公开服务、商业服务和生命救援服务,1 套提供地区性高精确度再开发服务,还有 2 套受控信号由欧盟控制,为特殊用途服务,如面向警察、国民警卫队等。GALILEO 能针对不同要求的用户提供不同的服务,一般可分为 3 种:公开服务、商业服务和公共事业服务(表 3-6)。其中公开服务是完全免费的,提供能够被用户免费使用的定位、导航和时间信号,此服务对应于大众化应用,比如车载导航和移动电话定位等,也能提供固定地点的精确时间服务;商业服务相对公开服务增加了许多附加功能,并支持定位应用和无线通信网络的完整性;公共事业服务主要包括生命保险、公众控制、寻找救援等系列服务。用户可根据自己的需求选择不同的服务类型。

表 3-6　GALILEO 系统提供的服务

项目	公开服务	商业服务		公共事业服务	
覆盖范围	全球	全球	局部	全球	局部
精度	15～20 m(单频) 5～10 m(双频)	5～10 m(双频)	<10 cm～1 m	4～6 m(双频)	1 m(局部增大)
完好性	—	附加值服务		必要条件	
访问控制	免费访问	附加值数据的受约访问	局部修正数据的受约访问	导航码和(或)附加值数据的受约访问	局部修正数据的受约访问
服务保证	无	可能的服务担保		提供认证以及可能的服务担保	

3.2.4　北斗(BD)系统

我国从 20 世纪 70 年代开始导航卫星的论证和研究工作，到 20 世纪 90 年代初期，启动了独自的区域卫星定位系统工程，即“北斗一号”工程(BD-Ⅰ)。2003 年 6 月，我国自主研发的 BD-Ⅰ系统正式开通，这标志着我国已经拥有了完全自主的卫星导航系统。2004 年启动 BD-Ⅱ系统建设，是继 BD-Ⅰ系统后的中国新一代卫星导航系统，BD-Ⅱ卫星导航系统克服了 BD-Ⅰ系统存在的缺点，同时具备通信功能，其建设目标是为我国及周边地区的军民用户提供陆、海、空导航定位服务，促进卫星定位、导航、授时服务功能的应用，为航天用户提供定位和轨道测定手段，满足武器制导的需要，也满足导航定位信息交换的需要。2009 年启动北斗三号(BD-Ⅲ)系统建设，2020 年年底前完成了 30 颗卫星发射组网，全面建成了北斗三号系统。北斗三号系统继承北斗有源服务和无源服务两种技术体制，能够为全球用户提供基本导航(定位、测速、授时)、全球短报文通信、国际搜救服务，中国及周边地区用户还可享有区域短报文通信、星基增强、精密单点定位等服务。

截至 2019 年 4 月，北斗系统在轨卫星共 38 颗，包括 18 颗北斗二号卫星和 20 颗北斗三号卫星，共同为全球用户提供服务。北斗系统致力于向全球用户提供高质量的定位、导航和授时服务，包括开放服务和授权服务两种方式。开放服务是向全球免费提供定位、测速和授时服务，定位精度 10 m，测速精度 0.2 m/s，授时精度 10 ns。授权服务是为有高精度、高可靠卫星导航需求的用户，提供定位、测速、授时和通信服务以及系统完好性信息。下面分别介绍 BD-Ⅰ系统、BD-Ⅱ系统和 BD-Ⅲ系统。

3.2.4.1　BD-Ⅰ系统

BD-Ⅰ卫星导航系统由 2 颗地球静止卫星、1 颗在轨备份卫星、中心控制系统、标校系统和各类用户机等部分组成。北斗导航系统是覆盖我国本土的区域导航系统，覆盖范围东经 70°～140°，北纬 5°～55°。BD-Ⅰ系统发射的第 3 颗星，上面安装了激光反射镜，用于精确定位，属 BD-Ⅱ系统的基准星。BD-Ⅰ系统卫星轨道高度为 36 000 km，运行在与地球同步的赤道平面，卫星位置分别为：东经 80°、140°和 110.5°。BD-Ⅰ系统构成如图 3-18 所示，第三个位置量需要借助其他方式获得。该系统可向我国及周边地区的用户提供定位、通信服务。

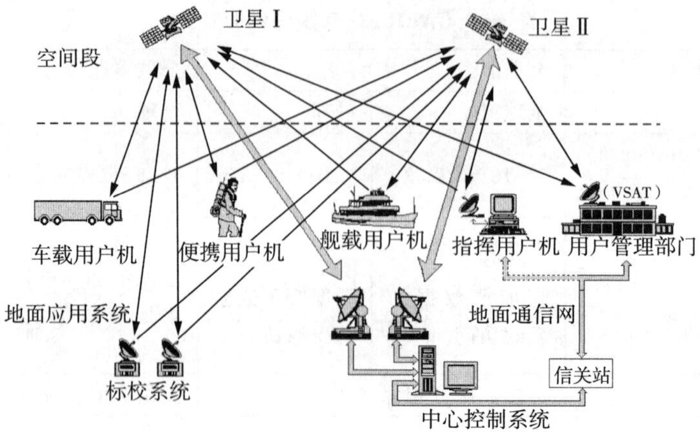

图 3-18　BD-Ⅰ卫星导航系统工作原理示意图

BD-Ⅰ系统的主要功能包括:①定位,即快速确定用户所在地的地理位置,向用户及主管部门提供导航信息;②通信,即用户与用户、用户与中心控制系统间均可实现双向简短数字报文通信;③授时,即中心控制系统定时播发授时信息,为定时用户提供时延修正值。水平定位精度为 100 m,设立标校站之后为 20 m。系统能容纳的用户数为 540 000 户/h。

BD-Ⅰ系统工作过程与定位原理:①由中心控制系统向卫星Ⅰ和卫星Ⅱ同时发送询问信号,经卫星转发器向服务区内的用户广播。用户响应其中 1 颗卫星的询问信号,并同时向 2 颗卫星发送响应信号,经卫星转发回中心控制系统。中心控制系统接收并解调用户发来的信号,然后根据用户的申请服务内容进行相应的数据处理。②定位申请,中心控制系统测出 2 个时间延迟,一是从中心控制系统发出询问信号,经某一颗卫星转发到达用户,用户发出定位响应信号,经同一颗卫星转发回中心控制系统的延迟;二是从中心控制发出询问信号,经上述同一卫星到达用户,用户发出响应信号,经另一颗卫星转发回中心控制系统的延迟。③中心控制系统和 2 颗卫星的位置均是已知的,因此由上面 2 个延迟量可以算出用户到第 1 颗卫星的距离,以及用户到 2 颗卫星距离之和,从而知道用户处于以第 1 颗卫星为球心的一个球面和以 2 颗卫星为焦点的椭球面之间的交线上。④中心控制系统从存储在计算机内的数字化地形图查寻到用户高程值,依据已知的用户处于某一与地球基准椭球面平行的椭球面上,在由中心控制系统最终计算出用户所在点的三维坐标,这个坐标经加密后发送给用户。

3.2.4.2　BD-Ⅱ系统

2007 年 4 月,我国成功发射了第一颗"北斗二号"导航卫星。BD-Ⅱ卫星导航系统空间段由 35 颗卫星组成,包括 5 颗静止轨道卫星、27 颗中地球轨道卫星、3 颗倾斜同步轨道卫星。5 颗静止轨道卫星定点位置为东经 58.75°、80°、110.5°、140°、160°,中地球轨道卫星运行在 3 个轨道面上,轨道面之间为相隔 120°均匀分布。北斗卫星导航系统具有连续实时无源三维定位测速能力,高精度授时能力和用户位置报告能力。卫星设计寿命 8 年。星钟采用我国自行研制的铷原子钟,频标稳定度为 10^{-11}/s。

自 2011 年 11 月起,北斗卫星导航系统向中国及周边地区提供连续的导航定位和授时服务。目前,北斗系统可提供正式运行服务,覆盖区内定位精度达到 10 m。2014 年 11 月,国际海事组织海上安全委员会审议通过了对北斗卫星导航系统认可的航行安全通函,这标志着北斗卫星导航系统正式成为全球无线电导航系统的组成部分,取得面向海事应用的国际合法地位。

3.2.4.3 BD-Ⅲ系统

北斗三号卫星于 2009 年 11 月启动建设，新信号采用自主创新的调制方式和信道编码，相比老信号性能进一步提升，并实现了与其他 GNSS 的兼容与互操作，用户体验更加优异。目前在全球已具备一定的服务能力，在 PDOP $\leqslant$ 6 条件下，可用性优于 87%，实测定位精度均值：水平约 2.4 m，高程约 4.3 m；测速精度约 0.06 m/s；授时精度约 19.9 ns。2020 年 7 月，北斗三号全球卫星导航正式开通，标志着北斗"三步走"发展战略圆满完成，北斗系统迈向全球服务新时代。

综上所述，北斗系统空间段采用三种轨道卫星组成的混合星座，与其他卫星导航系统相比，高轨卫星更多，抗遮挡能力强，尤其在低纬度地区性能特点更为明显；北斗系统可提供多个频点的导航信号，能够通过多频信号组合使用等方式提高服务精度；北斗系统将导航与通信能力相融合，具有实时导航、快速定位、精确授时、位置报告和短报文通信服务五大功能。

3.2.5　卫星导航的增强系统与差分技术

目前，卫星定位导航系统民用精度一般能达到 10 m 左右，在许多民用导航中，如近海和海洋船舶航行、直升机导航、民航机航路导航和近着陆、精细农业导航、城市车辆调度等领域，有时需要高精度的实时导航定位。为了满足上述需求，常采用差分技术，即在正常的 GPS 外附加(差分)修正信号，由基准站发送改正数，由用户站接收并对其测量结果进行改正，以获得精确的定位结果。

1. 增强系统

增强系统有两种，一种为局域增强系统(local area augmentation system，LAAS)，另一种为广域增强系统(wide area augmentation system，WAAS)。广域增强系统是基于卫星建立的，也称为星基增强系统(satellite based augmentation systems，SBAS)。LAAS 由于采用伪距差分，其差分精度随着用户接收机与基站距离的增加而减退。当用户接收机距基准站 100～200 km 及以上时，差分能力降低。WAAS 是将测量误差中与空间分布相关的误差(如电离层延迟误差)及与空间分布不相关的误差(如卫星星历误差、星钟误差等)分别计算和修正，这样只需再布置少量基准站就能满足大面积差分要求。

2. 差分技术

利用 GPS 进行单点定位时，是根据一组卫星的伪距、星历、卫星发射时间等观测量来实现的。因此，要获得地面点的三维坐标，至少要接收到 4 颗 GPS 卫星的观测信号。在这一定位过程中，主要存在着 3 部分误差：一是每个用户接收机所共有的，包括卫星钟误差、星历误差、电离层误差、对流层误差等；二是不能由用户测量或由校正模型来计算的传播延迟误差；三是为各用户接收机所固有的误差，如内部噪声、通道延迟和多径效应等。利用差分技术，第一部分误差完全可以消除，第二部分误差大部分可以消除，其主要取决于基准接收机和用户接收机的距离，第三部分误差则无法消除。

差分 GPS(differential GPS，DGPS)是在基准站上进行 GPS 观测，利用已知的基准站精确坐标计算出与基准站实测坐标之间的误差改正数，并将这一改正数实时发送出去；用户接收机在进行 GPS 观测的同时接收基准站的改正数，进而求解出用户接收机的精确位置(图 3-19)。

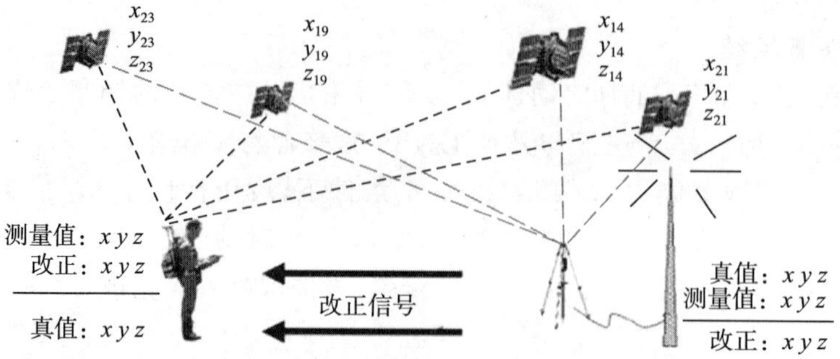

图 3-19　差分 GPS 定位原理图

DGPS 由 1 台基准站 GPS 和 1 台或多台测站 GPS 组成。基准站放置在已知准确大地坐标的点上，在此点上架设基准站 GPS 天线与测站 GPS 同时接收 GPS 卫星观测量，并由基准站计算出误差改正数，传递给测站 GPS 并对测站 GPS 观测量进行差分改正，获得测站 GPS 的高精度定位数据。如果测站与基准站之间距离越近，那么同步观测相同卫星的情况下，卫星的轨道误差、卫星钟差、接收机钟差、电离层和对流层延迟误差以及 SA 政策等对观测量的影响具有越大的相关性，经差分改正后就可以有效地消除或减弱上述误差的影响，从而较大地提高相对定位精度。从目前商品化的接收机来看，通过对载波相位观测量进行静态差分，定位精度可达 5 mm $\pm 10^{-6}\times D$(D 为基线长度)，对 C/A 伪距码观测量进行差分改正，精度可达米级。

根据 DGPS 基准站发送到测站的信息不同，可将 DGPS 定位分为 3 类，即位置差分、伪距差分和载波相位差分。所不同的是，发送的误差改正数的具体内容不一样，不同差分方式的精度也不同。其中位置差分是最简单的差分方法，误差较大(>10 m)。基于载波相位的差分是最复杂的差分方法，精度最高，静态定位可达 5 mm$\pm 10^{-6}\times D$(D 为基线长度)，实时动态差分系统(RTK)可达厘米级[(1～2) cm$\pm 10^{-6}\times D$]的定位精度，但价格较贵，系统也较复杂。伪距差分是用得最多的差分方法，精度为米级。

3.2.6　GNSS 在农业中的应用

具有自动导航功能的智能农机装备是智慧农业的重要组成部分，在智慧农业实践的各个环节发挥着重要作用，包括土地平整、自动播种、变量施肥、按需喷药和产量监测等。如图 3-20 所示，基于 GNSS 的土地平整作业，根据 GNSS 测量的三维地形图，可实现移动土方量最少、作业效率最高；基于 GNSS 的自动播种作业，可实现大规模、高精度的大田播种；基于 GNSS 的变量施肥作业，可根据作物需求实现精准施肥，既保护了环境，又降低了成本；基于 GNSS 的产量监测系统，在收获的同时同步记录位置信息和单位面积的产量信息，对于产量数据空间分析、农田管理区的划分具有重要意义。

为实现大田农业机器人自动驾驶过程中的精细作业，需要获取分米级甚至厘米级的定位数据，常采用差分 GNSS 技术，即通过将由位置已知的基准站测量的伪距修正值或相位信息发送到移动站来提高精度。

采用 GNSS 接收机进行导航定位时，还可得到农业机器人的航向信息，根据测量原理，分为双天线测向法和单天线测向法，表 3-7 对两种 GNSS 测向方法进行了对比。

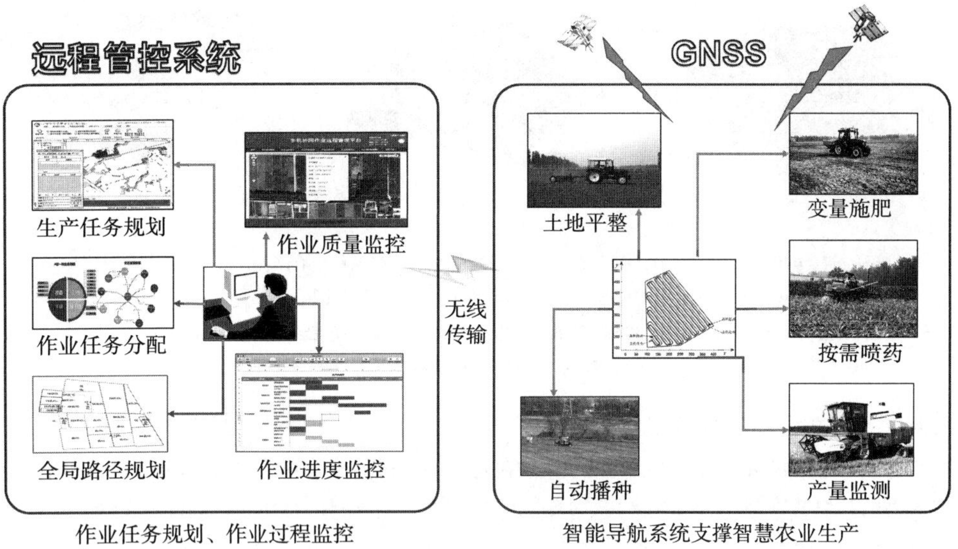

图 3-20　智慧农业与 GNSS 应用

表 3-7　GNSS 测向方法对比

天线配置	航向基线	输出	优点	缺点
双天线	横向	航向、横滚	不受机器人运动速度的影响	移动站需 2 套 GNSS 采集硬件，成本较高
	纵向	航向、俯仰		
单天线	运动方向	航向	不增加额外的硬件成本	速度过低会导致航向测量误差较大

GNSS 可提供全天时、全天候的绝对位置与航向信息，但极端天气或遮挡造成的 GNSS 信号丢失，限制了其在复杂农田环境中的应用。

3.3　惯性导航系统

3.3.1　惯性导航系统的概念

尽管目前全球定位系统已经非常普及，但是遨游在太空的宇宙飞船、在深海畅游的潜艇，甚至飞机、导弹等的导航都离不开惯性导航系统。惯性导航系统(inertial navigation system, INS)如图 3-21 所示，也称作惯性参考系统，是一种不依赖于外部信息、也不向外部辐射能量(如无线电导航)的自主式导航系统。利用陀螺仪和加速度计同时测量载体运动的角速度和线加速度，将它对时间进行积分，且把它变换到导航坐标系中，实时解算出载体的三维姿态、速度、位置等导航信息。通俗来说，只要告知惯性导航系统的起点，它就可以自主计算出当前的位置、姿态，这就是宇宙飞船、潜艇、飞机和导弹使用惯性导航系统成功导航的原因。

(a)　　　　(b)　　　　(c)

(a)Parker LORD 公司生产的 3DMGQ7-GNSS/INS 惯性导航系统 https://www.microstrain.com

(b)Novatel 公司生产的 GNSS 惯性导航系统 SPAN-IGM https://novatel.com/

(c)SBG SYSTEMS 公司生产的超小型、高性能,带 RTK 功能的组合导航系统 Ellipse-N https://www.sbg-systems.com/

图 3-21　惯性导航系统

3.3.1.1　惯性导航系统工作原理

惯性导航系统由两部分组成:惯性测量单元(inertial measurement unit,IMU)和导航计算机。一般情况,IMU 是融合了陀螺仪、加速度计、磁力计和压力传感器的多轴组合。其中,陀螺仪用于获取运动体的角速度并测量其角度变化,加速度计用于获取运动体的线性加速度并测量其速度变化。导航计算机将角速率进行积分运算解算出姿态矩阵并提取姿态信息,再利用姿态矩阵将加速度计测得的比例加速度信息变换至地理坐标系上计算出运载体的速度和位置,进而实现对运载体运动参数的有效控制。

惯性导航系统工作原理如图 3-22 所示。惯性导航系统以牛顿力学定律为基础,利用 IMU 测量载体的角速度信息,结合给定的初始运动条件,与 GNSS 等系统进行信息融合,从而实时推算速度、位置、姿态等参数。基于该技术的惯性导航系统可装备于运载体(如飞机、汽车、无人机等)并用于实现导航定位,系统通过连续测得运载体角速度和线速度并进行积分运算即可连续、实时预测运载体的当前位置。

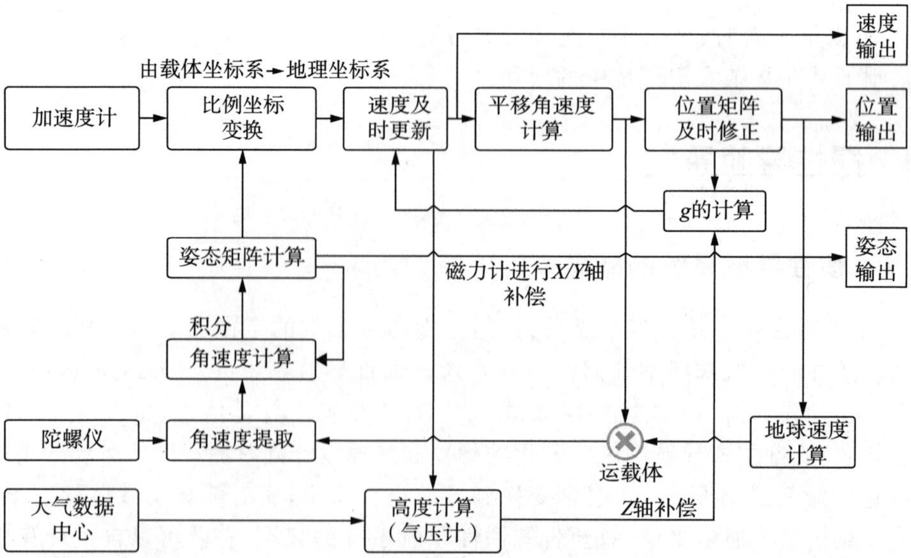

图 3-22　惯性导航系统工作原理

3.3.1.2 陀螺仪

陀螺仪又称角速度传感器，是一种基于角动量守恒理论，用来感测与维持方向的装置。一个旋转物体的旋转轴所指的方向在不受外力影响时，是不会改变的，即有抗拒方向改变的趋向。最简易的陀螺仪是将一个高速旋转的陀螺放到一个万向支架上，靠陀螺的方向来计算角速度，其结构如图3-23所示。其中，转子即为陀螺，它因为惯性作用而抗拒方向改变，三轴陀螺仪的三个固定轴（即X轴、Y轴、Z轴）则会因为设备姿态的改变而跟着改变，从而来检测设备当前的状态，三个轴围成的立体空间联合检测各种动作，然后用多种方法读取轴所指示的方向，并自动将数据信号传给控制系统。因此最初，陀螺仪最主要的作用是测量角速度。

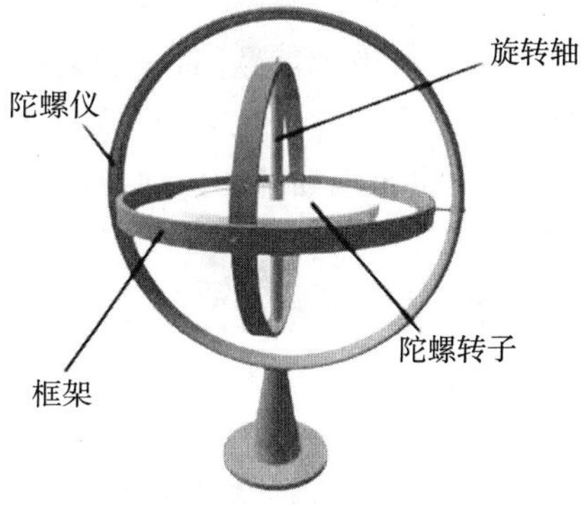

图3-23　陀螺仪组成

当前，从力学的观点近似地分析陀螺的运动时，可以把它看成是一个刚体，刚体上有一个万向支点，而陀螺可以绕着这个支点做三个自由度的转动，所以陀螺的运动是属于刚体绕一个定点的转动运动，更确切地说，一个绕对称轴高速旋转的飞轮转子称为陀螺。将陀螺安装在框架装置上，使陀螺的自转轴有角转动的自由度，这种装置称陀螺仪。陀螺仪的基本部件有：陀螺转子（常采用同步电机、磁滞电机、三相交流电机等拖动方法来使陀螺转子绕自转轴高速旋转，并将其转速近似为常值）；内、外框架（或称内、外环，它是使陀螺自转轴获得所需角转动自由度的结构）；附件（是指力矩马达、信号传感器等）。

陀螺仪有两个非常重要的基本特性：一个是定轴性，另一个是进动性，这两种特性都是建立在角动量守恒的原则下。物体维持自身转动状态并对抗改变的能力称为转动惯量，其由相对于特定旋转轴的质量分布决定，质量越大、对轴距离越远，转动惯量越大。一方面陀螺转子的对轴对称性结构使其具备了同质量物体较大的对轴转动惯量，意味着其在同阻力扭矩情况下能够更长时间保持原始运动状态；另一方面在轴的、小摩擦与无角自由度限制的支点使得外力无法借此产生较大且有效的阻力扭矩；当陀螺转子以高速旋转时，在没有任何外力矩作用在陀螺仪上时，陀螺仪的自转轴在惯性空间中的指向保持稳定不变，即指向一个固定的方向；同时反抗任何改变转子轴向的力量。这种物理现象称为陀螺仪的定轴性或稳定性。简而言之：转子的转动惯量愈大，稳定性愈好；转子角速度愈大，稳定性愈好。

当转子高速旋转时，若外力矩作用于外环轴，陀螺仪将绕内环轴转动；若外力矩作用于内环轴，陀螺仪将绕外环轴转动。其转动角速度方向与外力矩作用方向互相垂直，这种特性叫作陀螺仪的进动性。进动角速度的方向取决于动量矩H的方向（与转子自转角速度矢量的方向一致）和外力矩M的方向，而且是自转角速度矢量以最短的路径追赶外力矩。外界作用力愈大，其进动角速度也愈大；转子的转动惯量愈大，进动角速度愈小；转子的角速度愈大，进动角速度愈小。

根据陀螺仪的定轴性和进动性可制成各种仪表或装置。常见的陀螺仪可分为：陀螺方向仪、陀螺罗盘、陀螺垂直仪、陀螺稳定器、速率陀螺仪、陀螺稳定平台、陀螺仪传感器、光纤陀螺仪、激光陀螺仪、微机电系统（micro-electro-mechanical system，MEMS）陀螺仪。目前陀螺仪可应用于导航、手机防抖、游戏传感设备等。

3.3.1.3 加速度计

加速度计能够测量加速度、倾斜、震动或冲击，因此适用于从可穿戴健身装置到工业平台稳定系统的广泛应用。通过连续测量加速度，经过积分运算得到速度分量，再次积分得到一个方向的位置坐标信号，而三个坐标方向的仪器测量结果就综合出运动曲线并给出每瞬时载体所在的空间位置。在某些控制系统中，常需要加速度信号作为产生控制作用所需信息的一部分，这里也出现连续测量加速度的问题。能连续地给出加速度信号的装置称为加速度传感器。

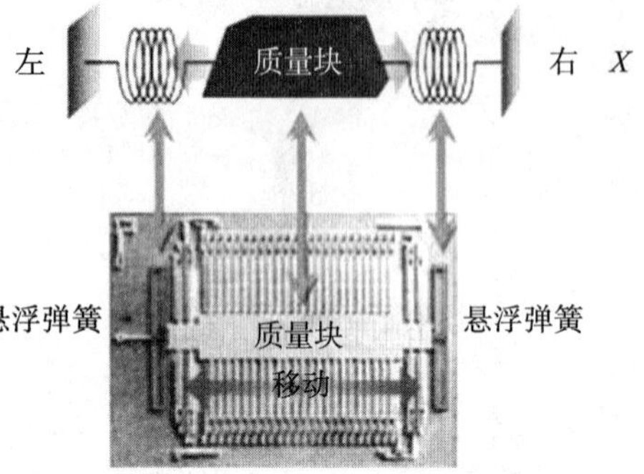

图 3-24　加速度计测量物体相对运动原理

根据牛顿第二定律，只需测量作用力 F 就可以得到已知质量物体的加速度。利用电磁力平衡这个力，就可以得到作用力与电流（电压）的对应关系，通过这个简单的原理来设计加速度传感器。所以，加速度传感器的本质是通过作用力造成传感器内部敏感部件发生变形，通过测量其变形并用相关电路转化成电压输出，得到相应的加速度信号。原理如图 3-24 所示。MEMS 加速度计内部质量块结构都带有伸出来的手指对（finger sets），在移动过程中，手指与固定极板可形成可变的电容，加速度计就是通过检测该电容值变化来反馈移动距离的。因此，完整的加速度计结构由微机械系统、电容转电压电路和调理输出电路组成。

与常规的加速度计相比，MEMS 加速度计具有很多优点：体积小、重量轻、成本低、功耗低、可靠性好等。它可以广泛地运用于航空航天、汽车工业、工业自动化及机器人等领域，具有广阔的应用前景。常见的微加速度计按敏感原理的不同可以分为：压阻式、压电式、隧道效应式、电容式以及热敏式。

3.3.2 平台式惯性导航系统

惯性导航系统可分为平台式惯性导航系统（plantform INS，PINS）和捷联式惯性导航系统（strapdown INS，SINS）。平台式惯性导航系统结构如图 3-25 所示，将 IMU 安装在惯性平台上，给 IMU 提供了良好的工作环境。其主要特点是需要借助导航平台进行惯性导航，这个平台是实体平台，主要作用是模拟导航坐标系，能够直接测量载体在导航坐标系下的加速度，然

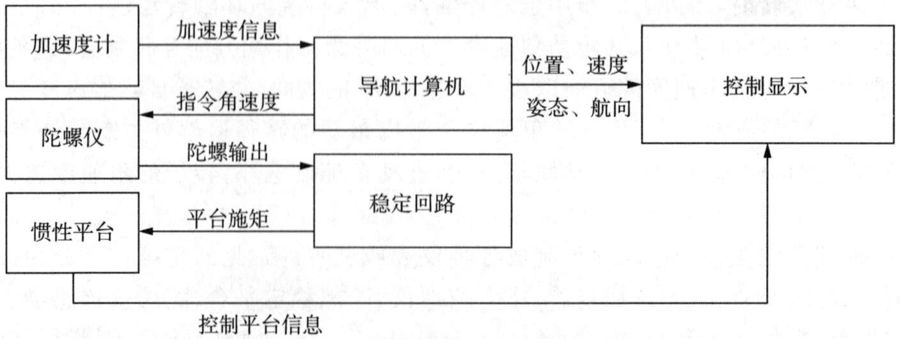

图 3-25　平台式惯性导航系统结构

后通过数学方法计算出载体的速度、位置、姿态等导航信息，这种导航方法计算相对简单，误差容易标定，给计算带来很大便利。世界上最早的一套平台式惯性导航系统是由美国麻省理工学院的Draper实验室于1949年研制出来的，之后惯性导航系统就开始成功应用于飞机的飞行导航。平台式惯性导航系统的缺点在于导航平台的制作上难度系数相当高，而且操作不方便。

其工作原理是：利用陀螺仪作为敏感元件来稳定平台，通过三个稳定回路使平台的三个轴保持相对惯性空间稳定；建立惯性空间三维坐标系，提供一个惯性测量基准；加速度计放在陀螺稳定平台上，三个加速度计的敏感轴分别沿着平台的三个轴向放置，敏感运载体在三个轴向上运动。陀螺稳定平台的作用就是使加速度计的测量方向始终保持不变。稳定回路是平台式惯导系统的关键技术，其性能优劣与惯导系统的精度密切相关。随着科技的迅速发展，民用、军事等领域对惯性导航系统的控制精度要求也与日俱增，整个系统对平台稳定回路的精度以及响应速度要求也越高。自平台惯性导航系统出现以来，国内外很多科研人员在提高稳定回路的精度和快速性上做了大量专门研究，采用的方式也日趋多样化。稳定回路实际上是一个位置反馈控制系统，是台体稳定在惯性坐标系中的反馈回路，又称平台伺服回路。平台稳定回路一般由惯性平台、环架结构、陀螺仪、框架角传感器、力矩电机、控制电路等组成。惯性平台是安装陀螺仪和加速度计的载体，环架结构为其提供三个方向的转动自由度。陀螺仪是角度敏感元器件，它能灵敏感应台体和陀螺仪主轴之间的角度差。

当地球的自转、载体运动或平台产生干扰信号时，陀螺仪均能灵敏感应平台台体绕某一转动轴转动，此时陀螺仪就能灵敏感应到台体与陀螺主轴之间的偏差角，并由陀螺角度传感器输出，输出的微弱交流信号需经前置放大环节进行放大。角度传感器输出的信号里会夹杂很多谐波分量等成分，因此经前置放大后，信号还需经选频网络对信号进行选频，滤除掉有害的高频纹波成分，才能得到较纯净的有用信号。此时的信号仍是交流量，还需经相敏解调将信号解调成与其幅值成正比的直流量，才能作为控制信号。该信号再经校正环节的处理，可显著改善稳定回路的频率特性，从而使惯性导航稳定平台获得较好的动态性能。经校正后的信号驱动能力很差，因此还需经功率放大器对输入电压进行功率放大，驱动力矩电机，使台体绕相应轴反向转动，最终使陀螺角偏移恢复至零位。

3.3.3　捷联式惯性导航系统

捷联式惯性导航系统并没有实际的物理平台，是通过将IMU与载体固连，进而测得载体的线运动和角运动信息，通过数值计算复现数学平台，辅助完成导航解算。捷联式惯性导航系统在20世纪40年代开始发展，具有系统结构简单、可靠性高、成本低、体积小、加工制造周期短等优点，多采用微机械陀螺或者光学陀螺仪，价格便宜，可通过冗余配置惯性仪表达到提高系统稳定性的目的，迅速在中等精度低成本要求的领域取代了平台式惯性导航系统，占据了惯性导航系统的核心地位。捷联式惯性导航系统从最初的导弹制导到运载火箭、卫星导航、载人飞船等国防军事领域都占据至关重要的地位。然而当运动载体旋转时，惯性仪表中与角运动有关的动态误差项被激发，而且对器件的抗冲击能力有较高要求，捷联式惯性导航系统计算量较大，需要较强的计算机数据处理能力。

捷联式惯性导航系统结构如图3-26所示。加速度计和陀螺仪等惯性测量器件直接安装于运动载体上，安装要求是惯性测量器件的敏感轴要与载体坐标系的三个方向轴相吻合，这样能够保证惯性器件输出的结果是载体坐标系中的准确值。在导航计算机进入导航状态后，导航计算机运行自对准算法求解出捷联矩阵的初值；对惯性传感器的数据进行读取并作滤波补偿处理，得到载体相对惯性坐标系沿三轴的角速度分量和比力分量；采用速度分量和比力分量对捷联矩阵进行更新；加速度信息通过捷联矩阵进行坐标系变换得到载体沿地理坐标系的加速度信息，经过导航计算机计算得到运载体的速度、位置信息，同时计算出载体相对惯性坐标系在导航坐标系上的分量，再经过方向余弦逆矩阵对捷联矩阵更新进行修正；导航计算利用捷联矩阵计算出载体的姿态信息。

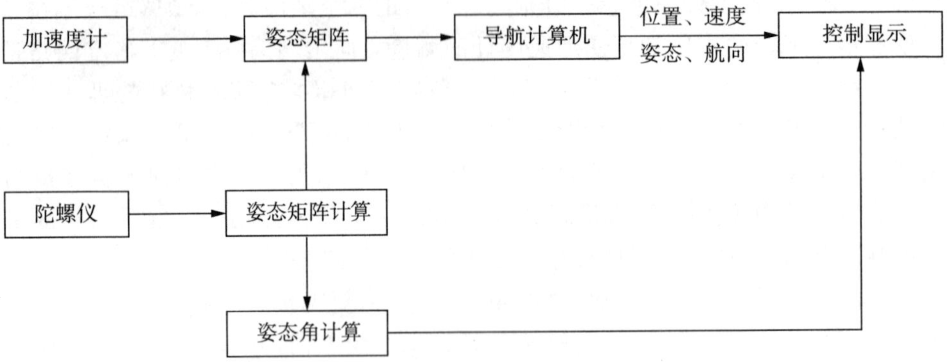

图 3-26 捷联式惯性导航系统结构

3.3.4 发展趋势

各类运动载体对导航、制导与控制系统越来越高的要求是惯性技术进步的主要动力。根据国内外惯性技术的最新发展及应用情况，惯性技术的发展趋势可归纳为以下 5 个方面。

(1)惯性仪表及配套元器件技术　现有转子式、光学陀螺等惯性仪表及配套元器件的精度、可靠性等性能还需要进一步提高。新概念惯性仪表不断提出，如光子晶体光纤陀螺、MEMS 陀螺、集成光学/MOEMS 陀螺、原子干涉/自旋陀螺及多类新型加速度计等，研究重点是新原理、新方法、新工艺。总的来看，惯性仪表正不断向高精度、小型化等方向发展。

(2) 惯性系统技术　为不断提升竞争力，惯性系统正向着高精度、小体积、抗恶劣环境、快速启动、标准化、货架式方向发展，关键技术包括系统的数字化、集成化、通电快速热稳定及动态快速对准等技术。平台式惯性系统需充分利用最新控制理论和控制技术来进一步改善其稳定回路的性能；捷联式系统将越来越多地采用数字化固态惯性仪表和系统集成一体化、先进数据滤波等技术，使其综合性能不断提高。另外，随着深空探测任务的逐步实施和惯性技术水平的不断提高，今后的研究还包括月球、火星等地外星球表面和行星际航行的惯性导航理论、误差模型及工程实现技术。

(3)惯性测试与试验技术　测试技术是准确标定惯性仪表及系统误差系数，提高惯性系统使用性能的关键技术。深入研究误差机理、探索新的测试方法并研制先进而精密的测试设备，是惯性技术持续发展的重要基础和保障。试验技术是验证、确认惯性技术产品性能的主要途径，尤其是各类地面的精度或环境试验、实物/半实物仿真试验等，是确保航空、航天产品性能天地一致性并最终完成任务的关键环节。因此不断提高测试和试验技术水平是惯性技术发展的一个重要趋势。

(4)新器件和新材料应用技术　采用新器件、新材料向来是提高惯性仪表及系统性能的重要手段，如比热、比刚度特性优异的铍材的应用，使转子式陀螺和惯导平台系统的性能大幅度提升。美国 GP-B 探测卫星用于验证广义相对论效应，所用静电陀螺的球体采用纯天然熔融石英后，精度指标达到前所未有的(10^{-11})°/h 的水平；而光纤陀螺目前正逐渐采用光子晶体光纤等。所以，应关注并发展各类新器件、新材料技术，用来推进惯性技术的跨越式发展。

(5)横向领域的推广与应用技术　其他学科技术的发展一直是惯性技术发展的重要基础，如控制理论、精密加工、微电子、光电子、MEMS 等技术对惯性技术发展的推动作用十分显著；而惯性技术的成果同时也可推广应用于其他工业领域，如光纤电流互感器、光纤水听器等动态测量与控制设备在许多工业部门都有重要应用前景和推广价值。

3.4　激光雷达

激光雷达是以发射激光束探测目标的位置、速度等特征量的雷达系统。其工作原理是向目标发射探测信号(激光束)，然后将接收的从目标反射回来的信号(目标回波)与发射信号进行比较，做适当处理后就可获得目标的有关信息，如目标距离、方位、高度、速度、姿态、形状等参数，从而对不同目标进行探测、跟踪和识别。激光雷达由激光发射机、光学接收机、转台和信息处理系统等组成，激光发射机将电脉冲变成光脉冲发射出去，激光接收机再把从目标反射回来的光脉冲还原成电脉冲，送到显示器。

激光雷达是一种工作在光学波段(特殊波段)的雷达，与普通微波雷达相比，具有如下优点。

(1)分辨率高　激光雷达在角度、距离和速度等方面具有极高的分辨率。

(2)隐蔽性好　激光直线传播、方向性好、光束非常窄，只有在其传播路径上才能接收到，因此难以截获。

(3)抗有源干扰能力强　激光雷达的发射系统口径很小，可接收区域窄，有意发射的激光干扰信号进入接收机的概率极低。另外，与微波雷达易受自然界广泛存在的电磁波影响的情况不同，自然界中能对激光雷达起干扰作用的信号源不多，因此激光雷达抗有源干扰的能力很强，适于在复杂的环境中工作。

(4)获取的信息量丰富　可以直接获取目标的角度、距离、反射强度、速度等信息，以便生成目标多维度图像。

(5)可全天候工作　激光雷达主动探测，不依赖于外部光照条件，可实现长时间、全天候工作。但由于激光雷达易受大气条件和工作环境中的烟尘等影响，若想实现全天候作业还需具备良好条件。

激光束以不同方向角度发出，对目标区域进行三维轮廓扫描，激光束越多，三维扫描精度越高，对应的成本也越高。目前用于农业机器人或自走式农机中的激光雷达，根据激光束的多少，可分为单线、4 线、8 线、16 线、32 线等，64 线及以上激光束的雷达由于受到成本限制，目前在农业机器人中鲜有成熟应用。

3.4.1　单线激光雷达

单线激光雷达是指激光源发出的线束是单线的雷达，具有三角测距及 TOF 激光雷达之分，在机器人领域应用居多。其扫描速度快、分辨率强、可靠性高，与多线激光雷达相比，单线激光雷达在角频率及灵敏度上反应更快捷，所以对障碍物的测距更加精准。

目前单线激光雷达产品主要来源于 SICK 公司和 HOKUYO 公司，国产单线激光雷达厂家近几年也取得较快发展，如思岚科技等。典型单线激光雷达见图 3-27。

（a）SICK公司的LMS111

（b）HOKUYO公司的UST-30LC

（c）思岚科技的RPLIDAR A3

图 3-27　单线激光雷达

3.4.1.1　单线激光雷达的核心组件

单线激光雷达根据其工作原理及技术方案差异，不同厂家的技术方案有所差异，但核心组件基本相同。以思岚科技的单线激光雷达为例，其主要由激光器、接收器、信号处理单元和旋转机构 4 个核心组件构成。

（1）激光器　激光器是激光雷达中的激光发射机构，工作时以脉冲的方式点亮。

（2）接收器　激光照射到障碍物以后，通过障碍物的反射，反射光线会经由镜头组汇聚到接收器上。

（3）信号处理单元　信号处理单元负责控制激光器的发射，以及接收器收到的信号的处理。根据这些信息计算出目标物体的距离信息。

（4）旋转机构　以上 3 个组件构成了测量的核心部件。旋转机构负责将上述核心部件以稳定的转速旋转起来，从而实现对所在平面的扫描，并产生实时的平面图信息。

3.4.1.2　单线激光雷达的测距原理

单线激光雷达的测距方法分为三角测距法和 TOF 飞行时间测距法两种类型，具体测距原理如下。

1. 激光三角测距法

激光三角测距法原理是通过一束激光以一定的入射角度照射被测目标，激光在目标表面发生反射和散射，在另一角度利用透镜对反射激光汇聚成像，光斑成像在电荷耦合器件(charge-coupled device，CCD)位置传感器上。当被测物体沿激光方向发生移动时，位置传感器上的光斑将产生移动，其位移大小对应被测物体的移动距离，因此可通过算法设计，由光斑位移距离计算出被测物体与基线的距离值。入射光和反射光构成一个三角形，对光斑位移的计算运用了几何三角定理，故该测量法被称为激光三角测距法。按入射光束与被测物体表面法线的角度关系，激光三角测距法可分为斜射式和直射式两种。

如图 3-28 所示，当激光光束垂直入射被测物体表面，即入射光线与被测物体表面法线共线时，为直射式激光三角法。当光路系统中，激光入射光束与被测物体表面法线夹角小于 90°时，该入射方式即为斜射式。图 3-29 所示为激光三角法斜射式光路图。由激光器发射的激光与物体表面法线呈一定角度入射到被测物体表面，反(散)射光经 B 处的透镜汇聚成像，最后被光敏单元采集。无论是直射式还是斜射式激光三角测距法，均可实现对被测物体的高精度、非接触测量，但直射式分辨率没有斜射式高。

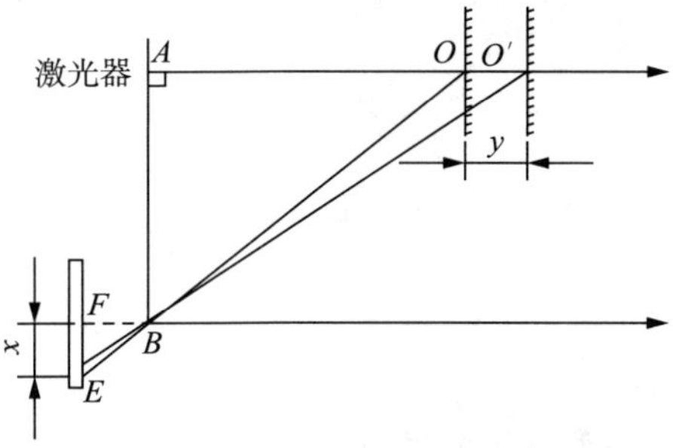

图 3-28　激光三角法直射式光路图

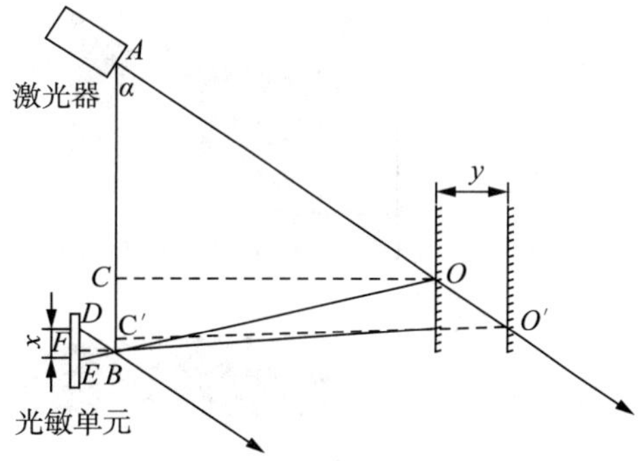

图 3-29　激光三角法斜射式光路图

2. TOF 飞行时间测距法

TOF 激光雷达是基于测量光的飞行时间来获取目标物的距离。其工作原理是通过激光发射器发出一束调制激光信号，该调制光经被测物体反射后由激光探测器接收，通过测量发射激光和接收激光的相位差即可计算出目标的距离。TOF 激光雷达因其超短时光脉冲的特性，在抗光干扰能力方面也十分出色，即使在室外 60 klx 的强光下也能实现稳定测距及高精度建图。

总体而言，三角测距激光雷达与 TOF 激光雷达在实现上都有各自的难度，从原理上来说，TOF 雷达的测距距离更远，在一些要求距离的场合，基本以 TOF 雷达居多，而三角测距激光雷达制造成本相对较低，且精度又可满足大多工业级民用要求，因此也备受业内关注。

3.4.2　多线激光雷达

除单线激光雷达外，多线激光雷达在车载系统中也具有广泛应用，如德国 IBEO 公司生产的 LUX 系列，有 4 线、8 线两类，是很多自动驾驶预研项目中采用的重要传感器。随着科技的发展，更多线的激光雷达也逐步得到了应用和普及，包括 16 线、32 线、64 线和 128 线等，其中 16 线和 32 线激光雷达目前市场上产品较多，在现阶段的激光雷达中性价比较高。下文以 16 线激光雷达为例，介绍多线激光雷达的主要特点。

3.4.2.1　16 线激光雷达简介

16 线激光雷达是现阶段激光雷达中性价比较高的一种类型，也是国内外公司出品最多、竞争最为激烈的一种型号。其大多数采用机械旋转的方式，集合 16 线激光头，可应用在自动驾驶汽车、工业机器人及农业机器人等环境感知中，作为高精度地图绘制、路标检测、障碍物识别、实时定位的工具。目前市场上较为常见的 16 线激光雷达如图 3-30 所示，包括美国 Velodyne 公司的 VLP-16、深圳市速腾聚创科技有限公司的 RS-LiDAR-16、北京市北科天绘科技有限公司的 R-Fans-16 和深圳市镭神智能系统有限公司的 C16 系列等。

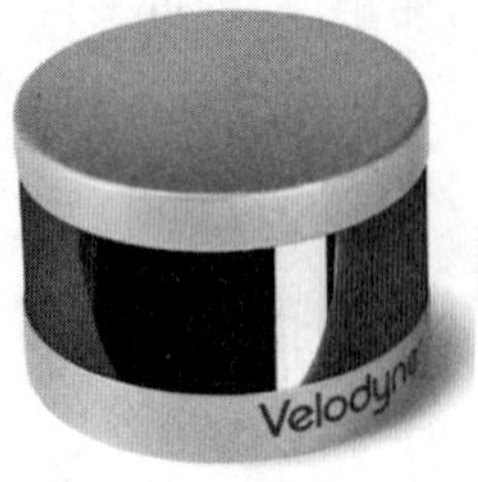

（a）Velodyne公司VLP-16

（b）速腾聚创公司RS-LiDAR-16

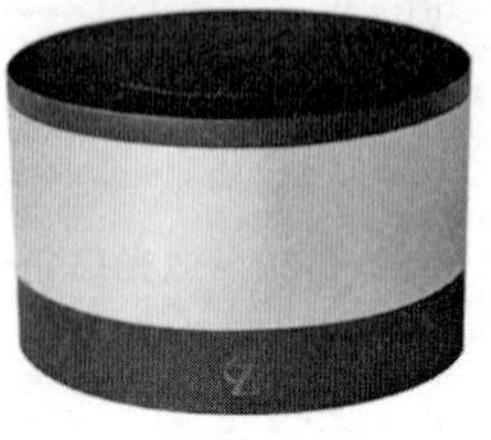

（c）北科天绘公司R-Fans-16

（d）镭神智能公司C16系列

图 3-30　各公司 16 线激光雷达产品

16 线激光雷达的共同特点就是发出的光束为 16 路，水平视场角均为 360°，而垂直视场角和角分辨率根据不同厂家的技术方案略有差异，一般 16 线激光雷达的垂直视场角在 30°左右，测量精度为±3 cm 或者更高。

3.4.2.2　美国 Velodyne 公司 16 线激光雷达特点

美国 Velodyne VLP-16 激光雷达保持了 Velodyne 在 LiDAR 中的突破性重要功能：实时收发数据、360°全覆盖、3D 距离测量以及校准反射测量等。有效范围为 100 m，其耗电低、重量轻、占用空间少以及双重回传功能使其成为不少移动装置的理想选择。Velodyne VLP-16 激光雷达没有可视旋转件，这使得它可以高度灵活地适应要求严苛的环境。

VLP-16 激光雷达的主要特性参数如下所示。

1. 传感器

(1)校准反射之后的 TOF 距离测量。

(2)16 通道。

(3)测量距离远达 100 m。

(4)精度：±3 cm(常规)。

(5)双重回传。

(6)视场角(垂直)：30°(−15°～+15°)。

(7)角分辨率(垂直)：2°。

(8)视场角(垂直/方位角)：360°。

(9)角分辨率(水平/方位角)：0.1°～0.4°。

(10)旋转速率：5～20 Hz。

2. 激光

(1)1 级——人眼安全。

(2)波长:903 nm。

3. 机械/电器/运转

(1)耗电量:8 W(常规)。

(2)工作电压:9～32 V 直流电(含接口盒以及稳压电源)。

(3)重量:830 g(不含线缆)。

(4)尺寸:103 mm(直径)×72 mm(高度)。

(5)冲击力度:振幅 500 m/s^2,时长 11 ms。

(6)振动频率:5～2 000 Hz,3 Grms。

(7)防护标准:IP67。

(8)工作温度:−10 ℃～+60 ℃。

4. 输出

(1)高达 30 万点/s。

(2)100 Mbps 以太网连接。

(3)UDP 数据包包含距离、校准反射强度、旋转角度、同步时间戳(μs 分辨率)。

(4)来自 GPS Receiver 的 $GPRMC NMEA 语句(不含 GPS)。

3.4.3　激光雷达在农业中的应用

移动农业机器人若想实现自主行走和避障等功能,环境感知传感器必不可少。汽车工业的迅猛发展,也让农业领域在自动化、数字化和智能化方面有所受益。激光雷达目前是汽车自动驾驶中必不可少的环境感知传感器,其在农业车辆自动化方面也大有用处。远程控制可以使农民摆脱现场人工控制拖拉机等农业机械的限制,让农业车辆自动耕作、施肥或播种,甚至是在晚上也能持续工作,极大提高了效率。除此之外,还可以通过激光雷达和摄像头等传感器实现自动导航,为车辆配备环境检测功能。

目前激光雷达在农业多个领域已有较为成熟的应用案例,如小型农业机器人自主导航、拖拉机自动驾驶、无人机机载激光雷达测量、激光雷达获取作物表型信息和激光雷达用于耕后地表微地貌检测等。

如图 3-31(a)所示,目前农业应用中的小型自主行走机器人,多数配备单线或多线激光雷达,用于实现田间环境中的作物行识别或障碍物检测,具有较好的应用市场。图 3-31(b)展示了激光雷达用于无人机遥感的案例,无人机作为灵活的搭载平台,具有任务载荷多样化、起降作业局限性低等优势,在与激光雷达系统结合之后,可以满足大面积田间作物三维表型数据的采集,与传统的高分辨率相机、高(多)光谱成像传感器等相互补充,在农作物的调查、监测、管理等方面,能够提供多源数据作为支撑。图 3-31(c)展示了激光雷达在田间作物精细表型研究中的应用,以北京数字绿土科技有限公司研发的 LiCrop 田间作物精细表型监测系统为例,与无人机平台的表型监测平台相比,该系统虽然在作业范围上不具优势,但是基于高精度的定位轨道,可以采集到毫米级的三维表型结构数据,对于提高复杂田间作物长势信息的采集和识别能力具有重要意义。图 3-31(d)同样是通过激光雷达配合高精度直线导轨实现耕后地表微地貌的采集,可为构建合理的种床厢面结构提供精细的数字高程数据支撑。

（a）激光雷达用于农业机器人

（b）激光雷达用于无人机遥感

（c）激光雷达用于作物表型采集

（d）激光雷达用于地表微地貌测量

图 3-31　激光雷达在农业中的应用案例

3.5　其他传感器

3.5.1　内部传感器

机器人传感器通常根据所获取信息种类分成外部传感器和内部传感器两大类。外部传感器主要用于检测机器人所处环境及状况，如距离、外力、声音和图像等。内部传感器用于获取机器人内部如关节角度等信息。

3.5.1.1　加速度传感器

加速度传感器可以用于测量机器人运动的加速度，与远距传感的装置相比，它测量的是自身的运动。其主要工作原理是：首先将测量到的加速度信号转换为相应的电信号，这是通过敏感元件来实现的，然后在前置放大电路中利用信号调理电路增大它的信噪比，接着利用模数转换将模拟信号转换为相应的数字信号，最后送入处理器与存储器进行数据存储和显示。当传感器件以加速度 a 移动时，质量块会受到一个作用力，这个作用力与加速度方向相反，发生的形变与加速度成正比，使悬臂梁也随之产生相应的变形。粘贴在悬臂梁上的扩散电阻能够感受到这种变形（图 3-32）。根据硅的压阻效应结合扩散电阻发生的变化，再通过测量电桥电压输出的情况就能够测量加速度大小。

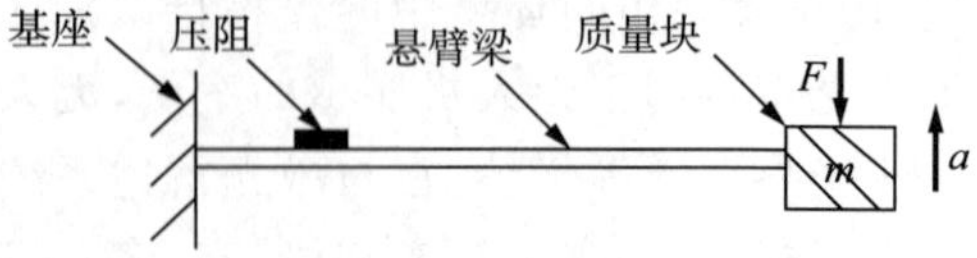

图 3-32　压阻式加速度传感器原理图

加速度传感器按照传感元件类型可分为：压阻式、压电式、电容式、伺服式。压阻式加速度传感器主要是利用自身的扩散电阻阻值的变化测量加速度，不同的变化输出不同的电压，以此反映当前加速度大小。压阻式加速度传感器的最大优点是能够直接输出电压信号，并且不需要复杂的电路接口。压电式加速度传感器的结构与压阻式类似，不同之处在于使用压电晶体、压电陶瓷等压电材料代替压阻材料感应加速度的变化。电容式加速度传感器优点在于其灵敏小巧。伺服式加速度传感器具有优秀的动态特性，在高精度的惯性导航以及惯性制导系统中较为适用。

3.5.1.2　角加速度传感器

角加速度传感器作为测量角加速度的传感器件，在诸多工程技术领域中得到广泛应用。例如在航空领域中，为使导弹等飞行器能够顺利飞向目标，在飞行器中引入角速度传感器来对飞行器姿势进行控制和调整；在汽车工业领域中，在翻车预警监测装置中引入角加速度传感器，能够直接测量车身的角加速度数值进而增加整个系统的可靠性。

通过角加速度传感器，可将测量的结果转化成可用的模拟或数字信号。角加速度传感器主要分为两类：直接测量和间接测量。直接测量所应用到的是特定敏感元件；间接测量通常采用微分电路或微分计算算法对角速度进行微分处理以得到角加速度信息。工程中，多采用直接测量，角加速度直接测量时，常用的角加速度传感器主要为压阻式和压电式。压阻式角加速度传感器，利用压阻效应可将外界角加速度转变为压敏电阻阻值变化，再测量出阻值的变化量，并用相应的电信号来表征角加速度信息，典型压阻式角加速度传感器原理如图3-33所示。

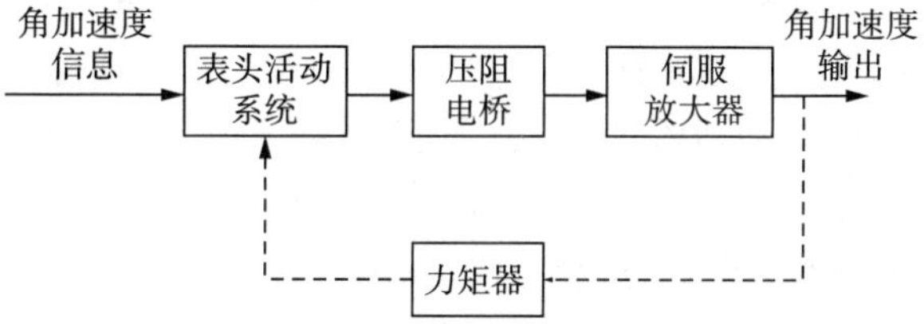

图3-33　压阻式角加速度传感器原理

表头活动系统和压阻电桥感应角加速度，并产生一个与角加速度成比例的输出电信号，伺服放大器放大表征角加速度的电信号，磁电式力矩器从放大器引出表征角加速度的电信号，可作为传感器回路的反馈单元，产生一个能与惯性力矩相平衡的电磁力矩，使表头活动系统中的硅梁组件始终处于零位附近。压电式角加速度传感器，根据压电效应，通过计算压电元件的感应电压与角加速度之间的关系，将角加速度转化为电压输出。

3.5.2　听觉传感器

在某些机器人应用环境中，要求农业机器人能够测知声音的音调、响度，区别左右声源来判断声源的大致方位，甚至与机器人进行语音交流，使其具备“人-机”对话功能，听觉传感器的存在，使得农业机器人能够更好地完成指定任务。

一些高端的机器人的听觉功能通过听觉传感器采集声音信号，通过语音识别，再经过分析就能够听懂人类语言，即实现语音的识别和理解，因此机器人听觉传感器可以用于语音识别，建立人和机器之间的对话，通常语音识别分为特定人语音识别和非特定人语音识别两种方式。

特定人语音识别的工作原理是通过对特定人的声音信息进行大量收集并利用特征矩阵形式进行保存，这种语音识别系统要事先记忆语音特征，并且在收集信息的时候收集的内容必须与模板相匹配，最后特定语音系统可以识别出说话者与之前录音者是否为同一个人和与之匹配的语音段落。

与之相对的非特定人语音识别系统可以按照识别内容分为语言、单词和数字语音识别系统，该系统通过对同一方面的内容向多个群体收集相关信息，并对其进行训练，使用时与模板进行对比，从而识别。

在农业机器人领域，目前有研究将声音传感器用于采集奶牛反刍及采食时的声音信号，自动化检测奶牛行为；利用声音传感器技术采集裂颖杂交水稻种子撞击到碰撞板的声音信号，从而检测裂颖种；还有将声音传感器与视觉传感器相结合，对玉米应力裂纹进行检测，达到区分完好籽粒和裂纹籽粒的效果。

3.5.3 颜色识别传感器

颜色识别传感器的工作原理是通过收集物体颜色进行 RGB 数值化处理后，将 RGB 值(x,y,z)与参考颜色进行对比，当两个样本在一定程度上相匹配时就会得到检测结果。

颜色识别传感器是近年来的研究热点，许多研究者围绕颜色识别在农业生产应用领域展开了相关研究，该传感器的复杂与否与其可检测颜色的波长谱带或信号通道的数量多少有很大关系。

传统的颜色传感器是利用多个二极管在同一块芯片上组合工作，一般红色滤色器和绿色滤色器各一块，而硅片对蓝光的敏感度偏低，故通常采用两个蓝色滤色器组合使用对其进行偏差补差。三或四个光电二极管的输出经跨阻抗放大器被传送到 A/D 转换器中，在此之后经由 A/D 转换器输送给下一步的处理器，图 3-34 所示为 TCS34725 颜色传感器。

由于在实际生产中面临不同的应用场景，这种方法灵活性高的优势就能得到极大的发挥，使用者可以通过调整放大器增益和选择 A/D 转换器的速度和分辨率来迎合使用生产需求，以达到性能和经济性的平衡。但是随之而来的是设计过程变得烦琐，对模拟电路的设计也有了更高的要求。

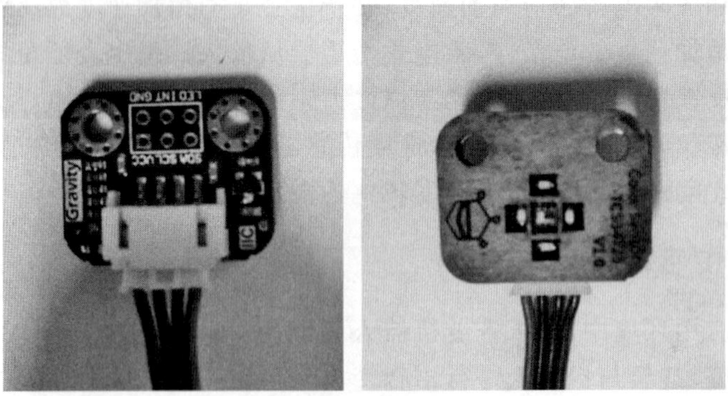

图 3-34 TCS34725 颜色传感器

另一种方法是将用于单一色彩谱带的光电二极管、滤色器和跨阻抗放大器组合在一块芯片上，再通过外接的三通道 A/D 转换器中进行下一步的数字处理。Texas Advanced Optoelectronic Solutions(TAOS)公司推出的 TSLR257、TSLG257 和 TSLB257(图 3-35)就是这些元件的实例。这种方法的元件数量要少于立式且模拟电路在芯片上方放置，节省了大量空间，使成本大幅度降低，简化了整体布局，但是也正因如此导致其在结构上不能随意改动，也导致了该传感器在使用参数上的固化。这种方法常被用于光照条件较为稳定、空间约束明确和对灵敏度要求较高的场合。

第三种方法将颜色分量的强度信息转化为特定规则的脉冲序列。具体来说，将光传感器接收到的光转化为 RGB 数值光强度信息，再将光强度转化为脉冲序列，再利用直连口进行数

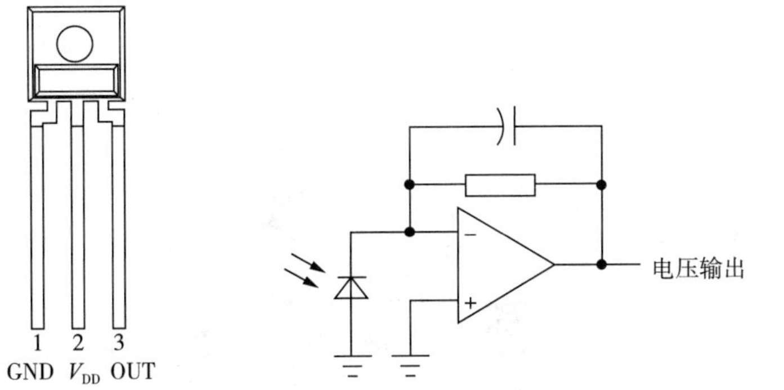

（a）封装形式　　（b）等效电路

图 3-35　TSLR257、TSLG257 和 TSLB257 的封装形式与等效电路

据传递。TAOS 公司的 TCS230 就是此类器件的一个实例(图 3-36)。这款传感器将三种传感器划分为栅格状,实现了元素的均匀扩散,使其扩散到整个感测区域。

颜色传感器在农业采摘机器人中有广泛应用,如在茄子采摘机器人中,采取基于颜色特征和形态学特征的茄子图像分割方法,并应用网格模板,根据模板处理后面积最大的方法来获取茄子目标。有研究对颜色传感器在牛肉品质快速检测方面取得了进展,实现了牛肉品质等级预测的方法。同时,还有研究基于颜色和气味多传感器融合的催熟水果检测系统,能有效实现水果品质的快速检测。

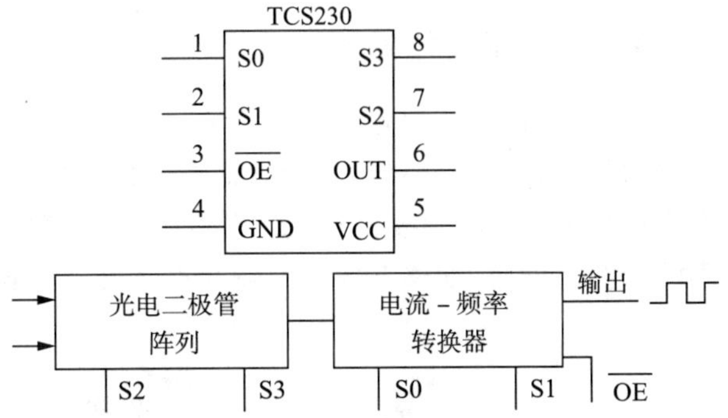

图 3-36　TCS230 的引脚和功能框图

3.5.4　嗅觉传感器

嗅觉传感器(图 3-37)简称电子鼻,是一种气味检测设备。嗅觉传感器的核心为气敏传感器,通常采用金属氧化物、石英谐振器及导电聚合物等制成。当气敏传感器与待测物质相接触时,将发生反应,产生电子等载流子的迁移,元件的电阻发生变化,经过分析从而判别物质的属性。市面上的嗅觉传感器,通常为多检测器协同工作模式,多检测器响应可以通过合适的模式识别技术进行进一步分析,以对不同的挥发性物质相关的特定感知进行识别与分类。

目前,嗅觉传感器在农业中的应用主要在两个方面:一是农产品中的食品质量与安全检测,如肉制品新鲜度评价、真菌检测、奶制品检测、农产品成熟度检测、农药残留检测等;二是各类植物病害识别,如玉米的穗粒腐病、油梧桐根腐病和茎基腐病等。

伴随着新的传感材料的研究与开发,嗅觉传感器将向着高精度、高检测性的方向发展。根据目前该项技术的最新发展与应用趋势,未来嗅觉传感器中传感单元中的受体,将更多利用到人工合成蛋白。相应的,这项技术的发展,也将拓宽嗅觉传感器可检测物质的范围与领域,乃至随着这一技术的拓展,使未来的嗅觉传感器单元能够超越现有人类嗅觉系统的高性能与可识别范围。

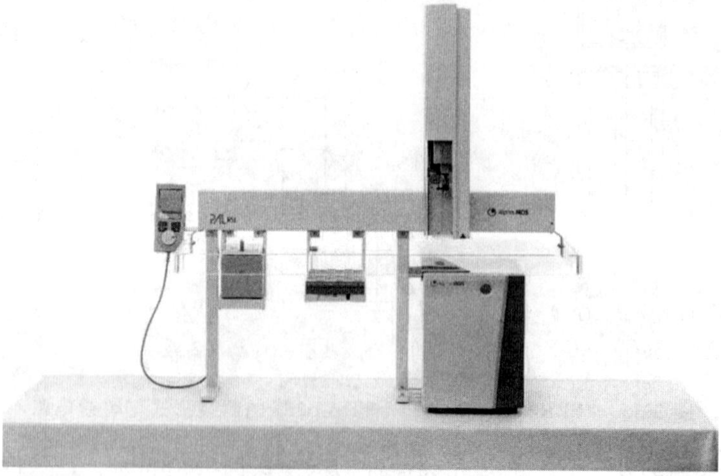

图 3-37　嗅觉传感器

3.5.5　距离传感器

距离传感器，根据测量方法的不同可分为超声波距离传感器、红外距离传感器、光学距离传感器等(图 3-38)。多用于检测感应传感器与某物体之间的距离以完成系统预设的功能。其作为机器人系统中重要的组成部分，赋予了机器人最重要的外界感知能力。其通过对外界障碍的探测与分析，能够有效地保障并提升机器人自身的运行稳定度与灵敏度。

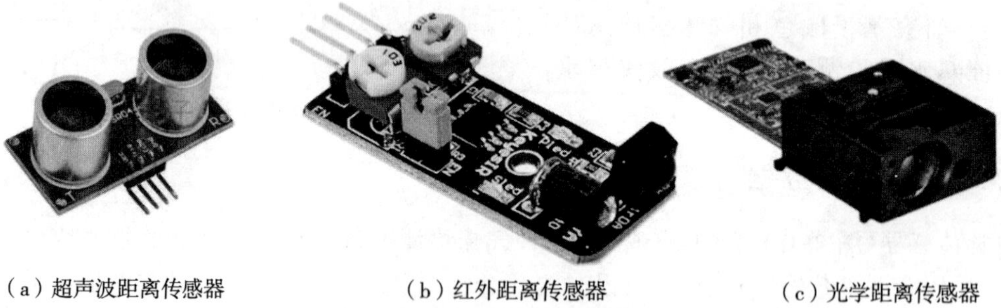

（a）超声波距离传感器　（b）红外距离传感器　（c）光学距离传感器

图 3-38　各类距离传感器

各类型的距离传感器已广泛应用于基于微型农业机器人的农业生产中。例如利用激光距离传感器进行无人机山地飞行的高度检测，进行覆盖作物生物量的高度测量等；利用超声波传感器进行田间施药与农作物收获工作中的路径规划与避障等；利用红外距离传感器实现自动化、高精度的田间设定路线作业等；利用光学距离传感器结合光学镜头对成熟果实进行识别和采摘等。

未来，距离传感器将通过多种技术的融合更好地提升其精度与稳定性。例如融合机器学习技术提升光学距离传感器判别精度，更高分辨率的纳米级别距离传感器将使制造更精密的成像设备与高精度制造设备成为可能。

3.5.6 环境监测传感器

在智慧农业不断发展的推动下，由于农业生产水平与环境有着密不可分的特点，农业环境信息化感知的重要性愈发明显。近年来，随着硬件制造水平的不断升级和相对应的传感器研究的不断深入，环境监测传感器在农业生产中的使用越来越广泛。环境监测传感器在农业生产中主要应用于温湿度、酸碱度、CO_2等气体浓度、土壤养分、土壤通气状况、光照度等环境信息的监测，以达到生产者对环境变量的调控。

3.5.6.1 环境检测传感器分类

(1)温度传感器　作为使用最早、应用范围最广的传感器之一，近年来在农业智能化发展中的作用愈发明显。温度传感器主要分为接触式和非接触式两种，数字式、模拟式、逻辑输出是温度传感器三大类输出信号的模式。而今，温度传感器的技术日益成熟并且正在向高精度、标准化、功能集成化等更高功能方向进行研究，得益于无线技术的发展，温度传感器的使用越来越广泛也越来越成熟。

(2)湿度传感器　湿度是影响农业生产的重要因素之一，对于家畜来说，适当的湿度对家畜的生长十分必要，其相对湿度的合理范围在 40%～75%。对于植物来说，生长环境的湿度控制更至关重要，在空气湿度过低时，叶子就会出现焦边、枯黄的现象。近 20 年，电子式湿度传感器得到飞速发展。国外生产的较著名的湿度传感器有 Honey Well 公司的 HIH-3602、HIH-3605、HIH-3605，Humirel 公司的 HM1500、HM1520，Sensiron 公司的 SHT11 型。湿度传感器主要分为集线性电压输出式、线性频率输出式、频率/温度输出式 3 种常见类型。

(3)气体传感器　气体传感器按其工作原理主要分为红外光谱吸收型、半导体型和电化学型。其中，半导体型传感器的工作原理是：敏感元件在吸附对应待检测的还原气体时，导电率随即发生变化，根据电信号的变化达到气体监控的目的。这种气体传感器价格较低，工作寿命较长，但是敏感元件本身化学性质的容易受到其他条件的干扰。电化学型传感器则是利用定电位电解法原理，传感器的末端在接触待检测气体时会产生电流信号，而且电流的大小也随着气体浓度的升高而升高。电化学型传感器的优点在于针对其他气体的抗干扰能力强，但是遇到某些刺激性溶剂时，则会产生灵敏度下降甚至失效的情况。

3.5.6.2 应用举例

(1)草莓温室中环境监测传感器应用　光照在植物生长的过程中有着无可比拟的作用，光照的时长和强度直接关系着农作物最后的质量。由于农作物在生长过程中的新陈代谢、光合作用、生长繁殖和基因表达与光照都密不可分，随着植物温室种植技术的愈发成熟，在农户对细致光照调控需求的推动下，对温室中光照条件监控的研究就显得十分必要。例如邓晓蓉等为检测、补偿、控制草莓成熟期的光照强度使用数字环境光传感器和数字温度传感器采集光照和温度。通过对光照的监测结果调整补光系统输入信号的占空比以达到对草莓棚光照的调节效果。

(2)温度监测传感器和气体监测传感器应用　奶牛的产奶量与牛舍的环境有着密不可分的关系，由于奶牛对环境温度变化十分敏感，于是为了提高奶牛的产量对牛舍温度的调控十分关键。在奶牛的瘤胃代谢或排泄物分解过程中产生大量有害气体，浓度过高会降低奶牛的免疫力，因此也应该考虑监测牛舍的气体。有学者为了解决奶牛牛舍温度调控、有害气体监测等功能需求，基于无线传感网络设计了一套牛舍监测系统，通过对牛舍环境数据的监测和调控，以达到奶牛牛奶增产的目标。

3.5.7 生物传感器

生物传感器可以检测特定生物物质浓度，并将其浓度信息转化为电信号。生物传感器的原理是通过生物活性物质在某些如压电晶体、场效应管和光敏管等物理化学转化器的作用下产生的电信号，与信号放大器相结合而构成一个分析系统，是当前生物技术与农业物联网相结合领域的研究热点。作为一种新兴的检测方法，其具有快速的优点并且可应用于微量分析，目前多被应用于微生物药物研发、临床诊断、生物芯片等领域。一般来说，生物传感器包含两个关键成分：生物成分和物理或化学转导装置。生物传感器作为一种典型的收敛技术，集成了生物学、化学、物理和其他学科的原理与技术。

生物传感器的工作原理如图 3-39 所示。被测物质在经过分子识别之后，由于生物学反应产生带电极活性物质，通过检测这种电信号并进行放大处理就能得到待测物浓度。

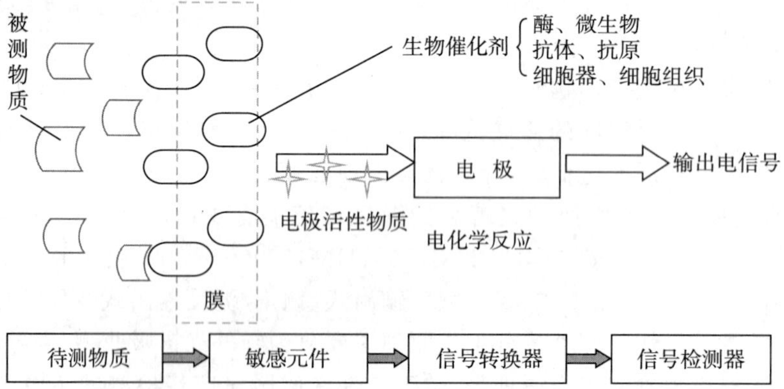

图 3-39 生物传感器工作原理

1. 生物传感器的分类

生物传感器按照生物物质（敏感元件）可分为生物酶传感器、微生物传感器、细胞传感器、组织内液传感器和免疫传感器；按照信号转换器分类可将其分为生物电极传感器、半导体生物传感器、光电生物传感器、压电晶体生物换能传感器等（图 3-40）；按照被检测目标与生物识别原件的相互作用的方式不同可将其分为生物物质亲和型生物传感器、生物体代谢物质型传感器和生物物质代谢催化型生物传感器。

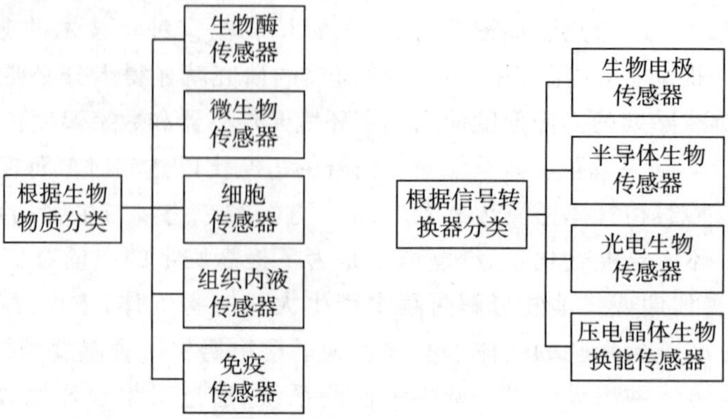

图 3-40 生物传感器分类

总的来说,各种生物传感器包括以下共同的结构:一种或数种相关生物活性材料(生物膜)及能把生物活性表达的信号转换为电信号的物理或化学换能器(传感器),二者组合在一起,用现代微电子和自动化仪表技术进行生物信号的再加工,构成各种可以使用的生物传感器分析装置、仪器和系统。

生物传感器鉴于其结构和材料的独特性,具有以下特点:①底物特异性强。其敏感元件的特异性强从而保证了生物传感器在检测方面所具有的高专一性和强抗干扰能力,可以精确地反映出待检测物质的浓度,不易受环境因素影响。②检测速度快,精度高。③检测前置样本制备简单,可以将样本分离和检验同时进行。④使用成本较低。生物酶或细胞等中介材料在反应完成后不会发生变化,这使得生物传感器在一般情况下可以多次使用。

2. 发展现状及前景

近年来,生物传感器的研究进入了一个新时代,物联网、大数据和人工智能对下一代生物传感器技术产生了重大影响,重点关注小型化可集成性、智能和无线可移植性。个人设备和仿生机器人的智能化和一体化为生物传感器的发展提供了前所未有的机遇和挑战。在农业领域,未来新型农业动力机械是以农业机器人为形态发展的,全面感知、自主决策是其主要的体现方式之一。生物传感器用于农业物联网信息采集具有其他传感器不可比拟的优势。一个重要方面是生物传感器在线实时监测,检测速度快。农业物联网要求接收数据的传感器能够按照人们的要求实时在线自动采集数据并完成发送。对于进行大田环境检测和智能果实采摘类型的农业机器人来说,也需要能够实时监测的传感器来完成其功能。农业中大量使用有毒和易残留农药,促使开展新的高效、经济和快速的分析工具研发,以控制环境和食品中的农药残留水平。基于酶抑制的生物传感器被提出作为适当的分析设备,并具有利用农药毒性进行检测的额外优势,比标准色谱方法更具生物学相关性。随着生命科学、材料科学、微电子处理技术、信息科学等的发展,未来的生物传感器将会具备功能多样化、便携化、高度智能和集成化、高度灵敏化等特点。

3.6 多传感器融合

近年来,随着农业生产智能化研究的不断深入,相关农户对农业环境信息化需求越来越高,随着各种传感器的硬件质量不断提高,这一诉求得以满足。但是,有些传感器的价格高昂,且有些需求无法使用单一的传感器满足,因此使用多个传感器配合使用,寻求经济高效的解决方案是当前的研究热点之一。

1. 多传感器智能水果采摘

由于水果果实形状不一,尺寸参差不齐,采摘过程费时费力,在整个农产品劳动过程中占大约40%的劳动力消耗,为了开发出省时省力的智能水果采摘农业装备,国内外许多研究人员对此展开了研究。有人利用多种传感器融合技术开发出一种智能移动水果采摘机器人,这个研究针对以往水果采摘设备中定位困难的问题进行图像识别和多种传感器系统融合以寻求一种经济高效的解决方案。除此之外,以往的研究大多数停留在模块化如水果采摘机器人末端执行器、水果采摘机器人移动底盘、水果采摘机器人机械臂等单一部件的结构研发中,而该研究通过将水果采摘机械臂、移动平台、末端执行器、传感器系统和图像处理算法等关键技术融合在一起，研发了移动定位采摘一体化的智能水果采摘设备。

智能移动水果采摘机器人主要由机械执行系统及其控制系统两大部分组成。机械执行系统主要包括移动平台、采摘机械臂、末端执行器及横向滑移机构等，其中移动平台包括履带式行走装置、机架、固定平台和减速器等。控制系统主要包括工控机、机械臂控制器、运动控制卡、末端执行器控制器、数据采集卡、双目摄像机、1394 转接卡、GPS 天线、编码器、力传感器、滑觉传感器、电动机驱动器和控制电路等。

该研究的多传感器融合主要体现在移动平台定位和末端执行器夹取上，设备的结构简图如图 3-41 所示。为实现智能移动水果采摘机器人的自主导航，首先，智能移动水果采摘机器人根据定位传感器进行了目标果树位置的大致定位，而后进行机械臂多个姿势调整以采集具有所需果实目标的图像信息。其次，上机位通过 RS232 接口接收图像信息以进行图像识别，根据识别结果对机械臂进行果实采摘姿势调整，在机械臂姿势调整的过程中，机械臂内部的角度传感器将机械臂的运动状态实时反馈实现机械臂的调整，最后机械臂达到目标位置，末端执行器开始采摘工作。在末端执行器的工作过程中也运用了力传感器和滑觉传感器相互配合，以达到末端执行器的夹取力较为合理，既不会施力过大而造成果实损坏，也不会因为施力过小使得夹取过程中出现未离树或者滑脱等现象。最后，由于整个采摘过程中的非结构化环境，在机械臂运动过程中往往会遇到障碍物，因此根据障碍物进行合理的运动规划以避开障碍物就显得十分必要。研究者通过视觉传感器检测障碍物的位置、大小和与智能移动水果采摘机器人间的相对位置等信息进行避障程序调用，规划出解决方案实现移动水果采摘机器人的智能避障。

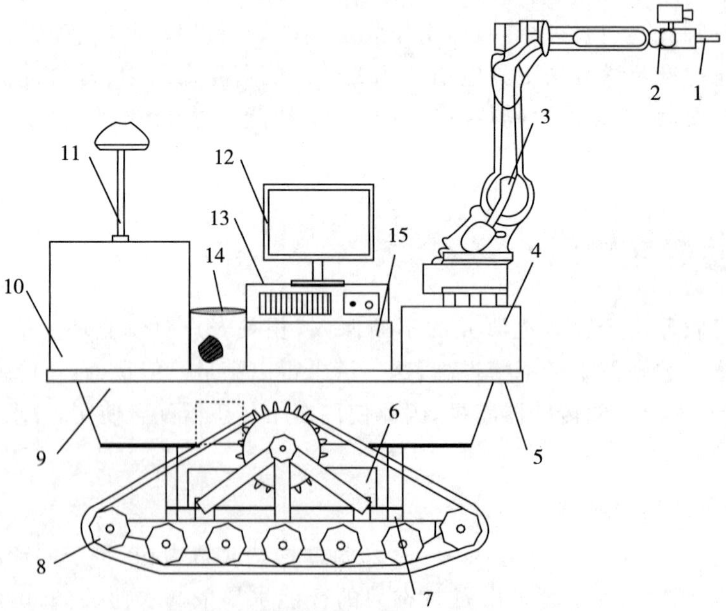

1. 末端执行器　2. 双目摄像机　3. 采摘机械臂　4. 水果收集箱　5. 固定平台　6. 锂电池系统
7. 机架　8. 履带式行走装置　9. 后箱体　10. 机械臂控制器　11. GPS 天线
12. 显示器　13. 工控机　14. 电动机驱动器　15. 电气柜

图 3-41　智能移动水果采摘机器人结构简图

2. 田间旋翼无人机-地传感器系统协同采集

无人机由于不受地面环境限制，具有监测高效全面且快速等特点，得益于其技术的不断进步，价格正在逐年下降，越来越多的旋翼无人机被投入农业检测的生产使用中。旋翼无人机虽然没有与植物直接接触，但是其运动带来的气压会对植物冠部产生一定的影响，为此需对旋翼无人机的运动进行预测。2018 年华南农业大学学者融合了北斗定位传感器与田间风速传感器后研发了一种旋翼无人机传感器系统，利用田间机-地协同采集方式对无人机位置进行了准确的预测。风场参数无线传感器的布置如图 3-42 所示，这些风速传感器在指定的间隔时间点对风速数据进行捕捉并传回主机，主机对通过无线传输的 X、Y、Z 三个方向的向量风速信息进行保存和处理。

图 3-42　无人机与机载北斗定位传感器

在无人机开始工作之前，实验员将北斗天线与风场参数无线传感器中心点对齐，以保证无人机起始点的准确性。根据实际情况计算出中心点的位置信息，而后通过加入风速传感器监测的风速信息对无人机的位置进行分步计算，具体技术流程见图 3-43。

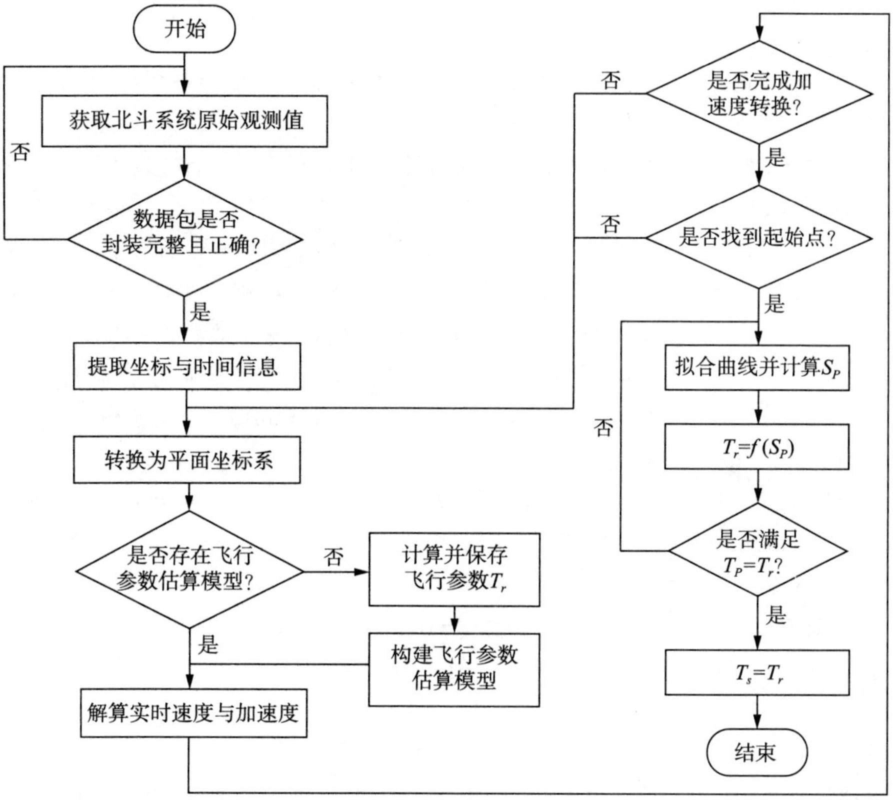

图 3-43　状态预测算法流程

思考题

1. CCD和CMOS传感器的工作原理和优缺点是什么？
2. 简述双目相机视觉测量的步骤。
3. 深度学习目标检测算法主要分为哪两类？它们的原理和优缺点是什么？
4. 在农业机器人视觉感知系统中，你认为哪个环节是最为重要的？为什么？
5. 惯性导航系统由哪几部分组成？
6. 举例说明惯性导航系统的原理。

二维码 3-7
思考题及参考答案

参考文献

[1] 陈明，孙连新. 生物传感器在农业物联网中的应用[J]. 硅谷，2012(7):162-163.
[2] 顾宝兴，姬长英，王海青，等. 智能移动水果采摘机器人设计与试验[J]. 农业机械学报，2012,43(6):153-160.
[3] 李继宇，兰玉彬，施叶茵，等. 基于状态预测的田间机-地传感器系统协同采集方式研究[J]. 农业机械学报，2018,49(6):246-253,277.
[4] 刘兆朋，张智刚，罗锡文，等. 雷沃ZP9500高地隙喷雾机的GNSS自动导航作业系统设计[J]. 农业工程学报，2018,34(1):15-21.
[5] 罗锡文，张智刚，赵祚喜，等. 东方红X-804拖拉机的DGPS自动导航控制系统[J]. 农业工程学报，2009,25(11):139-145.
[6] 欧阳涵，蒋东杰，樊瑜波，等. 面向下一代生物传感器的自驱动技术（英文）[J]. Science Bulletin，2021,66(17):1709-1712.
[7] 王晓. 极飞科技数字农业技术装备应用及发展前景[J]. 农机质量与监督，2021(6):8-10.
[8] 闫丽，韦春波. 寒区奶牛牛舍无线监测系统研究[J]. 江苏农业科学，2014,42(5):358-361.
[9] 张李建，廉飞宇. 生物传感器的发展现状及其应用展望[J]. 中国高新技术企业，2016(3):53-54.
[10] 张漫，李民赞，刘刚. 农业机械智能导航技术[M]. 北京：中国农业大学出版社，2020.
[11] Arduini F, Amine A. Biosensors based on enzyme inhibition[M]. Biosensors Based on Aptamers and Enzymes, 2013:299-326.
[12] He K, Zhang X, Ren S, et al. Spatial pyramid pooling in deep convolutional networks for visual recognition[J]. IEEE Transactions on Pattern Analysis and Machine Intelligence, 2015,37(9):1904-1916.
[13] Lin T, Maire M, Belongie S, et al. Microsoft coco: common objects in context[C]. European Conference on Computer Vision. Springer, 2014.
[14] O'Connor M, Bell T, Elkaim G, et al. Automatic steering of farm vehicles using GPS [J]. Intl Conf Precision Agriculture, 1996(3):767-777.
[15] Redmon J, Farhadi A. YOLO9000: better, faster, stronger[C]. Proceedings of the IEEE Conference on Computer Vision and Pattern Recognition. Hawaii, America, 2017.
[16] Wisskirchen G, Biacabe B T, Bormann U, et al. Artificial intelligence and robotics and their impact on the workplace[J]. IBA Global Employment Inst, 2017(11):49-67.

第 4 章　农业机器人控制系统

本章学习目的与要求

控制系统是农业机器人实现移动和作业的关键所在。农业机器人一般由行走机构与操作臂组成，本章将首先介绍相关的行走机构与操作臂的运动学模型，这是实现其控制的基础；其次介绍控制系统的设计，包括通用无模型控制算法、针对农业机器人特点设计的转向操作控制算法、导航决策控制与执行机构控制；最后以两个机器人相关案例将运动学、控制策略结合起来方便大家更直观地了解。通过本章的学习，要求达到了解行走机构与操作臂的运动学知识，熟悉传统的控制方法，针对感兴趣的某一算法进行编程实现。

4.1　行走机构运动学

在科学技术高速发展的背景下，农林业中农业机器人的加入改变了传统的农林业生产模式，减少了劳动力的投入，提高了生产效率，极大地促进了现代农业的发展。与室内或工业机器人相比，农业机器人最大的特点是其主要作业于非结构化环境中，并且面对的地形更加复杂，因此在农业机器人本体研制的过程中，必须要考虑的问题包括机器人过田垄、行间直线行走、地头转向以及在松软泥泞的田间行进等，而这些问题与机器人行走机构紧密联系在一起，选择适当的行走机构可以很大程度上解决机器人田间作业稳定性问题。

机器人的行走机构按照移动方式分为轮式、履带式、腿式和混合式。轮式农业机器人灵活性高，控制和驱动简单，技术成熟，是最常见和研究最多的行走机构，但是其对复杂农田环境的适应能力较弱。履带式农业机器人适用相对复杂的地形中作业，擅长应对田垄等不平整地面场景，对地形的适应能力更强，但对履带的材质要求高，构形难度大。腿式农业机器人尽管可以适应大部分地形，但是其关节处自由度过高，控制复杂。混合式农业机器人可以结合多种行进方式的优点，但是要考虑面对复杂地形时各行进方式的合理配合等因素，需要有稳定的机械结构和精确的控制算法作为支撑。

4.1.1　轮式行走机构

轮式行走机构结构简单，行走速度快，转向灵活，受到较多研究者青睐，是较为典型且量大面广的行走机构，其主要优点是不需要复杂的结构，自身质量轻且占用空间小，有较大的承载力，行进速度快以及工作效率高等，但非结构路面通过性差，路面状况会直接影响其运行稳定性，尤其在复杂的农田环境中作业，更需要研究如何精确控制其运动轨迹。目前，农用轮式机器人主要应用于果实采摘、套袋、植保以及农机具搭载等方面，为减少劳动力、提高农业生产效率提供了有效的解决办法。

关于轮式农业机器人的研究主要集中在转向控制问题，通常按照机械结构将其转向方式概括为铰接式转向、差速转向和车轮转向 3 种。车轮转向主要包括二轮转向、四轮转向、蟹形转向和原地转向 4 种转向控制方式。图 4-1 显示了轮式农业机器人常用转向控制方式。

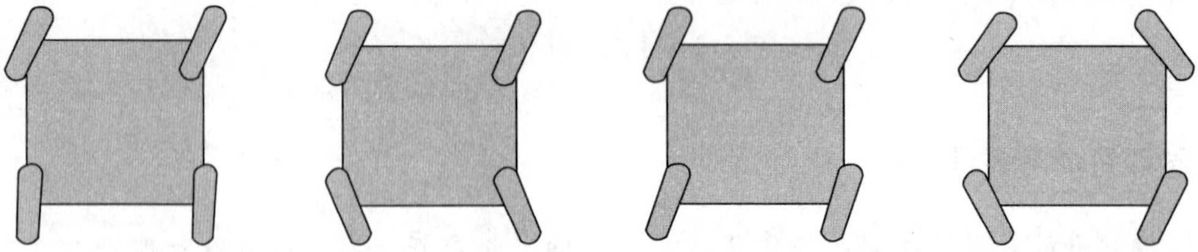

（a）二轮转向　（b）四轮转向　（c）蟹形转向　（d）原地转向

图 4-1　轮式农业机器人常用转向控制方式（樊正强等，2018）

本节以常见的后轮驱动前轮转向的农业轮式移动机器人为例，建立运动学模型。定义一个导航坐标系和一个路径上的弗雷内(Frenet)坐标系，如图 4-2 所示。

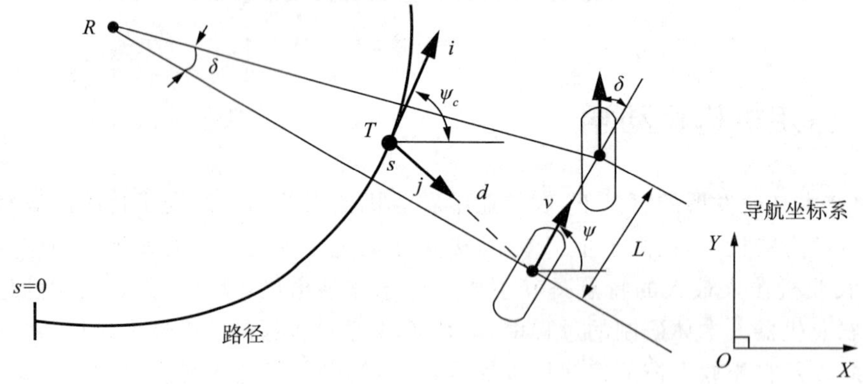

图 4-2　移动机器人与路径相对运动关系（李逃昌，2018）

通过图 4-2 中的几何关系可以推导出移动机器人与路径之间的相对运动关系，即相对运动学模型：

$$\begin{cases} \dot{s} = \dfrac{v\cos\theta_e}{1 - c(s)d} \\ \dot{d} = v\sin\theta_e \\ \dot{\theta}_e = -\dot{s}c(s) + v\rho \\ \theta_e = \psi_c - \psi \\ \rho = \dfrac{\tan\delta}{L} \end{cases} \tag{4-1}$$

式中，s 为路径弧长，v 为机器人的速度，d 为位置误差，即机器人与路径之间的距离误差，θ_e 为方向误差，即机器人的行进方向与路径方向之间的角度误差，$c(s)$ 为路径曲率，ρ 为机器人的转向曲率，δ 为机器人转向轮的转角，L 为移动机器人的轴长。

令 $x = [x_1 \quad x_2]^{\mathrm{T}} = [d \quad \theta_e]^{\mathrm{T}}$，则式(4-1)可以变换成如下形式。

$$\begin{aligned} \dot{x} &= f(x)+g(x)\rho \\ f(x) &= \begin{Bmatrix} [1-x_1c(s)]\tan x_2 \\ -c(s) \end{Bmatrix} \\ g(x) &= \begin{Bmatrix} 0 \\ [1-x_1c(s)]\sec x_2 \end{Bmatrix} \end{aligned} \tag{4-2}$$

为了避免式(4-2)出现奇异现象，应满足如下两个条件：① $1-x_1c(s)\neq 0$；② $x_2 \neq k\pi + \frac{\pi}{2}, k = 0,1,2,\cdots$

农业轮式移动机器人所跟踪的路径曲率一般不是很大，即 $\frac{1}{c(s)} x_1$；路径跟踪过程中机器人一般是沿着路径方向运动的，即方向偏差 $x_2 < \frac{\pi}{2}$。因此，上述条件在实际农业应用中很容易满足。

根据动态反馈线性化理论，对式(4-2)分别采用如下的状态变换和输入变换：

$$\begin{cases} e_1 = x_1 \\ e_2 = \nabla e_1 f(x) = [1-x_1c(s)]\tan x_2 \end{cases} \tag{4-3}$$

$$u = \varphi(x,\rho) = \sec^3 x_2 \, [1-x_1c(s)]^2\rho + [x_1c(s)-1]c(s)(\tan^2 x_2 + \sec^2 x_2) \tag{4-4}$$

则可以得到可控标准型：

$$\begin{bmatrix} \dot{e}_1 \\ \dot{e}_2 \end{bmatrix} = \begin{bmatrix} 0 & 1 \\ 0 & 0 \end{bmatrix} \begin{bmatrix} e_1 \\ e_2 \end{bmatrix} + \begin{bmatrix} 0 \\ 1 \end{bmatrix} u \tag{4-5}$$

农业轮式移动机器人本身的复杂性、土壤等农田环境以及大型负载的不确定性，会给移动机器人的横摆角速度动力学带来很大的扰动。由此可知，上述不确定性扰动主要对横摆角速度的稳态特性产生较大影响，所以引入干扰项 $|\Delta\tau| \leqslant \Gamma$（其中 Γ 为干扰上界）来表示该影响，进而得到如下模型。

$$\begin{cases} \dot{s} = \dfrac{v\cos\theta_e}{1-c(s)d} \\ \dot{d} = v\sin\theta_e \\ \dot{\theta}_e = -\dot{s}c(s) + v\rho + \Delta\tau \end{cases} \tag{4-6}$$

同理，可以将上述模型式(4-6)等效变换为：

$$\begin{aligned} \begin{bmatrix} \dot{e}_1 \\ \dot{e}_2 \end{bmatrix} &= \begin{bmatrix} 0 & 1 \\ 0 & 0 \end{bmatrix} \begin{bmatrix} e_1 \\ e_2 \end{bmatrix} + \begin{bmatrix} 0 \\ 1 \end{bmatrix} u + \begin{bmatrix} 0 \\ 1 \end{bmatrix} \Delta\varphi \\ \Delta\varphi &= \frac{[1-dc(s)]^3}{v\cos^3\theta_e}\Delta\tau \end{aligned} \tag{4-7}$$

由此推导的移动机器人与路径之间的相对运动学模型式(4-5)和式(4-7)中,不包含时间 t 和速度 v,摆脱了时间和速度对系统的影响,提高了不确定状况下机器人的路径跟踪能力。

4.1.2 履带式行走机构

履带式行走机构具有接触面积大、依附地面能力强的特点,克服了轮式移动机构越障能力、跨沟能力差及打滑等缺点,与腿式行走机构相比,其具有运动平稳、爬坡能力强、不易倾倒等特点,对地面适应性较强,更适用于农业生产作业环境,可以在地形比较复杂的环境中进行农耕作业,它结构简单并且易于操作,但是它转向很不灵活,在运动过程中受空间的限制,同时还存在消耗能量大、行驶机构容易磨损等缺点。目前水果采摘任务通常使用图 4-3 所示的机器人。还有一些典型的多功能履带式农业机器人 Armadillo 等,如图 4-4 所示。

图 4-3 苹果采摘机器人在果园内进行实验

(a) Armadillo 一代

(b) Armadillo 二代

图 4-4 多功能履带式农业机器人 Armadillo

履带式农业机器人通过两侧电机分别连接蜗轮蜗杆减速器再连接驱动轮,两侧履带由驱动轮独立驱动,可以在两侧电机转速范围内以任何差速实现控制并完成多种作业。

为建立运动学模型,合理假设其仅在平面内运动、两侧履带完全相同、整机质心与几何中心重合在 M 点、两侧履带不发生侧滑。机器人几何结构和轨迹跟踪如图 4-5 所示:M 为机器人质心和几何中心,L 为机体宽度,d 为单侧履带宽度,v 为质心 M 沿机身纵向前进线速度,ω 为机体转动角速度。在全局坐标系(X,O,Y)中,机器人位置由向量 $\boldsymbol{p}=(x,\ y,\ \theta)^{\mathrm{T}}$ 描述,参考

机器人位置由向量 $\boldsymbol{p}_d=(x_d, y_d, \theta_d)^{\mathrm{T}}$ 描述。其中 x、y 分别为机器人质心在全局坐标系下的横坐标和纵坐标，描述机器人地理位置；θ 为机器人机身纵向与 X 轴夹角即航向角，描述机器人运动姿态，向量 $\boldsymbol{p}_d$ 对应数据描述参考机器人地理位置和航向角信息。由此建立全局坐标系下机器人运动学模型为：

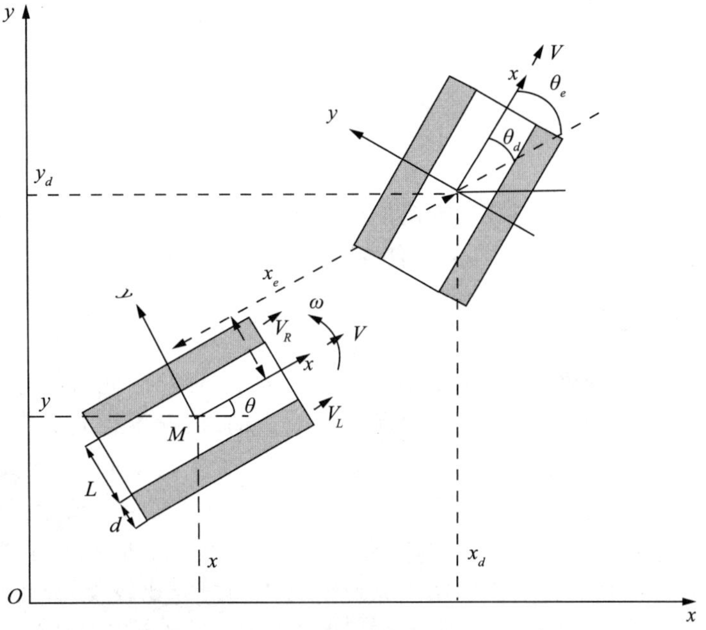

图 4-5 运动学模型及轨迹误差模型(匡文龙等，2020)

$$\begin{bmatrix}\dot{x}\\ \dot{y}\\ \dot{\theta}\end{bmatrix}=\begin{bmatrix}\cos\theta & 0\\ \sin\theta & 0\\ 0 & 1\end{bmatrix}\begin{bmatrix}v\\ \omega\end{bmatrix} \tag{4-8}$$

其中，线速度 v 和角速度 ω 由两侧履带速度及其中心距决定，两侧履带速度由两侧驱动电机转速、传动比和驱动轮半径共同决定，则有：

$$\begin{bmatrix}v\\ \omega\end{bmatrix}=\begin{bmatrix}\dfrac{v_{\mathrm{L}}+v_{\mathrm{R}}}{2}\\ \dfrac{v_{\mathrm{R}}-v_{\mathrm{L}}}{L+d}\end{bmatrix} \tag{4-9}$$

$$\begin{bmatrix}v_{\mathrm{L}}\\ v_{\mathrm{R}}\end{bmatrix}=\begin{bmatrix}\dfrac{N_{\mathrm{L}}\cdot 2\pi\cdot r}{i}\\ \dfrac{N_{\mathrm{R}}\cdot 2\pi\cdot r}{i}\end{bmatrix} \tag{4-10}$$

式中，v_{L}、v_{R} 分别为左侧和右侧履带线速度，m/s；N_{L}、N_{R} 分别为左右侧驱动电机转速，r/s；r 为驱动轮半径，m；i 为蜗轮蜗杆减速器传动比。

通过坐标转换后，得到轨迹跟踪误差公式(4-11)：

$$\begin{bmatrix} x_e \\ y_e \\ \theta_e \end{bmatrix} = \begin{bmatrix} \cos\theta & \sin\theta & 0 \\ -\sin\theta & \cos\theta & 0 \\ 0 & 0 & 1 \end{bmatrix} \begin{bmatrix} x_d - x \\ y_d - y \\ \theta_d - \theta \end{bmatrix} \tag{4-11}$$

式中，x_e和y_e分别为基于机器人随动坐标系下实际位置与参考位置x轴、y轴误差，θ_e为航向角误差，对式(4-11)进行微分，可得到轨迹跟踪误差微分方程(4-12)：

$$\begin{bmatrix} \dot{x}_e \\ \dot{y}_e \\ \dot{\theta}_e \end{bmatrix} = \begin{bmatrix} v_d\cos\theta_e - v + y_e\omega \\ v_d\sin\theta_e - x_e\omega \\ \omega_d - \omega \end{bmatrix} \tag{4-12}$$

所以，机器人轨迹跟踪控制即寻找准确期望电机转速N_L、N_R，使得在该控制律下，机器人快速跟踪参考轨迹，$x_e=0$、$y_e=0$、$\theta_e=0$，也使X轴、Y轴误差为0。

4.1.3 腿式行走机构

腿式行走机构地面适应性强，不用太多考虑地面的平整度，因此跨沟壑、过田垄和梯田作业是其强项，而且腿式行走机构与地面的接触是点对点的，因此不会对农田造成较大的破坏。但是其缺点也非常明显。首先，腿式机器人能量消耗高，工作效率低；其次其本体腿关节处的自由度过高，导致难以控制，行走速度慢，因此适当的控制算法至关重要；另外腿式农业机器人有相对较小的负重能力，不宜搭载过重的传感器或操作装置。正是因为腿式农业机器人的这些缺点，所以研究者将纯腿式行走机构用于农业机器人的研究比较少，而更倾向于研究轮腿、履腿等复合式机器人，这样既能发挥腿式农业机器人的优点，又可以避免纯腿式农业机器人在控制方面的难度，增强了其运行稳定性，同时也可以适应更多的地形。目前对于腿式机器人的研究主要集中在双腿、四腿、六腿结构上。卢衷正(2015)介绍了四足锄草机器人，如图4-6所示。多机器人协调合作的六足种植机器人，如图4-7所示。

图4-6　G-01四足除草机器人(卢衷正，2015)

图 4-7　六足种植机器人

六足机器人常见的机械腿结构有串联、平面多连杆和并联三种，串联结构和平面多连杆结构虽然结构较简单，但承载能力差、运动精度较低。特别是对于复杂的农业作业环境，如丘陵山地果园等地面土质疏松、地形崎岖复杂，有的甚至出现陡坡的非结构化环境，并联结构往往表现出更强的适应性，适合用来作为六足农业机器人行走机械腿。

下文将以谢冬福等(2021)提出的并联腿六足农业机器人为例，介绍腿式机器人的运动学。

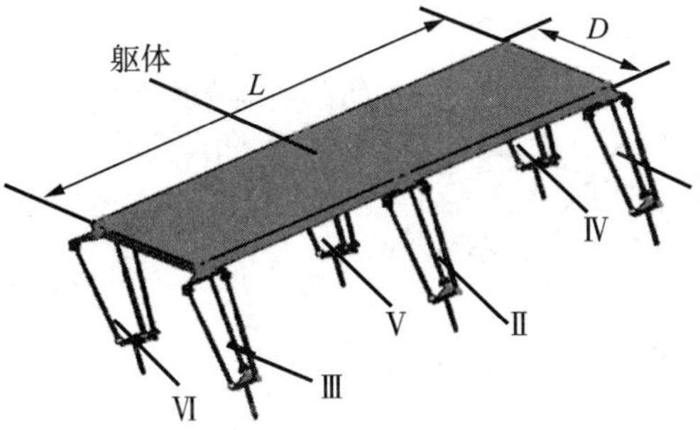

图 4-8　六足农业机器人(谢冬福等，2021)

六足农业机器人机构为一种并联行走腿机构，主要由 6 条相同并联腿(Ⅰ～Ⅵ)和躯体组成，如图 4-8 所示，其主要结构参数为：躯体长 L，宽为 D。与传统串联腿式、连杆腿式行走机构相比，此机构具有承载能力强、运动精度高等特点，可用于丘陵山地果园行走作业。

六足农业机器人并联腿机构为一平移两转动机构，其三维图如图 4-9 所示，主要由上平台、3 条支路和下平台组成。上平台安装在机器人躯体上，3 条支路两端分别与上、下平台相连，下平台通过安装的足与地面接触。并联腿机构拓扑结构简图如图 4-10 所示，主要由动平台、3 条支路和静平台组成；机器人在行走过程中，并联机械腿包含抬起和着地两种状态，当机械腿出于抬起状态时，常将上平台看成静平台，将下平台看成动平台，动、静平台均为等腰直角三角形，3 条支路可分别描述为：支路 1 $\left\{\overbrace{R_{11}\perp R_{12}}\perp P_{11}\right\}$，支路 2 $\left\{\overbrace{R_{21}\perp R_{22}}(\perp P_{21})//R_{23}\right\}$，支路 3 $\left\{\overbrace{R_{31}\perp R_{32}}\perp P_{31}-S_{31}\right\}$。其中，3 条支路一端的转动副 R_{11}、R_{12}、R_{13} 分别放置在静平台三角形 3 个顶点处，R_{11} 与 R_{21} 平行，且垂直于 R_{31} 放置；支路 1 另一端的移动副 P_{11} 与动平台上等腰三角形直角点相连，且垂直于动平台平面，支路 2 另一端的转动副 R_{23}、支路 3 另一端的球副 S_{31} 分别与动平台上等腰三角形另外两顶点相连。该并联腿机构具有绕 $R_{11}R_{21}$ 连线方向转动、绕 $R_{12}R_{31}$ 连线方向转动、沿着 P_{11} 轴线方向移动 3 个自由度。

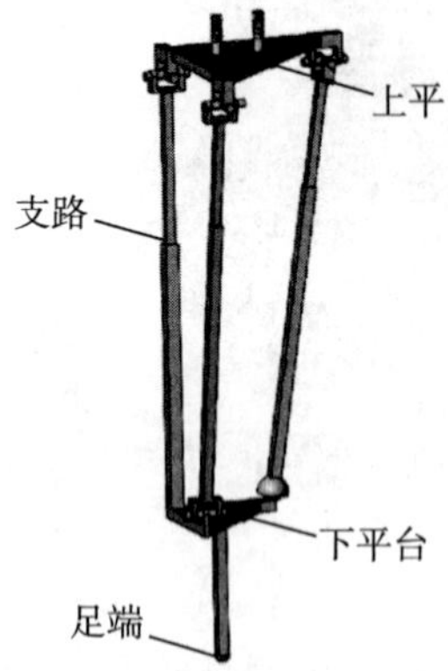

图 4-9 六足农业机器人并联腿三维结构简图(谢冬福等,2021)

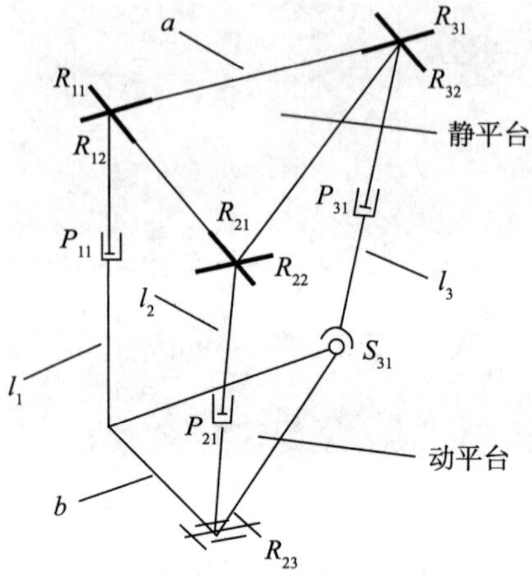

图 4-10 六足农业机器人并联腿拓扑结构简图(谢冬福等,2021)

该并联腿机构的结构参数如下:静、动平台等腰直角三角形的直角边长分别为 a、b,3 条支路的杆长分别为 $l_i(i=1, 2, 3)$。

为后续运动学分析方便,在动平台上建立动坐标系 $Q\text{-}uvw$、静平台上建立静坐标系 $Q\text{-}xyz$,如图 4-11 所示。其中,原点 Q 与动平台直角顶点重合,u 轴与原点 Q 和球副 S_{31} 的连线重合,v 轴与原点 Q 和转动副 R_{23} 的连线重合,w 轴垂直于 u 轴和 v 轴组成的平面;原点 O 与静平台直角顶点重合,x 轴与转动副 R_{11} 和转动副 R_{31} 的连线重合,y 轴与转动副 R_{12} 和转动副 R_{22} 的连线重合,z 轴垂直于 x 轴和 y 轴组成的平面。

并联腿机构位置逆解分析问题可描述为:已知动平台参考点 Q 的位姿(z, α, β),其中,α 为动平台绕 x 轴转过的角度,β 为动平台绕 y 轴转过的角度。求解 3 条支路的输入杆长 $l_i(i=1, 2, 3)$。

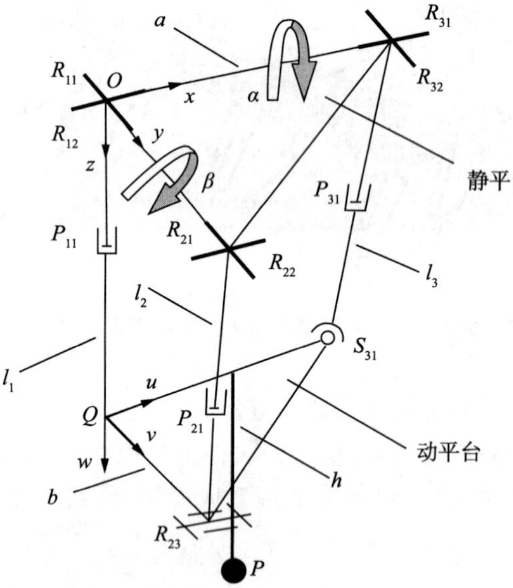

图 4-11 并联腿机构坐标系(谢冬福等,2021)

令 Q 点在静坐标系下的坐标为(x, y, z),动平台先绕固定轴 x 轴旋转,再绕 y 轴旋转,则奇次变换矩阵为:

$$\boldsymbol{T}=\begin{bmatrix}\cos\beta & \sin\alpha\sin\beta & \cos\alpha\sin\beta & x\\ 0 & \cos\alpha & -\sin\alpha & y\\ -\sin\beta & \sin\alpha\cos\beta & \cos\alpha\cos\beta & z\\ 0 & 0 & 0 & 1\end{bmatrix} \tag{4-13}$$

$$x=l_1\cos\alpha\sin\beta \tag{4-14}$$

$$y=-l_1\sin\alpha \tag{4-15}$$

$$z = l_1 \cos\alpha \cos\beta \tag{4-16}$$

静平台上点 R_{21}、R_{31} 在静坐标系下的坐标为：

$$\begin{cases} R_{21} = (0, a, 0) \\ R_{31} = (a, 0, 0) \end{cases} \tag{4-17}$$

由式(4-13)得到动平台上点 R_{23}、S_{31} 在静坐标系下的坐标：

$$\begin{cases} R_{23} = (b\sin\alpha\sin\beta + x, b\cos\alpha + y, b\sin\alpha\sin\beta + z) \\ S_{31} = (b\cos\beta + x, y, -b\sin\beta + z) \end{cases} \tag{4-18}$$

由式(4-13)可得支路 1 的杆长 l_1：

$$l_1 = \frac{z}{\cos\alpha\cos\beta} \tag{4-19}$$

由于转动副 R_{21} 与转动副 R_{23} 之间距离恒为 l_2，则：

$$|R_{21} - R_{23}|^2 - l_2^2 = 0 \tag{4-20}$$

将式(4-14)至(4-18)代入式(4-20)，整理得：

$$l_2 = (b^2 + a^2 + l_1^2 + 2al_1\sin\alpha - 2ba\cos\alpha)^{\frac{1}{2}} \tag{4-21}$$

由于转动副 R_{31} 与球副 S_{31} 之间距离恒为 l_3，则：

$$|R_{31} - S_{31}|^2 - l_3^2 = 0 \tag{4-22}$$

将式(4-14)至式(4-18)代入式(4-22)，整理得：

$$l_3 = (b^2 + a^2 + l_1^2 - 2al_1\cos\alpha\sin\beta - 2ba\cos\beta)^{\frac{1}{2}} \tag{4-23}$$

机构位置正解分析问题可描述为：已知 3 条支路的输入杆长 $l_i(i=1,2,3)$，求解动平台参考点 Q 的位姿(z, α, β)。

由式(4-21)分离变量，整理可得：

$$A\sin\alpha + B\cos\alpha + C = 0 \tag{4-24}$$

其中 $A=2al_1$，$B=-2\mathrm{ba}$，$C=b^2+a^2+l_2^2+l_2^2$。

对式(4-24)进行求解，得 α：

$$\alpha = 2\arctan\left[\frac{A \pm \sqrt{A^2 + B^2 - C^2}}{B - C}\right] \tag{4-25}$$

由式(4-23)分离变量，整理可得：

$$D\sin\beta + E\cos\beta + F = 0 \tag{4-26}$$

其中 $D=-2al_1\cos\alpha$，$E=B$，$F=b^2+a^2+l_1^2-l_3^2$。

对式(4-26)进行求解，得 β：

$$\beta = 2\arctan\left[\frac{D \pm \sqrt{D^2 + E^2 - F^2}}{E - F}\right] \tag{4-27}$$

联立式(4-16)、式(4-25)和式(4-27)可求得 z。

4.1.4 复合式行走机构

复合式行走机构包括轮履复合式、轮腿复合式、履腿复合式以及轮履腿复合式等。复合式农业机器人通常由能够适应非结构化环境的多用途机器人改装而成,中国科学技术大学研发的新型六轮腿机器人如图 4-12 所示。

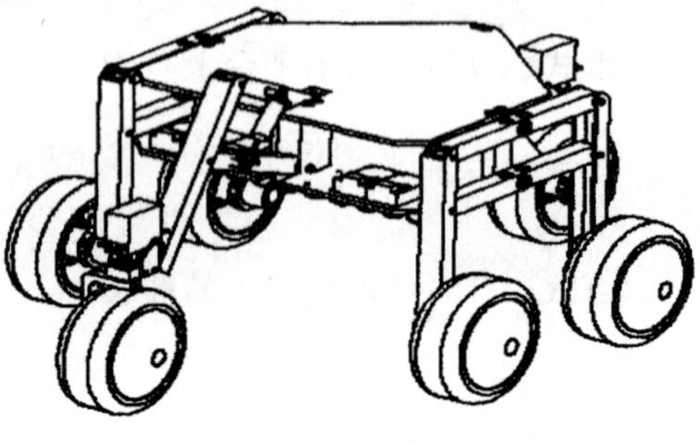

图 4-12 新型六轮腿机器人

复合式农业机器人可以避免单一行走结构机器人的一些弊端,人们可以根据农田环境的要求选择适合地形的复合式结构。复合式农业机器人的优点是对各种地形都做了充分的考虑,可以满足较大难度的作业需求。但其缺点也很明显,其机械结构过于复杂,控制机器人行走时考虑的因素较多,面对复杂地形选择适当行进方式的控制算法较复杂,而且也并非可以继承各类单一行进方式机器人的全部优点。其运动学分析结合轮式、履带式和腿式具体分析即可。

4.2 操作臂的运动学

4.2.1 操作臂的运动状态描述

操作臂在空间中的运动具有 6 个自由度,其中移动 3 个自由度,转动 3 个自由度。表示运动时,操作臂一般被认为是刚体,因此可在操作臂上建立坐标系(frame),一般将机器人自身的坐标系称为 Body frame,其所在的世界坐标系称为 World frame。移动由坐标系原点的位置判定,转动由坐标系的姿态判定,然后利用各个自由度的微分,将位移和姿态转换到速度和加速度等运动状态。

移动:以向量 $\boldsymbol{P}$ 来描述$\{B\}$的原点相对于$\{A\}$的状态,表达式如式(4-28)所示。

$$\boldsymbol{P}=\begin{bmatrix}P_x\\P_y\\P_z\end{bmatrix} \tag{4-28}$$

由图 4-13 可以看出,向量 $\boldsymbol{P}$ 表达空间关系的方式有两个:

①向量 $\boldsymbol{P}$ 可以表示空间中的一个绝对位置,即物体坐标系$\{B\}$原点相对于$\{A\}$的位置。

②向量 $\boldsymbol{P}$ 可以表示空间中的一个方向,即物体坐标系$\{B\}$主轴的方向。

转动:通过旋转矩阵 $\boldsymbol{R}$ 描述$\{B\}$相对于$\{A\}$的姿态。旋转矩阵的 3 个列向量是$\{B\}$在$\{A\}$上的投影,表达式如式(4-29)所示。

$${}_B^A\boldsymbol{R}=\begin{bmatrix}\hat{X}_B\cdot\hat{X}_A & \hat{Y}_B\cdot\hat{X}_A & \hat{Z}_B\cdot\hat{X}_A\\ \hat{X}_B\cdot\hat{Y}_A & \hat{Y}_B\cdot\hat{Y}_A & \hat{Z}_B\cdot\hat{Y}_A\\ \hat{X}_B\cdot\hat{Z}_A & \hat{Y}_B\cdot\hat{Z}_A & \hat{Z}_B\cdot\hat{Z}_A\end{bmatrix}=\begin{bmatrix}| & | & |\\ {}^A\hat{X}_B & {}^A\hat{Y}_B & {}^A\hat{Z}_B\\ | & | & |\end{bmatrix} \tag{4-29}$$

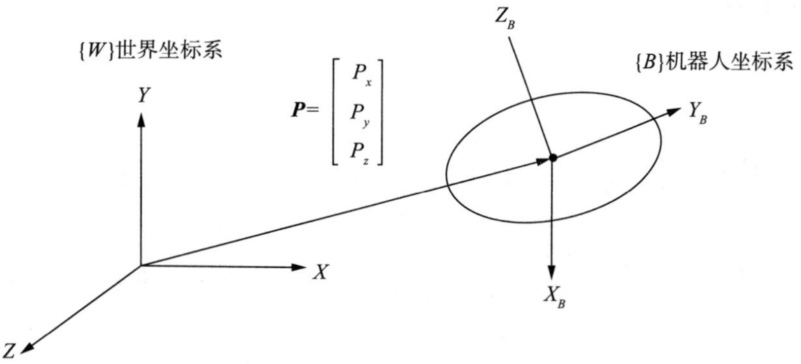

图 4-13　空间中任意向量的平移和旋转示意图

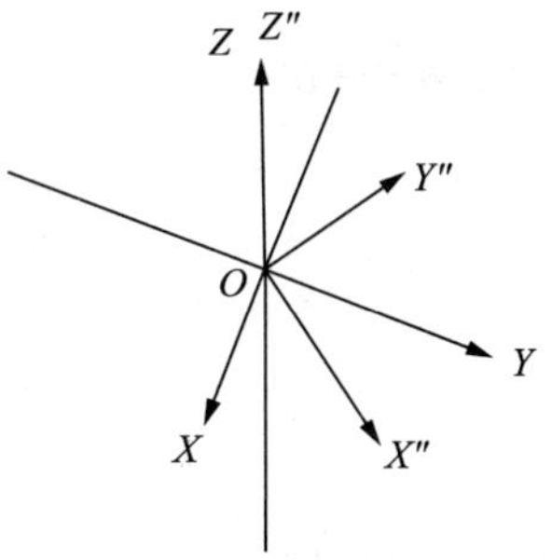

图 4-14　例 1 坐标系变换示意图

旋转矩阵的作用：

①描述一个坐标系相对于另一个坐标系的姿态。

例 1：两个坐标系的空间关系如图 4-14 所示，其中虚线表示世界坐标系{A}，实线表示物体坐标系{B}，其夹角为 30°，求{B}相对于{A}的姿态 ${}^A_B\boldsymbol{R}$ 为多少？

根据旋转矩阵的定义，${}^A_B\boldsymbol{R}$ 中的每个元素的值为{B}在{A}中的投影，因此 ${}^A_B\boldsymbol{R}$ 的计算方法如式(4-30)、式(4-31)和式(4-32)所示。

$$
{}^A\hat{Z}_B = \begin{bmatrix} \hat{Z}_B \cdot \hat{X}_A \\ \hat{Z}_B \cdot \hat{Y}_A \\ \hat{Z}_B \cdot \hat{Z}_A \end{bmatrix} = \begin{bmatrix} 0 \\ 0 \\ 1 \end{bmatrix} \tag{4-30}
$$

$$
{}^A\hat{X}_B = \begin{bmatrix} \hat{X}_B \cdot \hat{X}_A \\ \hat{X}_B \cdot \hat{Y}_A \\ \hat{X}_B \cdot \hat{Z}_A \end{bmatrix} = \begin{bmatrix} 0.866 \\ 0.5 \\ 0 \end{bmatrix} \tag{4-31}
$$

$$
{}^A\hat{Y}_B = \begin{bmatrix} \hat{Y}_B \cdot \hat{X}_A \\ \hat{Y}_B \cdot \hat{Y}_A \\ \hat{Y}_B \cdot \hat{Z}_A \end{bmatrix} = \begin{bmatrix} -0.5 \\ 0.866 \\ 0 \end{bmatrix} \tag{4-32}
$$

{B}相对于{A}的姿态如式(4-33)所示：

$$
{}^A_B\boldsymbol{R} = \begin{bmatrix} 0.866 & -0.5 & 0 \\ 0.5 & 0.866 & 0 \\ 0 & 0 & 1 \end{bmatrix} \tag{4-33}
$$

②旋转矩阵可以将向量由某一个坐标系的表达换到另一个和此坐标系仅有相对转动的坐标系来表达。如图 4-15 所示，向量 $\boldsymbol{P}$ 在{A}、{B}在两个坐标系下的表达不同，可以使用旋转矩阵来表示其在不同坐标系下的转换，如式(4-34)所示。

$$
{}^A\boldsymbol{P} = {}^A_B\boldsymbol{R}\,{}^B\boldsymbol{P} \tag{4-34}
$$

例 2：已知两个坐标系关系如图 4-16 所示，其中虚线表示世界坐标系{A}，实线表示物体坐标系{B}，其夹角为 30°，向量 $\boldsymbol{P}$ 在{B}坐标系下的表达为 ${}^B\boldsymbol{P} = [1.732 \quad 1 \quad 0]^{\mathrm{T}}$，求该向量

在坐标系$\{A\}$里的表达${}^{A}\boldsymbol{P}$。

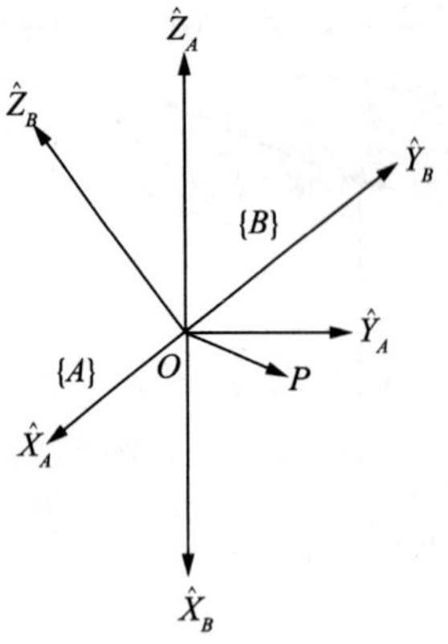

图 4-15 坐标系的旋转变换示意图

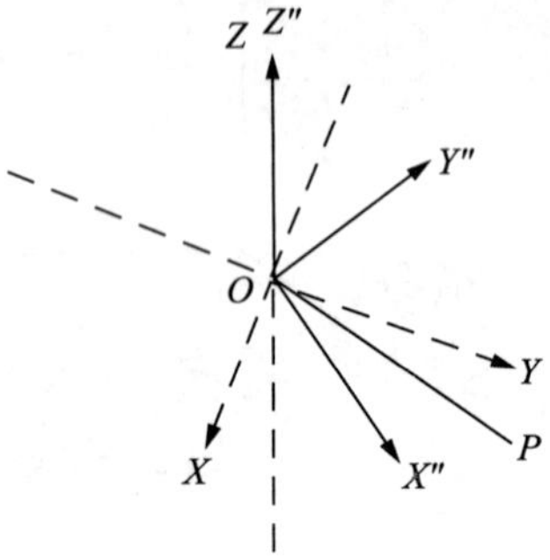

图 4-16 例 2 坐标系示意图

根据式(4-34)可计算得${}^{A}\boldsymbol{P}$ 的结果,如式(4-35)所示。

$$
{}^{A}\boldsymbol{P}=\begin{bmatrix}0.866 & -0.5 & 0\\ 0.5 & 0.866 & 0\\ 0 & 0 & 1\end{bmatrix}\begin{bmatrix}1.732\\ 1\\ 0\end{bmatrix}=\begin{bmatrix}1\\ 1.732\\ 0\end{bmatrix} \tag{4-35}
$$

可以采用俯视图,利用三角函数对上述结果进行验证。

③旋转矩阵可以将向量在同一个坐标系中进行转动。如图 4-17 所示,向量 $\boldsymbol{P}$ 在坐标系$\{A\}$下面转动了角度 θ,那么旋转后的向量可以表示为式(4-36)。

$$
{}^{A}\boldsymbol{P}'=\boldsymbol{R}(\theta){}^{A}\boldsymbol{P} \tag{4-36}
$$

旋转矩阵 $\boldsymbol{R}(\theta)$的表达根据旋转轴的不同而不同,可以通过旋转矩阵的定义一一将其计算出来。

当向量绕 $\hat{Z}$ 旋转 θ 时,旋转矩阵的表达为式(4-37)所示。

$$
\boldsymbol{R}_{\hat{Z}_A}(\theta)=\begin{bmatrix}\cos\theta & -\sin\theta & 0\\ \sin\theta & \cos\theta & 0\\ 0 & 0 & 1\end{bmatrix} \tag{4-37}
$$

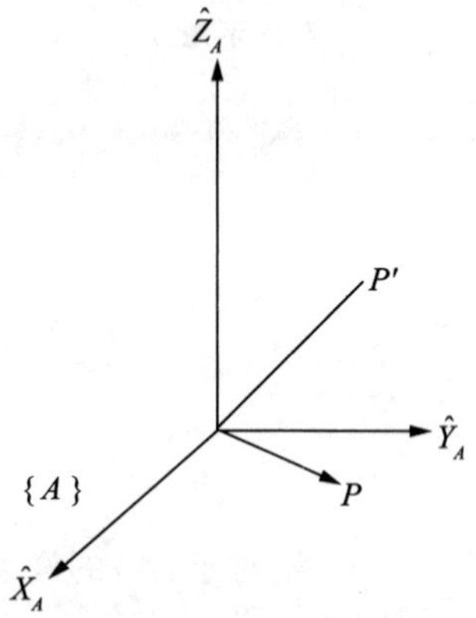

图 4-17 空间中任意向量旋转的示意图

同理,当向量绕 $\hat{X}$ 旋转 θ 时,旋转矩阵的表达为式(4-38)所示。

$$
\boldsymbol{R}_{\hat{X}_A}(\theta)=\begin{bmatrix}1 & 0 & 0\\ 0 & \cos\theta & -\sin\theta\\ 0 & \sin\theta & \cos\theta\end{bmatrix} \tag{4-38}
$$

同理,当向量绕 $\hat{Y}$ 旋转 θ 时,旋转矩阵的表达为式(4-39)所示。

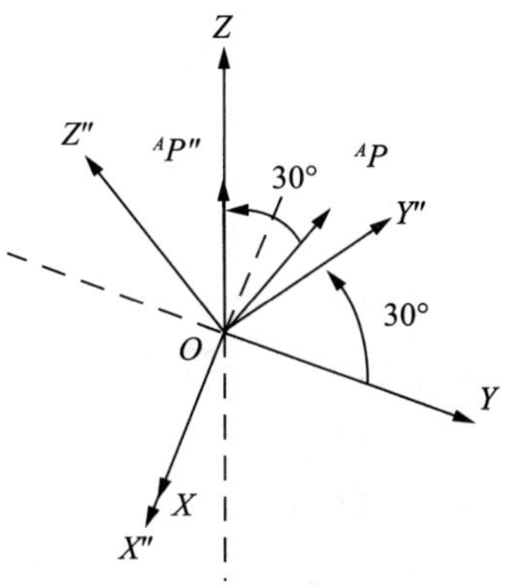

图 4-18　例 3 坐标系示意图

$$R_{Y_A}(\theta)=\begin{bmatrix}\cos\theta & 0 & \sin\theta\\ 0 & 1 & 0\\ -\sin\theta & 0 & \cos\theta\end{bmatrix} \tag{4-39}$$

例 3：如图 4-18 所示，向量 $^A\boldsymbol{P}=[0\quad 1\quad 1.732]^T$对 $\hat{X}$ 轴旋转 30°后，$^A\boldsymbol{P}'=?$

根据式(4-39)，先计算旋转矩阵，计算结果如式(4-40)所示。

$$\boldsymbol{R}_{\hat{X}_A}(\theta)=\begin{bmatrix}1 & 0 & 0\\ 0 & \cos30^\circ & -\sin30^\circ\\ 0 & \sin30^\circ & \cos30^\circ\end{bmatrix}=\begin{bmatrix}1 & 0 & 0\\ 0 & 0.866 & -0.5\\ 0 & 0.5 & 0.866\end{bmatrix} \tag{4-40}$$

再根据式(4-40)计算可得$^A\boldsymbol{P}'$的结果，如式(4-41)所示。

$$^A\boldsymbol{P}'=\boldsymbol{R}_{\hat{X}_A}(\theta)\,^A\boldsymbol{P}=\begin{bmatrix}1 & 0 & 0\\ 0 & 0.866 & -0.5\\ 0 & 0.5 & 0.866\end{bmatrix}\begin{bmatrix}0\\ 1\\ 1.732\end{bmatrix}=\begin{bmatrix}0\\ 0\\ 2\end{bmatrix} \tag{4-41}$$

同样，也可以通过 Y-Z 视图对上述结果进行验证。

4.2.2　齐次变换矩阵

上一节以刚体为例，分别介绍了操作臂的移动和转动表达形式，但操作臂的运动一般同时包含了移动和转动，那么如何整合地表达两种运动形式呢？

在图 4-13 所示的例子中，坐标系{B}相对于坐标系{A}既有移动也有转动，通过前文的介绍可知，移动可以使用向量表示，其表达式如式(4-28)所示，转动使用旋转矩阵，其表达式如(4-29)所示，整理式(4-28)可得式(4-42)。

$$\vec{\boldsymbol{P}}=\begin{bmatrix}\boldsymbol{P}_x\\ \boldsymbol{P}_y\\ \boldsymbol{P}_z\end{bmatrix}={}^A\boldsymbol{P}_{B_{org}} \tag{4-42}$$

对式(4-42)和式(4-29)进行运动整合之后，可用式(4-43)的形式表达操作臂的运动。

$$\{B\}=\{{}^A_B\boldsymbol{R},{}^A\boldsymbol{P}_{B_{org}}\} \tag{4-43}$$

但式(4-43)仅为表达形式，需要将其量化，上述的矩阵行列元素进行填充后，可以得到式(4-44)：

$$\begin{bmatrix}{}^A_B\boldsymbol{R}_{3\times3} & {}^A\boldsymbol{P}_{B_{org}\,3\times1}\\ 0\quad 0\quad 0 & 1\end{bmatrix}_{4\times4}=\begin{bmatrix}| & | & | & |\\ {}^A\hat{X}_B & {}^A\hat{Y}_B & {}^A\hat{Z}_B & {}^AP_{B_{org}}\\ | & | & | & |\\ 0 & 0 & 0 & 1\end{bmatrix}={}^A_B\boldsymbol{T} \tag{4-44}$$

其中 ${}^A_B\boldsymbol{T}$ 称为操作臂的齐次变换矩阵，该矩阵综合表达了操作臂在空间中的移动和转动状态。齐次变换矩阵具有连续运算的性质，如式(4-45)所示。该性质可以帮助解决多自由度操作臂的运动学问题。

$$ {}^{A}_{B}\boldsymbol{T} = {}^{A}_{C}\boldsymbol{T}{}^{C}_{D}\boldsymbol{T}{}^{D}_{B}\boldsymbol{T} \tag{4-45} $$

4.2.3 操作臂的 D-H 建模方法

Denavit 和 Hartenberg 在 1955 年提出一种通用的方法，这种方法在机器人的每个连杆上都固定一个坐标系，然后用 4×4 的齐次变换矩阵来描述相邻两连杆的空间关系。通过依次变换可最终推导出末端执行器相对于基坐标系的位姿，从而建立机器人的运动学方程。

目前，D-H 建模方法主要有两种：标准 D-H 法(standard D-H method)和改进的 D-H 法(modified D-H method)。这两种方法的主要区别在于连杆坐标系 i 建立的位置不同，标准 D-H法将坐标系 i 建立在 $i+1$ 关节的轴线上，而改进的 D-H 法将坐标系 i 建立在 i 关节轴线上。

Denavit 和 Hartenberg 提出的方法被称为标准 D-H 法，主要是针对串联机构的，在处理树形结构(如连杆末端连两个关节)和闭链结构的建模时会出现问题。而改进的 D-H 法则没有这些问题，因此改进的 D-H 法更具有通用性。

从前文可以了解到，操作臂是由一系列通过关节相连的连杆组成的一个运动链。对于二维平面的运动链，可以通过关节夹角和连杆长度迅速推导出操作臂的末端位置和角度，但实际情况中，操作臂是一个三维的运动链，仅凭关节夹角和连杆长度两个参数是无法建立完整的运动学模型的。因此可以采用 D-H 建模方法在操作臂的每个连杆上建立坐标系。

图 4-19 代表了一般操作臂的关节与连杆的关系，可以使用下面 4 个参数来表示相邻两个关节和连杆之间的关系，这些参数被称为 D-H 参数。

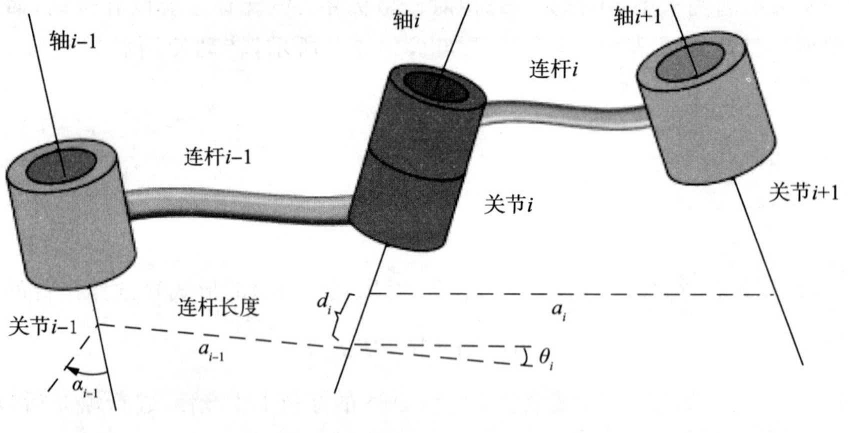

图 4-19 操作臂的关节与连杆的关系

①连杆长度(link length)a：两个关节的轴之间的公共法线长度。

②连杆扭角(link twist)α：一个关节的轴相对于另一个关节的轴绕它们的公共法线旋转的角度。

③连杆偏移(link offset)d：一个关节与下一个关节的公共法线和它与上一个关节的公共法线沿这个关节轴的距离。

④关节转角(joint angle)θ：一个关节与下一个关节的公共法线和它与上一个关节的公共

法线绕这个关节轴的转角。

为了表示各个自由度之间的相互运动关系，可以在每个关节上建立坐标系，建立坐标系的原则是以关节轴的方向作为 X 轴，以公共法线的方向作为 Y 轴，如图 4-20 所示。

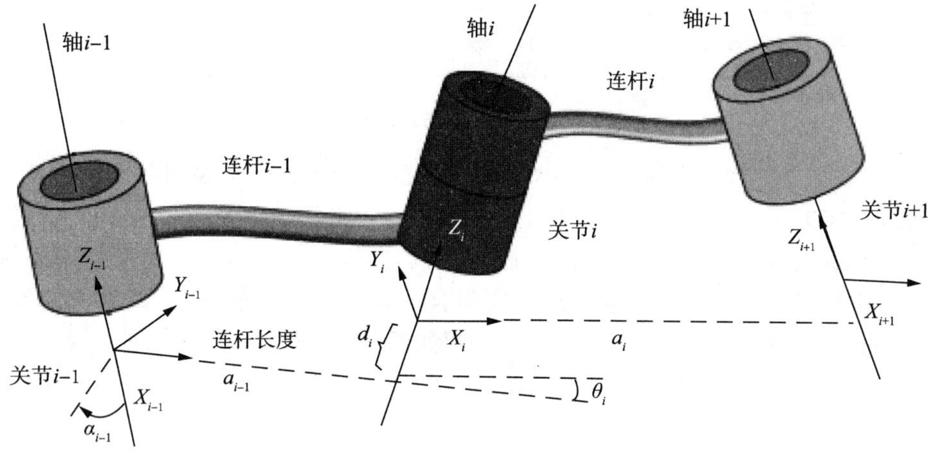

图 4-20　连杆坐标系与 D-H 参数

这样便可以得到操作臂的运动学 D-H 参数表，如表 4-1 所示。

表 4-1　D-H 参数表

第 i 个关节参数	连杆长度	连杆转角	连杆偏移	关节转角
i	a_{i-1}	α_{i-1}	d_i	θ_i

通过建立坐标系，我们发现如图 4-20 所示的三个坐标系之间既有相对移动也有相对转动，因此，可以使用齐次变换矩阵表示相邻坐标系（即相邻关节）之间的运动学状态，同样可以采用齐次变换矩阵连续相乘的性质，获得不相邻关节间的运动关系，于是，可得到该操作臂的运动学模型。对于一个 6 自由度操作臂，其运动学模型如式(4-46)所示。

$$ {}_0^6T = {}_0^1T\,{}_1^2T\,{}_2^3T\,{}_3^4T\,{}_4^5T\,{}_5^6T = {}_0^1T(\theta_1)\,{}_1^2T(\theta_2)\,{}_2^3T(\theta_3)\,{}_3^4T(\theta_4)\,{}_4^5T(\theta_5)\,{}_5^6T(\theta_6) \tag{4-46}$$

4.3　控制系统设计

前文介绍了农业机器人的行走机构与执行机构，而控制系统的设计是实现农用机器人自主转向、行走、导航、抓取的关键技术。

控制系统按照有无反馈分类可分为开环控制系统（无反馈控制系统）和闭环控制系统（反馈控制系统）。开环控制是控制系统的输出量不对系统的控制产生任何影响。也就是，不将控制的结果反馈回来影响当前控制的系统。开环控制系统是不管控制的结果，只有输入到输出的单向信号传递，系统的输出量不会对系统的控制过程产生任何影响。例如：自动门控制系统，当有人进入门前的有效范围，门上方的红外传感器检测到人的红外信号，把这个信号传给控制器，控制器接收到此信号下达指令给电机，电机转动带动门的开启，过会儿检测不到人的红外信号了，门就会自动关闭。门的开启或关闭不会对控制系统产生任何影响，此即开环控制系统。开环控制系统方框图如图 4-21 所示。

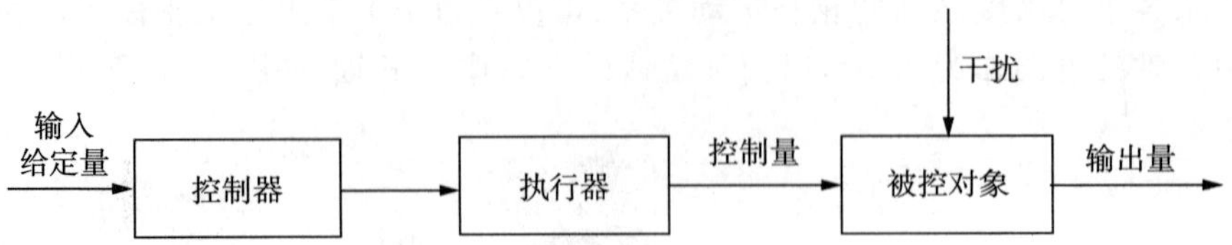

图 4-21　开环控制系统框图

闭环控制是根据控制对象输出反馈来进行校正的控制方式。把控制系统输出量的一部分或全部,通过一定方法和装置返送回系统的输入端,然后将反馈信息与原输入信息进行比较,再将比较的结果(误差)施加于系统进行控制,避免系统偏离预定目标。闭环控制系统利用的是负反馈,即由信号正向通路和反馈通路构成闭合回路的自动控制系统,又称反馈控制系统,例如家用空调温度的控制。闭环控制系统方框图如图 4-22 所示。

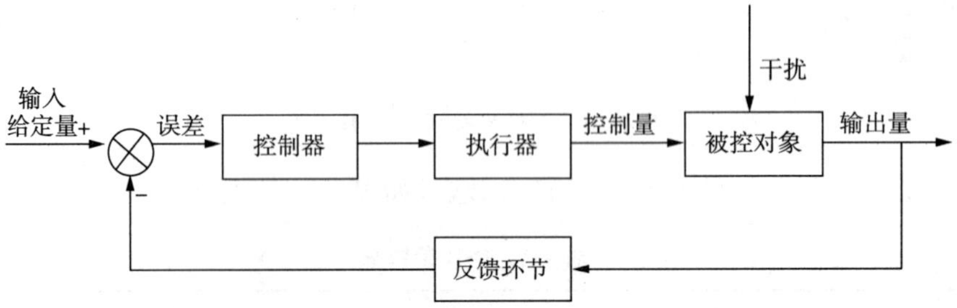

图 4-22　闭环控制系统框图

开环控制的优点在于结构简单,成本低廉。与之相对应地,闭环控制系统的结构较为复杂,成本相对较高。但闭环控制系统对外界干扰有一定抗性,并且能够承受系统中器件的参数变化。由于闭环控制引入回路,可能会产生不稳定的现象,即系统在阶跃输入下产生正弦振荡或趋于无穷。一般说来,闭环系统的设计中最基本的要求就是避免产生不稳定。以下将着重介绍农业机器人的闭环控制系统。

4.3.1　通用控制器

4.3.1.1　PID 控制器

首先来看两个例子。

例 1:当给定一个温度元件,需要让该元件的温度保持在 50 ℃,那么在对系统要求不高的情况下,可以通过设置判断条件,当温度小于 50 ℃时打开开关进行加热,当温度大于 50 ℃时断开开关,实际上并不需要使用微积分等方法对温度进行控制。但如果仅使用单一的变量来对执行机构进行控制是不合适的。因为单片机、传感器等元件的采集和控制速度是需要时间的。而且,控制对象具有惯性,当加热温度元件到 50 ℃时断开开关,看似没有问题,但实际上,其热惯性会继续使得水温升高,所以不使用适当的控制器,会对系统的稳定性造成很大的影响。

例 2:当乘客乘坐自动驾驶的汽车,如果乘客希望汽车车速保持 50 km/h,那么在给定了 50 km/h 的系统输入后,如果不使用控制器,仅使用单一物理量对车速进行控制,当某一时刻,车速传感器检测到当前速度为 45 km/h，那么系统发送加速指令给发动机进行提速，但当车速超过了 50 km/h 时，系统发送减速指令给发动机进行减速，所以经常性的突变，就会使得汽车的稳定性大大降低，而且会对乘客造成危险。

因此就需要有一种控制器(算法)，用于消除误差，提高系统控制的稳定性和精确性。而比例-积分-微分(PID)就是最经典的一种控制方法。PID 控制器因为结构简单、容易实现，且具有较强的鲁棒性，因而被广泛应用于各种工业过程控制中，尤其适用于可以建立精确数学模型的确定性控制系统中。

当被控对象的结构和参数不能够完全掌握，或者得不到精确的数学模型，或者控制理论的其他技术难以使用时，系统控制器的结构和参数必须依靠经验和现场调试来确定，这时应用比例(P)、积分(I)和微分(D)控制技术最为方便。即当我们不完全了解一个系统和被控对象，或不能通过有效的测量手段来获得系统参数时，最适合使用 PID 控制技术。

在过程控制中，按误差的比例(P)、积分(I)和微分(D)进行控制的 PID 控制器(也称 PID 调节器)是应用最为广泛的一种自动控制器。它具有原理简单，易于实现，适用面广，控制参数相互独立，参数的选定比较简单等优点。小到控制一个元件的温度，大到控制机器人的位姿和航向角等，都可以使用 PID 控制器。PID 控制系统框图如图 4-23 所示。当我们得到系统的输出后，将输出经过比例、积分、微分 3 种运算方式，重新叠加到输入中，从而控制系统的行为，让它能够精确地达到指定的状态。

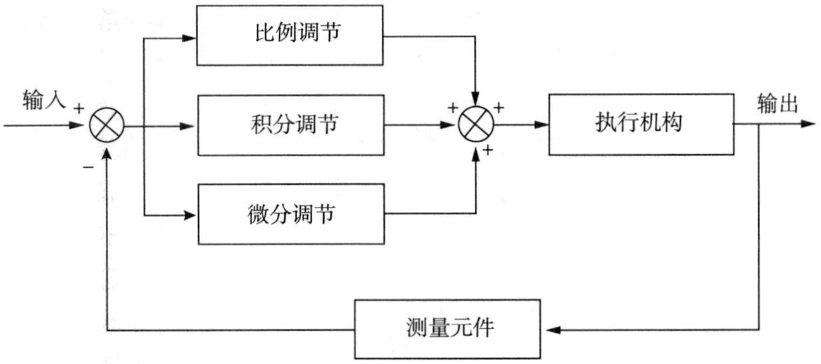

图 4-23　PID 控制系统框图

在工业过程中，连续控制系统的理想 PID 控制规律如式(4-47)表示。

$$U(t) = K_p\left[e(t) + \frac{1}{T_i}\int_0^t e(t)\mathrm{d}t + \frac{T_d \mathrm{d}e(t)}{\mathrm{d}t}\right] \tag{4-47}$$

其中，K_p 为比例系数，T_i 为积分时间常量，T_d 为微分时间常量，t 为任意时刻，e 为系统误差。式(4-47)中，括号内第一项是比例项，第二项是积分项，第三项是微分项。在多数情况下，仅仅需要在离散的时候使用，则式(4-47)可转化为式(4-48)。

$$u(k) = K_p e(k) + \frac{K_p T}{T_i}\sum_{n=0}^{k} e(n) + \frac{K_p T_d}{T}[e(k) - e(k-1)] \tag{4-48}$$

式(4-48)中，每一项前面都有系数，这些系数都需要在试验中尝试后才能确定，方便起见，我们将这些系数进行统一，转化为式(4-49)。

$$u(k)=K_pe(k)+K_i\sum_{n=0}^{k}e(n)+K_d[e(k)-e(k-1)] \tag{4-49}$$

其中，K_p为比例系数，K_i为积分系数，K_d为微分系数。式(4-49)就是PID算法的离散形式。根据式(4-49)、式(4-50)和式(4-51)，可以继续推算得到增量式PID。

$$u(k-1)=K_pe(k-1)+K_i\sum_{n=0}^{k-1}e(n)+K_d[e(k-1)-e(k-2)] \tag{4-50}$$

$$\Delta u(k)=u(k)-u(k-1) \tag{4-51}$$

$$\Delta u(k)=K_p[e(k)-e(k-1)]+K_ie(k)+K_d[e(k)-2e(k-1)+e(k-2)] \tag{4-52}$$

式(4-52)就是增量式PID的表现形式，计算出来的增量只跟最近3次的偏差值有关系。对比式(4-49)的位置式PID和式(4-52)的增量式PID，二者在本质的控制上对控制系统的影响还是相同的。

但为什么需要引入增量式PID呢？表4-2对比了位置式PID控制和增量式PID控制的优缺点。

表4-2　位置式PID控制与增量式PID控制对比

名称	优点	缺点
位置式PID控制	非递推式控制，可直接控制执行机构(如平衡车)，$u(k)$的值和执行机构的实际位置是一一对应的，因此在执行机构不带积分部件的对象中可以很好地应用	每一输出均与过去的状态有关，计算时需要对$e(k)$进行累加，运算工作量大
增量式PID控制	①误动作时影响小，必要时可用逻辑判断的方法去掉出错数据 ②手动/自动切换时冲击小，便于实现无扰动切换，当计算机故障时，仍能保持原值 ③算式中不需要进行累加。控制增量$\Delta u(k)$的确定仅与最近3次的采样值有关	①积分截断效应大，有稳态误差 ②溢出的影响大，有一些被控对象使用增量式控制不太好

以控制电机转速为例，希望电机能利用编码器的反馈，达到平稳变速的效果，这里使用增量式PID进行控制。假设编码器读取的数据是上一个状态电机希望输出的转速，假设初始转速为0，目标转速为100，设定比例系数$K_p=0.24$，积分系数$K_i=0.02$，微分系数$K_d=0.01$，在经过多次迭代之后，可以得到一个相对平滑的曲线，以达到平稳变速的效果。其变速曲线如图4-24所示。

虽然PID控制应用比较广泛，结构简单，参数易于调整，但PID控制的短板也很明显。在实际工业生产过程中，往往有非线性、时变不确定、难以建立精准的数学模型等情况，所以常规的PID控制器不能达到理想的控制效果，而且PID参数无法实现实时调整。

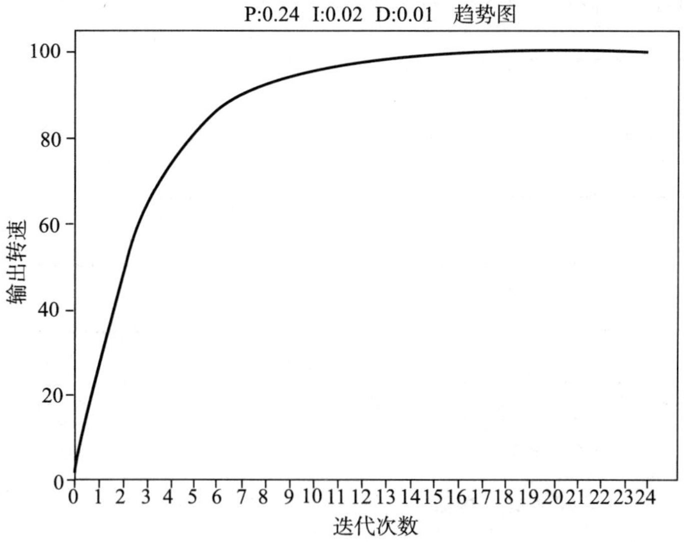

图 4-24　电机转速增量式 PID 控制

所以在实际应用过程中，通常会对 PID 控制进行改进，或者与别的算法对执行机构进行组合控制。王印和刘俊杰(2020)针对国内无人拖拉机导航控制系统的控制精度问题，设计了一种基于 GPS/BDS 定位系统的横向偏差跟踪算法和 PID 控制方法的复合导航控制算法。其将 GNSS/INS 定位系统获取的当前拖拉机位置信息和航向信息，与预先规划的路径信息进行对比，计算出当前的横向偏差和航向偏差，并将两个偏差通过一定的导航控制算法得到预期前轮的转向角度，控制拖拉机进行纠偏。其导航控制算法流程见图 4-25。

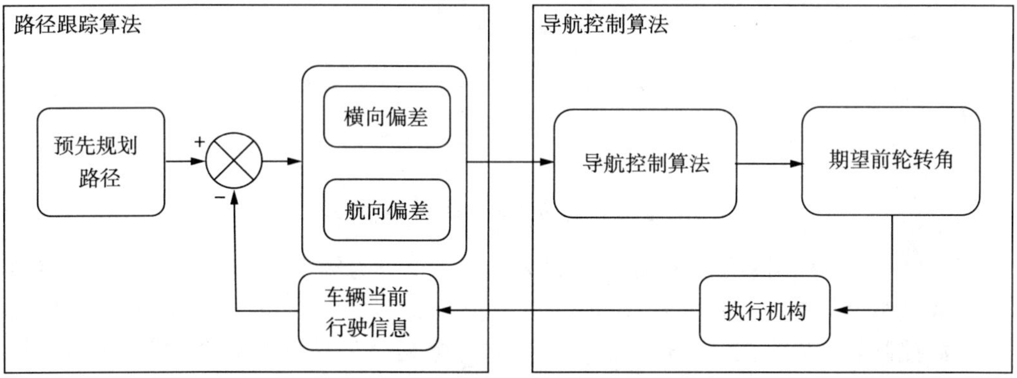

图 4-25　导航控制算法流程(王印和刘俊杰，2020)

PID 控制算法将拖拉机的横向偏差 d_e 和航向偏差 γ_e 进行一定比例的转换，转换成合成误差 E，然后对合成误差进行 PID 控制并得到期望的前轮转角 δ，使拖拉机在导航过程中既能消除横向偏差又能消除航向偏差，实现导航路径跟踪。其偏差公式如(4-53)所示。

$$E = \alpha d_e + \beta \gamma_e \tag{4-53}$$

其中 α 为横向偏差的比例系数，β 为航向偏差的比例系数。α 和 β 可根据拖拉机在田间导航行驶的试验效果进行调整。其预先设定好的轨迹和轨迹跟踪效果如图 4-26 所示。由图中轨迹跟踪效果所示，该 GPS/BDS 结合 PID 的控制方法具有较好的跟踪效果。

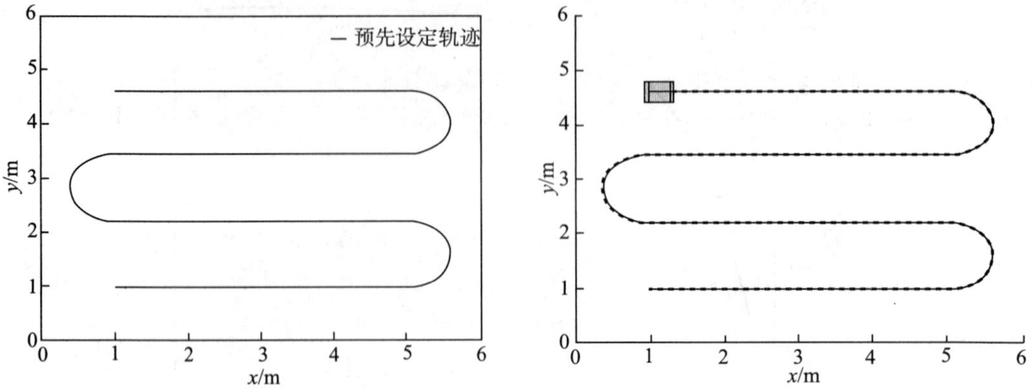

（a）预先设定轨迹　　（b）路径轨迹仿真效果曲线

图 4-26　导航控制效果（王印和刘俊杰，2020）

4.3.1.2　模糊控制器

模糊逻辑控制（fuzzy logic control）简称模糊控制（fuzzy control），是以模糊集合论、模糊语言变量和模糊逻辑推理为基础的一种计算机数字控制技术。该理论于 1965 年由扎德（Zadeh）教授首先提出，利用被控对象模糊化，与知识库信息模糊对比推理得到相关信息，再进行清晰化处理给控制对象提供控制信息。模糊控制的基本结构如图 4-27 所示。

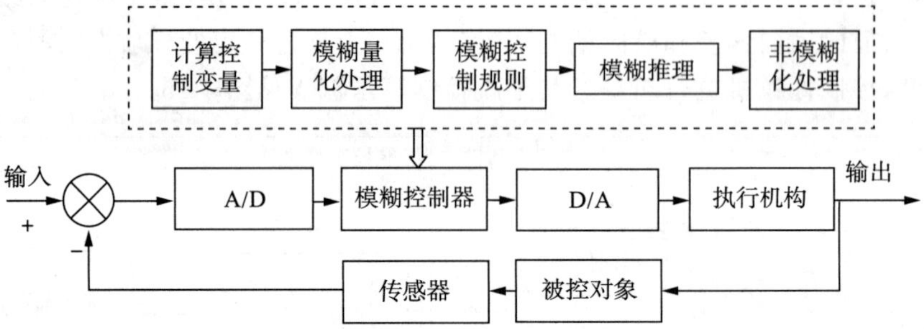

图 4-27　模糊控制的基本结构（李悟早等，2019）

如图 4-27 所示，控制系统一般分为 4 部分。第一部分为输入/输出接口装置，即将得到的信号进行数模变换，转变为计算机能够识别的数字信号。第二部分为模糊控制系统的核心——模糊控制器。模糊控制器通过给定信号将信号通过处理模糊集合、模糊规则进行清晰化处理，最后得出应有的结论。第三部分为被控对象。被控对象的种类很多，属性也不同，从控制角度可以分为线性和非线性。但是，随着涉及的领域越来越多，被控对象的类别领域也越来越广泛，如机械、生物以及医学等。缺乏精确数学模型的情况下，比较适合选用模糊控制，但是在选用精确模型的情况下，模糊控制仍然可以取得很好的结果时，也可选用模糊控制。第四部分为传感器。它通常是将被控对象的控制量等物理信号转化为电信号。传感器的精度一般会影响整个系统的精度，所以选择传感器时一般会选用精度高且稳定性好的传感器。

模糊控制的特点：①采用语言控制的规则，主要依靠工作人员和专家的经验、知识和操作数据，所以无须考虑多方面因素建立复杂的被控对象的精确模型。②因为是基于语言决策规则设计的，所以有利于模拟人类思维，有利于模拟人工可能购置方法，具有很高的可操作性。

③鲁棒性强。经过模糊化和清晰化处理，受外界干扰和参数变化的影响较小，尤其适合非线性、时变和纯滞后系统的控制。④结合性强。模糊控制可以与其他相对成熟的控制理论方法相结合，如 PID 控制、自适应控制等。⑤从工业过程定性的角度来看，易建立语言控制规则，所以尤为适用于难以获取数据信息、难以掌握动态特性或者变化显著的对象。⑥多用于工业过程控制领域，如提出模糊控制加前馈补偿的复杂模糊控制器方法，可用于与 MCS-51 单片机控制的异步电机轻载降压节能器。

模糊控制器设计的基本步骤为：①确定输入和输出变量；②设计控制规则；③确定模糊化和非模糊化方法；④选择输入和输出变量的论域并确定参数（量化因子、比例因子）；⑤编程并合理选择采样时间。

对于模糊控制器而言，为了实现基本模糊控制器的标准化设计，目前在实际应用中常采用离散精确量法。对于离散精确量法，假设 x 为输入的精确量，x 的实际变化范围为 $[a,\ b]$，将 $[a,\ b]$ 区间的精确量转化为 $[-n,\ +n]$ 区间变化的变量为 y，那么其变换式如式(4-54)所示。

$$y=\frac{2n}{b-a}\left(x-\frac{a+b}{2}\right) \tag{4-54}$$

若式(4-54)计算得到的 y 不是整数，可以把它归入最接近于 y 的整数。计算得到 y 值后，找 y 元素上最大隶属度对应的语言值所决定的模糊集合，该模糊集合便代表了精确量 x 的模糊化。

在经过模糊推理后，还需要进行清晰化处理，也就是反模糊处理，常用的处理方法有最大隶属度法、重心法、加权平均法等。

对于最大隶属度法，需选取推理结果模糊集合中隶属度最大的元素作为输出值，其表达式如(4-55)所示。

$$v_0=\max[\mu_v(v)],v\in V \tag{4-55}$$

其中，v_0 为反模糊化的输出结果，V 为输出论域。最大隶属度法不考虑输出隶属度函数的形状，只考虑最大隶属度处的输出值，因此难免会丢失许多信息。它的突出优点是简单，在一些控制要求不高的场合，可以使用最大隶属度法。

对于重心法，为了获得准确的控制量，就要求模糊方法能够很好地表达输出隶属度函数的计算结果。重心法是取隶属度函数曲线与横坐标围成面积的重心，作为模糊推理的最终输出值，反模糊化的输出表达式如式(4-56)所示。

$$v_0=\frac{\int v\mu_v(v)\mathrm{d}v}{\int \mu_v(v)\mathrm{d}v} \tag{4-56}$$

与最大隶属度法相比，重心法具有更平滑的输出推理控制。即使对应于输入信号的微小变化，输出也会发生变化。

在工业控制中广泛应用的反模糊化方法是加权平均法，输出值如式(4-57)所示。

$$v_0=\frac{\sum_{i=1}^{m}v_ik_i}{\sum_{i=1}^{m}k_i} \tag{4-57}$$

其中系数 k_i 的选择是根据实际情况而定的。不同的系数决定系统具有不同的响应特性。当系数 k_i 取隶属度 $\mu_v(v_i)$ 时，就化为了重心法。

因为模糊控制的结合性很强，所以模糊控制经常会与其他方法相结合。例如神经网络与模糊控制相结合，FNAOC 的结构在神经网络中应用模糊逻辑和联想记忆相结合，可以实现基于模糊规则的自组织控制。滑模控制属于智能控制中的非连续控制，优点是拥有很高的稳定性和鲁棒性，能够将被控对象从任意位置控制到滑动曲面上。滑模控制与模糊控制结合后，不仅可以发挥出模糊控制器的长处，还能减弱滑模控制的抖振，以及专家系统与模糊控制相结合、PID 与模糊控制相结合等。毛竞航等(2021)基于模糊 PID 控制方法，对深海采矿机器人进行了路径跟踪控制，并得到了较好的控制效果，其设计的控制策略如图 4-28 所示。

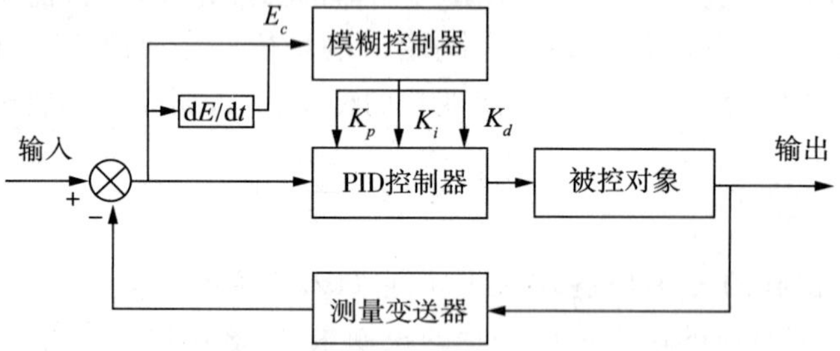

图 4-28　模糊 PID 控制框图(毛竞航等，2021)

但模糊控制也有许多不足的地方，其精度不够高，自适应能力有限，会产生振荡，且控制规则优化尚有困难。

4.3.1.3　专家控制器

专家控制是智能控制的一个重要分支，又称为专家智能控制。因为其将专家系统的理论和技术与控制理论、方法和技术相结合，在位置环境下，效仿专家的经验，实现对系统的控制。专家控制器由知识库和推理机构构成主体框架，通过对控制领域知识(先验经验、动态信息、目标等)的获取与组织，按照某种策略及时地选用恰当的规则进行推理输出，实现对实际对象的控制。专家控制器的基本结构如图 4-29 所示。

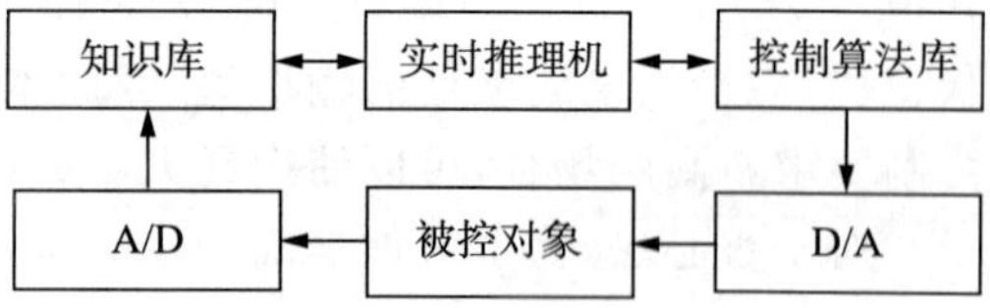

图 4-29　专家控制器基本结构

专家控制器的功能可归纳为：①能够满足任意动态过程的控制需要，尤其适用于带有时变、非线性和强干扰的控制；②控制过程可以利用被控对象的先验知识；③通过修改、增加控制规则，可不断累积知识，改进控制性能；④可以定性地描述控制系统地性能，如“超调小”“偏差增大”等；⑤对控制性能可进行解释；⑥可通过对闭环中的单元检测来获取经验规则。

专家控制器的分类可以分为以下 2 种类型。

(1)直接型专家控制器　直接型专家控制器用于取代常规控制器，直接控制生产过程或被控对象，具有模拟(或延伸、扩展)操作人工智能的功能。该控制器的任务和功能相对比较简单，但是需要在线、实时控制。因此，其知识表达和知识库也比较简单，通常由几十条产生式规则构成，以便于增删和修改。直接型专家控制器的示意图见图 4-30。

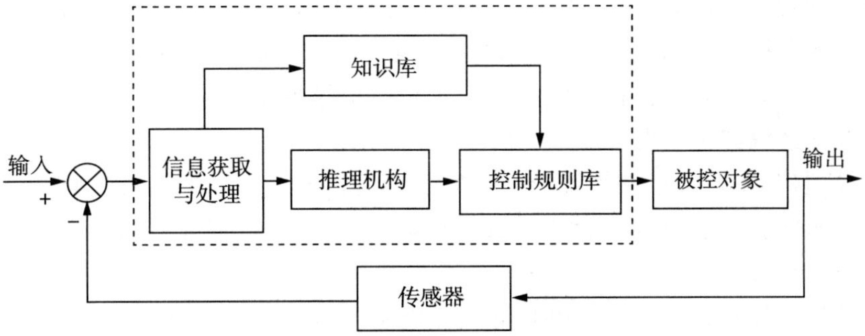

图 4-30　直接型专家控制器示意图

(2)间接型专家控制器　间接型专家控制器用于和常规控制器相结合,组成对生产过程或被控对象进行间接控制的智能控制系统,具有模拟(或延伸、扩展)控制工程师智能的功能。该控制器能够实现优化适应、协调、组织等高层决策的智能控制。按照高层决策功能的性质,间接型专家控制器可总结为以下 4 类,如表 4-3 所示。

表 4-3　间接型专家控制器的分类

类型	原理
优化型专家控制器	基于最优控制专家的知识和经验的总结和运用。通过设置整定值、优化控制参数或控制器,实现控制器的静态或动态优化
适应型专家控制器	基于自适应控制专家的知识和经验的总结和运用。根据现场运行状态和测试数据,相应地调整控制规律,校正控制参数,修改整定值或控制器,适应生产过程、对象特性或环境条件的漂移和变化
协调型专家控制器	基于协调控制专家和调度工程师的知识和经验的总结和运用。用于协调局部控制器或各子控制系统的运行,实现大系统的全局稳定和优化
组织型专家控制器	基于控制工程的组织管理专家或总设计师的知识和经验的总结和运用。用于组织各种常规控制器,根据控制任务的目标和要求,构成所需要的控制系统

间接型专家控制器可以在线或离线运行。通常,优化型、适应型需要在线、实时、联机运行。协调型、组织型可以离线、非实时运行,作为相应的计算机辅助系统。间接型专家控制器示意图见图 4-31。

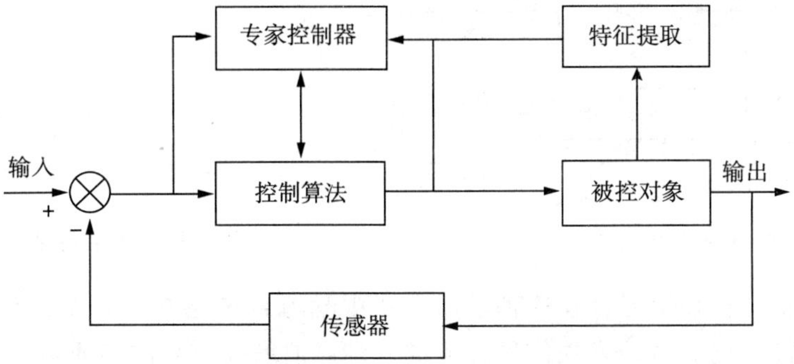

图 4-31　间接型专家控制器示意图

专家控制器的特点有：灵活性(根据系统的工作状态及误差情况，可灵活地选取相应的控制律)、适应性(能根据专家知识和经验，调整控制器的参数，适应对象特性及环境的变化)、鲁棒性(通过利用专家规则，系统可以在非线性、大偏差的情况下可靠地工作)。

4.3.1.4　神经网络控制器

神经网络控制器在实时控制系统中起着“大脑”的作用。神经网络具有自学习和自适应等智能特点，因而非常适用于控制器设计。对于复杂非线性系统，神经控制器所取得的控制效果往往优于常规控制器。

对于神经网络，具有首要意义的性质是网络能从环境中学习的能力，并通过学习改善其行为。在学习过程中，神经网络的突触权值和偏置(阈值)水平随时间依据某一规定的度量不断修改，理想情况下，神经网络在每一次重复学习过程后对它的环境便有更多的了解。学习是一个过程，通过这个过程，神经网络的自由参数在其嵌入的环境机理过程之下得到调节。所以对于神经网络控制器而言，很重要的一个问题就是学习方式。

神经网络的学习方式主要分为3种：有监督学习、无监督学习、增强式学习。

有监督学习也称有导师学习，这种学习需要外界存在一个“导师”，它可以根据自身掌握的一些知识为神经网络提供对输入训练样本的期望响应。期望响应一般代表着神经网络的最优输出结果。当输入作用到网络时，神经网络的期望响应与实际响应相比较，产生误差信号，根据误差信号逐步而又反复地调整网络的权值和阈值，从而使网络的实际输出不断地接近于期望输出，最终目的是使神经网络模拟“导师”，在某种统计意义上，这种模拟是最优的。利用这种学习方式，“导师”对环境掌握的知识就可以通过训练最大限度地传授给神经网络，当条件成熟时，就可以把“导师”排除在外，让神经网络完全自主地应对环境。有监督学习的整体框架如图4-32所示。

与有监督学习相反，无监督学习在学习时不存在外部“导师”，学习系统完全按照环境所提供数据的某些统计规律来调节自身参数或结构，这是一种自组织过程，以表示外部输入的某种固有特性(如聚类或某种统计上的分布特征)。在无监督学习中，仅仅根据网络的输入调整网络的权值和阈值，它没有目标输出。在不知道网络目的的前提下，似乎不能够训练网络，但实际上，大多数这种类型的算法是要完成某种聚类操作，学会将输入模式分为有限的几种类型。这种功能特别适合于向量量化等应用问题。无监督学习的整体框架如图4-33所示。

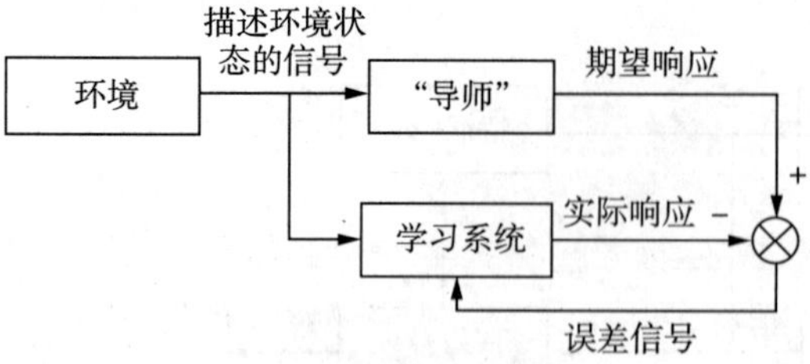

图4-32　有监督学习的整体框架

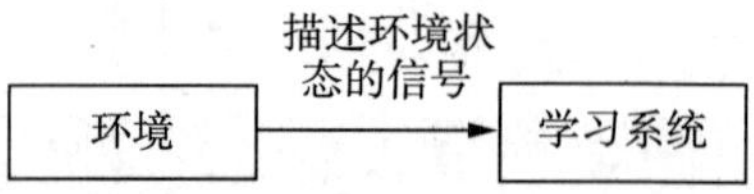

图4-33　无监督学习的整体框架

增强式学习也称再励学习。在这种学习方式中学习系统建立在一个评价的基础上，评价将从外部环境中接收到的原始增强信号转换成一种启迪增强信号的高质量增强信号。需要注意的是，外部环境对学习系统的输出结果给出的是评价(奖或惩)，而不是正确答案，学习系统通过强化那些受到奖励的动作来改善自身性能。增强式学习与有监督学习有相似的地方，只

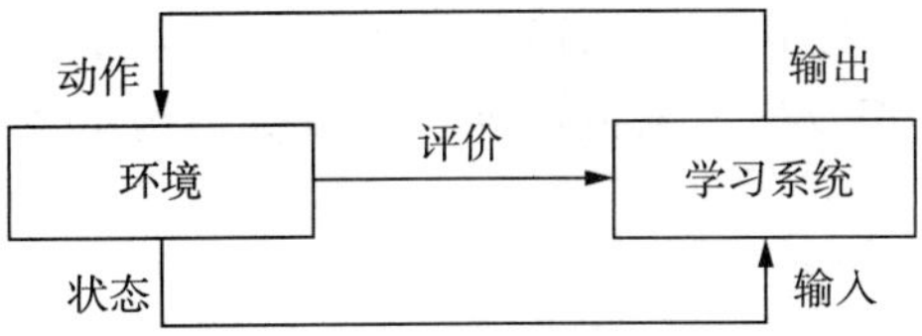

图 4-34　增强式学习的整体框架

是它不像有监督学习那样为每个输入提供相应的目标输出，而仅仅是给出一个级别（评价），这个级别是对网络在某些输入序列上的性能度量。当前，增强式学习应用比有监督学习少，适合控制系统应用领域。增强式学习的整体框架如图 4-34 所示。

与其他控制器相比，神经网络控制器的优点在于：神经控制器的设计与被控制对象的数学模型无关，所以神经网络在自动控制中发挥着很大的作用；其缺点在于：神经网络需要在线或离线开展学习训练，并利用训练结果进行系统设计。这种训练在很大程度上依赖训练样本的准确性，而训练样本的选取依旧带有人为的因素。

神经网络控制器的设计方法有以下几种：模型参考自适应方法、自校正方法、内模方法、常规控制方法、神经网络智能方法和神经网络优化设计方法。但整个设计过程，还是需要依靠设计人员根据经验选用神经网络和训练方法等。

多层感知器（multi-layer perceptron，MLP）神经网络对非线性系统具有良好的直接控制性能。对于某些非线性动态系统的控制，采用神经网络控制器是有益的。彭济根等针对关节柔性较弱的情况，对柔性关节机器人机械手的轨迹跟踪问题，提出了一种基于奇异摄动理论的机器人神经网络控制设计方法，实验证明，基于奇异摄动理论的神经网络控制算法能够有效地克服参数未知、模型未知等不确定性因素，使得跟踪误差可以任意小，如此柔性机械手便可以减少控制误差，使其控制更加准确。Kim 等设计了误差动态面结合 RBF 神经网络，用于解决轨迹跟踪问题，利用李雅普诺夫定理验证了系统的稳定性，而此设计控制器的优点之一是，尽管存在机器人的参数不确定和外部干扰，它仍然具有鲁棒性。而且，跟踪误差收敛于零，机器人的运动性能得到改善。

4.3.1.5　基于模型的控制器

针对不同的执行机构如移动小车、机械臂、爬行机器人等，需要建立不同的机器人模型，针对不同的机器人模型，不同的控制方法会对机器人的运动精度产生不一样的效果，所以需要针对不同的机器人模型设计对应的控制方法，如机械臂模型（几何解算）控制器、小车底盘运动学模型（几何解算）控制器、四足机器人模型（预测迭代）控制器等。

一般情况下，设计基于模型泛型控制器的步骤如下。

（1）根据驱动器的控制方式和机器人的性能需求，建立适合的模型，即选择运动学模型或者动力学模型。

（2）给机器人建立合适坐标系进行描述，在该坐标系上找到控制量的关系，根据该关系推导出运动学模型或者动力学模型，再把模型的表达式整理成矩阵的形式，方便计算机进行计算。

（3）根据机器人上的传感器观测数据类型、模型的关系和机器人控制器要实现什么功能，为每个控制量建立一个闭环控制器，用控制器框图表达出来，控制器能独立也能相互嵌套，实现相应的控制。

（4）对观测传感器数据进行优化滤波，使输入的数据更理想。

（5）对控制器的参数进行整定，使控制器性能更好。

与常规的控制器相比，基于模型的控制器会有更强的针对性，通常会有更好的控制效果。张闻宇等（2016）针对农机行驶过程中轮胎侧滑量、路面性质等不确定性因素，提出了一种基于 SVR（support vector regression）逆向模型拖拉机导航纯追踪控制算法，以 2BFQ-6 型油菜精量联合直播机为平台，行驶距离大于 125 m、行驶速度为 1.2 m/s，直线追踪最大横向偏差小于 6.14 cm，设计的基于拖拉机模型的控制器具有很好的跟踪效果。该拖拉机导航系统结构示意图见图 4-35。

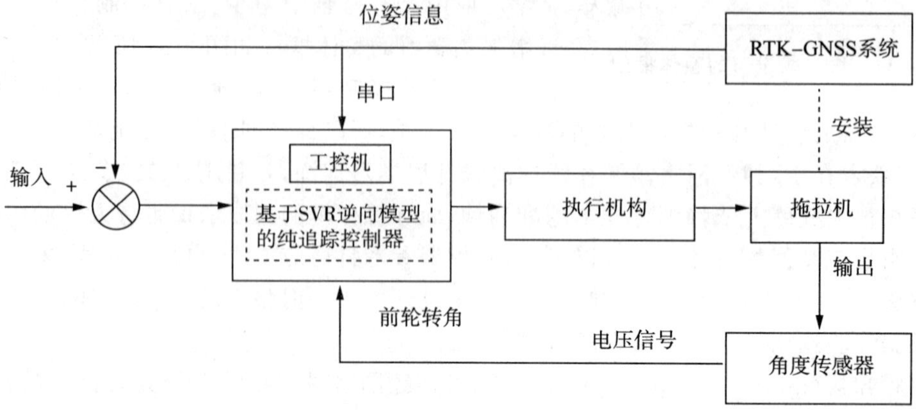

图 4-35　拖拉机导航系统结构示意图（张闻宇等，2016）

4.3.2　导航决策控制

导航决策控制是导航系统的核心，期望转向角的决策是否合理，直接影响后续的转向执行动作，进而影响整个导航系统的性能，其原理如图 4-36 所示。

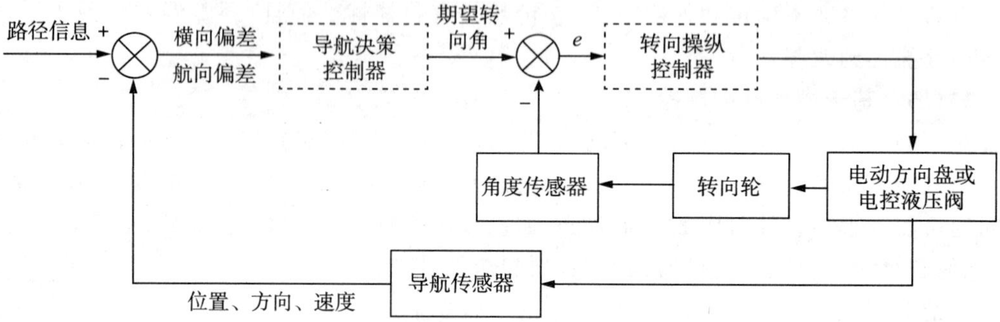

图 4-36　导航决策控制原理（张漫等，2020）

农田作业环境复杂多变，农机自身大延迟、大惯性和高度非线性的特征，使导航决策控制算法需具备一定的自适应性和鲁棒性。常用的农机导航控制方法包括 PID 控制、模糊控制、纯追踪控制、滑模变结构控制、最优控制和模型预测等。

传统的控制方法大多数存在一些问题，在前文中也对多种控制方法进行了陈述和分析。例如：PID 控制由于其控制参数固定，当遇到非线性、时变和结构不确定系统，控制效果并不理想；模糊控制规则需要根据专家经验进行判定；滑模变结构控制方法需采用一定手段削弱抖振。也有研究人员提供了新的思路，尝试将不同的控制方法结合，优势互补以得到更好的控制效果。唐小涛等采用模糊算法动态确定纯追踪模型的前视距离，实现了精准平稳的跟踪效果。

导航控制决策主要分为 2 种：基于传统控制理论和基于智能控制理论。

对于基于传统控制理论的导航控制决策，张美娜等(2016)基于 PID 控制设计航向与横向控制器，实现农机自主导航，当系统达到稳定后，其跟踪精度能达到厘米级。丁幼春等(2019)基于免疫 PID 方法设计了小型履带式油菜播种机导航控制器，提升了响应速度，并减小了跟随偏差。

对丁幼春等(2019)设计的导航决策控制器进行分析，如图 4-37 所示为小型履带式油菜播种机导航控制器整体设计流程。首先，人为设定要跟踪的直线路径的起点和终点的平面坐标，主控制器自动计算目标航向、起点和终点的距离。导航控制系统利用北斗定位模块和电子罗盘采集播种机的信息位置和航向信息。为了减少动态定位误差，利用加权平均法对最新两次采集到的经、纬度坐标进行滤波，得到当前位置。通过点到直线距离公式计算当前位置到设定航线的距离偏差 d。以滤波后的距离偏差 d 作为输入，利用目标航向修正公式计算目标航向。再以航向偏差 θ(修正后的目标航向和电子罗盘实时采集的航向之差)作为免疫 PID 控制器的输入，免疫 PID 控制器决策出占空比作为输出 u 作用于转向机构，从而实现对履带式播种机转向的控制。

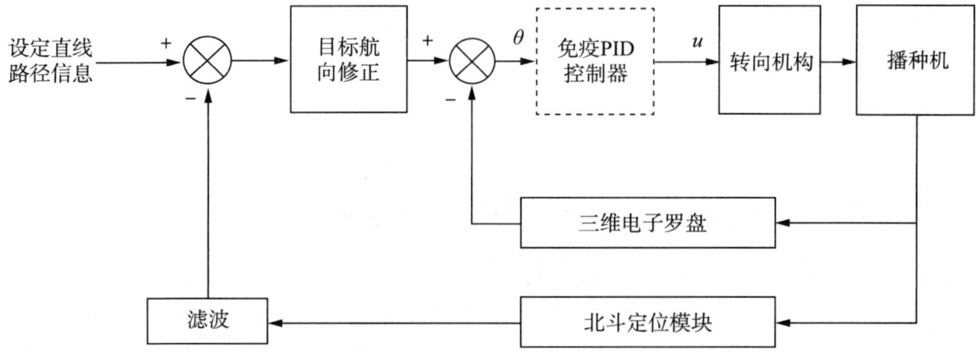

图 4-37　小型履带式油菜播种机导航控制器整体设计流程(丁幼春等，2019)

在设计了播种机导航控制器后，结合所设计的免疫 PID 控制器进行路面跟踪试验，结果表明，当播种机速度为 0.5 m/s 时，导航控制器直线跟踪的平均绝对偏差为 4.2 cm，最大跟踪偏差为 11.9 cm。田间试验表明，当播种机速度为 0.5 m/s 时，导航控制器直线跟踪平均绝对偏差为 5.8 cm，最大偏差不超过 15.2 cm，能较好地完成直线跟踪。

对于基于智能控制理论的导航控制决策，随着智能控制技术的不断发展，形成了以模糊控制、神经网络控制和智能优化算法为主的不同分支。神经网络控制是将神经网络与控制理论结合发展的智能控制方法，适宜解决非精确数学模型复杂控制系统问题。赵博等针对田间作物行杂草，提出一种基于 BP 神经网络视觉导航路径提取方法，识别正确率为 97%。籍颖等为了削弱滑模控制的抖振现象，采用模糊控制方法改进了滑模变结构控制系统，提高了系统控制准确性和鲁棒性。

4.3.3　转向操纵控制

自动转向控制是实现农用车辆自动导航的关键技术之一。在拖拉机导航系统中，转向操纵控制系统根据上位机控制指令，驱动转向前轮转到指定角度。转向操纵控制系统执行效果的优劣决定了导航车辆工作的准确性和稳定性。目前广泛应用的转向方式包括电动方向盘和电控液压转向。在农机平台,电动方向盘相对电控液压转向,容易改装且便于移植,而电控液压转向的控制精度高。

张漫等(2015)通过可编程逻辑控制器(programmable logic controller,PLC)和步进电动机控制方向盘转动,进而实现农机自动导航,其复合导航系统总体设计图见图4-38。

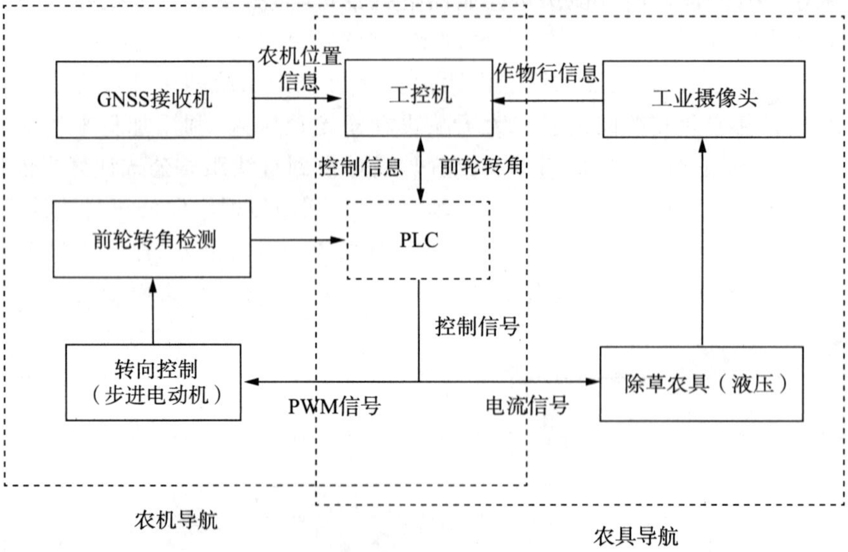

图4-38 复合导航系统总体设计图(张漫等,2015)

该复合导航系统主要包括基于GNSS的农机导航系统和基于机器视觉的农具导航系统,其中,农机导航系统以John Deere 940型拖拉机为试验平台,主要进行农机转向和转向角检测的机械改装。该部分主要由工控机、PLC、步进电动机、步进电动机驱动器、角度传感器等构成。步进电动机控制方向盘进行农机导航控制,角度传感器获取前轮转向信息作为反馈。农具导航系统以除草农具为平台,该部分主要由工控机、PLC、工业摄像头和液压系统组成,由摄像头采集作物行信息,通过PLC控制液压系统进而控制除草农具的铲刀,自动调整其作业位置。

GNSS接收机、工业摄像头作为农机导航和农具导航的主要传感器,分别获取农机的作业位置和作物行信息。工控机作为系统的主处理器,主要负责导航信息的采集和处理以及生成导航控制的决策信息。下位机PLC作为系统的控制器,主要负责接收工控机的控制信息并输出相应的控制信号以及对转向角进行检测,其中前轮转角作为农机控制的反馈信息,由PLC获取并发送给上位机。步进电动机和液压系统为执行机构,主要负责农机转向和农具铲刀移动的命令执行。在作业过程中,工控机实时获取农机位置信息、作物行信息和前轮转角信息进行控制决策,生成控制信息后发送给PLC。PLC分别生成相应的PWM信号和电流信号对转向机构和除草农具进行控制。

在实际导航控制中,系统在不同状态下对横向偏差以及变化率的权重要求不同。采用自适应模糊控制器作为农机导航控制方法,以农机导航的横向偏差和横向偏差变化率作为模糊控制的输入量。使用基于修正因子的自适应模糊控制方法,当横向偏差较大时,系统应尽快消除偏差,此时应加大横向偏差作为模糊控制输入量的比重;当横向偏差较小时,要求系统尽快达到稳定状态,此时应加大横向偏差变化率的比重,从而控制不同状态下横向偏差和横向偏差变化率所占有权重的自适应调整。

农机导航控制方法设计一共包括如下4个步骤。

(1)横向偏差模糊化　基本论域为[−30 cm, 30 cm];量化等级为{−6, −5, −4, −3, −2, −1, 0, 1, 2, 3, 4, 5, 6};故量化因子为 $K_{offset}=0.2$。

(2)横向偏差变化率模糊化　基本论域为[−30 cm, 30 cm];量化等级为{−6, −5, −4, −3, −2, −1, 0, 1, 2, 3, 4, 5, 6};故量化因子 $K_d=0.2$。

(3)期望转角补偿量模糊化　基本论域为[−60, 60];量化等级为{−6, −5, −4, −3, −2, −1, 0, 1, 2, 3, 4, 5, 6};故量化因子为 $K_u=1$。横向偏差、横向偏差变化率和期望转角补偿量3个变量的模糊等级为:负大(NB)、负中(NM)、负小(NS)、零(ZO)、正小(PS)、正中(PM)、正大(PB)。横向偏差、横向偏差变化率和前轮期望转角的隶属度函数均采用高斯函数。

(4)自适应调整因子设定　模糊控制规则使用带因子的控制规则,公式如(4-58)所示。

$$
\begin{aligned}
U &= \text{Fuzzy}[\alpha E, (1-\alpha)E_c] \\
\alpha &= \frac{1}{M}(\alpha_h - \alpha_l)|E| + \alpha_l, (0 \leqslant \alpha_l \leqslant \alpha \leqslant \alpha_h \leqslant 1)
\end{aligned}
\tag{4-58}
$$

其中,E 为横向偏差,E_c 为横向偏差变化率;Fuzzy(·)为模糊控制方法,αE、$(1-\alpha)E_c$ 为模糊控制的自适应输入量。

通过调整 α 的值改变横向偏差 E 和横向偏差变化率 E_c 的加权程度。其中 M 设定为横向偏差论域的最大值30,α_h 和 α_l 分别设定为0.8和0.3,此时就可以根据偏差论域等参数推算出自适应模糊控制规则。

根据复合导航试验的结果显示,当玉米苗株间距为30 cm时,在农机作业速度为0.6 m/s时,横向偏差最大值为6.35 cm,平均值为2.73 cm。农机能够较好地保持直线行驶,转向控制精度较高,具有较高的实用性。

4.3.4　执行机构控制

不管是采用PID控制、模糊控制还是神经网络控制方法以提高系统的控制精度,最终都需要将该控制方法的输出结果发送给对应的执行机构,让执行机构根据相应的运动指令执行相应的动作,运动到控制器所输出的目标点。

执行机构一般使用液体、气体、电力或其他能源并通过电机、气缸或其他装置将其转化为驱动作用。目前的执行机构一般包含了位置感应装置、力矩感应装置、电极保护装置、逻辑控制装置、数字通信模块、控制模块等。而执行机构通常是机器人、机械臂、移动小车、农机等。这些执行机构的执行方式一般可以通过电机、舵机、液压等元件进行驱动和控制。

徐广飞等(2020)针对农机作业过程行驶不稳定、跟随协同作业响应慢、控制困难等问题,进行基于模型预测控制(MPC)算法的上层控制器推导,基于前馈以及PD反馈的控制器作为下层控制,并以约翰迪尔6603型拖拉机挂载播种机作为执行机构,进行轨迹跟踪试验,结果表明该控制方法能较好地解决农机作业的跟踪控制问题,与滑模变结构控制器相比,能够实现稳定跟随行驶,且速度误差和加速度误差更小,稳定跟随距离误差为±0.45 m,具有良好的跟踪效果。图4-39为所搭建的跟随农机作业试验控制平台。

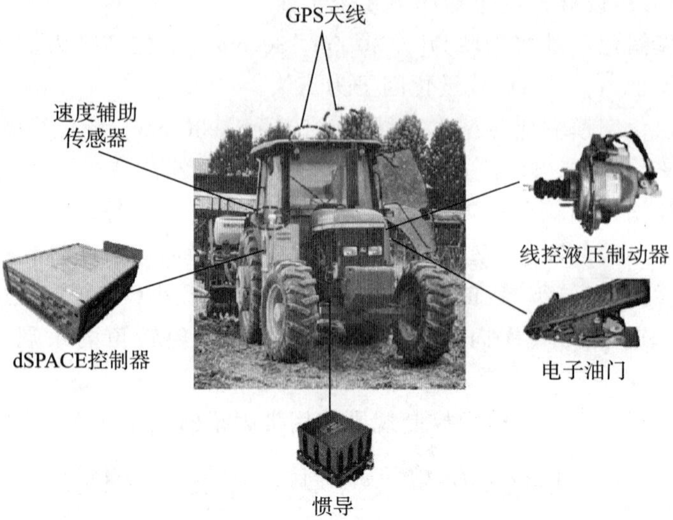

图 4-39 跟随农机作业试验控制平台（徐广飞等，2020）

王辉等（2019）为了提高农机导航系统的上线速度、上线稳定性和对复杂路面的适应性，提出了一种预瞄追踪模型的农机导航路径跟踪控制方法。该方法是对农机运动学模型方法的改进，针对农机运动学模型小角度线性化算法中近似条件的缺点，采用预瞄追踪辅助直线引导农机快速稳定跟踪规划路径。以雷沃 M904-D 拖拉机作为执行机构，在田间进行直线跟踪试验，试验结果显示：在初始航向偏差为 0，初始位置偏差分别为 0.5 m、1 m、1.5 m的条件下，上线时间分别为 6.8 s、8.2 s、9.4 s，上线距离分别为 6.73 m、8.11 m、9.33 m，超调量分别为 5.2 cm、7.0 cm、8.5 cm；颠簸不平旱地路面直线路径跟踪的最大误差不超过4.23 cm，误差绝对值的平均值为 1 cm，标注差为 1.25 cm。以上田间试验数据表明，该控制方法具有良好的上线和直线跟踪效果，满足农机的导航作业要求。图 4-40 为所搭建的农机自动导航系统结构，图 4-41 为所使用的装备农机自动导航系统的执行机构。

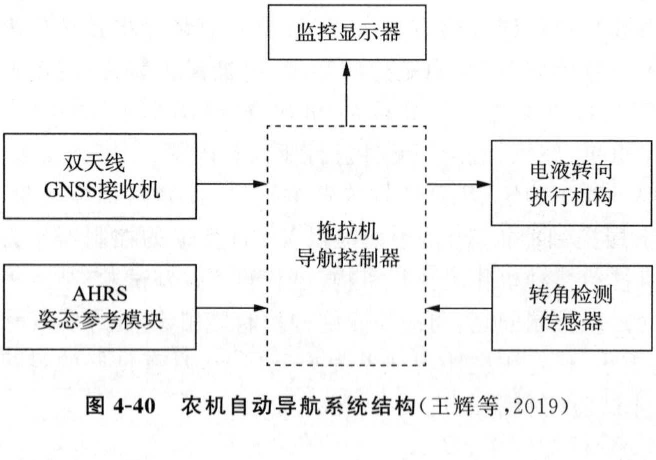

图 4-40 农机自动导航系统结构（王辉等，2019）

图 4-41 装备农机自动导航系统的 M904-D 拖拉机（王辉等，2019）

张雁等(2018)为了提高在水田等恶劣环境下作业的自主导航水稻直播机的性能,提出了一种利用模糊逻辑推理自适应调整PD控制器参数K_d的最优控制方法。首先根据水稻直播机的运动学模型,建立链式空间状态模型,其次基于该模型设计了PD控制器,最后提出了模糊自适应控制方法。同时,以上海世达尔现代农机有限公司的洋马VP6型水稻直播机作为执行机构,搭载由北斗导航GNSS定位系统、自动转向系统、导航主控制器、转向角检测模块组成的自主导航控制系统进行实地试验。实地试验结果表明,该方法在水泥地路面上平均绝对横向偏差小于0.021 m,水田直线跟踪平均绝对偏差小于0.04 m,与传统的PD控制和纯追踪控制相比,能够有效提高自主导航控制系统的稳定性和快速性。张雁等(2018)所使用的执行机构如图4-42所示。

图4-42 洋马VP6型水稻直播机试验平台(张雁等,2018)

张朝宇等针对在丘陵山区小田块中大型农机移动不方便、作业效率不高等问题,设计了一种针对轻简履带式车辆的基于运动学模型和几何模型的模糊自适应纯追踪控制器。以实验室研制的气吹式油菜播种机作为执行机构,结合北斗RTK自动导航作业系统开展了模糊自适应纯追踪控制器与纯追踪控制器的比较,并进行实地试验。与纯追踪控制器相比,模糊自适应纯追踪导航控制器具有上升时间短和超调小等特点。在旱田路面,播种机以0.5 m/s、0.8 m/s、1.2 m/s的速度前进时,直线导航跟踪偏差分别不大于0.082 m、0.086 m、0.092 m,平均绝对偏差分别不大于0.031 m、0.032 m、0.034 m,所设计的导航控制器直线跟踪稳定,满足丘陵山区小型田块油菜播种要求。图4-43为所采用的执行机构以及自动导航作业系统。

1.北斗定位接收天线 2.电液比例阀组 3.北斗RTK移动站 4.气吹式播种机 5.工控机 6.导航控制箱

图4-43 搭载自动导航作业系统的播种机平台

综上所述，针对不同的执行机构，设计合适的控制方法，对执行机构的跟踪效果（如农机在农田完成直线导航跟踪）非常重要。

4.4 机器人控制系统案例

4.4.1 水质监测机器人

4.4.1.1 水质监测机器人简介

随着人们生活水平的提高，对水质环境的重视程度越来越高。准确、及时、全面地反映水质现状及发展趋势，能更好地为水质环境管理、污染源控制、环境规划、水产养殖等提供科学依据。为了满足实时性的要求，水质监测方法已从传统的定时定点采样、实验室离线分析发展到自动水质监测站点监测。但是，自动水质监测站点监测存在维护成本高、监测范围受限、潜在污染隐患等缺点。采用螺旋桨推进机构的航行器进行多点采样又存在环境干扰、二次污染等问题。因此，有必要设计一种新型的水质监测系统，能够针对不同深度、不同广度水域以及不同监测任务完成机动灵活、实时动态、无污染的监测。

作为一种机动灵活的水下仿生机器人，机器海豚为高性能水质监测系统的研制提供了新的思路和途径。鲸豚类优异的生理构造、非凡的游动机制为新型水下航行器的设计提供了灵感。与传统基于螺旋桨推进的水下航行器相比，机器海豚实现了推进器与舵的统一，具有高机动、低扰动、无污染等优点，从而更加适合在狭窄、复杂、动态的水下环境中执行水质监测等作业。

4.4.1.2 机器海豚机械结构设计

自然界中，漫长的自然选择和进化赋予了鲸豚类超凡的水下运动天赋。凭借优异的生理构造和游动机制，其游动性能远超现有的航行器。例如虎鲸（killer whale），其最高游速可达 55 km/h，实现 564.6°/s 的高速转向，且转弯半径仅有 0.2 倍体长（body length，BL），并能跃出水面完成各种杂技动作。“能者为师”，我们以虎鲸的生物解剖学为基础，对仿生机器海豚的外部形态和内部质量分布进行设计。虎鲸的体型极为粗壮，是海豚科中体型最大的物种。虎鲸头部呈圆锥状，身体大小、鳍肢大小和背鳍高度有明显的性二型，其圆锥的头部和粗大的躯体能提高机器海豚内部空间利用率便于安放各类电气设备。虎鲸的整体呈纺锤形，尾鳍、背鳍、鳍状肢都为流线型，能够有效地减少游动时所受的阻力。尾鳍宽度可超过体长的 1/5，其展弦比在 2.0～6.2，属于大展弦比范畴。高度发达的尾部肌肉和大展弦比的尾鳍为虎鲸提供了前进的主要动力。

机器海豚以虎鲸为仿生对象，采用纺锤体低阻流线外形设计。外壳材料选择聚甲醛（polyformaldehyde，POM）工程塑料。POM 具有强度高、弹性好、耐磨、耐热、耐冲击等优良的性能，且摩擦系数小，自润滑性好。其力学性能优异，比强度可达 50.5 MPa，比刚度可达 2 650 MPa，与金属十分接近，密度仅为 1.43 g/cm^3，在满足硬度的同时能更好地减轻自身重量，设计可活动的鳍状肢以满足三维运动的需要。鳍状肢、背鳍和尾鳍的垂直剖面都接近 NACA-0018 翼型，大大降低了机器海豚在水中的阻力。最终设计的机器海豚机械结构与样机如图 4-44 所示。机器海豚采用模块化的设计方案，按照功能和位置的不同划分为头部舱、胸鳍舱、腰关节舱、尾关节舱、水质传感器模块。

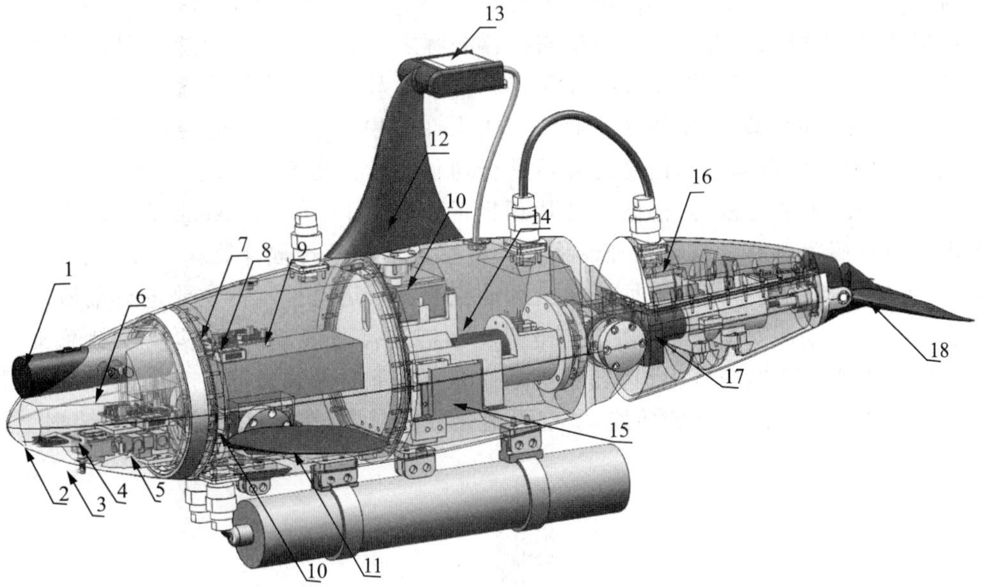

1. 防水相机　2. 姿态传感器　3. 微型压力传感器　4. GPS 接收模块　5. 红外测距传感器
6. 信息处理器　7. 运动控制器　8. 无线传输模块　9. 锂电池组　10. 数字伺服舵机
11. 鳍状肢　12. 背鳍　13. GPS 天线　14. 腰关节电机　15. 腰关节电机驱动器
16. 尾关节电机驱动器　17. 尾关节电机　18. 尾鳍

(a)机械结构

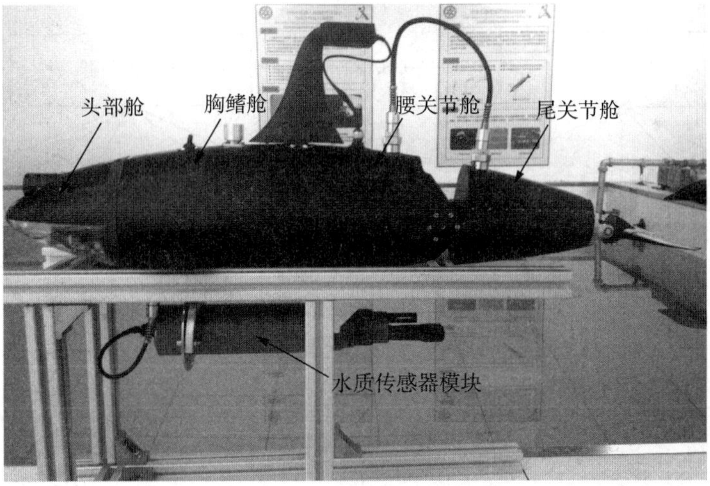

(b)样机

图 4-44　机器海豚机械结构与样机

4.4.1.3　机器海豚控制系统设计

要完成复杂的水质监测任务，需要机械结构与控制系统的有效配合。针对机器海豚的机械结构特点，下文对其控制系统设计进行介绍。

1. 控制系统硬件结构设计

机器海豚的控制系统结构如图 4-45 所示。上位机是上层控制的核心，进行传感信息图形化显示与命令下达。采用基于 Windows 平台的 Visual Studio 开发环境以 C# 编程语言编写图形化终端软件，进行人机交互。上位机与机器海豚之间通过无线通信方式进行数据、命令传输。通信方面，采用半双工 433 MHz、功率 100 mW 的无线射频收发模块，该模块在空中的通信距离为 1 500 m，可实现 1 m 的水下通信。在头部舱中安装的各类传感器实时检测机器海豚运动状态，并通过串行端口与信息处理器进行通信。信息处理器和运动控制器都以高性能主控芯片 STM32F407 为核心，根据该芯片预设的丰富接口（如 USART、SPI、CAN、I^2C 等）和任务需要设计周边电路。信息处理器将各类传感器信息进行融合处理后发送上位机进行显示，同时以 USART 总线方式将数据传递给运动控制器。运动控制器主要进行电机、舵机的驱动和数据的存储。采用 CAN 通信协议与电机驱动器进行通信，以 PWM 波控制舵机。同时，由于无线电波在水下衰减速度很快，当机器海豚潜入水下时无线通信将会受到干扰。因此，有必要在控制器上设计 SD 卡存储功能，实现本地化数据存储，在恢复通信后再将数据上传给上位机。

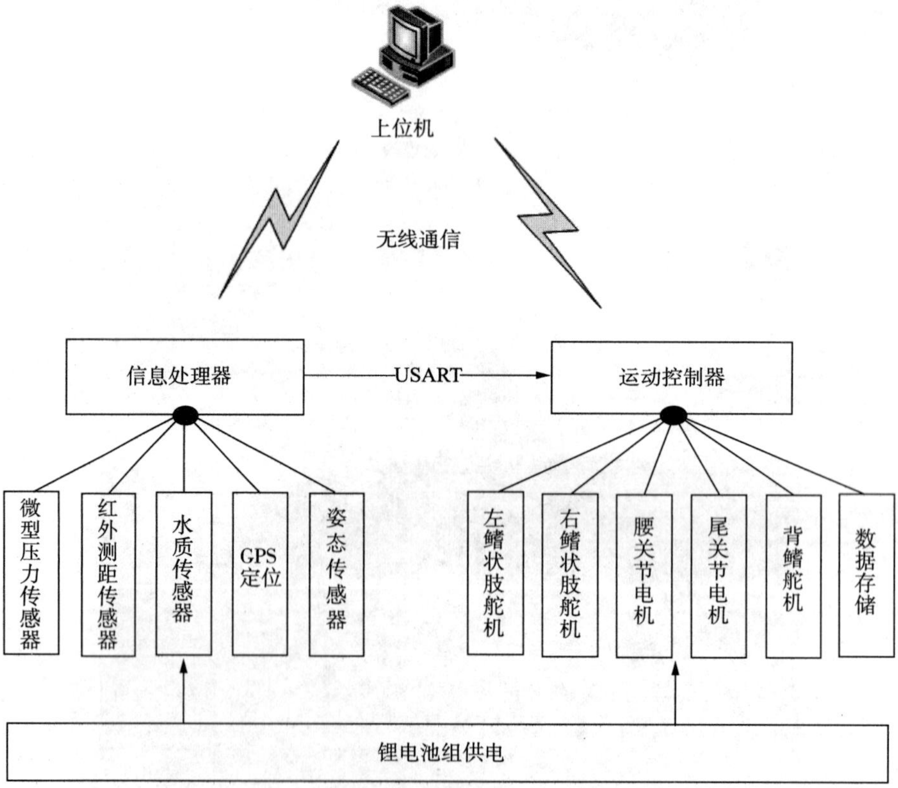

图 4-45　机器海豚控制系统硬件结构图

2. 控制系统软件结构设计

机器海豚控制系统的软件架构是整个系统的灵魂，合理的结构设计能很好地指导底层、上层程序的编写而避免逻辑错误。采用面向对象的分层设计理念将机器海豚的运动控制系统从上往下分为表达层、业务逻辑层和底层驱动层。机器海豚的运动不仅可以接受远程操作指令，还可以根据任务目标与传感器反馈信息自主运动。表达层将远程操作指令或目标任务进行规划、分配传递给业务逻辑层，同时将反馈的传感器信息进行直观显示。业务逻辑层解析表达层传递的信息,进行传感器信息的比较、存储以及运动模态的选择,并将具体的指令传递给底层驱动层进行电机、舵机的控制以及传感器数据的读取、写入等。该软件结构如图 4-46 所示。

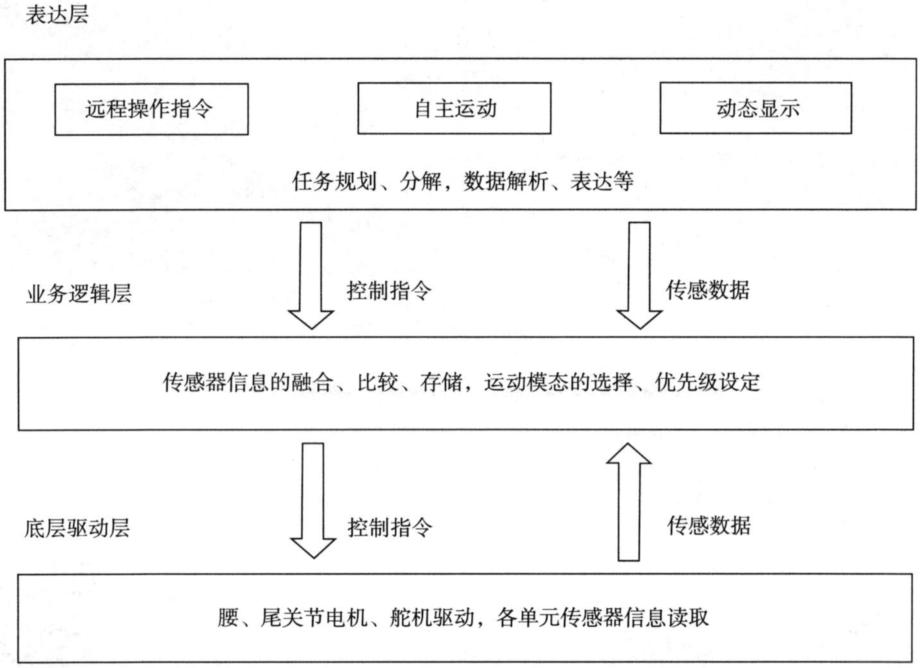

图 4-46　机器海豚控制系统软件结构

3. 基于 CPG 模型的机器海豚运动控制

生物学家通过对鲸豚类游动分析发现其游动方式是具有规则表现形式的节律运动。这种运动是一种低级神经中枢的自激行为,由体内的神经元组织中枢模式发生器(central pattern generator,CPG)控制。CPG 是指一类存在于无脊椎动物和脊椎动物体内中枢神经系统中的神经元电路。它通过神经元之间的相互抑制产生稳定的相位锁定关系,实现自激振荡,产生稳定的周期信号。在无节律控制或者无反馈输入的情况下,CPG 能够通过自激振荡产生躯体相关部位的节律运动,如游泳、呼吸、行走或者飞行等。此外,CPG 还具有良好的鲁棒性、适应性及易调节输出信号等优点。通过模仿动物的运动控制机理,采用 CPG 神经元网络数学模型作为底层运动控制器,产生连续协调节律运动控制信号,从而控制机器海豚实现多种模态运动。

4.4.1.4　野外水质监测

多模态运动实验验证了机器海豚在机构设计、运动控制的可行性,并具有较好的运动性和机动性。为了进一步验证其整体性能并完成水质监测任务,2016 年 9 月在青海省玉树市禅古水库(北纬 32.902 5°,东经 97.046 1°)进行了野外水质监测实验,实验现场如图 4-47(a) 所示。禅古水库位于海拔 3 700 m 以上的三江源头,是当地主要的水源地和生态安全的重要屏障。因此做好实时、大范围、无污染的水质监测是十分必要的。实验过程中,机器海豚通过机载的模块化水质传感器实时监测水质信息,包括 pH、温度、电导率等。同时将监测的水质信息、GPS 位置信息、姿态传感器信息传输给岸基中心。通过 GPS 信息获取机器海豚游动轨迹如图 4-47(b)所示。监测到水质部分信息如图 4-47(c)所示,经测定水质的 pH 为 6.9,温度为

14.2 ℃，电导率为 34.35 μs/cm。基于机动型机器海豚野外水质监测实验的成功，验证了该系统设计的可行性，同时为实现自主水质监测提供了新的技术手段。

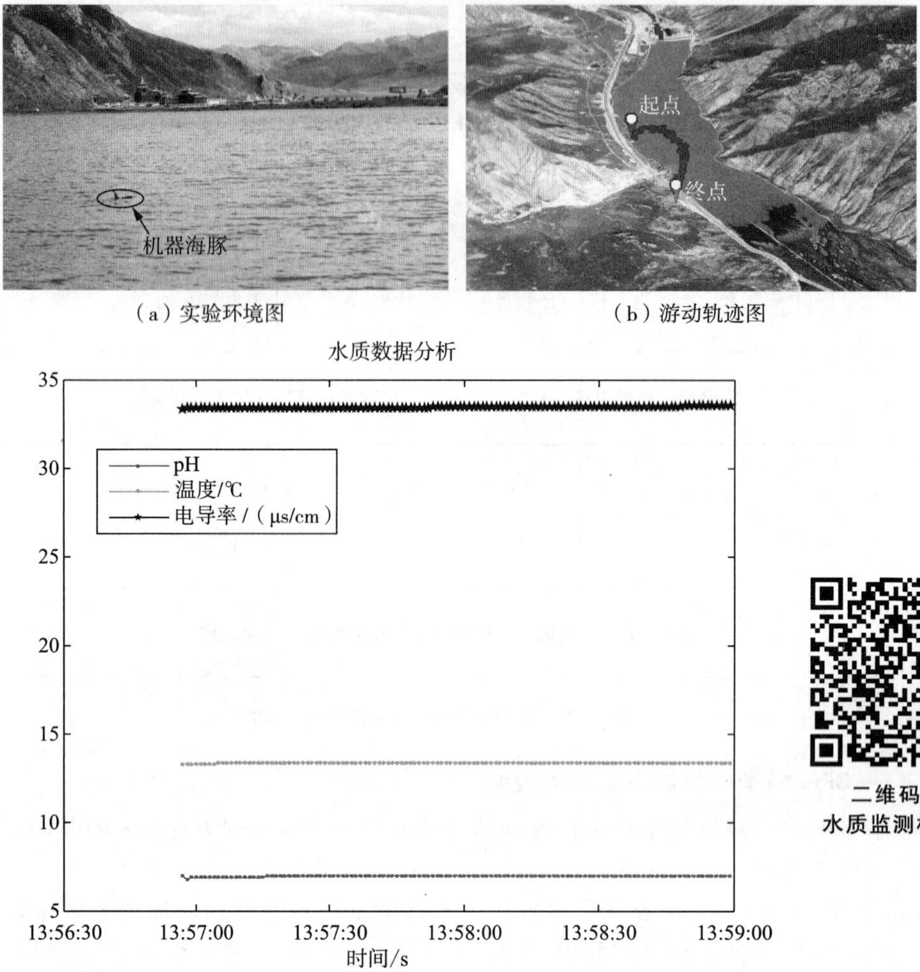

(a) 实验环境图 (b) 游动轨迹图

(c) 水质信息

图 4-47 野外水质监测实验

二维码 4-1
水质监测机器人

4.4.2 水下仿生机器海豚系统建模

建立运动学、动力学模型是研究机器海豚运动的基础。本节采用牛顿-欧拉法分别建立机器海豚的运动学、动力学模型，为运动控制器的设计提供理论支撑。

4.4.2.1 坐标系建立

一般而言，机器海豚空间运动具有 6 个自由度，需要用 6 个独立的运动变量来描述，分别为垂荡(heave)、横荡(sway)、纵荡(surge)、纵摇(pitch)、横摇(roll)、艏摇(yaw)。为表述方便并与前后文相对应，本节将纵摇、横摇、艏摇分别表述为俯仰、横滚和偏航。根据造船与轮机工程师协会(Society of Naval Architects and Marine Engineers，SNAME)规范建立如图 4-48 所示的坐标系。以机器海豚的重心为原点，建立载体坐标系 $O_bx_by_bz_b$。其中，O_bx_b 轴沿纵轴方向从机器海豚尾部指向头部；O_by_b 轴与机器海豚辅助对称轴取向一致方向指向右侧；O_bz_b 轴垂

直 O_bx_b 轴指向下方；三者满足右手定则。在不考虑大地的曲率和自转的情况下，取大地坐标系 $O_gx_gy_gz_g$ 为惯性坐标系。坐标原点 O_g 为大地表面的任一点，该坐标系也满足右手定则。机器海豚在六自由度空间的基本运动可由向量 $\boldsymbol{\eta}$、$\boldsymbol{v}$、$\boldsymbol{\tau}$ 进行描述。

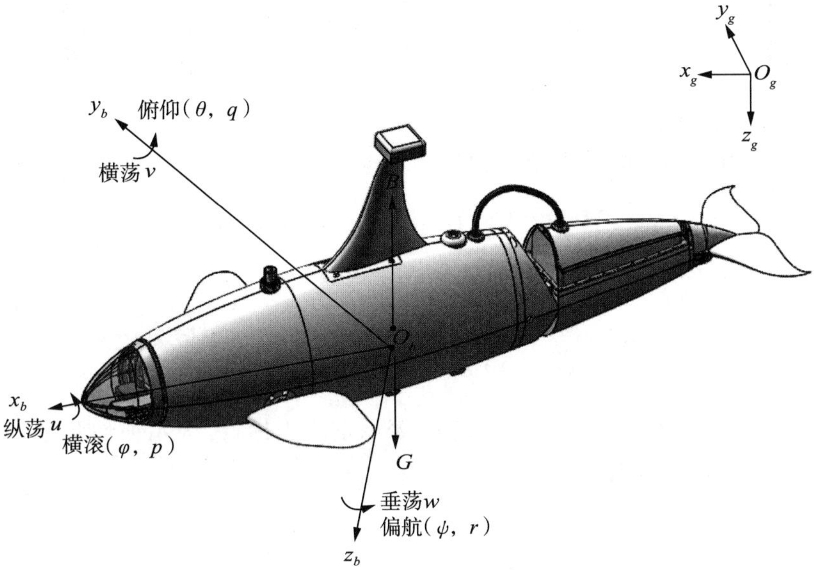

图 4-48 机器海豚载体坐标系和惯性坐标系

$$\begin{cases} \boldsymbol{\eta} = [\boldsymbol{\eta}_1, \boldsymbol{\eta}_2]^T \\ \boldsymbol{v} = [\boldsymbol{v}_1, \boldsymbol{v}_2]^T \\ \boldsymbol{\tau} = [\boldsymbol{\tau}_1, \boldsymbol{\tau}_2]^T \end{cases} \tag{4-59}$$

式中，$\boldsymbol{\eta}$ 表示在惯性坐标系下机器海豚的位置和方位，分别用 $\boldsymbol{\eta}_1=[x,y,z]^{\mathrm{T}}$ 和 $\boldsymbol{\eta}_2=[\varphi,\theta,\psi]^{\mathrm{T}}$ 表示。$\boldsymbol{v}$ 表示机器海豚在载体坐标系下的线速度和角速度。$\boldsymbol{v}_1=[u,\nu,w]^{\mathrm{T}}$ 表示进退、侧移、浮沉速度。$\boldsymbol{v}_2=[p,q,r]^{\mathrm{T}}$ 表示横滚、俯仰、偏航角速度。$\boldsymbol{\tau}$ 表示在载体坐标系下作用在机器海豚的力与力矩。$\boldsymbol{\tau}_1=[X,Y,Z]^{\mathrm{T}}$ 表示进退、侧移、浮沉推进力。$\boldsymbol{\tau}_2=[K,M,N]^{\mathrm{T}}$ 表示横滚、俯仰、偏航力矩。

4.4.2.2 运动学模型

位置向量 $\boldsymbol{\eta}_1$ 的一阶导数与线性速度向量 $\boldsymbol{v}_1$ 之间关系如式(4-60)所示。

$$\dot{\boldsymbol{\eta}}_1=\boldsymbol{J}_1(\boldsymbol{\eta}_2)\boldsymbol{v}_1 \tag{4-60}$$

式中，$\boldsymbol{J}_1(\boldsymbol{\eta}_2)$ 表示从载体坐标系到惯性坐标系的转换矩阵。该矩阵与欧拉角 $\boldsymbol{\eta}_2$ 的关系如式(4-61)所示。

$$\boldsymbol{J}_1(\boldsymbol{\eta}_2)=\begin{bmatrix} \mathrm{c}\psi\mathrm{c}\theta & -\mathrm{s}\psi\mathrm{c}\varphi+\mathrm{s}\varphi\mathrm{s}\theta\mathrm{c}\psi & \mathrm{s}\psi\mathrm{s}\varphi+\mathrm{s}\theta\mathrm{c}\psi\mathrm{c}\varphi \\ \mathrm{s}\psi\mathrm{c}\theta & \mathrm{c}\psi\mathrm{c}\varphi+\mathrm{s}\varphi\mathrm{s}\theta\mathrm{s}\psi & -\mathrm{c}\psi\mathrm{s}\varphi+\mathrm{s}\theta\mathrm{s}\psi\mathrm{c}\varphi \\ -\mathrm{s}\theta & \mathrm{s}\varphi\mathrm{c}\theta & \mathrm{c}\varphi\mathrm{c}\theta \end{bmatrix} \tag{4-61}$$

其中，$\mathrm{c}\psi$、$\mathrm{c}\theta$、$\mathrm{c}\varphi$、$\mathrm{s}\psi$、$\mathrm{s}\theta$、$\mathrm{s}\varphi$ 分别为 $\cos\psi$、$\cos\theta$、$\cos\varphi$、$\sin\psi$、$\sin\theta$、$\sin\varphi$ 的简写。另外，机器海豚在惯性坐标系下的方位角 $\boldsymbol{\eta}_2$ 与载体坐标系下角速度向量 $\boldsymbol{v}_2$ 关系为：

$$\dot{\boldsymbol{\eta}}_2=\boldsymbol{J}_2(\boldsymbol{\eta}_2)\boldsymbol{v}_2 \tag{4-62}$$

式中，$\boldsymbol{J}_2(\boldsymbol{\eta}_2)$是(3×3)的变换矩阵：

$$\boldsymbol{J}_2(\boldsymbol{\eta}_2)=\begin{bmatrix}1 & \sin(\varphi)\tan(\theta) & \cos(\varphi)\tan(\theta)\\ 0 & \cos(\varphi) & -\sin(\varphi)\\ 0 & \sin(\varphi)/\cos(\theta) & \cos(\varphi)/\cos(\theta)\end{bmatrix} \tag{4-63}$$

4.4.2.3 动力学模型

机器海豚六自由度运动的动力学方程为：

$$\boldsymbol{M}\dot{\boldsymbol{v}}=-\boldsymbol{C}(\boldsymbol{v})\boldsymbol{v}-\boldsymbol{D}(\boldsymbol{v})\boldsymbol{v}-\boldsymbol{g}(\boldsymbol{\eta})+\boldsymbol{\tau} \tag{4-64}$$

其中 $\boldsymbol{M}$ 由刚体惯性矩阵 $\boldsymbol{M}_{RB}$ 和附加质量矩阵 $\boldsymbol{M}_A$ 组成：

$$\boldsymbol{M}_{\mathrm{RB}}=\begin{bmatrix}\boldsymbol{M}_{11} & \boldsymbol{M}_{12}\\ \boldsymbol{M}_{21} & \boldsymbol{M}_{22}\end{bmatrix}=\begin{bmatrix}m\boldsymbol{I}_{3\times3} & -m\boldsymbol{S}(\boldsymbol{r}_G)\\ m\boldsymbol{S}(\boldsymbol{r}_G) & \boldsymbol{I}_0\end{bmatrix} \tag{4-65}$$

m 表示机器海豚的质量，$\boldsymbol{r}_G=[x_G \quad y_G \quad z_G]^{\mathrm{T}}$表示重心坐标，$\boldsymbol{I}_0$ 表示惯性张量，$\boldsymbol{S}(\lambda)$表示向量 $\boldsymbol{\lambda}=[\lambda_1 \quad \lambda_2 \quad \lambda_3]^{\mathrm{T}}$ 的斜对称矩阵：

$$\boldsymbol{S}(\lambda)=\begin{bmatrix}0 & -\lambda_3 & \lambda_2\\ \lambda_3 & 0 & -\lambda_1\\ -\lambda_2 & \lambda_1 & 0\end{bmatrix} \tag{4-66}$$

由于机器海豚基本满足平面对称结构，其产生的附加质量只与各自轴线方向的线速度、角速度有关，其附加质量 $\boldsymbol{M}_A$ 可简化为：

$$\boldsymbol{M}_A=\begin{bmatrix}\boldsymbol{A}_{11} & 0\\ 0 & \boldsymbol{A}_{22}\end{bmatrix}=-\mathrm{diag}\{X_{\dot{u}},Y_{\dot{v}},Z_{\dot{w}},K_{\dot{p}},M_{\dot{q}},N_{\dot{r}}\} \tag{4-67}$$

$\boldsymbol{C}(\boldsymbol{v})$表示由惯性质量和附加惯性质量引起的科里奥利力和向心力矩阵(Coriolis and centripetal matrix)：

$$\boldsymbol{C}(\boldsymbol{v})=\begin{bmatrix}0_{3\times3} & -\boldsymbol{S}[(\boldsymbol{M}_{11}+\boldsymbol{A}_{11})\boldsymbol{v}_1+\boldsymbol{M}_{12}\boldsymbol{v}_2]\\ -\boldsymbol{S}[(\boldsymbol{M}_{11}+\boldsymbol{A}_{11})\boldsymbol{v}_1+\boldsymbol{M}_{12}\boldsymbol{v}_2] & -\boldsymbol{S}[\boldsymbol{M}_{21}\boldsymbol{v}_1+(\boldsymbol{M}_{22}+\boldsymbol{A}_{22})\boldsymbol{v}_2]\end{bmatrix} \tag{4-68}$$

$\boldsymbol{g}(\boldsymbol{\eta})$表示机器海豚的恢复力矩阵，作用在机器海豚的重力 G 和浮力 B 都属于静力。通过配重使重力与浮力相等，即 $G=B$，并且假设其重心与浮心都在一条铅垂线上，可得恢复力矩阵：

$$\boldsymbol{g}(\boldsymbol{\eta})=\begin{bmatrix}0\\ 0\\ 0\\ (z_gG-z_bB)\cos(\theta)\sin(\varphi)\\ (z_gG-z_bB)\sin(\theta)\\ 0\end{bmatrix} \tag{4-69}$$

机器海豚在水中受到的流体阻力主要由摩擦阻力、诱导阻力、波漂阻尼等组成。动力学阻力系数是非线性与时变的，因此很难给出确定的公式，在实际动力学求解中一般只考虑其对角线线性和二次阻尼部分：

$$\boldsymbol{D}(\boldsymbol{v})=-\operatorname{diag}(X_u,Y_v,Z_w,K_p,M_q,N_r) \\ -\operatorname{diag}(X_{u|u|}|u|,Y_{v|v|}|v|,Z_{w|w|}|w|,K_{p|p|}|p|,M_{q|q|}|q|,N_{r|r|}|r|) \tag{4-70}$$

在控制过程中考虑上节中的简化模型，其动力学方程参数可简化为：

$$\boldsymbol{M}=\begin{bmatrix} m_{11} & 0 & 0 \\ 0 & m_{22} & 0 \\ 0 & 0 & m_{33} \end{bmatrix} \tag{4-71}$$

其中 $m_{11}=m-X_{\dot{u}}$，$m_{22}=m-Z_{\dot{w}}$，$m_{33}=I_y-M_{\dot{q}}$。

$$\boldsymbol{C}(\boldsymbol{v})=\begin{bmatrix} 0 & 0 & m_{22}w \\ 0 & 0 & -m_{11}u \\ -m_{22}w & m_{11}u & 0 \end{bmatrix} \tag{4-72}$$

$$\boldsymbol{D}(\boldsymbol{v})=\begin{bmatrix} d_{11} & 0 & 0 \\ 0 & d_{22} & 0 \\ 0 & 0 & d_{33} \end{bmatrix} \tag{4-73}$$

其中 $d_{11}=-X_u-X_{u|u|}|u|$，$d_{22}=-Z_w-Z_{w|w|}|w|$，$d_{33}=-M_q-M_{q|q|}|q|$。

$$\boldsymbol{g}(\boldsymbol{\eta})=\begin{bmatrix} 0 \\ 0 \\ -(\mathrm{Z_b B}-\mathrm{Z_g G})sin\ \theta \end{bmatrix}=\begin{bmatrix} 0 \\ 0 \\ -\overline{\mathrm{BG}_z}\mathrm{B}sin\ \theta \end{bmatrix} \tag{4-74}$$

$\overline{BG_z}$ 是指重心与浮心之间的距离。

$$\boldsymbol{v}=[u \quad w \quad q]^{\mathrm{T}} \tag{4-75}$$

$$\boldsymbol{\tau}=[X \quad 0 \quad M]^{\mathrm{T}} \tag{4-76}$$

4.4.3　机器海豚深度控制

自然界的鱼类在不同水层休憩、觅食以减少空间竞争适应环境，在此过程中定深控制尤为重要。在水下机器人实际应用中，定深控制在譬如海洋探索、地形测绘、管道跟踪等领域也具有十分重要的应用。自然赋予了科技灵感。在仿生水下机器人设计中，定深控制机制大多源于自然。中国科学院自动化研究所周超、沈飞等分别设计了基于重心调节机构的机器鱼和机器海豚实现了俯仰深度控制。采用油循环方式改变内外油囊体积实现滑翔海豚的上浮/下潜。由于仿生水下机器人的非线性、多变量、强耦合等特点，实现其精准定深控制尤为困难。

针对深度控制问题，提出了一种基于视线导航法和滑模观测器(sliding mode observer，SMO)的滑模模糊控制(sliding-mode fuzzy control，SMFC)算法，使得机器海豚能够稳定在期望深度上，并且具有较好的鲁棒性和抗干扰能力。本章所提的深度控制策略如图 4-49 所示。

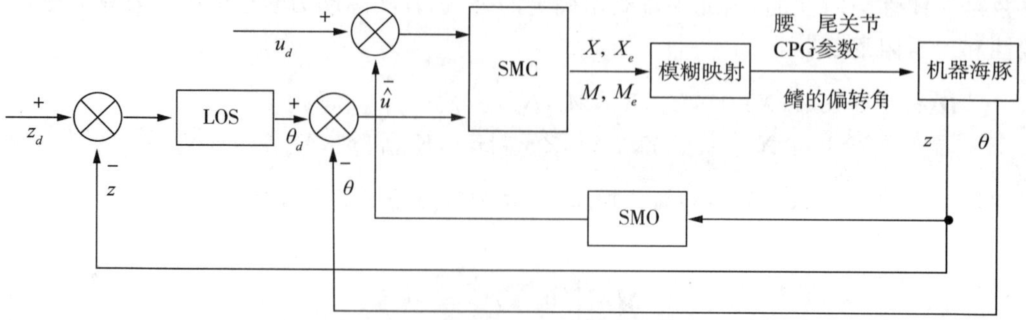

图 4-49　深度控制策略框图

采用视线导航法将目标深度的跟踪问题转换为目标俯仰角的跟踪问题。机器海豚要获取俯仰力矩需要腰、尾关节配合产生一定的推进速度，但是机器海豚没有装配多普勒测速仪来直接获取游动速度。虽然在室内可以采用全局视觉的方法获取游速，但是由于机器海豚潜在水下，水下通信的限制不能保证传输的实时性。因此本节采用基于滑模观测器的方法实时估测机器海豚的游动速度。根据俯仰角跟踪误差与游速误差设计滑动模态控制器（sliding model control，SMC）获取在定深过程中的俯仰力矩（M）和推进力（X）及它们的变化率。由于鳍的偏转、推进力与俯仰力矩、腰尾摆动频率的关系是非线性的，无法直接进行关节的控制。因此，本章采用模糊映射的方法将其俯仰力矩的大小及其变化率映射为双侧鳍状肢的偏转角（α），将推进力及其变化率映射成为腰、尾关节的 CPG 运动参数。同时，将机器海豚携带着深度传感器（微型压力传感器）、姿态传感器（JY901）获取的深度和俯仰角信息实时反馈给控制器进行闭环控制。

针对机器海豚的定深控制，通过以下假定情况对其运动学模型进行简化。

（1）在定深运动过程中，只考虑其在 x 方向和 z 方向的运动，忽略其横滚和偏航运动。相对应地忽略其侧移速度、横滚速度、偏航速度及在惯性坐标系下 y 的值。即式中 $\varphi=0$，$\psi=0$，$y=0$，$\nu=0$，$p=0$，$r=0$。

（2）机器海豚的重心与浮心之间存在恢复力，因此其俯仰角 θ 不能达到 $\pm 90°$，即式（4-63）有效。

根据上述假设，将式（4-61）代入式（4-60）中，将式（4-63）代入式（4-62）中。可得机器海豚在定深控制过程的运动学模型，如式（4-77）所示：

$$\begin{cases}\dot{x}=u\cos(\theta)+w\sin(\theta)\\ \dot{z}=-u\sin(\theta)+w\cos(\theta)\\ \dot{\theta}=q\end{cases} \tag{4-77}$$

将式（4-71）至式（4-76）代入式（4-64）中，可得机器海豚定深控制过程的动力学模型分别如式（4-78）、式（4-79）和式（4-80）所示。

$$\dot{u}=-\frac{m_{22}}{m_{11}}wq-\frac{d_{11}}{m_{11}}u+\frac{X}{m_{11}} \tag{4-78}$$

$$\dot{w}=\frac{m_{11}}{m_{22}}uq-\frac{d_{22}}{m_{22}}w \tag{4-79}$$

$$\dot{q}=\frac{m_{22}-m_{11}}{m_{33}}wu-\frac{d_{33}}{m_{33}}q-\frac{\overline{BG_z}B\sin\theta}{m_{33}}+\frac{M}{m_{33}} \tag{4-80}$$

4.4.3.1　视线导航法

视线导航法基于经验水手的视线导航原理，是一种被广泛使用的导航系统。在定深控制过程中，其视线导航法的原理如图 4-50 所示。

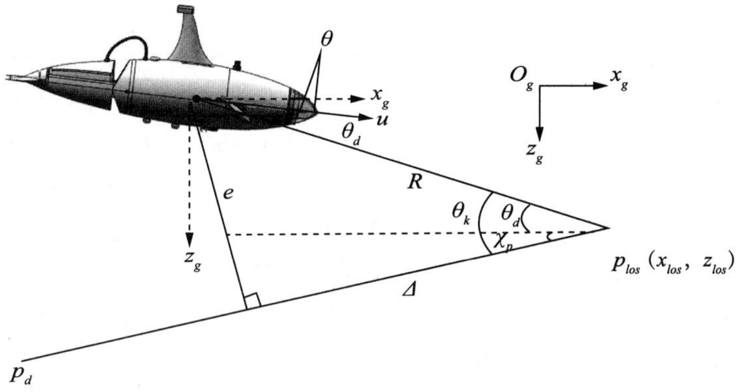

图 4-50　定深控制过程中视线导航法

以机器海豚的重心为原点，以 R 为半径做圆。该圆与目标直线交于两点：前视点 p_{los} (x_{los}, z_{los}) 和后视点 p_d。本节取前视点为目标点。当前机器海豚到目标直线的横向跟踪误差(cross-track error)设为 e。当 $e=0$ 时，表明海豚到达目标深度。由图 4-50 可得：

$$\theta_k=\theta_d+\chi_p \tag{4-81}$$

其中 χ_p 是常数，表示直线的斜率，在定深控制中，$\chi_p=0$。θ_k 是与速度相关的角，$\theta_k=\text{atan2}(e, \Delta)$。$\Delta$ 是前视距离，可通过式(4-82)求解：

$$e^2+\Delta^2=R^2 \tag{4-82}$$

θ_d 取向上为正，因此最终得到机器海豚的目标俯仰角如式(4-83)所示：

$$\theta_d=-\text{atan2}(e, \sqrt{R^2-e^2}) \tag{4-83}$$

4.4.3.2　基于滑模观测器的速度估计

机器海豚的深度控制依赖于海豚的背腹式推进和两侧鳍的偏转，其游速在实验中难以直接测量。虽然多普勒流速仪用于水下运动速度测量，但此类传感器往往价格昂贵，体积较大，并且在低速区间的测量精度较差，因而不太适用。滑模观测器(SMO)基于传感器的反馈信息为速度的估计提供可能。姿态传感器获取机器海豚实时的姿态和角速度信息，深度传感器获取深度信息。在定深控制过程中，目标跟踪误差定义为：

$$\begin{cases}\theta_e=\theta-\theta_d\\ u_e=u-u_d\end{cases} \tag{4-84}$$

滑模观测器的滑模函数通过深度估计误差进行定义，SMO 设计如下：

$$
\begin{aligned}
\dot{\hat{u}} &= -\frac{m_{22}}{m_{11}}wq - \frac{d_{11}}{m_{11}}\hat{u} + \frac{X}{m_{11}} + d_1 - L_1\tanh(\tilde{z}/\varphi) \\
\dot{\hat{Z}} &= -\hat{u}\sin(\theta) + w\cos(\theta) - L_2\tanh(\tilde{z}/\varphi) \\
\tilde{z} &= c(\hat{Z} - z)
\end{aligned}
\tag{4-85}
$$

其中 $\hat{Z}$ 和 $\hat{u}$ 是变量 z 和 u 的估计值，$\tilde{z}$ 表示估计误差。设计采用双曲线正切函数配合边界层厚度 φ 消除实际应用的抖振效应。

4.4.3.3 滑模控制器设计

对于一个非线性系统存在一个超曲面 $s(x)=0$，当系统运动点趋近于该切换面时，就被“吸引”到该区域运动。系统在滑模区的运动称为“滑模运动”，其最大的特点是在动态过程中根据系统当前的状态(如偏差及其各阶导数等)有目的地不断变化，迫使系统按照预定“滑动模态”的状态轨迹运动。由于滑动模态可以进行设计且与对象参数及扰动无关，这就使得变结构控制具有快速响应、对参数变化及扰动不灵敏、不需要系统在线辨识、物理实现简单等优点。因此，滑模变结构控制尤其适合机器海豚这种非线性流体力学、动力学参数不确定的运动控制。

针对速度跟踪误差和俯仰角跟踪误差的特点分别设计滑模面 S_1 和 S_2：

$$S_1 = \lambda_1\int_0^t u_e(\tau)d\tau + u_e,\quad \lambda_1 > 0 \tag{4-86}$$

$$S_2=\lambda_2\theta_e+\dot{\theta}_e,\quad \lambda_2>0 \tag{4-87}$$

其中 λ_1 和 λ_2 是正数，决定了滑模面的斜率。对式(4-86)和式(4-87)求导可得：

$$\dot{S}_1=\lambda_1 u_e+\dot{u}_e=\lambda_1 u_e+\dot{u}-\dot{u}_d \tag{4-88}$$

$$\dot{S}_2=\lambda_2(\dot{\theta}-\dot{\theta}_d)+(\ddot{\theta}-\ddot{\theta}d) \tag{4-89}$$

将式(4-78)代入式(4-88)中可得：

$$\dot{S}_1=\frac{1}{m_{11}}(\lambda_1 m_{11}u_e-m_{22}wq-d_{11}u+X-m_{11}\dot{u}_d) \tag{4-90}$$

将式(4-77)和式(4-80)代入式(4-89)中可得：

$$\dot{S}_2=\lambda_2(q-\dot{\theta}_d)+(\frac{m_{22}-m_{11}}{m_{33}}wu-\frac{d_{33}}{m_{33}}q-\frac{\overline{BG}_zB\sin\theta}{m_{33}}+\frac{M}{m_{33}}-\ddot{\theta}_d) \tag{4-91}$$

本节将滑模控制器的处理过程分为两部分：等效控制项(equivalent term)和切换控制项(switching term)。速度控制律和姿态控制律的等效控制项在不考虑参数不确定的前提下分别通过求解 $\dot{S}_1|_{X=X_{u,eq}}=0$ 和 $\dot{S}_2|_{M=M_{q,eq}}=0$ 获得：

$$X_{u,eq}=-\lambda_1\hat{m}_{11}u_e+\hat{m}_{22}wq+\hat{d}_{11}u+\hat{m}_{11}\dot{u}_d \tag{4-92}$$

$$M_{q,eq}=\hat{m}_{33}\ddot{\theta}_d+\overline{BG}_zB\sin\theta+\hat{d}_{33}q+(\hat{m}_{11}-\hat{m}_{22})wu+\hat{m}_{33}\lambda_2(\dot{\theta}_d-q) \tag{4-93}$$

其中上标“ ^ ”表示机器海豚流体力参数的估计值，其值可表示为：

$$
\begin{cases}
|m_{ii}-\hat{m}_{ii}| \leqslant M_{ii} \\
|d_{ii}-\hat{d}_{ii}| \leqslant D_{ii} \\
M_{ii} = 0.05m_{ii} \\
D_{ii} = 0.05d_{ii}
\end{cases}
\tag{4-94}
$$

当状态轨迹到达滑动模态面后，存在时间上的延迟和空间上的滞后等原因，难以严格沿着滑动模态面向平衡点滑动，而是在其两侧来回穿越地趋近平衡点，从而产生抖振。这是滑模控制实际应用中的主要障碍。本设计控制律采用饱和函数来消除抖振的影响：

$$sat(s)=\begin{cases}1 & s>\sigma \\ \dfrac{s}{\sigma} & |s|\leqslant\sigma \\ -1 & s<-\sigma\end{cases} \tag{4-95}$$

其中，σ 是正数，表示饱和函数边界层厚度。因此，速度控制律和姿态控制律的切换控制项设计为：

$$X_{u,sw}=-K_1 sat(S_1) \tag{4-96}$$

$$M_{q,sw}=-K_2 sat(S_2) \tag{4-97}$$

其中 K_1 和 K_2 选择为：

$$K_1=\lambda_1 M_{11}|u_e|+M_{22}|wq|+D_{11}|u|+M_{11}|\dot{u}_d|+\delta_1 \tag{4-98}$$

$$K_2=\lambda_2 M_{33}|\dot{\theta}_d-q|+M_{33}|\ddot{\theta}_d|+D_{33}|q|+(M_{11}+M_{22})|wu|+\delta_2 \tag{4-99}$$

其中 δ_1 和 δ_2 是大于 0 的小数。最终获得机器海豚在定深控制过程中的推进力和俯仰力矩为：

$$X=X_{u,eq}+X_{u,sw} \tag{4-100}$$

$$M=M_{q,eq}+M_{q,sw} \tag{4-101}$$

命题：由式 (4-86) 和式(4-87)组成的滑模控制律在有限时间内是稳定的。

证明：对 S_1 和 S_2 分别建立 Lyapunov 函数 V_1 和 V_2

$$\begin{aligned} V_1 &= \frac{1}{2}S_1^2 \\ V_2 &= \frac{1}{2}S_2^2 \end{aligned} \tag{4-102}$$

对式(4-102)中的 V_1 和 V_2 分别求导可得：

$$\begin{aligned}\dot{V}_1 &= S_1\dot{S}_1 \\ &= \frac{S_1}{m_{11}}[\lambda_1(m_{11}-\hat{m}_{11})u_e-(m_{22}-\hat{m}_{22})wq-(d_{11}-\hat{d}_{11})u-(m_{11}-\hat{m}_{11})\dot{u}_d-K_1 sat(S_1)] \\ &\leqslant \frac{S_1}{m_{11}}[\lambda_1(m_{11}-\hat{m}_{11}-M_{11})u_e+(\hat{m}_{22}-m_{22}-M_{22})wq+(\hat{d}_{11}-d_{11}-D_{11})u+ \\ &\quad (\hat{m}_{11}-m_{11}-M_{11})\dot{u}_d]-\frac{S_1}{m_{11}}\delta_1 sat(S_1) \\ &\leqslant -\frac{S_1}{m_{11}}\delta_1 sat(S_1)\end{aligned} \tag{4-103}$$

(1)当 $S_1>\sigma$ 时，$sat(S_1)=1$，并且 $\delta_1>0$，$\dot{V}_1\leqslant-\dfrac{S_1}{m_{11}}\delta_1<0$。

(2)当 $S_1<-\sigma$ 时，$sat(S_1)=-1$，并且 $\delta_1>0$，$\sigma>0$，$\dot{V}_1\leqslant\dfrac{S_1}{m_{11}}\delta_1<0$。

(3)当 $|S_1|\leqslant\sigma$ 时，$sat(S_1)=\dfrac{S_1}{\sigma}$，并且 $\delta_1>0,\sigma>0,\dot{V}_1\leqslant-\dfrac{S_1^2}{m_{11}}\delta_1<0$。

$\dot{V}_1<0$，表明推进力控制律在有限时间内是稳定的，其收敛速度取决于 δ_1。

$$\begin{aligned}
\dot{V}_2 &= S_2\dot{S}_2 \\
&= \frac{S_2}{m_{33}}[m_{33}\lambda_2(q-\dot{\theta}_d)+(m_{22}-m_{11})wu-d_{33}q-\overline{BG}_zB\sin\theta+\hat{m}_{33}\ddot{\theta}_d+ \\
&\quad \overline{BG}_zB\sin\theta+\hat{d}_{33}q+(\hat{m}_{11}-\hat{m}_{22})wu+\hat{m}_{33}\lambda_2(\dot{\theta}_d-q)-K_2sat(S_2)-m_{33}\ddot{\theta}_d] \\
&= \frac{S_2}{m_{33}}[\lambda_2(q-\dot{\theta}_d)(m_{33}-\hat{m}_{33})+(m_{22}-\hat{m}_{22})wu-(m_{11}-\hat{m}_{11})wu- \\
&\quad (d_{33}-\hat{d}_{33})q-K_2sat(S_2)-(m_{33}-\hat{m}_{33})\ddot{\theta}_d] \\
&= \frac{S_2}{m_{33}}\{\lambda_2(q-\dot{\theta}_d)(m_{33}-\hat{m}_{33}-M_{33}sat(S_2)]+wu[m_{22}-\hat{m}_{22}-M_{11}sat(S_2)]+ \\
&\quad wu[\hat{m}_{11}-m_{11}-M_{22}sat(S_2)]+q[\hat{d}_{33}-d_{33}-D_{33}sat(S_2)]-\delta_2sat(S_2)\} \\
&\leqslant -\frac{S_2}{m_{33}}\delta_2sat(S_2)
\end{aligned} \tag{4-104}$$

与式(4-103)证明相同，式(4-104)同样满足有限时间稳定的条件，其收敛速度取决于 δ_2。

4.4.3.4 模糊控制器设计

在前文中，通过滑模控制器获得在深度控制过程中机器海豚的推进力和俯仰力矩。但是由于推进力、俯仰力矩与腰、尾关节的拍动、鳍状肢的偏转存在非线性关系。同时，动力学参数存在很大的不确定性。因此，该推进力与俯仰力矩不能直接作用在机器海豚上。

基于此，本部分构建一种基于模糊推理的映射模型。该模型将推进力 X 及其变化率 X_e 腰、尾关节拍动的 CPG 模型参数进行映射。同时，将俯仰力矩 M 及其变化率 M_e 与机器海豚两侧鳍状肢的偏转角 α 进行映射。模糊逻辑控制器的基本结构如图 4-51 所示。该控制器主要由模糊化接口、规则库、推理机、去模糊化接口 4 部分组成。

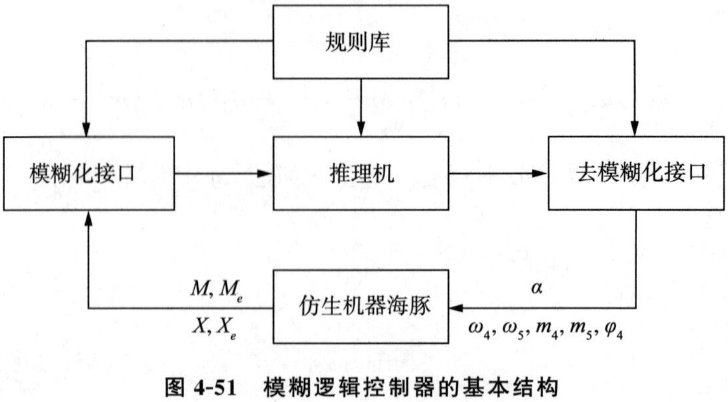

图 4-51 模糊逻辑控制器的基本结构

1. 模糊化

滑模控制器中得到的推进力、俯仰力矩及其各自变化率的实际范围称为这些变量的基本论域。模糊化是将检测输入变量值变换成相应论域，同时将输入数据转换成为合适语言值。根据定深控制特点，设俯仰力矩状态变量 EM 的论域为 [－2, 2]，俯仰力矩的变化率状态变量 EM_e 的论域为 [－6, 6]。推进力状态变量 EX 的论域为 [0, 2]，推进力变化率状态变量 EX_e 的论域为 [－3, 3]。机器海豚的推进力为正，所对应的语言变量表示成模糊集，将其分为 4 个档级，形成 4 个模糊子集来反映推进力的大小：{ZO, PS, PM, PB}。俯仰力矩可正可负反映海豚的上浮和下潜，同时与推进力的变化率和俯仰力矩的变化率一样分为 7 个模糊子集：{NB, NM, NS, ZO, PS, PM, PB}。

模糊映射的输出是鳍状肢偏转角和腰、尾关节 CPG 参数。在深度控制过程中机器海豚两侧的偏转角相同，设其状态变量 U_α 的论域为 [－50, 50]。鳍的偏转角为正表示机器海豚上浮，反之表示下潜。该变量所对应的模糊子集为 {NB, NM, NS, ZO, PS, PM, PB}。对于腰、尾关节 CPG 参数，每个变化量都会影响其游动速度。经过简化，将腰、尾关节拍动幅值与相位差保持不变，只进行拍动频率调整。设拍动频率状态变量 U_ω 论域为 [0, 2]，其所对应模糊子集为 {ZO, PS, PM, PB}。所述的模糊语言值 {NB, NM, NS, ZO, PS, PM, PB} 分别表示负大、负中、负小、零、正小、正中、正大。

为简化计算，上述语言变量的隶属度函数均选取常用的三角形隶属度函数。各模糊集合的隶属度函数曲线如图 4-52 所示。

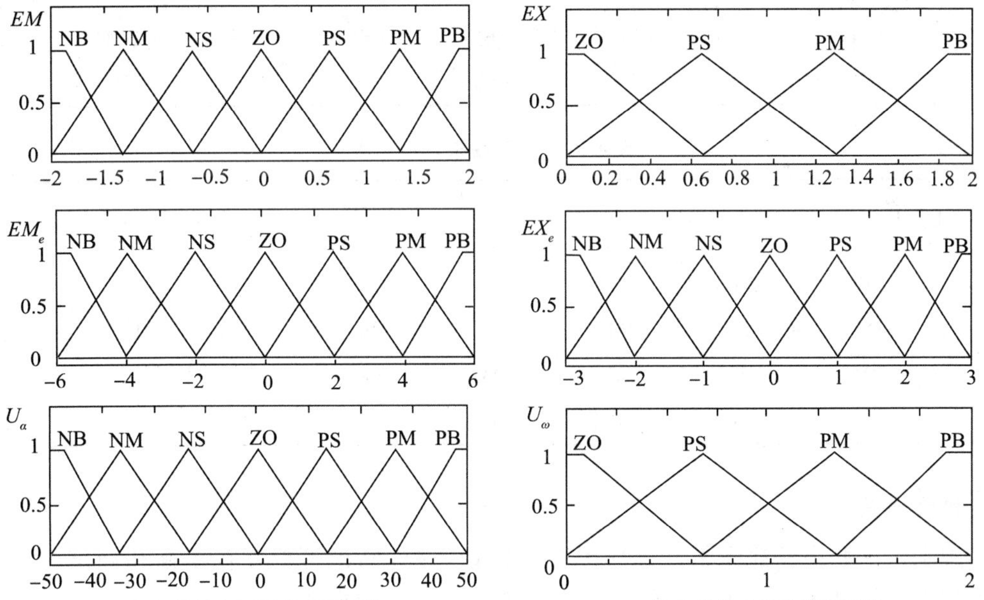

（a）俯仰力矩相关隶属函数　（b）推进力相关隶属函数

图 4-52　语言变量的隶属函数

2. 规则库

规则库包含应用领域的知识和控制目标，由数据和模糊语言控制规则组成。建立如表 4-4 和表 4-5 所示的模糊推理规则库，控制规则可用以下语言描述。

(1)当俯仰力矩需求为正且俯仰力矩变化率为正时,说明机器海豚需要上升,此时偏转角应为正,但是偏转角不能过大,防止超调。

(2)当俯仰力矩需求为正而力矩变化率为负时,说明机器海豚需要快速上升,此时偏转角应为正并且适当大。

(3)当俯仰力矩需求为负且俯仰力矩变化率为负时,说明机器海豚需要下潜,此时偏转角应为负且保持较小的角度,实现微调。

(4)当俯仰力矩需求为负且俯仰力矩变化率为正时,说明机器海豚需要快速下潜,此时偏转角应为负且保持较大的角度,快速减小误差。

(5)推进力需求都为正,当为正大时,拍动频率为大。

(6)当推进力需求为正小,推进力变化率为正时,拍动频率适中。

表 4-4　U_α 模糊推理规则表

U_α		EM_e						
		NB	NM	NS	ZO	PS	PM	PB
EM	NB	NB	NB	NM	NM	NS	NS	ZO
	NM	NB	NM	NM	NS	NS	ZO	ZO
	NS	NM	NM	NS	ZO	ZO	PS	PS
	ZO	NM	NS	ZO	ZO	PS	PS	PM
	PS	NS	NS	ZO	ZO	PS	PM	PM
	PM	NS	ZO	PS	PS	PM	PM	PB
	PB	ZO	PS	PS	PM	PM	PB	PN

表 4-5　U_ω 模糊推理规则表

U_ω		EX_e						
		NB	NM	NS	ZO	PS	PM	PB
EX	ZO	PS	PS	ZO	ZO	ZO	PS	PM
	PS	PM	PM	PS	PS	PS	PM	PM
	PM	PB	PM	PM	PM	PM	PM	PB
	PB	PB	PB	PB	PB	PB	PB	PB

3. 推理算法

推理是从一些模糊前提条件推导出某一结论,这种结论可能存在模糊和确定两种情况。通常采用直接推理法将隶属函数的隶属度值视为真值进行推理。

4. 去模糊化

输出控制量由 U_α 或者 U_ω 的隶属度函数加权平均判别法得到。

4.4.3.5　实验分析

为验证本章所提深度控制器的有效性和稳定性,本部分进行机器海豚定深控制的实验分析。在实验过程中,所涉及模型参数如表 4-6 所示。

表 4-6　机器海豚定深控制参数值

参数	值	参数	值
m_{11}	10.8 kg	σ	0.2
m_{22}	13.3 kg	λ_1	10
m_{33}	0.6 kg	λ_2	10
X_u	−1 kg/m	R	2.6 m
Z_w	−50 kg/m	$Z_{w\|w\|}$	−10 kg/m
M_q	−50 kg/m	$\overline{BG_z}$	0.03 m
$X_{u\|u\|}$	−10 kg/m	$M_{q\|q\|}$	−5 kg/m
δ_2	0.1	δ_1	0.1

在仿真分析中验证了视线导航法、滑模观测器与滑模控制策略的有效性。本部分在仿真基础上进行机器海豚本体实验以验证所提滑模模糊控制策略的可行性和鲁棒性。实验分两部分:①在室内水池进行策略可行性验证。室内水池尺寸为 5 m×4 m×1.5 m(长×宽×深),上方安装有全局视觉系统。通过分析贴在机器海豚上的色标块位置进行速度测定;②在一个更深的潜水池进行策略鲁棒性验证。水池尺寸为 18 m×6 m×8 m(长×宽×深)。在实验起始阶段,机器海豚的初始速度、俯仰角和游速都设置为零。

1. 对比实验与分析

受限于室内水池的尺寸,将定深控制的目标深度和目标速度分别设定为 $z_d=0.4$ m,$\mu_d=0.35$ m/s。整个定深控制过程如图 4-53 所示。虚线表示目标深度,实线为机器海豚的起始位置。实验过程大约持续 24 s。当 $t=10$ s 时,机器海豚下潜到目标深度,如图 4-53(e)所示。通过视频截图可以看出,机器海豚此后一直较好地稳定在目标深度上。

二维码 4-2
定深控制实验视频

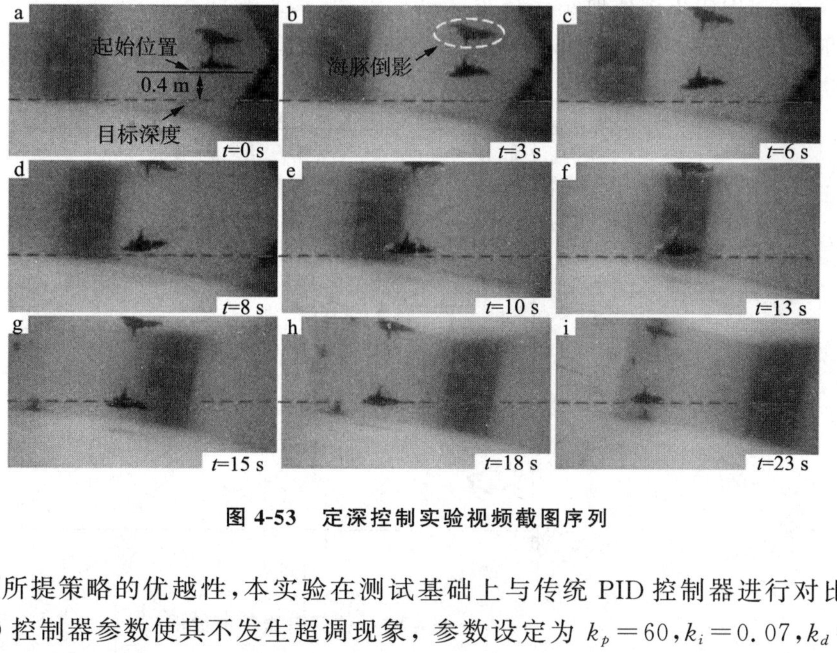

图 4-53　定深控制实验视频截图序列

为了进一步验证所提策略的优越性,本实验在测试基础上与传统 PID 控制器进行对比。通过试错法调整 PID 控制器参数使其不发生超调现象,参数设定为 $k_p=60$,$k_i=0.07$,$k_d=$

0.2。对比实验结果如图 4-54 所示。从图 4-53 中可以看出，所提控制策略从起始阶段花费约 10.2 s 到达目标深度，较 PID 控制器时间(时间约为 11.5 s)更短。当机器海豚稳定在目标深度附近后，经过计算分析，所提控制策略的平均稳定误差为 0.55 cm(最小平均误差为 0.18 cm)，而 PID 控制器的平均稳定误差为 0.78 cm(最小平均误差为 0.38 cm)。

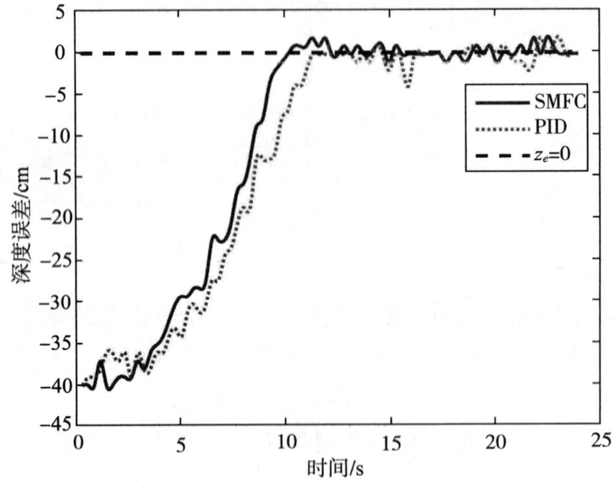

图 4-54　对比实验深度误差曲线图

均方根误差(root mean square error，RMSE)是用来衡量观测值与真值之间的偏差，反映测量数据偏离真实值的程度。RMSE 值越小表示测量精度越高。当机器海豚稳定在目标深度附近时，经过计算，深度误差 z_e 的 RMSE 值对应滑模模糊控制器和 PID 控制器分别为 0.6 和 1.27。数据表明，与传统 PID 控制器相比，所提的控制策略具有更快的收敛速度和更优的稳定性。

机器海豚定深控制问题其实是目标俯仰角跟踪问题，其目标俯仰角由式(4-83)计算可得，如图 4-55 中黑色虚线所示。在定深过程中，其真实俯仰角如图 4-55 中实线所示，点线为均值滤波值。稳定后计算分析，其最大俯仰角跟踪误差约为±1.466 2°，平均跟踪误差为 0.82°，该误差满足了跟踪需求。

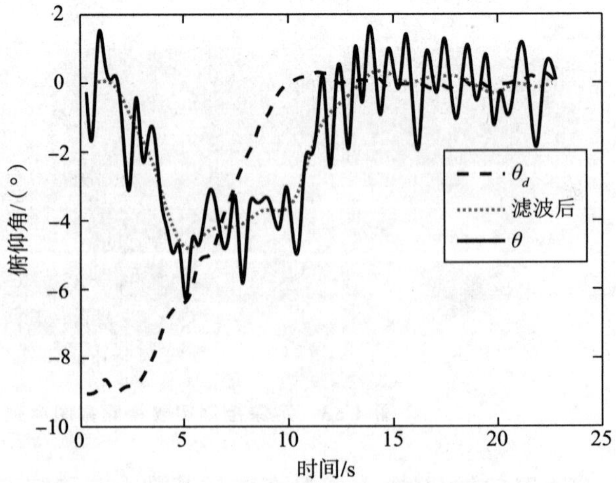

图 4-55　俯仰角跟踪曲线图

在整个定深控制过程中,由式(4-100)和式(4-101)实时计算机器海豚的推进力 X 和俯仰力矩 M。通过模糊推理映射到两侧鳍状肢的偏转角和腰、尾关节拍动频率上。其中,机器海豚鳍状肢的偏转角与俯仰力矩及其变化率如图 4-56 所示。当 $t \leqslant 10$ s,两侧鳍的攻角大多为负值,表明机器海豚正快速下潜以消除误差。当 $t > 10$ s 后,其偏转角趋于零,以保持当前深度。其变化趋势与俯仰力矩及其变化率的变化趋势相同,验证了模糊推理的有效性。

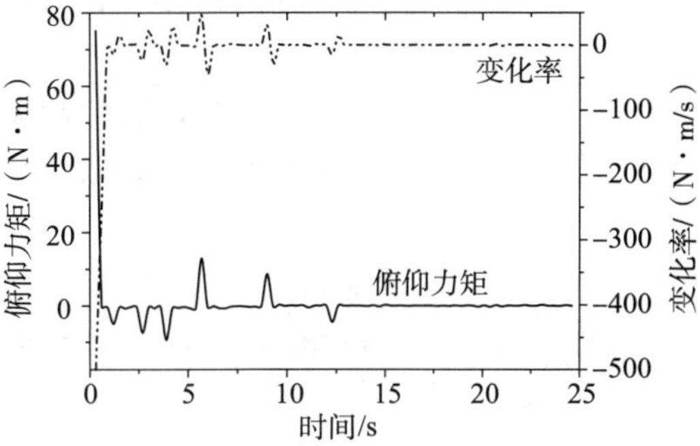

(a) 俯仰力矩及其变化率变化曲线

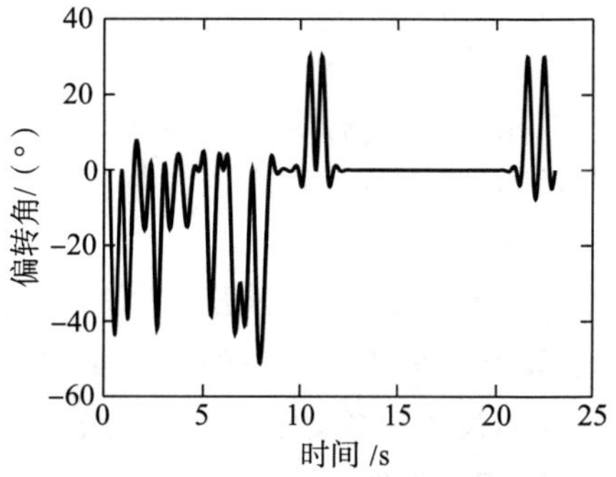

(b) 鳍状肢偏转角变化曲线

图 4-56　模糊控制器的控制输入与输出变化曲线

2. 抗干扰性分析

为了进一步验证所提控制策略的抗干扰性,在更深的潜水池进行了抗干扰实验和深度切换实验。抗干扰实验结果如图 4-57 所示。在实验过程中,机器海豚首先经过大约 10 s 下潜到目标深度(0.4 m)并保持。当 $t=14$ s 时,一个外力突然作用在机器海豚上,使其突然下潜至 0.7 m 处。机器海豚迅速调整姿态进行上浮,当 $t=20$ s 时,机器海豚再次稳定在目标深度上。

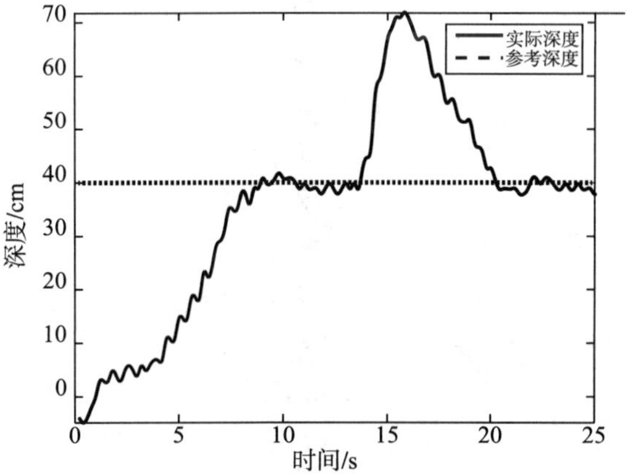

图 4-57　抗干扰实验深度变化曲线图

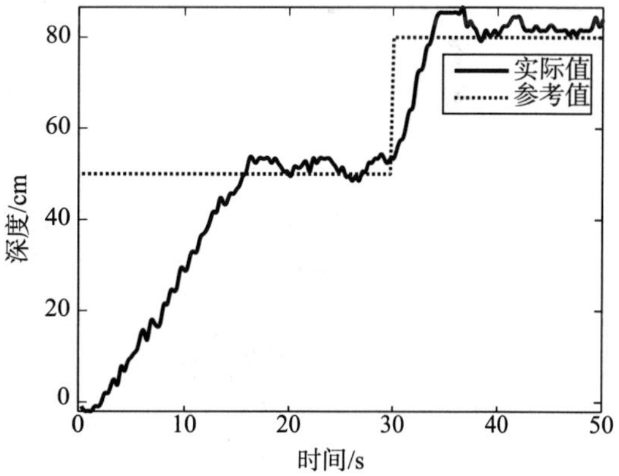

图 4-58　深度切换实验深度变化曲线图

深度切换实验结果如图 4-58 所示。在深度切换过程中,目标深度分别设定为 0.5 m 和 0.8 m。首先,机器海豚从初始位置开始下潜,花费大约 2 s 后到达目标深度(0.5 m)处并保持。当 $t=30$ s 时,触发深度切换指令,机器海豚继续下潜至 0.8 m 处,下潜时间约为 5 s,下潜后机器海豚稳定在 0.8 m 目标深度上。通过抗干扰实验和深度切换实验,机器海豚表现出较好的稳定性,验证了所提策略的有效性、鲁棒性。

4.4.4 天然橡胶智能割胶机器人

4.4.4.1 应用场景/产业需求

天然橡胶是我国重要的农特产品，是农民增收的重要经济手段，具有经济性高、产量大的特点。目前中国天然橡胶每年的消费量已经超过了 300 万 t，成为世界上最大的天然橡胶进口国和消费国。截至 2015 年年初，我国橡胶树种植面积已经达到了 114 万 hm^2，天然橡胶的年总产量已经达到了 86.48 万 t，年产量位于世界前列。

长久以来，天然橡胶的种植面临着采收难度大、工作条件恶劣、劳动力需求大、劳动强度大的难题，其采收大量依赖人工作业。因此，转型机械化、智能化采收，是发展我国天然橡胶产业的必然趋势。

中国农业大学李伟教授团队以实现橡胶林非结构环境中天然橡胶的自动化、智能化收获为研究目标，探索天然橡胶的智能化采收机理，开发采收的新结构，旨在突破在自然环境下智能化割胶的技术瓶颈，促进我国天然橡胶智能化采收技术的发展。

4.4.4.2 系统设计

为实现天然橡胶的智能化割胶，研制了一种轨道式割胶机器人。着重于在规范化种植的橡胶林（行距×株距：6 000 mm×3 000 mm）环境中找到一种切实可行的解决方案。

由于橡胶林地面状况不确定因素较多，如掉落的树枝、突起的树根等均对移动平台的顺利通过造成影响，还鉴于机械臂工作空间有限，且为了保证视觉系统的可靠工作，对移动平台的具体要求为：①移动平台需停靠在目标树干正前方（650±100）mm；②移动平台与目标树干中心的偏差为（100±100）mm。

二维码 4-3
割胶机器人系统

考虑到以上两点，优先选用导轨式移动平台，能够可靠解决以上问题。割胶机器人的硬件组成如图 4-59 所示，系统如二维码 4-3 所示。

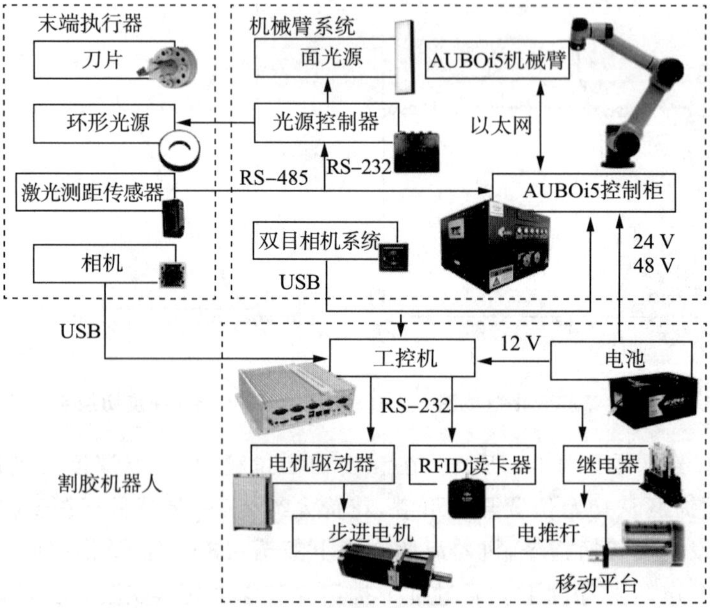

图 4-59 割胶机器人的硬件组成

4.4.4.3　控制算法

1. 基于双目立体视觉的割胶参数获取

为了提高橡胶产量，于凌晨割胶作业，此时橡胶林中光照不足，需要设置主动光源。首先利用白色面光获取橡胶树干彩色图像，用于提取树干和割线的轮廓。白色面光投射时存在发散现象，故能照亮离光源较近的树干，其他背景区域将不会被照亮，可滤除掉大部分背景信息，如二维码 4-4 所示。虽然黑背景掩盖了大部分干扰信息，但由于面光仅来自树干前方，树干的边缘呈不规则形态，这为树干的完整提取带来了一定困难。然后，利用红色线激光人为构造特征点以提高双目视觉的匹配精度。由于线激光只在一定距离内聚焦发光，根据机械臂的工作空间，将激光器发光距离设置为 520～750 mm，投射在树干区域之外的横线激光因无法聚焦而不发亮。

二维码 4-4
主动光源构造关键点

红色竖线激光用于与割线相交，进而获取中割点的空间坐标 $P_m(x_m, y_m, z_m)$。由于割线在树干上的割线高度(z_s)具有不确定性，竖线激光设置为投射在树干中央，这样就能够在摄像头整个视野内发亮。如果割胶机器人沿可通过路径移动，双目视觉就只能从前方观察树干，且树干呈圆柱体，很难观测到起割点的高度坐标。因此选择通过获取中割点 P_m 的三维坐标 (x_m, y_m, z_m) 来替代 z_s 和旋转轴的投影坐标 (x_t, y_t)，它们之间的关系为

$$\begin{cases} x_t = x_m \\ y_t = y_m - R \\ z_s = z_m + \pi R \tan \gamma / 2 \end{cases} \tag{4-105}$$

除非特别说明，本节中点的坐标均以机械臂坐标系为参考。准确的树干半径 R 可以通过计算横线激光左(l)、右(r)端点的重建坐标 $P_l(x_l, y_l, z_l)$ 和 $P_r(x_r, y_r, z_r)$ 得到

$$R = \sqrt{(x_l - x_r)^2 + (y_l - y_r)^2 + (z_l - z_r)^2} / 2 \tag{4-106}$$

基于双目摄像头的视差，由三角法原理可计算出关键点的空间坐标。设上摄像头(up)位于摄像头坐标系 $O_U X_U Y_U Z_U$ 的原点且无旋转，图像坐标系为 $o_u x_u y_u$，相似地，设下摄像头(down)坐标系 $O_D X_D Y_D Z_D$ 和图像坐标系 $o_d x_d y_d$。此外，上、下摄像头的有效焦距分别为 f_u 和 f_d。由摄像机透视变换模型可以推出特征点三维坐标为：

$$\begin{cases} x = z \cdot x_u / f_u \\ z = \dfrac{f_u (f_d t_x - x_d t_z)}{x_d (r_7 x_u + r_8 y_u + r_9 f_u) - f_d (r_1 x_u + r_2 y_u + r_3 f_u)} \\ y = z \cdot y_u / f_u \end{cases} \tag{4-107}$$

其中，r_1、r_2、r_3、r_7、r_8、r_9、t_x 和 t_z 为双目立体视觉系统的外部参数，f_u 和 f_d 为内部参数，以上参数可通过视觉标定获得。至此，割胶参数均可通过双目视觉获取，则割胶轨迹的平移矩阵 ***Trans*** 需调整为

$$\boldsymbol{Trans} = \begin{bmatrix} x_m + R\cos\theta \\ y_m + R\sin(\theta - 1) \\ z_m + \pi R \tan 25^\circ (1/2 - \theta / 180^\circ) \end{bmatrix} \tag{4-108}$$

2. 割胶机器人末端执行器设计

割胶机器人的末端执行器安装于机械臂末端，如图 4-60 所示，对双目立体视觉系统初步获得的割线轨迹参数进行二次精定位，并直接作用于橡胶树树皮。末端执行器的设计应满足结构紧凑、装卸方便、质量轻盈等要求，除此之外，还需考虑作业对象的物理属性，包括形状、尺寸、切割力、弹性变形、光特性等。

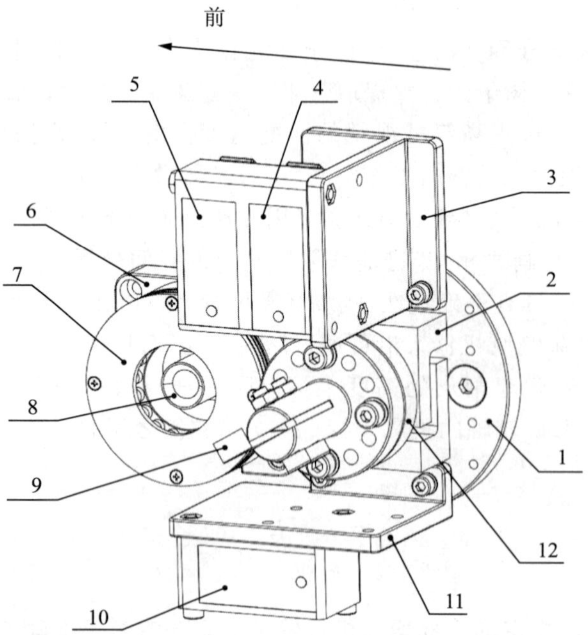

1. 法兰盘　2. 测力传感器　3. 上支架　4. 后激光测距传感器　5. 前激光测距传感器　6. 侧支架　7. 环形光源　8. 相机　9. 刀片　10. 下激光测距传感器　11. 下支架　12. 刀片底座

图 4-60　割胶机器人末端执行器结构示意图

末端执行器与机械臂末端通过法兰连接。采用 eye-in-hand 方法对相机和刀片的位置进行手眼标定。安装有环形光源为手眼相机补光。下激光测距传感器的激光发射点与刀片刀尖点、后激光测距传感器的激光发射点三者的水平位置三点共线，连线垂直于水平面。

3. 基于视觉伺服的起割点找准算法

在起割点找准时，末端执行器的手眼相机和测距传感器需要正对起割点标记才能发挥检测起割点位置的作用。如图 4-61 所示，割胶时机械臂末端的 Z_E 轴需要垂直于割胶轨迹 P_sP_0 线段，而起割点找准时，机械臂末端的 Z_E 轴需要与树干的 Y_T 轴保持平行，即手眼相机和测距传感器需要正对起割点标记才能发挥检测起割点位置的作用。割胶末端在找准起割点的过程中，会在起割点附近呈无规则地上下、左右、前后小位移运动，由于橡胶树树干呈

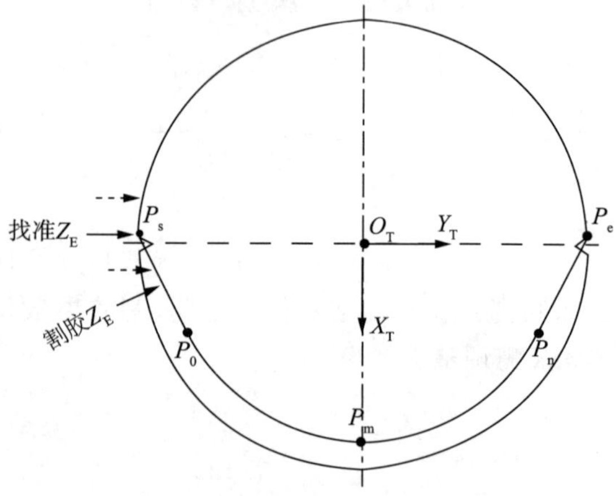

图 4-61　起割点找准示意图

圆柱体，当测距传感器检测到除起割点外的位置时（图 4-61 中虚线箭头），深度信息均小于起割点，当割胶末端想要调整回起割点时，容易剐蹭树皮，导致起割点找准失败，甚至存在与树干发生碰撞危险。

二维码 4-5
虚拟刀尖点校准

为了规避上述问题，采取虚拟刀尖点替代实际刀尖点用于找准起割点，如二维码 4-5 所示，虚拟刀尖点的设置为实际刀尖点正前方 10 mm，因其不属于物理实体，故被称为虚拟刀尖点。虚拟刀尖点的设置相当于实际刀尖点向后退了 10 mm，那么即使测距传感器检测到深度信息小于起割点的位置（如前水线）时，实际刀尖点也不会与树皮发生剐蹭，前提条件是割胶末端在找准起割点的过程中位移较小，且前水线的深度也较小。割胶末端的位移可在控制程序中进行约束，前水线的深度约为 1 mm，故 10 mm 完全满足要求。

虚拟刀尖点的校准需要借助实际刀尖点和起割点，先控制机械臂带动割胶末端找准起割点，找准条件为实际刀尖点与起割点在手眼相机图像中的像素误差不超过 0.5 pixel，且测距传感器检测到的实际刀尖与起割点之间的距离差不超过 0.03 mm。实际刀尖点找准起割点后在手眼相机图像中表现为实际刀尖点与起割点重合，由此可以对虚拟刀尖点在手眼相机图像中进行校准。然后控制机械臂带动割胶末端向后退 10 mm，将手眼相机图像中此时的起割点作为虚拟刀尖点。

图 4-62 是利用手眼相机和测距传感器进行位置反馈的起割点找准控制系统框图，用于使割胶刀的刀尖点与橡胶树的起割点找准对齐。位姿调整策略受到图像特征和进刀量反馈的共同影响，机械臂各个关节均采用位置闭环和速度闭环控制，其内环为速度环、外环为位置环。期望图像特征为经手眼相机、图像采集和刀尖点校准后的虚拟刀尖点图像坐标 $p_k(u_k, v_k)$；视觉反馈为当前检测起割点的图像坐标 $p_s(u_s, v_s)$，由手眼相机、图像采集和起割点检测得到；通过比较提前检测的虚拟刀尖点与实时检测的起割点，得到像素偏差 $\Delta p = \sqrt{(u_k-u_s)^2+(v_k-v_s)^2}$。根据手眼相机检测的像素偏差、测距传感器检测的进刀量 $f=\mathrm{d}y-\mathrm{d}j$ 和机械臂当前的位姿，并结合位姿调整策略共同确定下一时刻机械臂的位姿，经逆运动学求解后得到 6 个关节的运动角度给定值，然后各个关节根据其运动角度给定值，利用关节控制

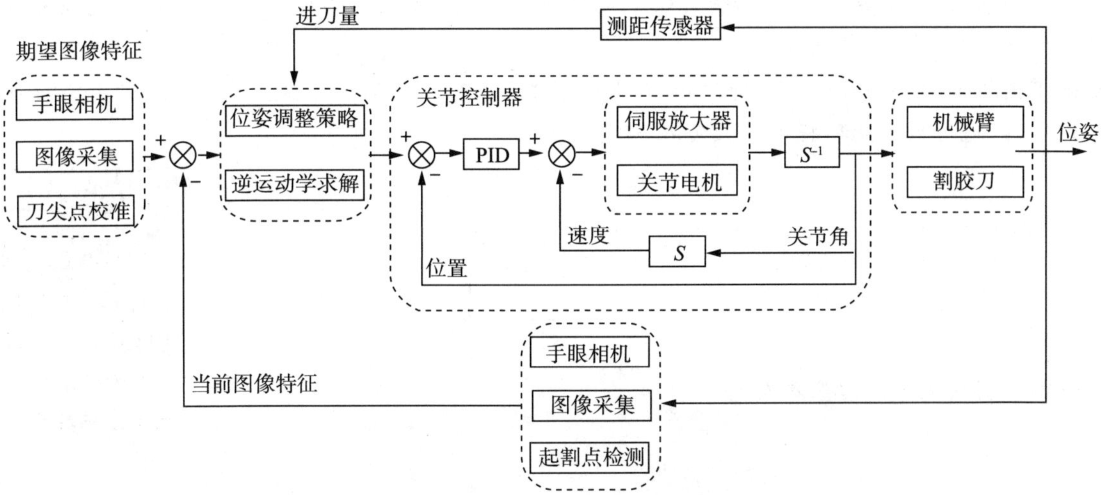

图 4-62　起割点找准控制系统框图

器和伺服放大器对关节电机进行运动控制，直至虚拟刀尖点的位置满足位姿调整策略中的所有要求后，起割点找准控制过程结束。

拓展阅读

二维码 4-6　掌握核心技术，突破国产机器人发展瓶颈

思想理论教育：

统计数据显示，中国 2021 年机器人出货量超 26.8 万台，存量突破 100 万台；2011 年后中国人工智能专利申请量高居世界首位，2020 年达到 46 960 项。这表明中国已跻身全球人工智能发展的前列，市场前景广阔。党的二十大报告强调，“推动战略性新兴产业融合集群发展，构建新一代信息技术、人工智能、生物技术、新能源、新材料、高端装备、绿色环保等一批新的增长引擎”。农为邦本，本固邦宁。在农业院校增设人工智能专业，讲授农业机器人相关课程，可以为人工智能技术发展提供人才支持。

思考题

1. 简述 D-H 参数的物理意义，叙述连杆坐标系的建立方法。

2. 自由度机器人的末端的当前位姿计算。

(1)若机器人的末端绕基坐标系的 X 轴旋转 90°，再沿基坐标系的 Y 轴平移 100，求机器人末端在基坐标系的位姿。

(2)若机器人的末端先沿基坐标系的 Y 轴平移 100，再绕基坐标系的 X 轴旋转 90°，求机器人末端在基坐标系的位姿。

3. 如下图所示，设有一个水箱，通过调节阀可向内注水和向外抽水。需要你设计一个模糊 PID 控制器，通过调节阀门将水位稳定在固定点附近。

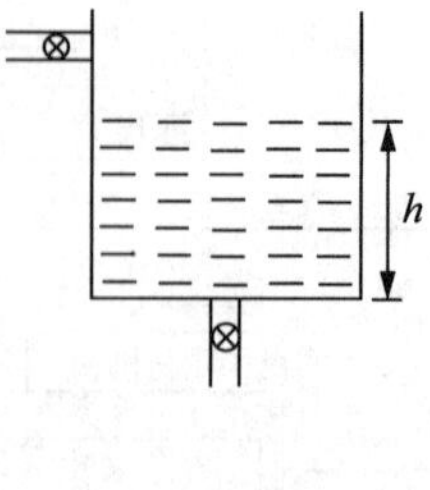

4. 举例说明模糊控制的基本思想。

二维码 4-7
思考题及参考答案

参考文献

[1] 丁幼春,何志博,夏中州,等.小型履带式油菜播种机导航免疫PID控制器设计[J].农业工程学报,2019,35(7):12-20.
[2] 樊正强,张青,邱权,等.农业机器人移动平台行进方式综述[J].江苏农业科学,2018,46(22):35-39.
[3] 宫丽男,庞在祥.基于ADAMS的六足仿生机器人结构设计及运动仿真[J].机械传动,2018,42(3):49-53.
[4] 黄强,康儒,范徐笑,等.一种具有缓冲与助推功能的并联式机器人腿[P].中国专利:CN110843953A,2020-02-28.
[5] 金振林,张金柱,高峰.一种消防六足机器人及其腿部机构运动学分析[J].中国机械工程,2016,27(7):865-871.
[6] 匡文龙,沈文龙,姬长英,等.农用履带机器人轨迹跟踪控制系统设计与试验[J].东北农业大学学报,2020,51(4):78-87.
[7] 李逃昌.农业轮式移动机器人自适应滑模路径跟踪控制[J].中国机械工程,2018,29(5):579-584,590.
[8] 李悟早,郭术义,任思杰.模糊控制理论综述[J].河南科技,2019(11):12-15.
[9] 刘金琨.滑模变结构控制MATLAB仿真:基本理论与设计方法[M].3版.北京:清华大学出版社,2015.
[10] 卢衷正.基于虚拟样机技术的四足除草机器人结构设计和仿真[D].昆明:昆明理工大学,2015.
[11] 毛竞航,吕海宁,杨建民,等.基于模糊PID的深海采矿机器人路径跟踪控制[J].海洋工程,2021,39(5):151-161.
[12] 唐小涛,陶建峰,李志腾,等.自动导航插秧机路径跟踪系统稳定性模糊控制优化方法[J].农业机械学报,2018,49(1):29-34.
[13] 王辉,王桂民,罗锡文,等.基于预瞄追踪模型的农机导航路径跟踪控制方法[J].农业工程学报,2019,35(4):11-19.
[14] 王怡杰,王涛,兰洁.基于遗传算法的模糊逻辑系统的设计[J].模糊系统与数学,2018,32(5):78-86.
[15] 王印,刘俊杰.无人驾驶导航控制系统设计[J].拖拉机与农用运输车,2020,47(4):12-16.
[16] 谢冬福,罗玉峰,石志新,等.并联腿六足农业机器人运动学与仿真分析[J].机械强度,2021,43(2):333-340.
[17] 徐广飞,陈美舟,苗河泉,等.基于模型预测控制的农机主从跟随作业控制方法[J].农业机械学报,2020,51(S2):11-20.
[18] 杨剑锋,乔佩蕊,李永梅,等.机器学习分类问题及算法研究综述[J].统计与决策,2019,35(6):36-40.
[19] 战强.机器人学——机构、运动学、动力学及运动规划[M].北京:清华大学出版社,2020.
[20] 张漫,季宇寒,李世超,等.农业机械导航技术研究进展[J].农业机械学报,2020,51(4):1-18.

[21] 张漫，项明，魏爽，季宇寒，等. 玉米中耕除草复合导航系统设计与试验[J]. 农业机械学报，2015，46(S1)：8-14.

[22] 张美娜，吕晓兰，陶建平，等. 农用车辆自主导航控制系统设计与试验[J]. 农业机械学报，2016，47(7)：42-47.

[23] 张闻宇，丁幼春，王雪玲，等. 基于SVR逆向模型的拖拉机导航纯追踪控制方法[J]. 农业机械学报，2016，47(1)：29-36.

[24] 张雁，李彦明，刘翔鹏，等. 水稻直播机自动驾驶模糊自适应控制方法[J]. 农业机械学报，2018，49(10)：30-37.

[25] Abedini M, Mahmodi E, Mousavi M, et al. A novel fuzzy PI controller for improving autonomous network by considering uncertainty[J]. Sustainable Energy, Grids and Networks, 2019:18.

[26] Aravind K R, Raja P, Pérez R M. Task-based agricultural mobile robots in arable farming: A review[J]. Spanish Journal of Agricultural Research, 2017, 15(1):1-16.

[27] Yu J, Wu Z, Wang M, et al. CPG network optimization for a biomimetic robotic fish via PSO[J]. IEEE Transactions on Neural Networks and Learning Systems, 2016, 27(9):1962-1968.

[28] Yuan J, Wu Z, Yu J, et al. Sliding mode observer based heading control for a gliding robotic dolphin[J]. IEEE Transactions on Industrial Electronics, 2017, 64(8): 6815-6824.

第 5 章　农业机器人自主导航系统

本章学习目的与要求

农业自动导航系统对于提高农业生产效率，节省劳动力成本以及推动农业智能管理具有重要意义。路径规划是自主导航系统的核心，本章首先介绍导航路径规划的常用方法，包括全局路径规划与局部路径规划；其次介绍障碍物检测与避障控制，该环节用于提高导航系统对农田复杂环境的动态响应能力；再次简要介绍机器人操作系统（ROS）的起源及工作机制；最后介绍不同类型的多机器人协同系统，以便读者对农业机器人导航的发展有更全面的了解。通过本章的学习，要求理解常用路径规划及避障算法的原理，熟悉 ROS 的机制，并对多机器人协同作业的实际应用方案有初步的认识。

5.1　导航路径规划

对于复杂农田作业环境下的农业机械，路径规划即农机根据已知作业信息和环境信息，并结合自身传感器对动态环境信息的感知，按照某一性能指标（如距离、时间、油耗等），自动规划出一条安全无碰撞的运动路线，同时高效地完成作业任务。根据环境信息的掌握情况，路径规划可分为全局路径规划和局部路径规划，其中，全局路径规划又称为全覆盖路径规划。

5.1.1　全局路径规划

1.田块间全局路径规划算法

全局路径规划是在环境信息已知的情况下，基于先验完全信息的路径规划方法。在农机从机库到田块，或者在田块之间运动时，往往需要进行全局路径规划，以综合考虑时间、路径、油耗等参数，达到全局最优。全局路径规划算法注重寻求最优解，设计目标是使规划路径尽可能达到最优，按照环境建模方法，分为可视图法、切线图法、Voronoi 图法、自由空间法、栅格法等，各算法的优缺点如表 5-1 所示。

按照路径寻优方法划分，常用的全局路径寻优方法包括 Dijkstra 算法、A^*（A-star）算法、D^* 算法、RRT 算法、PRM 算法、人工神经网络、粒子群法、遗传算法、蚁群优化算法等，各算法的优缺点如表 5-2 所示。

表 5-1 环境建模方法对比

算法	优点	缺点
可视图法	直观明了,易求得最短路径	缺乏灵活性,局部路径规划能力差
切线图法	路径较短	安全性较低
Voronoi 图法	有效避障,安全性较高	路径增长时,重绘图比较费时
自由空间法	应变性好,不需要整个图的重绘	障碍物多时会加大算法的复杂度,算法实现困难
栅格法	直观明了,安全系数高	不易解决复杂环境信息的问题

表 5-2 路径寻优方法对比

算法	优点	缺点
Dijkstra 算法	能够确保找到最优路径	计算量大,效率低
A^* 算法	启发式搜索效率较高	依赖于估价函数的选取
D^* 算法	较好适应动态环境	效率较低,有新障碍物时不一定能找到最短路径
RRT 算法	适用于多自由度动态环境规划	当存在大量障碍物时,效率较低
PRM 算法	适用于高维空间和复杂约束	依赖于采样点和邻域参数设置,不确保找到的是最优路径
人工神经网络	学习能力强、鲁棒性好	泛化能力差
粒子群算法	收敛速度快、算法简单、鲁棒性好	存在局部最优解问题,粒子多样性容易受参数影响
遗传算法	全局搜索能力强,易与其他算法结合	存在局部最优解问题
蚁群优化算法	易于实现,具有全局优化能力和并行性	计算量大,存在局部最优解问题

以在路径规划中最常用的 A^* 算法为例。A^* 算法是一种静态路网中求解最短路径最有效的直接搜索方法,也是解决许多搜索问题的常用启发式算法,算法中的距离估算值与实际值越接近,最终搜索速度越快。假定栅格地图如图 5-1 所示,机器人从方格 A 移动到方格 B,中间方格 C 为障碍物。

(1)开始搜索

①从起点 A 开始,并把它加入一个由方格组成的 open list(开放列表)中(图 5-2)。

②查看与起点 A 相邻的方格(忽略其中障碍物的方格),把可到达的方格也加入 open list 中。记录起点 A 为这些方格的父节点。

③把 A 从 open list 中移除,加入 close list 中。

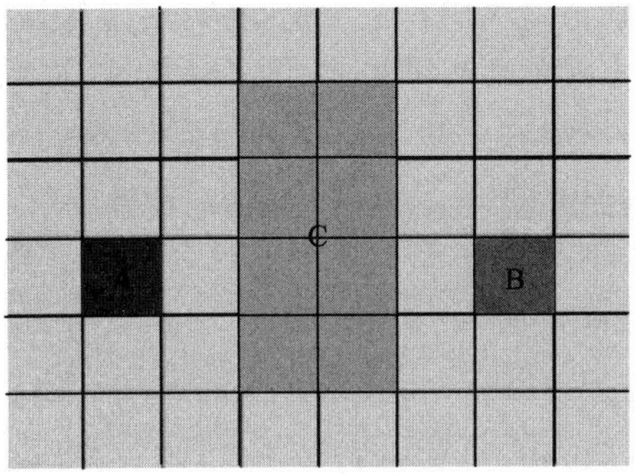

图 5-1　A* 算法示意图

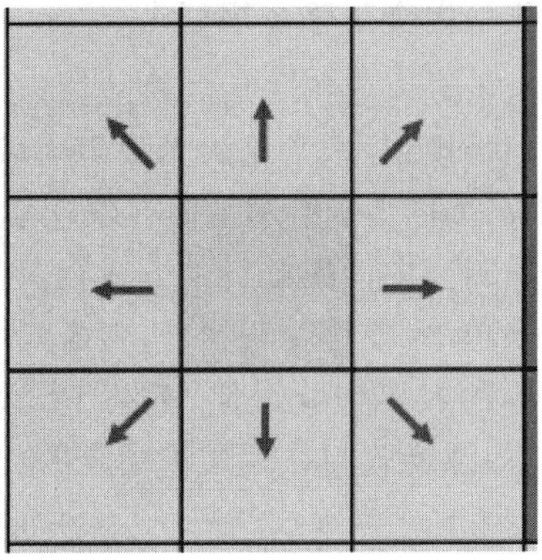

图 5-2　起点 A 和相邻方格

(2)路径排序　对经过该方格的路径进行最优排序，公式表示为：

$$f*(n)=g*(n)+h*(n),$$

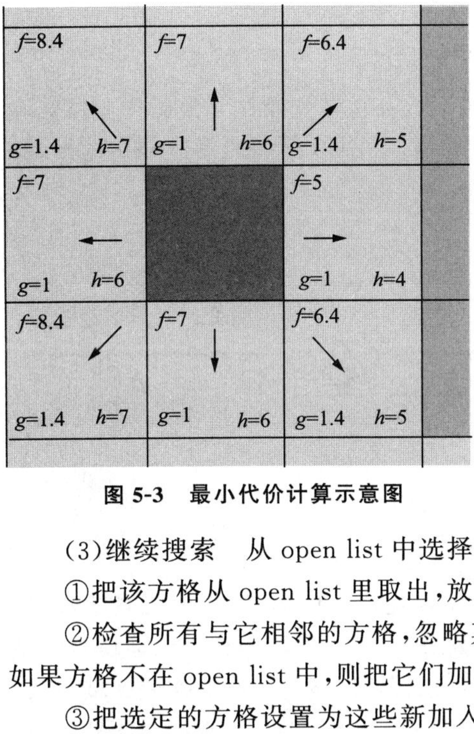

图 5-3　最小代价计算示意图

其中，$f*(n)$是从初始方格经由方格 n 到目标方格的最小代价估计；$g*(n)$是从初始方格到方格 n 的最小代价；$h*(n)$是从方格 n 到目标方格的路径的最小估计代价。

假定 $h(n)$为从方格 n 到目标方格的路径的最小实际代价。如果 $h(n)< h*(n)$，搜索的点数多，搜索范围大，效率低，但能得到最优解。如果 $h(n)=h*(n)$，此时的搜索效率是最高的。如果 $h(n)>h*(n)$，搜索的点数少，搜索范围小，效率高，但不能保证得到最优解。$h*(n)$往往采用欧氏距离、曼哈顿距离等进行估算。若以曼哈顿距离为 $h*(n)$估价函数，对起点 A 相邻的方格计算最小代价估计，结果如图 5-3 所示。

(3)继续搜索　从 open list 中选择 f 值最小的方格，然后对所选择的方格进行如下操作。

①把该方格从 open list 里取出，放到 close list 中。

②检查所有与它相邻的方格，忽略其中在 close list 中的或是不可到达的方格(障碍物)，如果方格不在 open list 中，则把它们加入 open list 中。

③把选定的方格设置为这些新加入的方格的父节点。

④如果某个相邻的方格已经在 open list，则检查这条路径是否更优，即经由选中的方格到达那个方格是否具有更小的 $g*(n)$。如果没有，不做任何操作。如果 $g*(n)$更小，则把那个方格的父节点设为当前方格，然后重新计算那个方格的 $f*(n)$和 $g*(n)$值。

⑤不断重复这个过程，直到把终点方格 B 也加入 open list 中

(4)确定路径　从终点开始，每个方格沿着其父节点移动直至起点，得到搜索的路径。

2. 田块内全局路径规划

在农机进入农田之后，需要进行全局路径规划。以大田作业为例，在对给定区域内进行全覆盖式路径规划中，常见的无障碍区域内部行走方式主要有随机式、向外螺旋式、向内螺旋式、往返式等，如图 5-4 所示。但在农业实际生产中，一般在一块农田中种植同样的农作物，并按行播种收割。向内螺旋行走方式在覆盖过程后期由于覆盖区域越来越小，相应农机具的运行距离越来越小，使得转弯频繁，考虑到农业机器人本身存在最小转弯半径会限制转弯操作，再加上实际的农机作业习惯，不利于大型农业机械设备使用，一般选用往返式平行直线作业方式，或向内螺旋式与往返式相结合的作业方式。

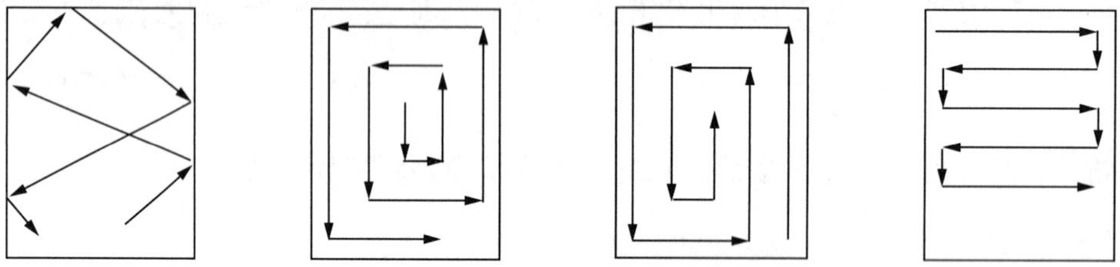

（a）随机式　（b）向外螺旋式　（c）向内螺旋式　（d）往返式

图 5-4　区域内行走方式

在地块区域内，其作业路径多是平行直线，但在地头区域存在转弯操作。根据作业幅宽和最小转弯半径的大小关系，在地头区域内的转弯方式主要有：半圆形、弓形、梨形和鱼尾形，如图 5-5 所示（设作业幅宽为 D，最小转弯半径为 R）。

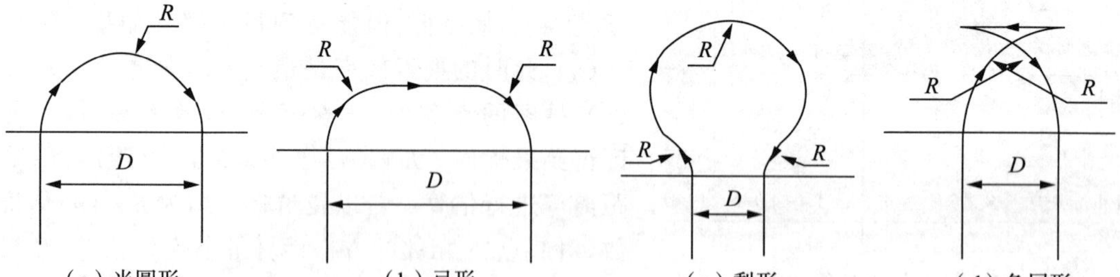

（a）半圆形　（b）弓形　（c）梨形　（d）鱼尾形

图 5-5　四种转弯方式

田间作业环境和作业任务具有可预知性，因此基于作业地块几何形状、作业机具参数、地头转弯模式等先验信息，可以将农业机器人的田间作业划分为不同区域，构建农田地块全区域覆盖路径。地头转弯区是指用于农业机器人转弯的区域，通常此区域为非有效作业区域，不种植农作物；在有效作业区域内，农机采用常见的直行梭式行走方法，如图 5-6 所示。此外，还进行如下假设：①假定农业机器人在理想条件下作业，不考虑天气、地形等环境因素对作业过程的影响；②农业机器人作业时，从农田地块的某一边界开始，一行接一行顺序进行作业，不存在从地块中间任意点开始作业或者跳跃作业的可能。根据不同作业任务或特定的作业需求，可以选择不同的路径优化目标，计算出农用车辆的最优作业方向，并生成最优作业路径。孟志军等提出如下路径优化目标。

（1）转弯数最少　农用车辆按照最优作业方向进行田间作业时，在所有地头边界上的转弯

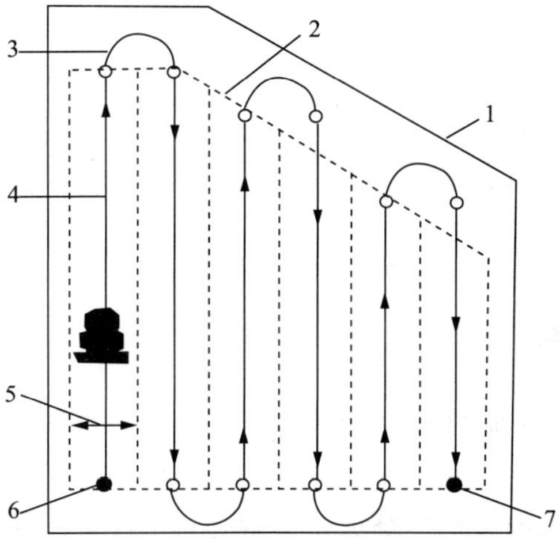

1. 自然地块　2. 地块边界　3. 半圆形转弯　4. 作业路径　5. 作业幅宽　6. 作业起点　7. 作业终点

图 5-6　地块全区域覆盖作业路径示意图

数之和最小。

(2)作业消耗时间最小　农用车辆按照最优作业方向进行田间作业时，在地头上进行转弯操作所消耗的时间最少。

(3)总作业路径最短　总作业路径是指地块边界内所有直线作业行路径长度与各相邻作业行首尾转弯路径长度之和，当农用车辆按照最优作业方向上进行田间作业时，总作业路径最短。

(4)有效作业路径比最大　有效作业路径是指地块边界内的所有直线作业行路径长度，当农用车辆在最优作业方向上进行田间作业时，有效作业路径长度与总作业路径长度的比值最大。

5.1.2　局部路径规划

局部路径规划是在环境信息完全或部分未知的情况下，根据传感器信息获取农机自身与环境障碍物信息进行的实时路径规划。局部路径规划算法注重路径安全性与实时性，以提高农业机器人的避障能力，目前已有方法主要包括动态窗口法、人工势场法、TEB 算法和 VFH 算法等，各算法的优缺点如表 5-3 所示。

表 5-3　局部路径规划算法对比

算法	优点	缺点
动态窗口法	充分考虑了物理限制、环境约束以及当前速度等因素，鲁棒性好	障碍物多时长度增加，速度和安全性不能兼顾
人工势场法	结构简单，容易做到实时控制	存在局部最优解问题
TEB 算法	对动态障碍和运动约束适应性较好	计算复杂，控制量波动大
VFH 算法	鲁棒性强，能适应密集障碍物	不适合狭窄通道，没有考虑运动学约束

通过对比分析可知，全局路径规划算法和局部路径规划算法在实时性、鲁棒性和安全性等方面各有特点。实际使用时，要根据具体的作业环境和作业要求采用不同的路径规划方法，从而规划出一条安全高效、全局近似最优的作业路径。

以动态窗口法为例，动态窗口法(dynamic window approach，DWA)是一种常用的避障规划方法，该方法依据移动机器人的加减速性能限定速度采样空间，在一个可行的动态范围内，采样多组速度，并模拟机器人在这些速度下一定时间内的运动轨迹，在得到多组轨迹以后，通过一个评价函数对这些轨迹进行评价，选取最优轨迹所对应的速度来控制机器人运动。

1. 机器人运动学模型

进行运动轨迹模拟的前提是建立机器人的运动学模型。机器人轨迹可分解为许多的圆弧。假设机器人线速度和角速度为(v,ω)，机器人在坐标系下的角度为 θ_t，则机器人做圆弧运动的半径为：

$$r=\frac{v}{\omega}$$

设机器人在 t_0 时刻坐标为(x_{t_0},y_{t_0})，则 Δt 时间后，机器人在 t 时刻坐标为：

$$x_t=x_{t_0}-\frac{v}{\omega}\sin(\theta_t)+\frac{v}{\omega}\sin(\theta_t+\omega\Delta t)$$

$$y_t=y_{t_0}-\frac{v}{\omega}\cos(\theta_t)-\frac{v}{\omega}\cos(\theta_t+\omega\Delta t)$$

根据上述公式，通过一系列分段的圆弧或直线来拟合轨迹，从而求出机器人的运动轨迹。

2. 动态窗口采样

根据机器人速度可以推算出其运动轨迹，并对不同速度下的轨迹进行评价寻优。在速度的二维空间(v,ω)中存在无穷多组速度，根据机器人和环境的限制，速度的采样范围被限定在一定范围。

机器人速度限制为：

$$V_m=\{v\in[v_{\min},v_{\max}],\omega\in[\omega_{\min},\omega_{\max}]\}$$

机器人加速度限制为：

$$V_d=\{(v,\omega)\mid v\in[v_c-\dot{v}b\Delta t,v_c+\dot{v}a\Delta t]\wedge\omega\in[\omega_c-\dot{\omega}b\Delta t,\omega_c+\dot{\omega}a\Delta t]\}$$

其中 v_c,ω_c 是机器人的当前速度，$\dot{v}a$ 为最大线加速度，$\dot{v}b$ 为最大线减速度，$\dot{\omega}a$ 为最大角加速度，$\dot{\omega}b$ 为最小角减速度。

为避免碰撞到障碍物，在最大减速度下，速度限制为：

$$V_a=\left\{(v,\omega)\mid v\leqslant\sqrt{2\cdot\mathrm{dist}(v,\omega)\cdot\dot{v}b}\wedge\omega\leqslant\sqrt{2\cdot\mathrm{dist}(v,\omega)\cdot\dot{\omega}b}\right\}$$

其中 $\mathrm{dist}(v,\omega)$ 为速度(v,ω)对应轨迹上离障碍物最近的距离。

在以上速度空间中进行采样，然后对采样得到的路径进行判别。

3. 路径寻优

判定路径是否最优的代价函数如下：

$$G(v,\omega)=\sigma[\alpha*\mathrm{heading}(v,\omega)+\beta*\mathrm{dist}(v,\omega)+\gamma*\mathrm{vel}(v,\omega)]$$

代价函数最大值即是最优值，其中：

①$\mathrm{heading}(v,\omega)$用于评价机器人与目标位置的夹角，当机器人朝着目标前进时，该值取最大。

②$\mathrm{dist}(v,\omega)$用于表示与机器人轨迹相交的最近的障碍物距离。

③$\mathrm{vel}(v,\omega)$用于表示机器人的前向移动速度。

选取 $G(v,\omega)$值最大的路径作为局部最优路径。

5.2 障碍物检测与避障

动态避障是保证智能导航农机安全可靠工作的前提。由于导航系统所处的环境比较复杂，缺乏精度以及完整的全局信息，会导致环境信息具有不确定性，使动态避障的安全性、实时性都难以保证。因此，在导航环境探索过程中，动态避障策略成为农业机器人自主导航系统中的另一个研究重点。

5.2.1　障碍物检测

关于农田环境下的障碍物识别，有基于超声波、雷达、激光、视觉传感、接触传感器等各种方案，要求车辆能进行自行检出障碍物并停止行驶、发出警报等适当的危险回避。通常，在农机的前部保险杠上装有超声波传感器和接触传感器，分近距离作用和异常停止作用多段动作。对于应对作业环境复杂多变的农用机器人，采用具有冗余的多段式安全对策的障碍物检测系统是必要的。

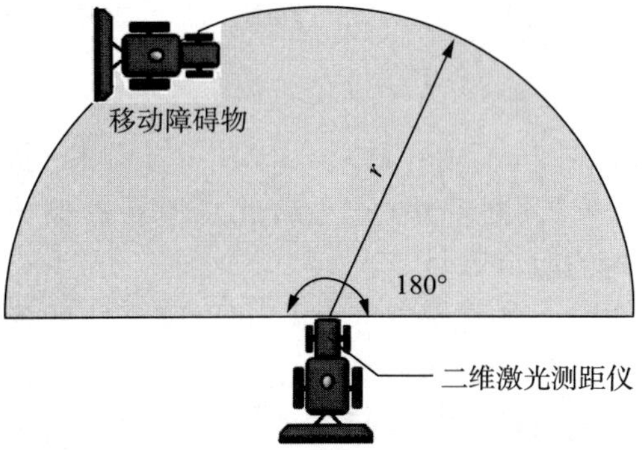

图 5-7　二维激光测距仪的检测范围

二维激光测距仪通常安装在农业机器人的前部，以某一半径 r 进行 180°的扫描，并返回存在于这一范围内的物体位置的极坐标，如图 5-7 所示。该传感器不仅能够判断是否有障碍物存在，对于移动的障碍物，其移动方向、速度甚至障碍物的大小都可以推断。尽量多获得障碍物的相关信息，有利于采取恰当的回避策略。

与二维激光测距仪相比，三维激光测距仪具有垂直维度的数据获取能力，可以获得三维点云数据，对环境进行更完整和准确的感知。根据三维激光测距仪的不同原理，其能够提供的视场角不尽相同。对于机械式三维激光测距仪，通常能够提供 360°的水平视场角，安装在农业机器人的顶部能够提供全方位的环境信息感知。对于固态三维激光测距仪，通常仅能提供 100°左右的水平视场角，可单独安装在农业机器人的前端，或多个组合分别安装在前端或侧端，进而覆盖更多的探测区域。三维激光测距仪具有垂直维度的信息，对环境中障碍物能进行更完整的描述，包括障碍物的位置、形状、大小等。三维激光测距仪具有高精度、高频率、范围大等优点，是复杂室外环境下障碍物检测的主流传感器。然而，其高昂的成本使其难以在农业机器人领域普遍适配。

车载三维激光雷达采集的三维点云数据普遍具有稀疏特征，且由于复杂的室外应用场景，存在较多干扰信息，需要通过点云滤波进行数据清洗。可通过高度梯度差、平面拟合、三角面片构成等原理，对地面点云进行分割，去除地面冗余点云。通过对点云数据稀疏程度、邻域构成等进行统计分析，去除离散噪声点云的干扰。经过滤波的点云数据，基于实际的应用场景，进行感兴趣区域的进一步裁剪，获得检测窗口内的点云数据。通过基于划分、层次、密度等原理的点云聚类方法（如 RANSAC、超体素滤波、DBSCAN 等），将检测窗内的点云聚类为相互独立的点云簇，实现障碍物的初步检测。利用障碍物的点云信息、几何信息和强度信息，可进一步对其进行特征分析，为更复杂的应用提供原始数据基础。

通过立体匹配得到的点云图可以获得目标的深度和外观信息。许多双目立体相机具备采集点云图的功能，其默认的坐标系常以左相机中心为原点，先将其转化为地面坐标系：

$$\begin{bmatrix} x \\ y \\ z \end{bmatrix} = \begin{bmatrix} 1 & 0 & 0 \\ 0 & -\cos\varphi & \sin\varphi \\ 0 & -\sin\varphi & \cos\varphi \end{bmatrix} \cdot \begin{bmatrix} x_c \\ y_c \\ z_c \end{bmatrix} + h_c \cdot \begin{bmatrix} 0 \\ 0 \\ 1 \end{bmatrix} \tag{5-1}$$

式中，x_c，y_c，z_c 为相机坐标系内坐标；x,y,z 为地面坐标；h_c 为左相机中心距离地面的高度；φ 为相机与水平面所成倾斜角。

双目相机所得到的点云图是以三维散点图的形式表示视野内的物体信息。通过某处散点的疏密程度可以判断障碍物存在的可能性。将物理学中密度的概念引入点云图中，把空间划分成体积相等的若干长方体栅格，计算每一栅格内的点云散点数目，可定义空间点云密度：

$$d_{3D} = \frac{N}{V} \tag{5-2}$$

式中，d_{3D} 为点云密度，N 为栅格内散点的数目，V 为栅格体积。

从俯视的角度，将 $x-y$ 平面用 $d\times d$ 的栅格平均分割，每行有 $(x_{max}-x_{min})/d$ 个栅格，每列有 $(y_{max}-y_{min})/d$ 个栅格。将所有的散点 x，y 坐标遍历，每遍历一个点，此点所在的栅格点云密度 d_{3D} 加 1。最后各栅格的点云密度即为栅格内的散点数目。

与二维激光测距仪和超声波传感器等相比，点云图最大的优势在于可以获取障碍物的形状尺寸信息。利用障碍物与背景的深度不同，在对点云进行分析时限定深度范围可以过滤掉绝大多数的背景噪声。智能机器人在前进时，如果检测到障碍物距离后还能获取障碍物的尺寸信息，则可更好地优化避障策略。然而直接采用点云图对障碍物进行分析需要大量的计算，同时高密度的点云采集设备成本较高。因此，目前基于点云图的障碍物检测方法并非避障控制系统的首选。

与激光雷达相比，相机能够获得丰富的色彩图像信息，拥有分辨率高、成本低、障碍物检测研究成熟等优势。将机器视觉应用到农业机械自动导航中，有单目、双目和全景相机，而基于相机的障碍物检测方法有背景差分法、阈值分割法、帧差法、光流法和机器学习等。背景差分法，通过建立背景模型，从图像中减去背景，提取出前景目标。该方法计算简单，但对背景建模的要求较高，且对于动态背景，难以检测到运动目标。阈值分割法，通过图像中障碍目标的颜色与背景图像的差异，选定合适的阈值，分割出前景障碍目标。该方法计算简单，但对于纹理、颜色复杂的图像则效果较差，并不适用大多数实际作业环境。帧差法，通过连续两帧图像差分，从而获得运动的前景目标。该方法操作简单，但对于动态背景，同样难以检测到运动目标，需要通过多种补偿才能取得较好的效果。光流法，通过算法追踪图像中的像素点或检测出的特征点，实现运动目标的检测。该方法适用广泛灵活，能够检测多种情况下的障碍物，所以目前较为常用，但计算复杂度较高，且不能完整提取出障碍目标。机器学习，即通过机器学习的方法，对农田环境中可能会出现的障碍物进行检测。该方法鲁棒性强，实时性较好，在多种情况下都能检测出目标物体，但需预先知道障碍物的信息，获取该目标大量数据的要求。而基于卷积神经网络的深度学习目标检测算法，由于其高准确率与鲁棒性在近些年不断涌现并取得广泛应用。基于相机障碍物检测方法的主要优缺点对比见表 5-4。

表 5-4 基于相机障碍物检测方法的主要优缺点对比

方法	主要优点	主要缺点	能否在静态背景下检测		能否在动态背景下检测		能否较完整提取障碍物
			静止目标	运动目标	静止目标	运动目标	
背景差分法	算法简单,能较完整提取出障碍物	对背景模型的建立效果要求较高,且背景发生运动则检测效果差	√	√	×	×	√
阈值分割法	算法简单,能较完整提取出障碍物	前景与背景颜色差异不明显,或图像颜色较为复杂则效果较差,通用性较差	√	√	√	√	√
帧差法	算法简单,能较完整提取出障碍物	若背景发生变化则效果差	×	√	×	×	√
光流法	针对静态背景与动态背景皆有较好的检测效果,适用性广,灵活	计算复杂度高,耗时较长,难以完整提取出障碍物	×	√	×	√	×
机器学习	鲁棒性强,能够检测出多种环境下的障碍物	需要预先知道障碍物的信息,对于样本的选取有着较高的需求,需要尽可能的广泛,才能取得好效果	√	√	√	√	√

随着人工智能的发展,农业机械的自主导航逐渐应用卷积神经网络(convolutional neural network,CNN)来完成检测任务。与原有基于人为设计特征的检测方式相比,深度卷积神经网络对环境特征的检测更加丰富和多层次,且能够从大规模数据集中不断学习当前任务的特征表达,从而获得更优的检测效果。YOLOv3 是目前较先进的目标检测算法之一,其在 YOLOv2 的基础之上进一步融合多尺度检测和多尺度训练等改进措施,使用更深的 Darknet53 作为特征提取网络,并加入残差模块解决深层网络梯度问题。图 5-8 是 YOLOv3 的网络结构,它从 3 个不同的尺度(32×32、16×16 和 8×8)提取特征至 YOLO 层进行检测。

基于 YOLO 算法仅能获取一帧平面图像上所识别障碍物的像素位置信息,通常为进行避障控制,还需要了解障碍物在空间直角坐标系中的具体位置。为了准确估计障碍物到农业机器人的实时深度,采用双目立体相机,将障碍物检测和深度估计进行融合,一次性完成对障碍物类别、定位和深度信息的全部输出。首先将双目相机抓取的左右图像分别输入改进的 YOLOv3 模型中进行障碍物检测,输出农业环境下障碍物的类别和定位信息并进行目标匹

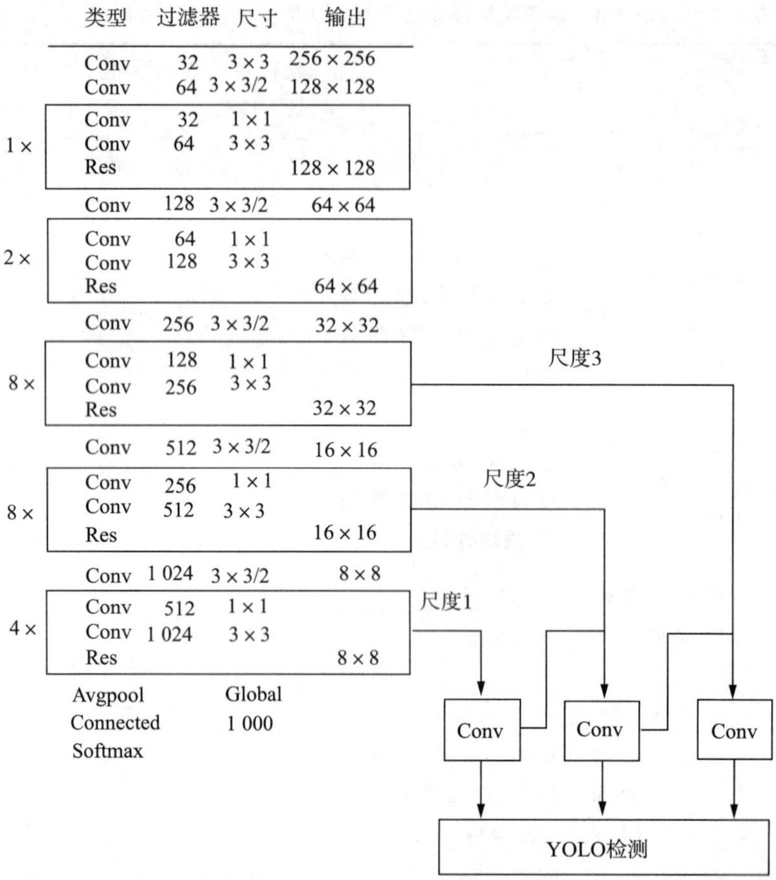

图 5-8 YOLOv3 的网络结构

配，得到障碍物在左右图像中的对应关系。最后根据障碍物的对应关系计算像素视差，并输入至双目成像模型进行深度估计，算法流程如图 5-9 所示。

原始 YOLOv3 模型的损失函数中，针对检测框 x、y、w 和 h 坐标的误差权值是相同的，但在双目成像模型中深度估计的精度取决于视差，即左右图像目标检测框质心的 u 轴坐标差，使得 YOLOv3 模型对检测框的横向偏差特别敏感。因此，在深度估计模型中，其损失函数一般独立出边界框 x 坐标的误差权值项并提高，同时降低 y、w 和 h 项的权值。经过训练的模型可以识别农田环境下特定的障碍物，如人、农机和树木等。

立体视觉中，记O_L、O_R 为左右相机光圈中心；X_L、X_R为成像平面的坐标；f 为焦距，z 为深度，b 为左右相机的基线，空间点 p 在左右相机中各成一像，记P_L、P_R左右图像横坐标之差（X_L-X_R）为视差 d，根据三角相似关系有：

$$z=\frac{fb}{d}=\frac{fb}{X_L-X_R} \tag{5-3}$$

目标边界框质心在左右视图中的像素坐标u_L、u_R 分别为：

$$\begin{cases} u_L=\alpha X_L+C_x \\ u_R=\alpha X_R+C_x \end{cases} \tag{5-4}$$

式中 α 为物理成像平面坐标系的横向缩放系数，C_x 为原点横向平移量。

进一步得视差 d 为：

$$d = X_L - X_R = \frac{D}{\alpha} \tag{5-5}$$

深度 z 为：

$$z = \frac{f\alpha b}{D} = \frac{f_x b}{u_L - u_R} \tag{5-6}$$

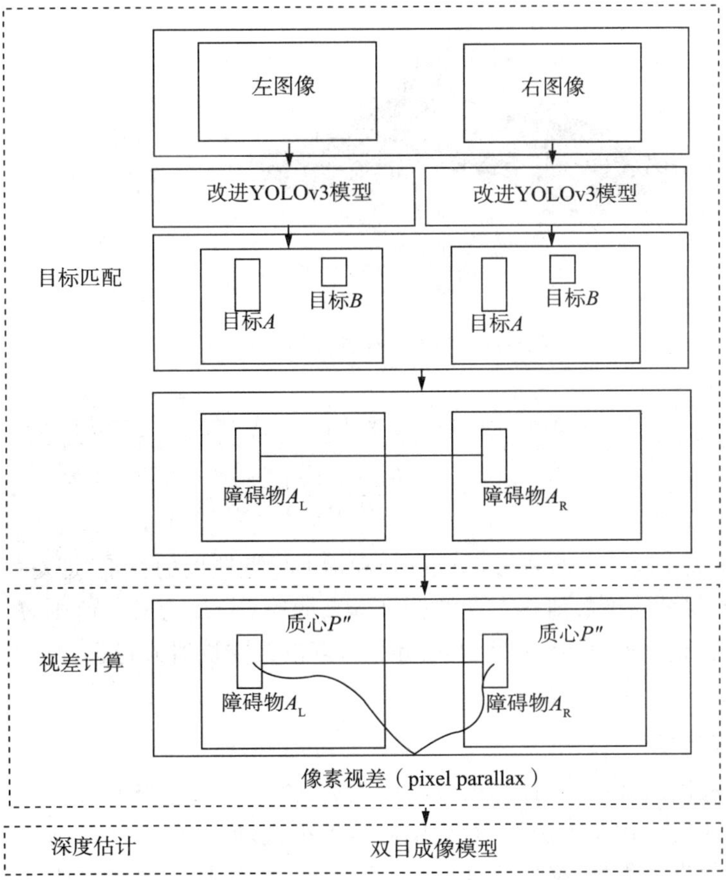

图 5-9　深度估计算法流程

5.2.2　避障控制

无人搭乘的机器人，不仅要能检出障碍物，还需要有识别功能并采取适当的回避动作。机器人的安全系统可以分为识别障碍物、将危险度（degree of danger）数值化、根据危险度做出回避动作这 3 个方面来考虑。识别障碍物由检测传感器完成，但是识别出障碍物之后，根据其危险度，需要让机器人自身有适当的反应。

1. 危险度的数值化

机器人自身将撞到障碍物的危险性数值化，根据该数值采取适当的回避动作，这样才合理。危险度是指到障碍物的距离，对移动的障碍物需要考虑其移动矢量。这些冲击危险性，可以由基于传感数据的单纯线性函数及模糊理论来表示，也可以如下所述把危险度定义成分布函数然后算出。

假设在图 5-10 所示的车辆坐标系下，从机器人到障碍物代表点的坐标设为 (x_{obs}, y_{obs})。检测传感器如果用二维激光测距仪、立体视觉等，在机器人的坐标系下就可以得到障碍物的位置。从原点开始到障碍物的危险度 I_r 可以用如下的二维正态分布来描述。

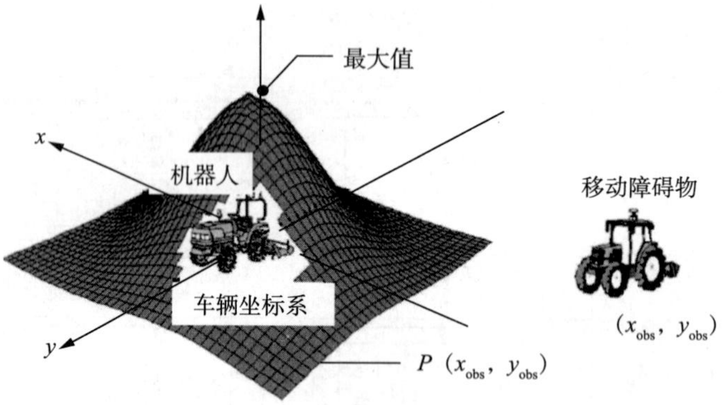

图 5-10　机器人碰撞障碍物的危险度

$$P(x_{obs}, y_{obs}) = \frac{1}{2\pi\sigma_x\sigma_y}\exp\left[-\frac{1}{2}\left(\frac{x_{obs}{}^2}{\sigma_x{}^2}+\frac{y_{obs}{}^2}{\sigma_y{}^2}\right)\right] \tag{5-7}$$

$$I_r = \frac{P(x_{obs}, y_{obs})}{P(0,0)} \tag{5-8}$$

σ_x 和 σ_y 分别表示机器人行进方向（纵向）和横向的危险度的权重，即对应于机器人坐标系中障碍物的位置，将危险度数值化。在车辆坐标系的原点，I_r 为最大值 1，I_r 的值随障碍物相对位置的变化而变化。而且，通过设定 σ_x 和 σ_y，可以改变机器人行进方向与横向的危险度的权重。

2. 回避动作的生成

农业机器人检测出障碍物、计算出危险度之后，需要采取适当的行动，这个回避动作的选择也依赖于正在执行的作业。例如，对耕作机器人来说，所采取的回避动作不允许更改路径，只能采取用喇叭等发出警报、降低速度、停止等方法。像这样不允许更改路径的作业是有的，甚至不允许降低速度的作业也是有的，根据作业不同能够选择的障碍物回避动作也是多种多样的。例如，对于降低速度来说，可以像下面这样利用基于危险度的单纯速度控制规则来实现。

$$V = a \times I_r + b \quad (0 < I_r < 1,\ a \text{ 和 } b \text{ 为常数}) \tag{5-9}$$

对收割牧草作业，可以自由选择行走路线，这种情况下可以生成回避路径。回避路径生成可以通过在方法控制中增加前馈项来实现。

前述的危险度避障方法已经成为目前农业机械导航常规的技术手段，然而这些方法是基于经验手工设计的控制模型，不能随着场景的变化自适应地学习适合的避障控制策略。因此在不同的农田环境下，常常需要对避障策略进行人工调整。近年来随着计算机硬件设备的不断发展，基于神经网络的避障控制决策模型逐渐被采用。

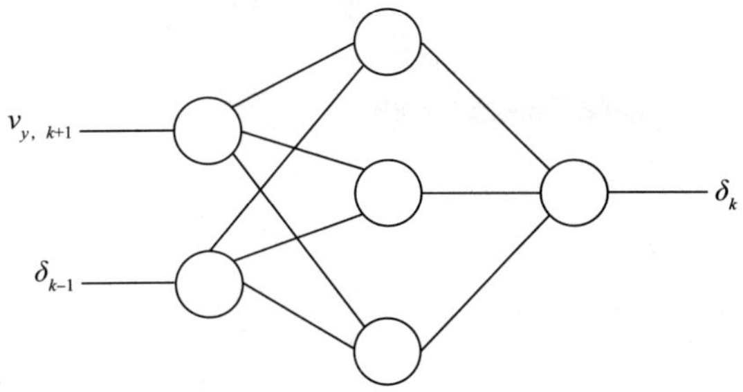

图 5-11　导航控制用神经网络控制器的构造

图 5-11 是为追踪目标路径而构建的神经网络控制器，用于计算为追踪目标路径所必需的导航角。离散处理车辆的平面运动时，其状态量可以由某时刻的位置、方位以及速度来表示。以车辆坐标系中的 3 个速度成分作为状态量，将时刻 k 的状态矢量表示为$z_k=(v_{x,k},v_{y,k},\gamma_k)$。这样，描述车辆的行走时，其操作量可以考虑速度 v 以及导航角 δ，当行走速度一定时，控制矢量设定为$u_k=(\delta_k,\Delta\delta_k)$。对于像农用车辆那样速度变化小的车辆，进行路径追踪时，使车辆横向偏差为 0 的控制是有效的。

神经网络的思路是：预测 1 s 后与目标路径的横向偏差，将该偏差设为$v_{y,k+1}$，求出控制车辆的操作量δ_k，δ_k的值等于由作为控制目标的 y 方向速度$v_{y,k+1}$决定的导航角变化量 $\Delta\delta$ 加上前一步的控制量δ_{k-1}。但是，由于用该方法有可能引起累积误差，所以神经网络的输入用δ_{k-1}，输出为δ_k。因此，控制器为具有$v_{y,k+1}$和δ_{k-1}两个输入、控制量δ_k一个输出的构造。另外，一般中间层的结构凭经验确定，该神经网络的场合设定为 2×3×1 的 3 层网络。基于神经网络的避障控制器通常在此基础上改进，从高层决策来看，一般将所检测的障碍物信息、机器人自身状态等信息作为输入，将规划好的路径(如一系列目标路点的集合)作为输出(有时也直接输出控制指令)。

神经网络的优点是：不仅可以进行基于实验数据的非实时控制学习，而且在车辆行走过程中也可以进行实时控制学习。也就是说，可以作为自适应控制器使用，而这一应用主要体现在强化学习中。

与基于实验数据集训练的监督学习不同，强化学习是智能体通过与环境的交互不断试错、通过获取奖励的形式更新自身控制策略的学习过程。与监督学习相比，强化学习最显著的优势就是在连续决策中的应用。假设决策控制器的输入是当前 t 时刻的状态 S_t，输出是当前时刻的控制 A_t，下一时刻的输入状态 S_{t+1} 则是由 S_t 与 A_t 共同决定的。连续决策问题中状态集合并非独立分布，训练环境多样性也很难保证，所以采集符合序列相关性的训练数据集是一件较为困难的事情，因此监督学习的训练方式很难用于连续决策过程。强化学习以人工设计的奖惩函数作为模型训练的学习依据，一边与环境交互产生实时数据，一边根据奖惩函数的反馈进行模型的更新，通过互动的方式学习。

在农机导航领域，常见的强化学习应用框架如图 5-12 所示。完整的农用智能体控制架构主要由环境感知层、智能决策层和运动控制层组成。环境感知层对障碍物进行识别、追踪以及行为预测，并将这些信息连同智能体的状态输入给智能体，这些信息的总和构成强化学习框架下的状态空间 S。与此同时，智能体在避障决策模型下，实时输出避障路径信息，作为强化学习框架下的动作空间 A。控制层的路径追踪算法根据期望路径控制智能体移动，一旦智能体改变了自身在环境中的位置，则智能体与环境的交互信息发生更新。每一轮交互信息更新后，奖惩函数根据智能体与环境之间的交互状态给车体一个反馈，评判输出的动作空间是否合理，控制模型根据反馈更新自身参数，就这样不断循环。当控制模型的参数不再发生显著变化，或者奖惩函数的反馈符合既定的要求之后，避障控制模型训练完毕。

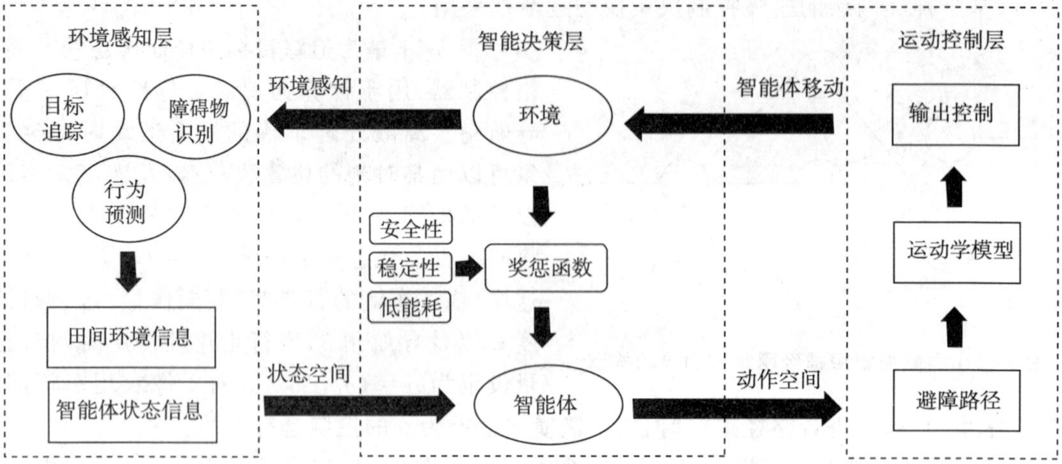

图 5-12　强化学习应用于农机导航的控制框架

关于强化学习的研究已经在农机导航领域逐步开展，但在当前的研究阶段也遇到了许多问题：①训练效率低下。强化学习针对的是连续决策问题，因此往往不能在当下时刻就做出对输出决策序列的合理评判，许多强化学习训练策略无法实现单步更新。②奖惩函数设计困难。强化学习并不能像监督学习一样对每一次输入进行规范的标注，因此“什么是标准答案”这个指示，只能通过奖惩函数的反馈隐式地告诉控制模型。实际训练中，奖惩函数的设计随应用场景、控制需求的变化而变化，较难总结出共性的技巧。设计合适的奖惩函数是一大挑战。

5.3　机器人操作系统

近些年以来，随着计算机技术、传感器技术、电子技术等新技术的不断更替迭代，机器人的硬件日益强大起来，可与此同时，这些硬件的多样化也使得机器人系统的软件开发复杂度直线上升。为了使代码的复用性和模块化程度加强，全球各地优秀的工程师们纷纷投入机器人通用软件框架的开发中，在众人的不断努力下，产生了多种优秀的机器人软件框架，其中最优秀的软件框架之一就是——机器人操作系统(ROS)。

5.3.1　ROS 的起源

ROS 全称为 robot operating system。它最初是在 2007 年从斯坦福大学 AI-Lab 与机器人技术公司 Willow-Garage 合作的 Personal Robots 项目中衍生出来的，2008 年后由 Willow-Garage 公司维护。该项目研发的机器人 PR2 在 ROS 框架的基础上可以实现各种各样不可思议的功能(如穿衣服、取饮料)，并选择了 11 家顶级机器人研究机构，免费提供 PR2 和 ROS，发布其软件代码和理论研究成果。2010 年，Willow-Garage 公司正式以开放源码的形式发布了 ROS 框架的第一个版本 Box Turtle，并于 2013 年由开源机器人学基金会接管，且正在逐步成为机器人的软件标准。

在 ROS 框架发布以后，国内外的机器人研究学者对 ROS 开发与应用的研究热情日益高涨，ROS 使用了 BSD 许可证，这是一个很宽松的开放许可证，允许在商业和闭源产品中使用，这一点对开发产品的创业公司很重要。ROS 也因此得到了广泛的应用，各大机器人平台几乎都支持 ROS 框架，开源社区内的 ROS 功能包也变得越来越多，越来越多的人共同来建设 ROS 这个大家庭。ROS 当前的代码统计量，总行数超过 1 400 万，作者超过 2 400 名。代码语言以 C++为主，63.98%的代码是用 C++编写的，排名第二的是 Python，占 13.57%，可以说 ROS 基本上都是使用这两种语言，来实现大部分的功能。

5.3.2　ROS 的工作机制

操作系统(operating system，OS)是用来管理计算机硬件与软件资源，并提供一些公用服务的系统软件。这里所介绍的 ROS 是一个适用于机器人的开源的元操作系统。它提供了操作系统应有的服务，包括硬件抽象、底层设备控制、常用函数的实现、进程间消息传递及包管理。它也提供用于获取、编译、编写和跨计算机运行代码所需的工具和库函数。常见的计算机操作系统与 ROS 对比如图 5-13 所示，计算机的操作系统将计算机硬件封装起来，而应用软件运行在操作系统之上，同理在 ROS 中，ROS 会将机器人硬件进行封装，不同的机器人、不同的传感器，在 ROS 里也能用相同的方式表示出来，供运动规划、SLAM 等上层程序调用。

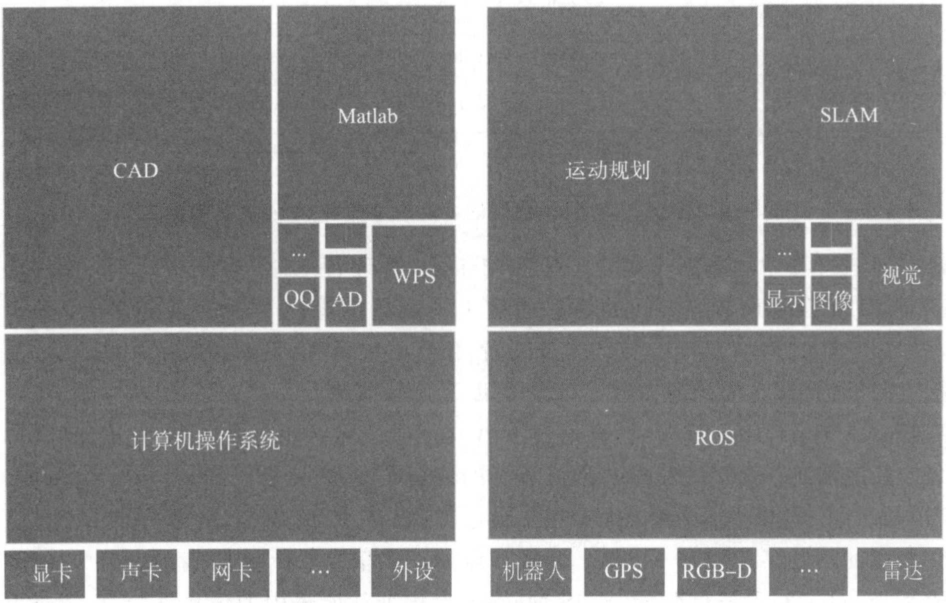

图 5-13　计算机操作系统与 ROS 对比示意图

除了元操作系统外，ROS 还是一种跨平台模块化软件的通信机制。ROS 用节点的概念表示一个应用程序，不同的节点之间按照事先定义好格式的通信方式来实现点对点的松耦合连接，也可以说 ROS 的核心就是这样一个分布式网络，而这种事先定义好格式的通信方式就是使用了基于 TCP/IP 的多种通信方式，包括了基于话题的异步数据流通信、基于服务的同步通信流以及带有连续反馈的 Action 通信机制。除了这些，ROS 中还有不涉及 TCP 协议的参数服务器，以及参数服务器上的数据存储等。

1. 话题通信机制

试想一下，当一台机器人在运动的过程中，通过摄像头或者激光雷达或者超声波等硬件的探测，发现前面遇到了障碍物，此时这个信息会传递给 ROS 主机进行计算，计算结束以后，

ROS 主机就要告诉机器人底盘，从而控制机器人运动。在这一过程中，就不止一次地使用了话题通信，其实在 ROS 中话题通信也是使用频率最高的一种通信机制，话题通信是基于发布订阅模式的，换句话说就是一个节点发布消息，另一个节点订阅该消息。其通信模型比较复杂，下面以一个发布方和一个订阅方为例介绍该通信机制，如图 5-14 所示。

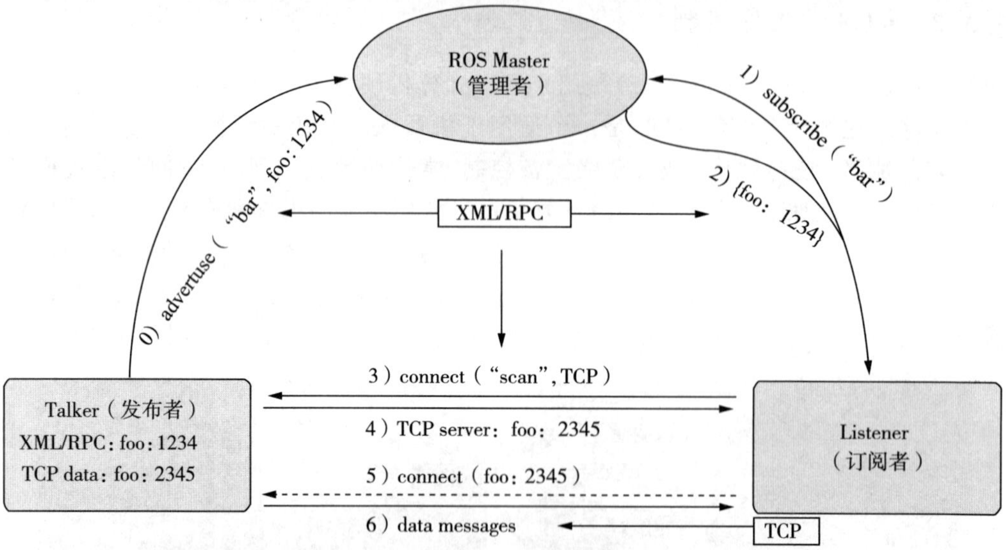

图 5-14　基于发布/订阅模型的话题通信机制（胡春旭，2018）

在这一通信过程中涵盖三个概念：ROS Master（管理者）必须首先被运行，并使用 XML/RPC 服务器，它负责管理节点之间的消息通信中的连接信息；Talker（发布者）用来生成指定的话题，将 TCPROS 消息发布给所有的订阅者；Listener（订阅者）订阅指定的话题，从发布者处接收指定的 TCPROS 的消息。整个流程由以下步骤实现。

①Talker 注册：Talker 启动后，会通过 RPC 在 ROS Master 中注册自身信息，其中包含所发布消息的话题名称。ROS Master 会将节点的注册信息加入注册表中。

②Listener 注册：Listener 启动后，也会通过 RPC 在 ROS Master 中注册自身信息，包含需要订阅消息的话题名。ROS Master 会将节点的注册信息加入注册表中。

③ROS Master 实现信息匹配：ROS Master 会根据注册表中的信息匹配 Talker 和 Listener，并通过 RPC 向 Listener 发送 Talker 的 RPC 地址信息。

④Listener 向 Talker 发送请求：Listener 根据接收到的 RPC 地址，通过 RPC 向 Talker 发送连接请求，传输订阅的话题名称、消息类型以及通信协议（TCP/UDP）。

⑤Talker 确认请求：Talker 接收到 Listener 的请求后，也是通过 RPC 向 Listener 确认连接信息，并发送自身的 TCP 地址信息。

⑥Listener 与 Talker 建立连接：Listener 根据步骤④返回的消息使用 TCP 与 Talker 建立网络连接。

⑦Talker 向 Listener 发送消息：连接建立后，使用 TCP 协议让 Talker 开始向 Listener 发布消息。

需要注意的是，在这个话题通信的流程中，Talker 与 Listener 的启动无先后顺序要求，而且 Talker 与 Listener 都可以有多个，最后 Talker 与 Listener 连接建立后，不再需要 ROS

Master。即便关闭 ROS Master，Talker 与 Listener 也照常通信。

2. 服务通信机制

想象一下这样的场景：当一台机器人在运动的过程中发现了自己想要寻找的物体，这时要调用机械臂去抓取，在这一过程中就用到了服务通信机制。它是一种自带应答的通信机制，与话题通信相比，它减少了 Listener 与 Talker 之间的 RPC 通信。下面以一个简单的服务通信过程为例，介绍服务通信的过程，见图 5-15。

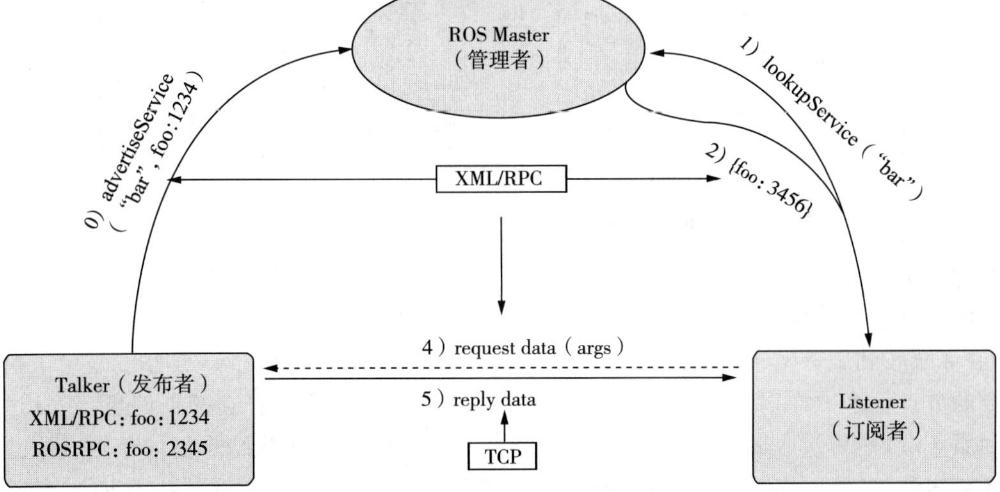

图 5-15　基于服务器/客户端模型的话题通信机制（胡春旭，2018）

在这一通信过程中，和话题通信机制一样，ROS Master 也必须首先被运行，并使用 XML/RPC 服务器，负责管理节点之间的消息通信中的连接信息。与话题通信机制不同的是，原来的 Talker 和 Listener 被分别称作 Server（服务端）和 Client（客户端），Server（服务端）以请求作为输入，以响应作为输出，请求和响应都是消息，服务端收到服务请求后，执行指定的服务，并将结果下发给客户端，服务端是用于执行指定命令的节点。Client（客户端）以请求作为输出，以响应作为输入，请求和响应都是消息，并发送服务请求到服务端后接收其结果，客户端是用于传达给定命令并接收结果值的节点。整个流程由以下步骤实现。

①Server 注册：Server 启动后，会通过 RPC 在 ROS Master 中注册自身信息，包含提供的服务名称。ROS Master 会将节点的注册信息加入注册表中。

②Client 注册：Client 启动后，也会通过 RPC 在 ROS Master 中注册自身信息，包含请求的服务名称。ROS Master 会将节点的注册信息加入注册表中。

③ROS Master 实现信息匹配：ROS Master 会根据注册表中的信息匹配 Server 和 Client，并通过 RPC 向 Client 发送 Server 的 TCP 地址信息。

④Client 发送请求：Client 根据步骤②响应的信息，使用 TCP 与 Server 建立网络连接，并发送请求数据。

⑤Server 发送响应：Server 接收、解析请求的数据，并产生响应结果返回给 Client。

3. Action 通信

关于 Action 通信，我们可以想象这样一个场景：ROS 主机发布一个目标点，机器人向着这个目标点前进，这好像是个服务通信机制，但是这个到达目标点的行为是一个耗费了一段时间的过程，如果只用服务通信机制的话，只有在到达目标点以后，才会给主机一个反馈值，这样就使得这一过程中没有任何反馈，从而造成“假死”的现象。更合理的方案应该是导航过程中，可以连续反馈当前机器人状态信息，当导航终止时，再返回最终的执行结果。在ROS中，该实现策略称为Action通信，工作机制如图5-16所示。

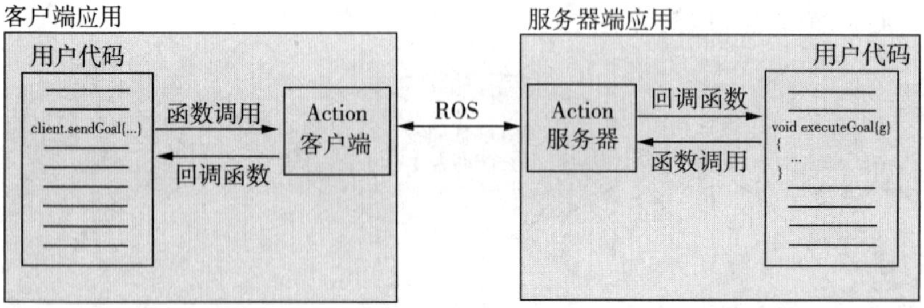

图 5-16 Action 的工作机制(胡春旭，2018)

在这一通信过程中，ROS Master也必须首先运行并使用XML/RPC服务器，负责管理节点之间的消息通信中的连接信息。服务端以请求作为输入，以响应作为输出，请求和响应都是消息，服务端收到服务请求后，执行指定的服务，并将结果下发给客户端，服务端是用于执行指定命令的节点。客户端以请求作为输出，以响应作为输入，请求和响应都是消息，并发送服务请求到服务端，然后接收其结果，客户端是用于传达给定命令并接收结果值的节点。服务端和客户端之间通过actionlib定义的“action protocol”进行通信。这种通信是基于ROS的消息机制实现的，为用户提供如图5-17所示的服务端和客户端接口。

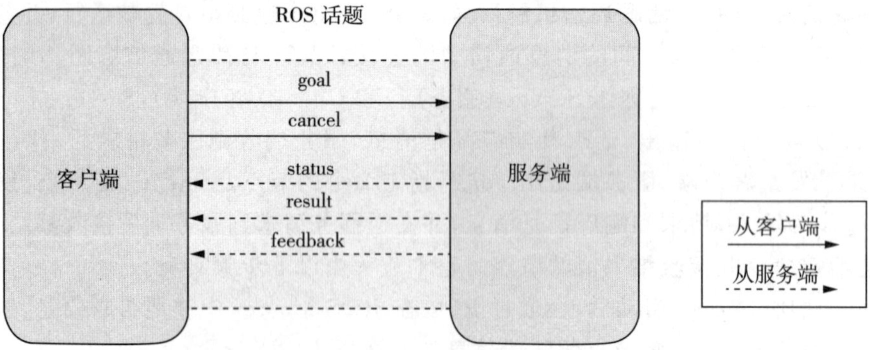

图 5-17 Action 的接口(胡春旭，2018)

客户端节点和服务器节点通过建立在ROS消息之上的ROS动作协议进行通信，这些消息包括如下。

①goal：用于向服务器发送目标。goal话题使用自动生成的ActionGoal消息(如actionlib/TestActionGoal)，用于将新目标发送到动作服务器。实质上，ActionGoal消息包装的是一个goal消息，并将其与目标ID捆绑在一起。

②cancel：用于向服务器发送取消请求。cancel topic使用actionlib_msgs/GoalID消息，并允许动作客户端将cancel请求发送到action server。每个cancel消息都有一个timestamp(时间戳)和goal ID。

③status：用于通知客户端系统中每个目标的当前状态。状态话题使用的话题名为 actionlib_msgs/GoalStatusArray，它为动作客户端提供有关动作服务器当前正在跟踪的每个目标服务器状态信息。

④feedback：用于周期性反馈目标的辅助信息。feedback 话题使用自动生成的 Action Feedback 消息，并为服务实现(server implementers)提供在处理目标期间向动作客户端发送定期更新的方法。

⑤result：用于向 client 发送任务的执行结果，这个 topic 只会发布一次。result 话题使用自动生成的 ActionResult 消息(如 actionlib/TestActionResult)，并为服务实现(server implementers)提供完成目标后向客户端发送信息的方法。

以上 3 种通信方式都是基于 TCP/IP 协议的通信机制，以上 3 种通信机制的优缺点分析可见表 5-5。基于这种模块化的通信机制，开发者可以很方便地替换、更新系统内的某些模块；也可以用自己编写的节点替换 ROS 的个别模块，十分适合算法开发。

表 5-5　3 种通信机制优缺点分析

类型	优点	缺点
话题(Topic)	①适用于传输传感器信息 ②一对多模式	①可能丢失数据 ②可能由于数据过多过载
服务(Service)	①能够知道调度是否完成 ②服务执行完会有反馈	①服务完成前，程序一直等待 ②建立通信较慢
动作(Action)	①可以长时间监测执行进程 ②有握手信号	较复杂

4. 参数服务器

在 C 语言中有一种变量称为全局变量，它的作用域很广泛。而在机器人运行过程中，有些变量也需要很广泛的作用域，因此参数服务器就应运而生了，参数服务器可以被称为 ROS 中的全局字典，它相当于独立于所有节点之外的一个公共容器，可以将数据存储在该容器中，它可以被不同的节点调用，当然不同的节点也可以向其中存储数据。

在这一通信过程中，和前几种通信机制一样，ROS Master 也必须首先被运行，并使用 XML/RPC 服务器，负责管理节点之间的消息通信中的连接信息。但是此时的 Talker 被称为参数设置者，它向参数服务器写入参数(以键值对的方式存储，包括参数名与参数值)，ROS Master 将参数保存到参数列表中。而此时的 Listener 被称为参数调用者，它从参数服务器读取参数，通过参数名称来进行查找。

5.4　多机器人协同系统

多机协同作业通常以一台农机作为主机，另一台或多台农机为辅助机器(从机)，构建复式作业系统，从机可以追随主机协同完成田间作业，如收获、耕种或播种。农业生产过程中有很多复式作业，采用多机协同作业方式，由一名农机操作人员控制多台农机共同完成多项作业任务，这更有利于提高农业资源利用率和降低生产成本。

在多机协同作业农机智能导航系统中，主机和从机均可独立实现智能导航，需要协同工作时才构建主-从结构，共同完成工作任务，提高工作效率。主从系统协同工作通常有两种模式，一种是主机通知从机直接到达某一指定位置，另一种则是主从跟随式系统。例如，牧草收获智能导航系统中，收获机械作为主机，运送牧草的拖拉机作为从机，主机发出指令通知从机到达某一转运地点；谷物联合收割机智能导航系统中，联合收割机作为主机，运送收获谷物的拖拉机作为从机，在作业过程中主机顺序向从机发出保持一定相对角度和距离行走的命令以及自己的位置信息，从机按照主机的车辆信息及所指示的相对角度和距离自动跟随行走。

5.4.1 多台机械的无人追随系统

多台机械的无人追随系统作为集中管理多台机械的手段之一，首先检测出与先行车辆之间的距离和相对角度，然后为使检测出的距离和角度达到事先给定的数值而对机器进行控制。类似技术在汽车工程领域有列队行走技术，该技术具备横向的方向控制与纵向的速度/车间距控制两方面的功能。一般纵向的速度/车间距控制采用以下简单的 PD 控制系统，图 5-18 为其系统框图。

$$\begin{bmatrix}\dot{x}_1\\ \dot{x}_2\end{bmatrix}=\begin{bmatrix}0 & 1\\ -K_p & -K_d\end{bmatrix}\begin{bmatrix}x_1\\ x_2\end{bmatrix}+\begin{bmatrix}0\\ 1\end{bmatrix}D_d \tag{5-10}$$

式中，x_1 为相对距离，x_2 为相对速度，D_d 为目标车间距。因此，式(5-10)的特征值是以下特征方程式的解。

$$\lambda^2+K_d\lambda+K_p=0 \tag{5-11}$$

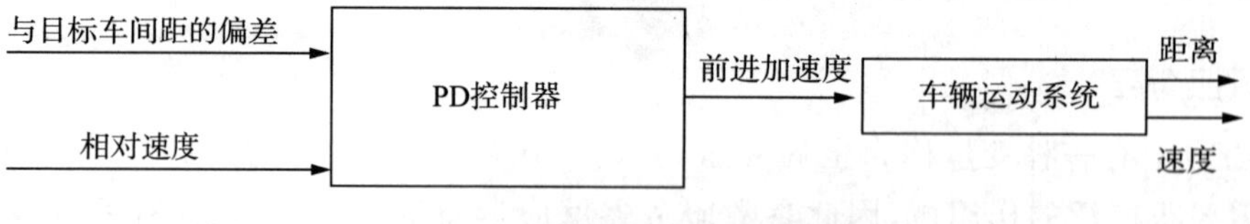

图 5-18 车间距的控制系统框图

如果特征值 λ 的实部为负，系统就稳定。横向的方向控制是基于 GPS 的定位实时测量和精密道路地图实现的。

在低成本的协调行走中，有使用超声波传感器的无人追随系统。将这种系统应用于联合收获机，形成如下的作业方式：驾驶员驾驶主联合收获机先行，追随车辆与先行车辆保持一定的车间距追随行走。采用本地读出方式测量相对距离/方位时，随着追随车辆台数的增加，误差会累积。即行走轨迹和速度的波动幅度会变大，系统会不稳定，解决该问题很重要，同时先行车辆驾驶员的驾驶技能也必须熟练。

另外，给所有车辆都装上 GPS 也是解决方法之一。利用无线 LAN 等进行通信，追随车辆在知道自己位置的同时也能获得其他车辆的位置信息，在此基础上就能够简单地实现稳定的行走控制。这样的系统要求 GPS 的精度在 20 cm 左右，成本较高。但是，将来在所有车辆都能够识别自己位置和方便地进行车辆间通信之后，构建上述的追随行走系统将不再困难。

5.4.2　基于多台农机的协调作业系统

基于多台自主机器人的协调作业系统，与综合管理系统相比，更倾向于采用自主分散系统模式。这是因为，正如在多智能体系统部分的介绍，通过采用自主分散系统，可以构筑灵活、耐久、高效的系统。特别是在粮食生产现场，作业环境变化多端，要进行的作业种类繁多，因此需要维持系统的高度灵活性。但是，正如前文所述，如何从每台机器人的自主动作来自组织上位阶段的全体作业，在设计理论的完备性中还存在困难。

因此，图 5-19 所示的机器人系统给出了一种简单的协调作业系统构成方法。给予其中一台机器决策功能，其他机器人作为从机进行工作，即所谓的“主从式系统”方案。各台机器人都装备了用于识别自己位置的 GPS 和 INS，具有自主行走的功能。同时，还装备了用于车辆间通信的无线 LAN，可进行车辆间信息传递。通过这种手段，主动机器人向各从动机器人发出作业指令，从动机器人向主动机器人报告自己的状态。在这种场合，作为客户/服务器间时间延迟的对策，要求通过系统设计提高各机器人的自主性，使从动机器人能够按照主动机器人的高级别动作命令进行工作。

作为基本动作，预先设计了“GOTO”和“FOLLOW”动作。“GOTO”是使从动机器人移动到目标地点的命令，具有自我路径生成、移动功能以及障碍物检测/回避功能。“FOLLOW”是以一定的相对角度和相对距离追随某机器人的功能。通过组合这两个基本动作命令群，就可以完成部分农田的协同作业。

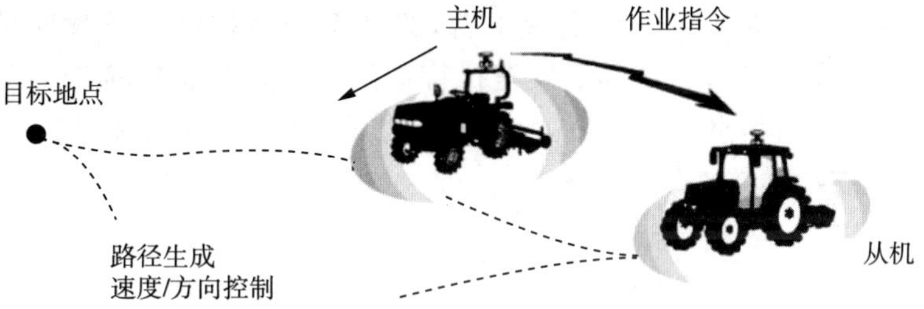

（a）GOTO算法

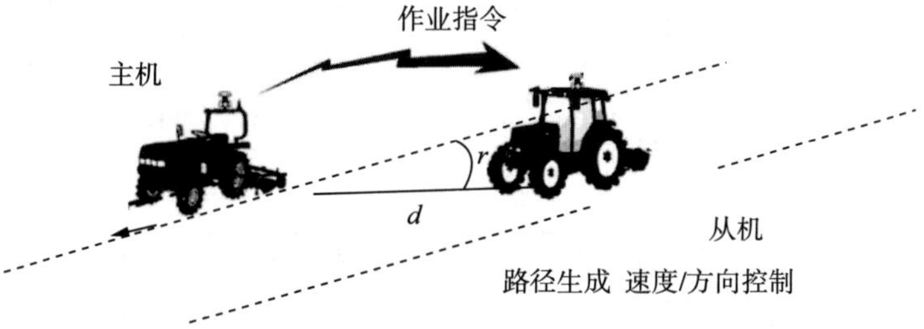

（b）FOLLOW算法

图 5-19　任意点移动（GOTO）算法和先行车辆追随（FOLLOW）算法

5.4.3　室内机器人协同作业

在早期的研究阶段，移动机器人的研究重点主要是在结构设计、运动控制、导航避障等方面。近 20 年来，随着机器人技术及其相关领域的大力发展，使得移动机器人的稳定性、实用性都得到了极大的提升。随着应用领域的不断扩展以及应用任务的日趋复杂化，单台机器人的工作能力难以满足人们日益增长的需求。因此，使用多台功能简单的机器人组成一个多机器人系统，以相互协作的方式来完成某些较为复杂的任务，成为一个新的研究热点，并激起了国内外研究者们极大的研究热情。

多机器人系统并不是多台单体机器人的简单机械叠加，而是多台机器人按照一定的逻辑有机结合。既要能发挥多机器人的优势，又要能解决某些场景下单机器人能力不足的问题。相比于单机器人，多机器人系统具有获取环境信息更加高效准确、工作效率更高、容错力和适应力更强等优点。

多机器人系统在运输巡逻、救援和搜捕、水下探索等方面显示出了广阔的应用前景。对于多移动机器人系统来说，形成多移动机器人编队并对编队进行控制，是系统正常运行的基础。编队控制的实现可以更全面地感知环境，单台机器人由于自身传感器精度很难获得准确的环境信息，适当的编队可以保证系统中的传感器能够最大限度地覆盖当前环境，感知尽可能多的环境信息。

1.机器人平台整体设计

机器人硬件平台分为传感系统、控制系统、驱动系统和执行机构 4 个部分。传感系统包括激光雷达、惯性测量单元和里程计等，例如，可通过激光雷达对机器人周边环境进行监测，通过 IMU 与里程计获取机器人的位姿信息。控制系统负责完成对传感系统信息的处理、导航算法实现和关节控制等功能，发布速度控制指令让驱动系统进行接收。本机器人采用 STM32 主控板作为驱动系统的实现平台，驱动系统将控制系统发布的速度指令转化成执行机构可以接收的信号，并将其下发至执行结构。执行机构完成对机器人驱动轮的控制，同时将编码器的输出信息反馈至传感系统作为里程计信息以反映机器人的位姿。图 5-20 为机器人导航系统的总体框架。

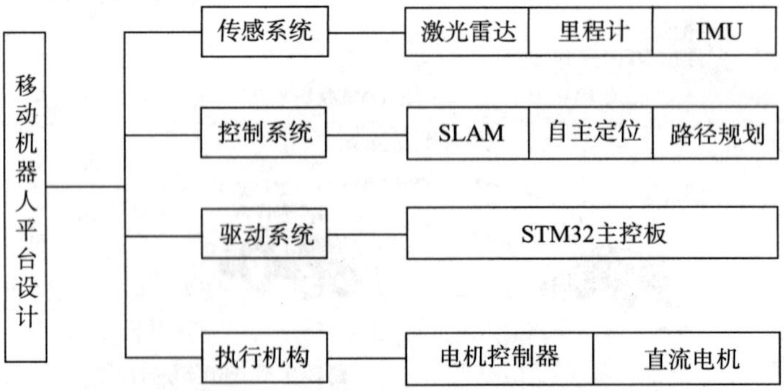

图 5-20　机器人导航系统的总体框架

本节所用的移动机器人硬件平台如图 5-21 所示。该移动机器人使用 Jetson Nano Kit 开发板作为控制系统平台，搭载 Ubuntu 18.04 系统，并运行 ROS，实现对传感器信息的处理以及导航功能；STM32 主控板是底盘驱动的核心，与 Jetson Nano Kit 进行通信，实现对电机驱动的控制；激光雷达、IMU 模块等外部传感器与 Jetson Nano Kit 开发板直接连接；锂电池同时为传感器、电机、STM32、Jetson Nano Kit 供电。机器人平台实物如图 5-22 所示。

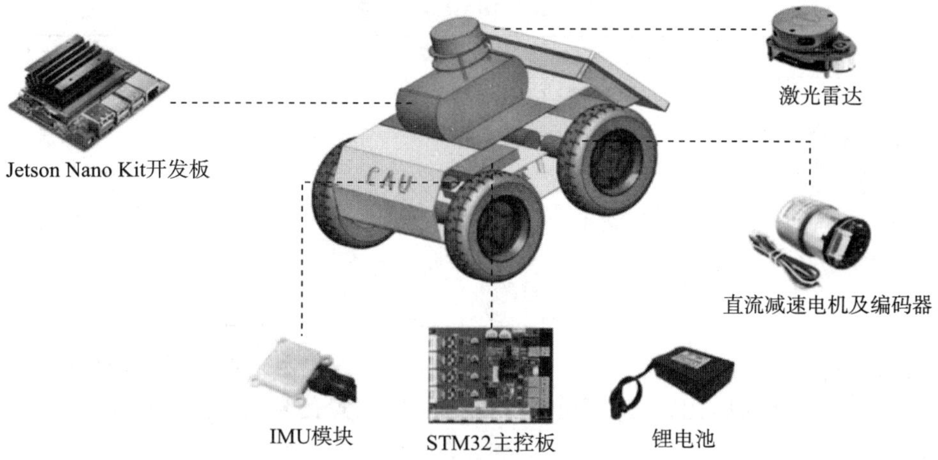

图 5-21 移动机器人硬件平台

图 5-22 机器人平台实物

2. 传感系统

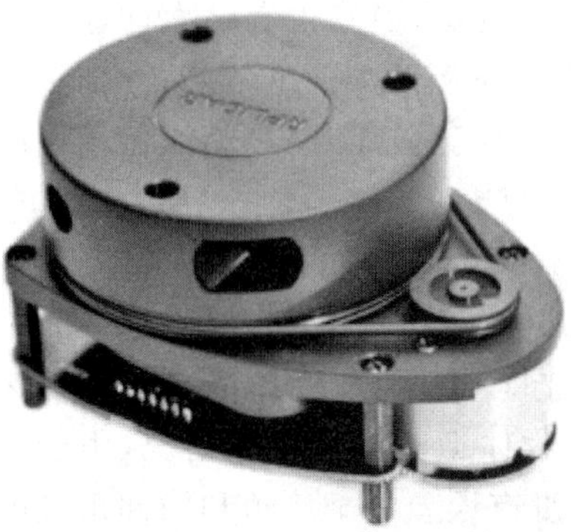

图 5-23 RPLIDAR A1 激光雷达

(1)激光雷达 激光雷达是用于环境感知的重要传感器,为地图构建以及路径规划提供环境信息。激光雷达作为一种主动型传感器,通过发送激光束,探测与障碍物之间的距离、角度、速度以及反射强度等信息,进而生成环境点云信息。与相机、超声波、红外传感器等相比,激光雷达具有抗干扰能力强、精度高、测量范围广等优势。本部分所用移动机器人采用思岚科技有限公司研发的 RPLIDAR A1,如图 5-23 所示,与其他类型的激光雷达相比,RPLIDAR A1 价格低廉、使用时间长且具有较好的稳定性。

RPLIDAR A1 的扫描频率最大为 10 Hz,测距范围最大可达 12 m,具体参数如表 5-6 所示。

表 5-6 RPLIDAR A1 参数详情

参数项	最小值	典型值	最大值
测距范围/m	待定	0.15～12	待定
扫描角度/(°)	不适用	0～360	不适用
测距分辨率/mm	不适用	＜0.5	不适用
角度分辨率/(°)	不适用	≤1	不适用
扫描频率/Hz	5	5.5	10
测量频率/Hz	2 000	≥4 000	8 000

(2)机器人里程计　机器人在已知环境地图情况下，需利用外部传感器或路标信息定位自身位姿，并与预测位置实时比较，从而更新匹配成功的位置信息，常用的定位方法有里程计定位和 GNSS 定位。

里程计可以将编码器转换的转速、角度等数据换算成轮式机器人在一定时间内移动的实际距离。编码器可分为绝对式编码器和增量式编码器，若机器人所选用的电机带有增量式编码器，则在某段固定的时间周期 Δt 内，由机器人左、右轮分别获取的编码器数据 N_{L} 和 N_{R}，对应可以获得位移的增量，其中 δ 为机器人里程计的分辨率。

$$\begin{cases}\Delta d_{\mathrm{L}} = N_{\mathrm{L}} \times \delta \\ \Delta d_{\mathrm{R}} = N_{\mathrm{R}} \times \delta\end{cases}$$

假设机器人车轮间距为 W，Δt 时间内运动弧长为 ΔL_t，位姿方向变化为 $\Delta\theta_t$，则其从 $t-1$ 时刻移动到 t 时刻的位姿变化为：

$$\begin{cases}\Delta L_t = (\Delta d_{\mathrm{L}} + \Delta d_{\mathrm{R}})/2 \\ \Delta\theta_t = (\Delta d_{\mathrm{R}} - \Delta d_{\mathrm{L}})/W\end{cases}$$

一般不考虑机器人的漂移问题，因此里程计模型可简化为 $u(t)=(\Delta L_t,\Delta\theta_t)^{\mathrm{T}}$。里程计在进行航机推演的过程中会产生定位误差，其原因有编码器自身的误差、所处环境的地面状况复杂、机器人车轮打滑等，短时间内里程计定位精度尚可，但长时间使用需要进行修正。

(3)惯性测量单元　惯性测量单元是当前自主导航使用最多的航向传感器，能有效用于里程计的误差纠正。IMU 是测量物体三轴角速度和加速度的基本装置，当然也有磁力计等更多传感器辅助测量。通常，三轴加速度计用于测量物体在载体坐标系上的加速度信号，三轴陀螺仪用于测量相对于导航坐标系的角速度信号，三轴磁力计则用于修正陀螺仪方向，通过最终测算的空间数据解算物体姿态，进行辅助导航。

三轴加速度传感器基于加速度原理工作，可以在不明确物体移动方向的情况下，测量各坐标轴的加速度信号，从而检测物体振动、倾斜、撞击等运动状态。加速度传感器可测量空间中不同方向加速度信号，利用重力原理，运动时在三个坐标轴方向产生压力，经压电晶体转换为不同的电信号。三轴加速度传感器体积小、重量轻，能够用于物体运动方向不明情况，由于测量的是重量方向，所以在无外力加速度情况下，能够准确输出没有误差的翻滚角和俯仰角且能够保证较长时间的数据准确。但是，加速度计原则是通过检测惯性力造成的微小变化来测量角度，而重力本质和惯性力一致，因此无法区分外力加速度和重力加速度，当物体做变速运动时，相应的测量将不再准确。

三轴陀螺仪可以同时获取 6 个方向的位置、角度等信息，比单轴数据更为丰富，且体积小、结构简单、可靠性好。陀螺仪输出的角速度是瞬时变量，不能用于姿态角解算，必须将其与时间进行积分得到角度变化，然后与起始角度相加得到最终的姿态角，因此如果积分时间稍大，相应的累计误差将会不断增加，导致错误的姿态角解算。

三轴磁力传感器，又称为电子罗盘，在物体运动变化方面具有绝对指向作用。虽然通过加速度计和陀螺仪可以基本解算物体的运动状态，但时间久了仍会出现累计偏差，尤其是偏航角。磁力传感器利用地球磁场，能够由绝对方向提供参数修正，从而消除误差并给出可靠的绝对指向，但磁力传感器易受电厂等磁场干扰，从而影响最终的融合数据。

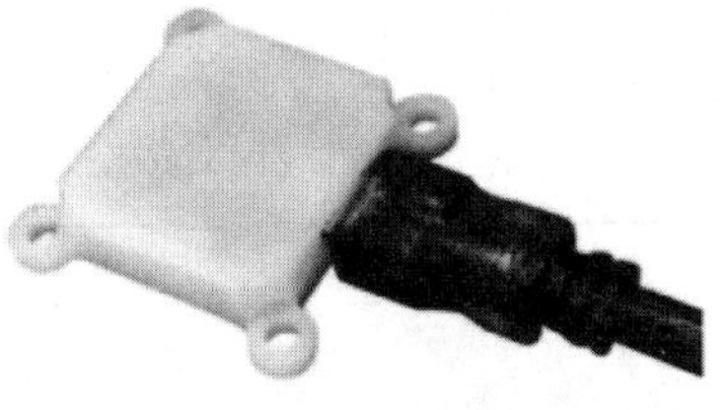

图 5-24　惯性测量单元(IMU)

本部分所用机器人采用维嵌科技的九轴 IMU 模块，此九轴模块采用高精度的加速度计 ICM20948，并包含相应的 ROS 驱动功能包，可以通过 USB 连接至开发板，配置 IP 地址以及端口号后获取测量数据，图 5-24 为该模块实物图。该 IMU 模块的具体参数如表 5-7 所示。

表 5-7　惯性测量单元(IMU) 参数详情

参数项	参数值
IMU 芯片	ICM20948
MCU 芯片	STM32F411
通信方式	USB/串口
数据输出	三轴(加速度、陀螺仪、磁场)四元数
角度精度/(°)	X、Y 轴静态 0.05，动态 0.1，Z 轴 1(无磁场干扰)
加速度精度/g	0.02
陀螺仪精度/(°/s)	0.06
IMU 数据频率/Hz	200
磁场数据频率/Hz	70

3. 控制系统

本部分所用的机器人采用英伟达公司开发的一款小型人工智能计算机 Jetson Nano Kit 作为控制系统的实现平台，如图 5-25 所示。

控制系统搭载 Ubuntu 系统并运行 ROS，实现与 STM32 主控板的通信以及外部传感器的数据采集，在此基础上实现 SLAM、机器人自身定位和路径规划等功能。Jetson Nano Kit 搭载四核 Cortex-A57 处理器、128 核 MaxwellGPU 以及 4 GB LPDDR 内存，计算能力可满足机器人导航系统的需求，Jetson Nano Kit 的具体参数如表 5-8 所示。

图 5-25　NVIDIA Jetson Nano Kit

表 5-8 NVIDIA Jetson Nano Kit 参数详情

参数项	参数值
规格尺寸	100 mm×80 mm×29 mm
GPU	NVIDIA Maxwell(128 CUDA 核心)
CPU	四核 ARM A57@1.43 GHz
存储	Micro SD 接口
网络连接	千兆 RJ-45 有线或选装无线网卡
显示输出	HDMI、DP

4. 驱动系统

该机器人驱动系统核心为 STM32 主控板，该部分负责接收来自控制系统的速度控制指令，解析后发送给执行机构。

STM32 接收来自 Jetson Nano Kit 的速度控制指令，并根据机器人运动模型对速度进行解算，转化为每个轮子相应的转速并控制电机进行运动，同时收集单位时间接收到的编码器脉冲数反馈回 Jetson Nano Kit，ROS 根据得到的编码数计算出机器人实际的速度，对速度进行积分得到机器人位置和姿态估计，并作为里程计信息进行发布。

机器人使用的 STM32 主控板如图 5-26 所示，该主控板包括 STM32 主控芯片、直流稳压模块、直流电机控制模块、USB 转接模块、CAN 通信接口、485 通信接口和电机编码器接口等。

图 5-26 STM32 主控板

该 STM32 控制板主控芯片为 STM32F103RCT6，使用 5 V 电压供电，集成了电源驱动、电机驱动和传感器接口等底层驱动功能。支持多个串口进行通信，可用于连接电机驱动器、WiFi 模块和姿态传感器等。

5. 执行机构

本部分所用机器人采用直流霍尔编码减速电机。该类电机集成了直流电机、减速机与编码器。其中减速机的作用是提供较低转速，同时提供较大的力矩，且在不同的减速比下提供不同的转速和力矩，这在很大程度上提高了直流电机的使用效率。

直流减速电机通过电机驱动模块与 STM32 单片机进行连接，STM32 通过 H 桥驱动对电机进行控制，同时读取电机的编码器数据并上传给 Jetson Nano Kit 提供 ROS 所需的里程计。GM37-520 直流霍尔编码减速电机具有功耗较低、启动相应快的优势，在供电电压为 DC 12 V，标准功率为 7 W 的情况下，电机的具体参数如表 5-9 所示。

表 5-9　GM37-520 直流霍尔编码减速电机参数

参数项	参数值
减速比	1∶150
空载电流	≤0.16
额定转矩/(N·m)	0.09
最大转矩/(N·m)	0.3
减速器长度	0.27

6. 机器人协同

多移动机器人的编队需要解决两个问题，即多机器人编队队形的形成和形成后的保持。队形形成是指在一个复杂的环境当中，多机器人随机分布，通过自身的传感器信息以及和其他机器人的信息交流，形成一个适合完成任务的稳定队形。常见队形如图 5-27 所示：横队形（并列行走）、纵队形（跟随行走）、楔形（V 形行走）。

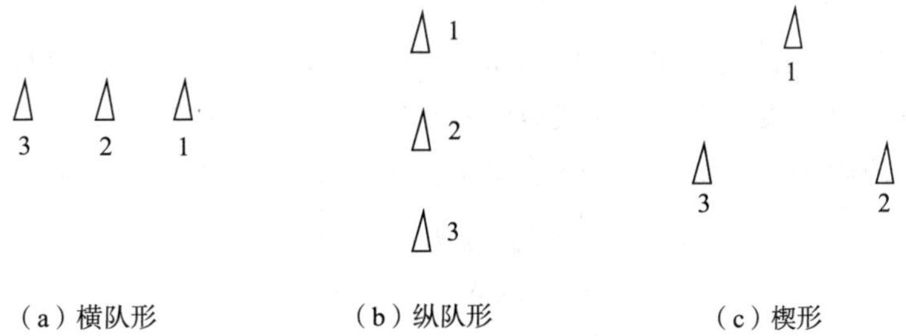

图 5-27　多机器人常见队形

为了能够形成特定的队形，多机器人需要确定一个队形参考点，每台机器人通过队形类型和临近机器人的相对位置，来决定自身的下一步动作。选取参考点的方法主要有：中心参考、领航者参考和邻近参考。

目前，对于解决多机器人一般性多机协同控制问题，公开文献中尚未见到成熟方案。现阶段主要有人工势场法、基于行为法、虚拟结构法和领航跟随法。上述方法各有其优缺点，相比而言，领航跟随法的控制更简单，只需要调整跟随着和领航者的运动参数即可以完成跟踪控制，具有较好的稳定性和灵活性。

(1)模型建立　在一个平面坐标系建立两无人车的跟随运动模型如图 5-28 所示。设定右上方的无人车为 leader，左下方的无人车为跟随车 follower，它们组成了一个领航跟随结构，这两辆无人车是四轮差速驱动型机器人，通过两侧轮子的差速控制实现机器人的转向。为了降低控制器的复杂性，在此基础上引入一个中间体虚拟机器人 middle，在两车行驶的过程当中，middle 和 leader 一致保持着期望的相对距离和角度，让 follower 跟踪 middle，控制的目的是在 follower 和 leader 保持期望相对距离和角度的情况下使跟踪误差趋近于 0，且保证跟随车的速度和角速度可以很好地跟踪领航车。这样可以使两无人车的领航跟随模型形式变得简单，把两车之间复杂的关系放入 middle 中，方便控制器的设计。

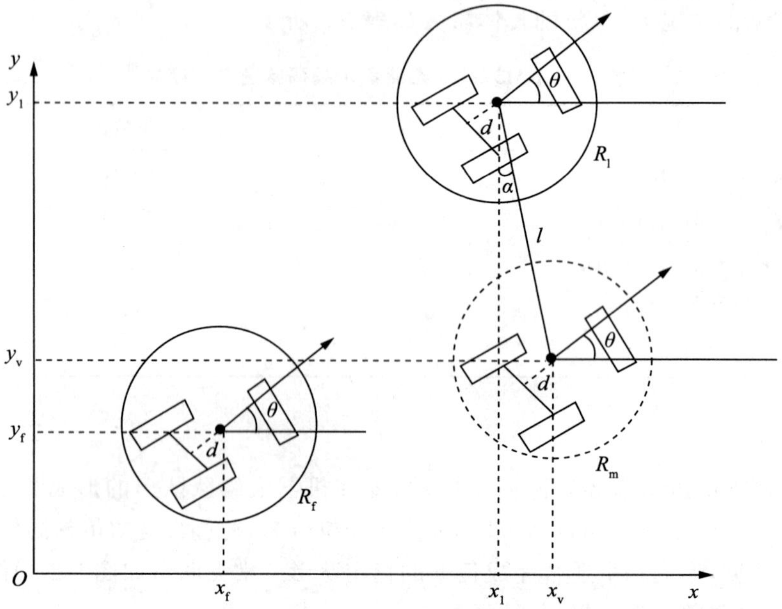

图 5-28　机器人跟随模型

R_l 为领航机器人，R_m 为虚拟机器人，R_f 为跟随机器人，l 表示虚拟机器人与领航机器人之间的距离，v 和 ω 分别表示机器人的线速度和角速度，α 为虚拟机器人与领航机器人的角度。

轮式机器人系统的数学模型一般满足如式(5-12)所示的数学关系。

$$\begin{cases}\dot{x} = v\cos\theta + d\omega\sin\theta \\ \dot{y} = v\sin\theta - d\omega\cos\theta \\ \dot{\theta} = \omega\end{cases} \tag{5-12}$$

在非完整系统下虚拟机器人和领航机器人满足非完整约束条件，虚拟机器人的数学模型可以描述为：

$$\begin{cases}\dot{x}_m = v_m\cos\theta_m + d\omega_m\sin\theta_m \\ \dot{y}_m = v_m\sin\theta_m - d\omega_m\cos\theta_m \\ \dot{\theta} = \omega_m\end{cases} \tag{5-13}$$

领航机器人的跟随机器人的数学模型：

$$\begin{cases}\dot{x}_f = v_f\cos\theta_f + d\omega_f\sin\theta_f \\ \dot{y}_f = v_f\sin\theta_f - d\omega_f\cos\theta_f \\ \dot{\theta} = \omega_f\end{cases} \tag{5-14}$$

假设跟随机器人和虚拟机器人在全局坐标系的误差为($x_m - x_f, y_m - y_f, \theta_m - \theta_f$)，转换到跟随机器人自身所处位置建立的参考坐标系下记状态误差为(x_e, y_e, θ_e)，变换表达式为：

$$\begin{bmatrix} x_e \\ y_e \\ \theta_e \end{bmatrix} = \begin{bmatrix} \cos\theta_f & \sin\theta_f & 0 \\ -\sin\theta_f & \cos\theta_f & 0 \\ 0 & 0 & 1 \end{bmatrix} \begin{bmatrix} x_m - x_f \\ y_m - y_f \\ \theta_m - \theta_f \end{bmatrix}$$

由领航机器人和跟随机器人的坐标相对位置关系可以得到：

$$\begin{cases}\dot{x}_e = (x_m - x_f)\cos\theta_f + (y_m - y_f)\sin\theta_f \\ \dot{y}_e = (x_m - x_f)\sin\theta_f + (y_m - y_f)\cos\theta_f \\ \theta_e = \theta_v - \theta_f\end{cases}$$

整理该表达式，并将式(5-13)和式(5-14)代入，可得到误差表达式

$$\begin{cases}\dot{x}_e = \omega_f\, y_e - v_f + v_m\cos\theta_e + \omega_m d\sin\theta_e \\ \dot{y}_e = -\omega_f\, x_e + v_m\sin\theta_e + \omega_f d - \omega_m d\cos\theta_e \\ \dot{\theta}_e = \omega_m - \omega_f\end{cases}$$

调整跟随机器人的输入满足如下关系：

$$\lim_{t\to t_0}|x_e| = 0, \lim_{t\to t_0}|y_e| = 0, \lim_{t\to t_0}|\theta_e| = 0$$

(2)实际演示　本实验使用 Ubuntu 18.04 搭载 ROS，其中每个机器人都可看作 ROS 下的一个节点，通过 ROS 自身的分布式通信得到机器人之间的 TF 坐标变换关系，通过感知 TF 坐标变换关系，依据上述公式进行误差的消除，最终实现机器人的编队跟随。其中 ROS 分布式通信可以用图 5-29 表示。

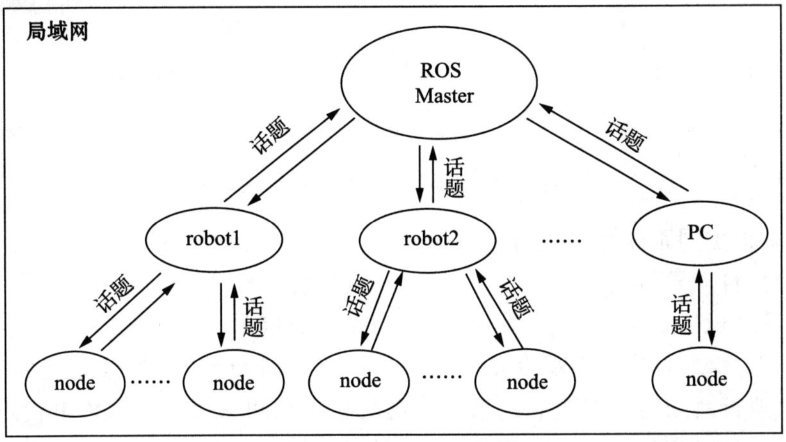

图 5-29　ROS 分布式通信

实验开始时将两台小车摆放到初始点，设定跟踪距离为 0.6 m，利用领航者跟随着算法构建纵向编队队形，实验结果显示从车能够对主车进行准确的跟随。

5.4.4 室外机器人协同作业

农机自动导航是智能农机装备的核心技术。近年来，以约翰迪尔、天宝、拓普康为代表的国外拖拉机自动导航系统在技术上逐步成熟。在国内，从示范应用到大面积推广，都取得了极大的经济和社会效益。

农机机群多机协同作业技术是智能农机装备领域新的研究方向，该技术基于农机自动导航技术，实现农机机群在同一地块内或不同地块间的协同作业。多机协同作业技术是农机智能装备的重要组成部分，可以提升农机利用率、提高作业质量和土地利用率，同时对于未来无人农场的农机调配也可提供重要的理论依据。

1. 多机协同导航系统总体设计

多机协同自动导航系统由一台主机、一台或多台从机构成。以收获-运输为例，主机为收获机，从机为拖拉机(运粮车)，主要包括定位设备、转向控制装置、车间通信单元、远程通信单元、车载终端和远程服务器等。如图 5-30 所示，在农机上安装工控机、GNSS 定位天线与接收机、机械式转向结构、集成式 PLC 控制箱和前后轮转角检测装置等。

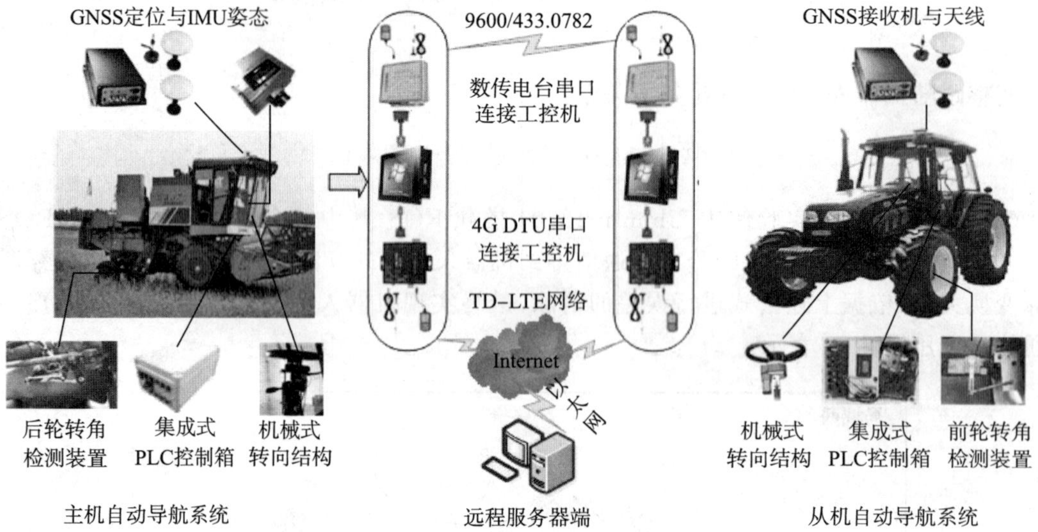

图 5-30 多机协同导航系统总体设计图

设计开发多机协同跟随型农机自动导航系统，由主机自动导航系统和从机自动导航系统组成，主机可选择自动导航或人工驾驶方式作业，从机自动跟随主机进行自动导航作业。主从机的自动导航系统包括定位单元、控制单元、车间无线通信单元和车载监控终端，作业时，由定位单元采集位置信息，由车载终端设备获取采集的数据进行分析、处理并完成决策指令的发送，由控制单元执行命令与反馈控制结果。主机与从机之间采用无线数传电台进行数据通信，用于主、从机之间的状态信息交互。系统总体框架如图 5-31 所示。

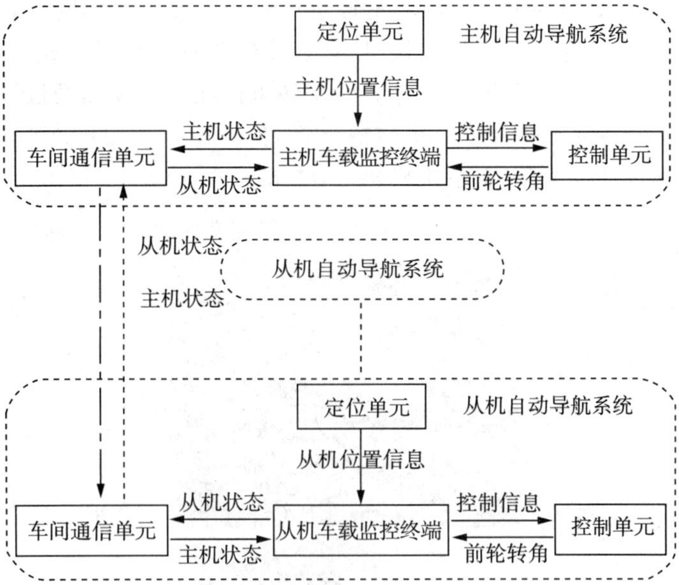

图 5-31　多机协同跟随型农机自动导航系统总体框架图

2.转向控制系统机械设计

(1)转向控制装置　转向控制装置机构示意图见图 5-32。方向盘转向控制装置主要由步进电动机、中空转台、传动环、花键槽、方向盘、卡箍支架以及支撑杆组成,采用花键槽和方向盘分离的方式更易于安装。其中,转台底端由螺孔和托盘相固定,转台电动机组合通过套管托盘与车辆转向助力杆外壳固定。套管上设计 3 个紧定螺钉,三者间以 120°均匀分布,可以通过调整 3 个紧定螺钉及卡箍固定托盘并保持转台与助力杆同心。导航作业时方向盘由上下压盘夹紧并与中空旋转转台相接,通过步进电动机带动转台旋转控制方向盘转动。

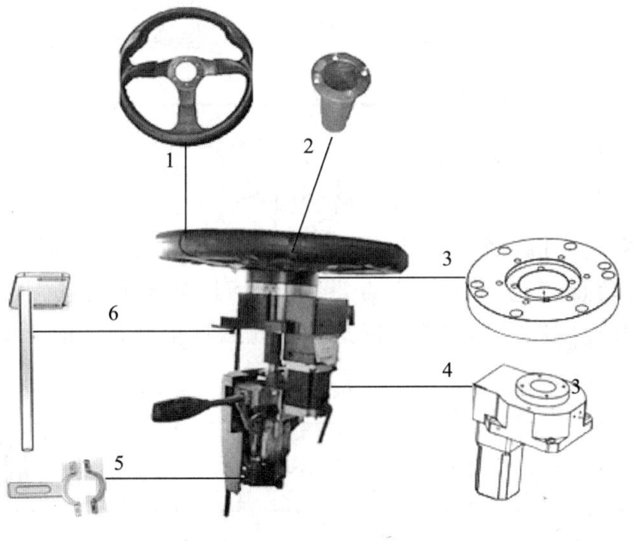

1.方向盘　2.花键槽　3.传动环　4.电动机转台组合　5.卡箍支架　6.支撑杆

图 5-32　转向控制装置机构示意图

(2)转角检测装置　如图 5-33 所示，后轮转角检测装置主要由角度传感器、角度传感器托架、衔接卡箍、球头连杆、角度传感器加固块、摆臂和角度传感器底托组成。由于联合收获机为前轮驱动后轮转向，所以车体的偏转方向与后轮偏转方向相反。使用角度传感器托架、底托和加固块将转角检测装置倒装于联合收获机后桥下方，保证了检测角度与方向盘转动方向的一致性，联合收获机与拖拉机转向控制系统机构对比，如表 5-10 所示。

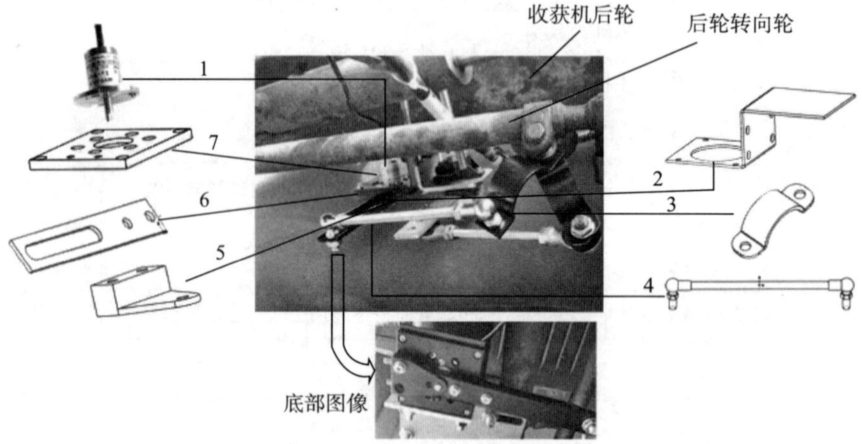

1. 角度传感器　2. 角度传感器托架　3. 衔接卡箍　4. 球头连杆
5. 角度传感器加固块　6. 摆臂　7. 角度传感器底托

图 5-33　转角检测装置机构示意图

表 5-10　转向控制系统机构对比表

机械结构	特征	收获机	拖拉机
转向控制装置	方向盘	分离式	原装
	固定支架	通用	通用
转角检测装置	转向轮胎	后轮	前轮
	安装方式	倒装	正装

3. 车间通信协议与车载终端的设计

(1)车间通信协议的设计　跟随型作业模式即主机向从机发送自身状态信息，进而使从机能够建立跟踪路径，并与主机间保持一定的距离和速度，协同完成田间作业。从机建立跟踪路径需要主机的位姿等信息，安全车距标定需要系统时间、车速等信息。因此，状态信息包括主机的绝对位置、航向和速度等。具体的车间通信协议数据帧格式如图 5-34 所示。车间通信协

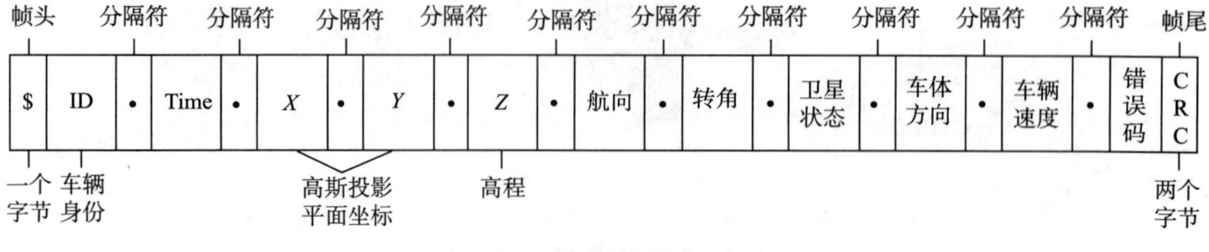

图 5-34　车间通信数据帧格式

议是以 string 定义的字符串数组，由开始符、标识符、数据位、校验位和结束符构成，数据帧以‘＄’符号起始，以 CRC 校验结束，使用‘，’将数据分为车辆 ID、当前时刻、高斯投影平面坐标 X 和 Y、高程 Z、航向、前轮转角和错误码（Li 等，2021）。其中，标识符为作业农机编号，即车辆 ID，共 1 位；数据位共 80 位，为传输的有效信息。

（2）车载终端的设计　根据跟随型导航系统田间作业需求，设计开发了车载终端软件，对导航数据进行采集、处理、显示、存储并实现主从机间实时、可靠通信。车载终端软件包括农机定位、数据通信和导航跟踪控制三大核心功能，可实现数据通信、数据处理、数据存储和界面显示，主、从机车载终端软件界面如图 5-35 所示。

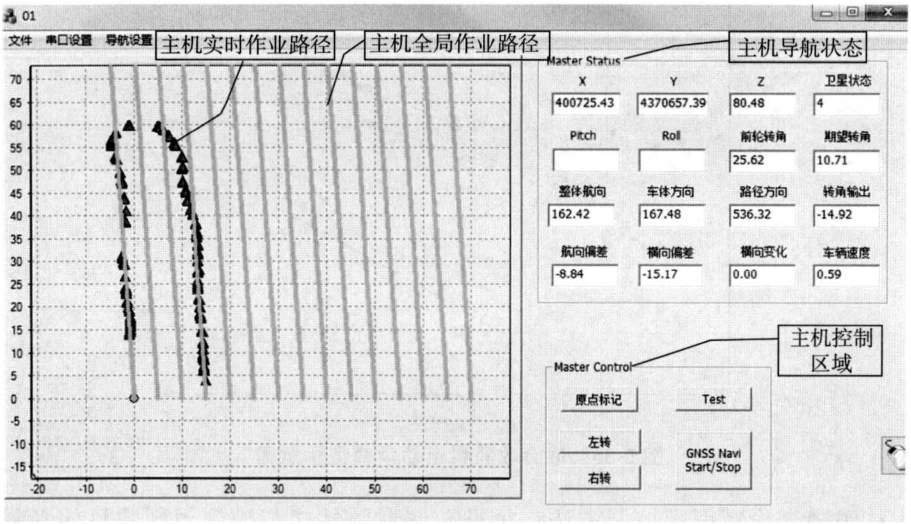

（a）主机

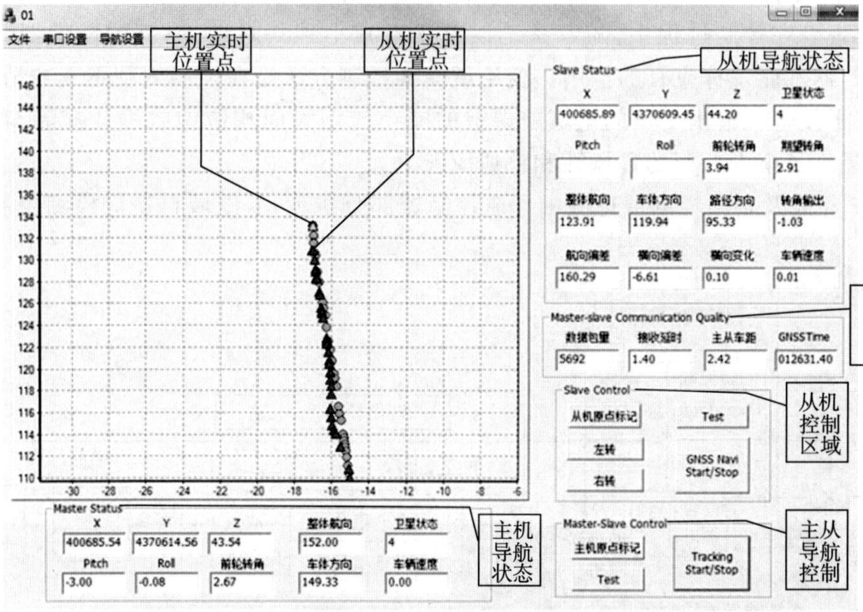

（b）从机

图 5-35　主、从机车载终端软件界面

4. 多机协同主从跟随控制方法

(1)联合收获机-直线路径运动学建模　与拖拉机等车辆以前轮转向的二轮车模型不同，联合收获机是以后轮转向的二轮车模型为基础，采用纯几何方法对联合收获机的运动进行数学描述，建立联合收获机横向运动学模型(白晓平等，2017)，联合收获机运动学模型示意，如图5-36所示。由运动学模型和车辆信息采集系统即可推算出联合收获机的横向偏差 h 和航向偏差 θ。

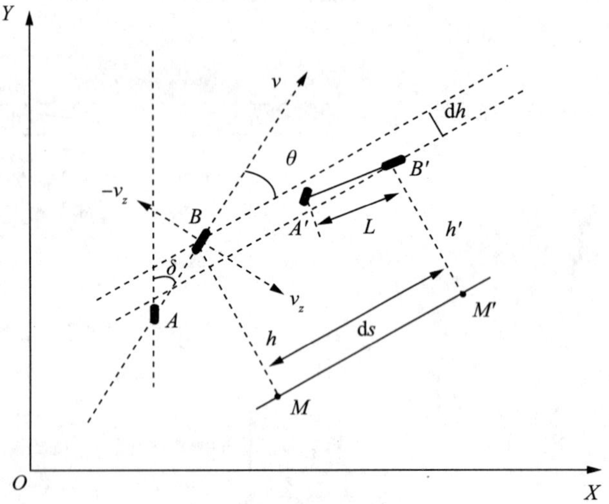

图 5-36　联合收获机运动学模型示意图

(2)主从跟随变论域模糊控制方法　模糊控制器的性能与控制规则数目的多寡成正比。常规模糊控制中，增加控制规则会引起“规则爆炸”等问题，且规则过多则使控制器变得十分复杂并不利于实现。在控制过程中，随着系统误差逐渐减小到0附近，原有的模糊划分变得粗糙，使模糊控制器不能发挥应有的作用。变论域模糊控制方法是在控制规则不变的情况下，引入论域伸缩因子使输入输出变量的论域随误差的减小或增大而相应地收缩或扩展，相当于增加控制规则，提高了模糊控制的鲁棒性和自适应能力。

如图5-37导航及转向控制原理图中导航控制器部分所示，变论域自适应模糊控制分两步进行。

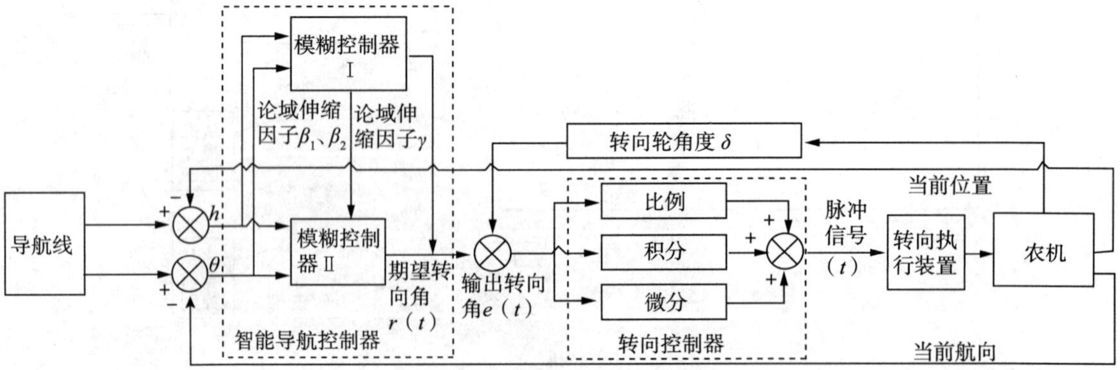

图 5-37　导航及转向控制原理图

①模糊控制器Ⅰ根据系统模型得到的横向偏差 h、航向偏差 θ 的大小进行论域调整，经过推理获得模糊控制器Ⅱ的输入和输出论域伸缩因子 β_1、β_2 和 γ。

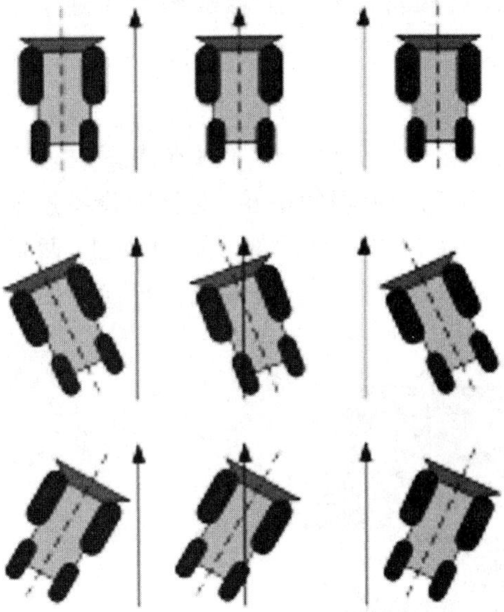

图 5-38　农机与预设路径位置关系

②利用伸缩因子改变模糊控制器Ⅱ的模糊划分，获得新的模糊控制器Ⅱ的结构，然后利用新的模糊控制器推理得出收获机的期望转向角 $r(t)$。

多机协同作业过程中，不仅收获机要进行自动驾驶作业，跟踪预设路径，拖拉机也要以相对角度和距离跟踪收获机，并完成同步卸粮等作业任务。将农机与预定义跟踪路径之间的位置关系分为 9 种状态，如图 5-38 所示。根据驾驶员控制车辆的策略，建立相应的转向控制策略，控制强度指转向轮偏转的幅度。设定初始论域模糊控制器中横向偏差 h、航向偏差 θ 和期望转向角 $r(t)$ 的初始论域分别为[－30 cm，30 cm]、[－15 °，15 °]和[－12 °，12 °]。根据变量模糊程度，可以分为 7 个模糊子集，即负大(NL)、负中(NM)、负小 (NS)、零 (O)、正小 (PS)、正中 (PM)和正大 (PL)。根据 2 个输入参数的 7 个模糊子集，可以得到 49 条模糊规则如表 5-11 所示，均以三角形函数为隶属度函数。

表 5-11　期望转角模糊规则推理

横向偏差(h)	航向偏差(θ)						
	NL	NM	NS	O	PS	PM	PL
NL	PL	PL	PM	PM	PS	PS	O
NM	PL	PM	PM	PM	PS	O	NS
NS	PM	PM	PS	PS	O	NS	NM
O	PM	PM	PS	O	NS	NM	NM
PS	PM	PS	O	NS	NS	NM	NM
PM	PS	O	NS	NM	NM	NM	NL
PL	O	NS	NS	NM	NM	NL	NL

拖拉机和联合收获机自动转向控制方法均采用自适应模糊控制，且输入量均为横向偏差(E)和航向偏差(ψ)，输出量均为期望转向角(U)。它们的模糊控制规则表示可以近似为式(5-15)。

$$U=-\langle \alpha E+(1-\alpha)\psi \rangle,\alpha\in(0.1) \tag{5-15}$$

拖拉机和联合收获机的驱动结构和转向中心位置不同，所以自适应模糊控制中的修正因子的取值也不同。为了适应车辆控制的复杂性，该控制系统修正因子选取办法为式(5-16)。

$$\alpha=\frac{1}{N}(\alpha_b-\alpha_s)|E|+\alpha_s(0\leqslant\alpha_s\leqslant\alpha_b\leqslant 1,\alpha\in[\alpha_s,\alpha_b]) \tag{5-16}$$

控制规则的特点是调整因子 α 的值与横向偏差绝对值成线性插入关系，并且在 $\alpha_s \sim \alpha_b$ 之间有 N 个可能的取值，极大提高了控制精度。考虑到拖拉机和收获机转向机构不同的特点，为匹配拖拉机自动导航性能，对此通用导航系统机械设计结构与控制方法参数等方面做了不同的调整。

5. 多机协同主从跟随导航作业

为了验证所开发的多机协同自动导航系统的可靠性与合理性，2021 年 6 月在中国农业大学涿州实验站，开展小麦收获场景下跟随型多机协同作业自动导航田间试验，麦收试验场景如图 5-39 所示。试验平台由 3 辆农机构成，一辆收获机作为主机进行自动驾驶收割作业，两辆带拖斗的拖拉机作为从机在正后和侧后方自主跟随协同卸粮作业。车载终端软件界面如图 5-40 所示。试验中，车辆速度均为 0.8 m/s，通信频率为 5 Hz。

图 5-39　多机协同作业麦收试验场景

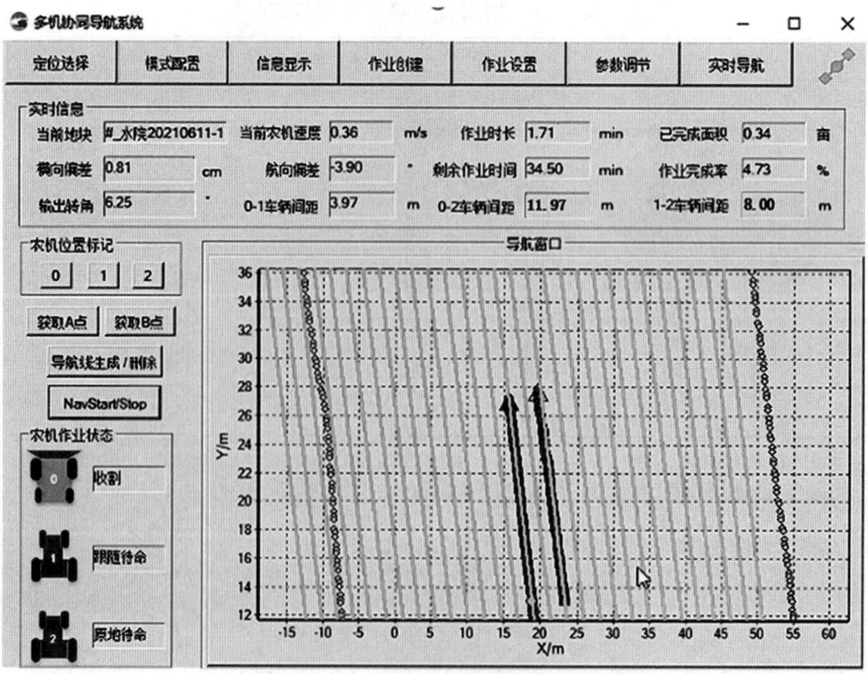

图 5-40　车载终端软件界面

取麦收过程中各农机某两条航线上的导航偏差信息展示如图 5-41 所示，实线表示横向偏差，虚线表示航向偏差。

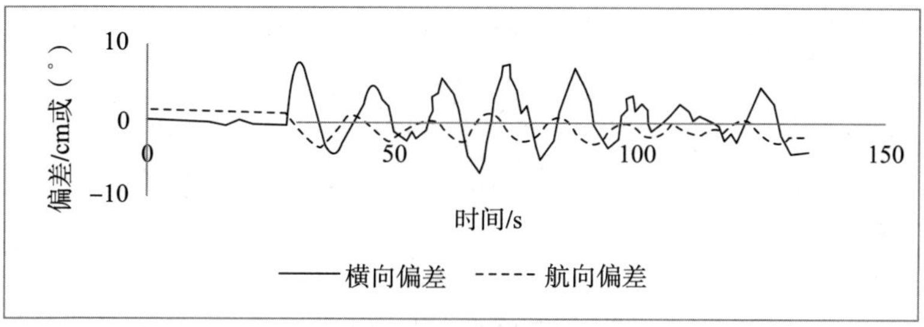

（a）主机收获机航线1路径跟踪结果

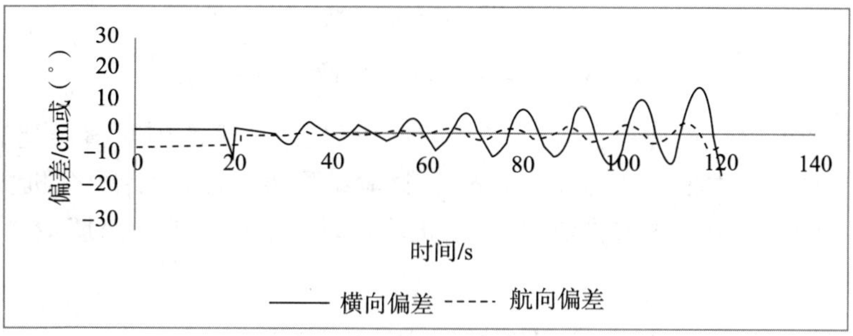

（b）主机收获机航线2路径跟踪结果

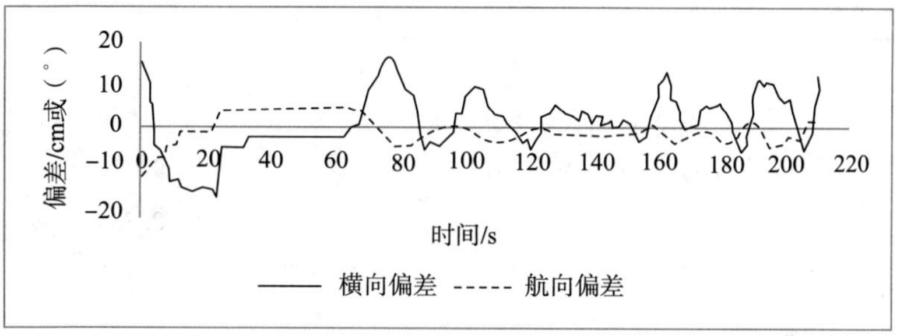

（c）从机1号运粮车航线1路径跟踪结果

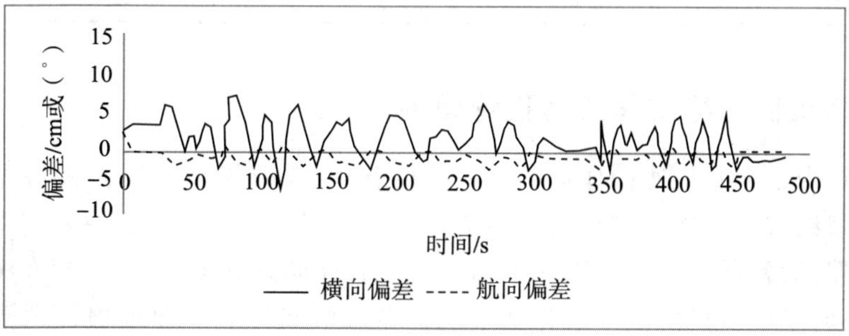

（d）从机1号运粮车航线2路径跟踪结果

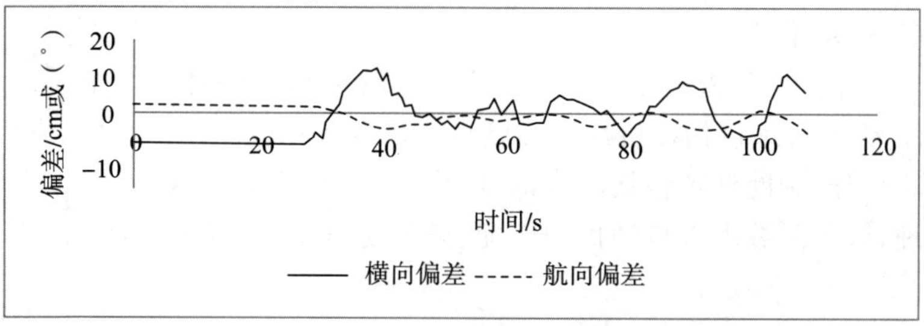

（e）从机2号运粮车航线1路径跟踪结果

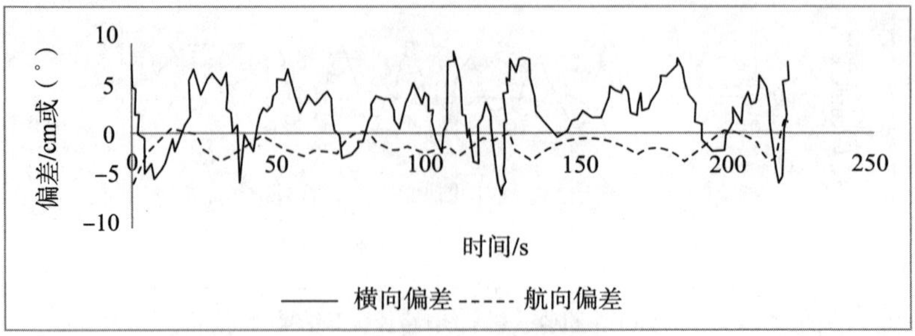

(f) 从机2号运粮车航线2路径跟踪结果

图 5-41 小麦收获田间导航偏差信息图

将 6 组试验的偏差结果统计在表 5-12 中，计算得到总体平均绝对值误差为 3.820 cm，横向偏差绝对值的总体均方根误差为 5.870 cm。试验结果表明，所设计的多机协同自动导航系统可以实现跟随型多机协同导航作业，且各农机均可以平滑稳定地跟踪期望路径，跟踪精度在厘米级。

表 5-12 多机协同作业导航试验误差结果

农机类型	航线编号	时间/s	最大误差/cm	最小误差/cm	平均误差/cm	均方根误差/cm
收获机	1	134.2	7.59	0	2.238	2.942
	2	120.4	19.45	0	4.635	6.529
1#拖拉机	1	209.6	16.18	0.01	5.072	6.568
	2	482.8	9.37	0	2.836	3.546
2#拖拉机	1	108.2	11.81	0.01	5.118	5.939
	2	222.0	8.29	0.01	2.994	3.619
	总体	/	/	/	3.820	5.870

5.4.5 多机协同导航作业远程管理平台

为实现区域内多台农机协同作业的远程调度管理，需要设计开发多机协同导航作业远程管理平台。车载终端负责采集多机协同导航作业信息，然后通过无线网络，将采集到的信息发送给远程服务器，远程服务器接收到作业信息后将其存储到数据库中，用户在浏览器上查看相关信息，从而实时了解多机协同导航作业情况。多机协同导航作业远程管理平台作为整个导航系统的决策机构，对区域农田内多机协同导航作业信息进行远程监控，实现作业管理和调度管理，从而提高管理水平。

多机协同导航作业远程管理平台主要分为作业管理和调度管理 2 个模块，具体功能模块如图 5-42 所示。作业管理包括多机协同导航作业信息远程监测、作业进度实时分析以及作业质量在线评估 3 部分；调度管理包括时空信息、作业环境、作业需求、农机状态、精准定位等信息的获取和处理，以及区域内农机的供需匹配、任务规划和路径规划等功能。

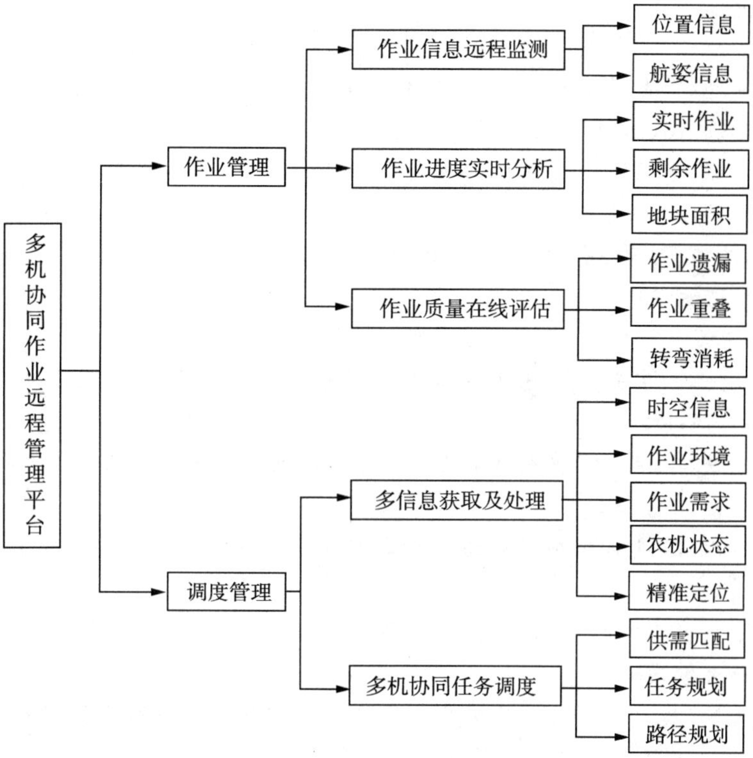

图5-42　远程管理平台功能模块

在多机协同导航系统中，通常情况下，已知一部分的任务信息和环境信息，此时如果采用全局规划算法，则在遇到移动障碍物等未知信息时将无法完成任务；而采用局部规划算法，直接根据传感器的数据，将看不到全局信息，造成规划路径长度和规划时间的增加。因此，可以利用已知任务和环境信息先进行全局规划和优化，找到一个最优的方案，将其作为理想方案，在多机协同导航作业过程中，根据传感器的信息，对理想方案进行实时调整，完成整个规划过程。

思考题

1. 路径规划方法有哪些？
2. 田间路径规划，要考虑哪些因素？
3. 可以利用哪些传感器对田间障碍物进行检测？
4. 分别简述基于激光雷达和基于视觉的障碍物检测方法的优势和缺点。
5. ROS的工作机制有哪些？
6. ROS在机器人开发中有哪些优势？
7. 多机器人协同作业与单体农机作业相比，有哪些优势？
8. 简述多机器人协同的主从结构模型。

二维码5-1
思考题及参考答案

参考文献

[1] 白晓平,王卓,胡静涛,等.基于领航-跟随结构的联合收获机群协同导航控制方法[J].农业机械学报,2017,48(7):14-21.

[2] 曹如月,李世超,季宇寒,等.多机协同导航作业远程管理平台开发[J].中国农业大学学报,2019,24(10):92-99.

[3] 陈艳,张漫,马文强,等.基于GPS和机器视觉的组合导航定位方法[J].农业工程学报,2011,27(3):126-130.

[4] 胡春旭.ROS机器人开发实践[M].北京:机械工业出版社,2018.

[5] 姬长英,沈子尧,顾宝兴,等.基于点云图的农业导航中障碍物检测方法[J].农业工程学报,2015(7):173-179.

[6] 近藤直,门田充司,野口伸.农业机器人1:基础与理论[M].北京:中国农业大学出版社,2009.

[7] 卢宏涛,张秦川.深度卷积神经网络在计算机视觉中的应用研究综述[J].数据采集与处理,2016(1):1-17.

[8] 孟庆宽.基于机器视觉的农业车辆:农具组合导航系统路径识别及控制方法研究[D].北京:中国农业大学,2014.

[9] 潘无为,姜大鹏,庞永杰,等.人工势场和虚拟结构相结合的多水下机器人编队控制[J].兵工学报,2017,38(2):326-334.

[10] 汪懋华,李民赞.现代精细农业理论与实践[M].北京:中国农业大学出版社,2012.

[11] 魏建胜,潘树国,田光兆,等.农业车辆双目视觉障碍物感知系统设计与试验[J].农业工程学报,2021(9):55-63.

[12] 殷建军,董文龙,梁利华,等.复杂环境下农业机器人路径规划优化方法[J].农业机械学报,2019,50(5):17-22.

[13] 翟志强,王秀倩,王亮,等.面向主从跟随协同作业的导航路径规划方法[J].农业机械学报,2021,52(S1):542-547.

[14] 张漫,季宇寒,李世超,等.农业机械导航技术研究进展[J].农业机械学报,2020,51(4):1-18.

[15] 张闻宇,张智刚,罗锡文,等.收获机与运粮车纵向相对位置位速耦合协同控制方法与试验[J].农业工程学报,2021,37(9):1-11.

[16] 赵春江,杨信廷,李斌,等.中国农业信息技术发展回顾及展望[J].农学学报,2018,8(1):172-178.

[17] Dennis B, Jeroen H, Renvan M. Real-time motion path generation using sub-targets in a rapidly changing environment[J]. Robotics and Autonomous Systems, 2007,55(3):470-479.

[18] Desai J P, Ostrowski J, Kumar V. Controlling formations of multiple mobile robots[J]. 1998 IEEE International Conference on Robotics and Automation, 1998:2864-2869.

[19] Han T, Guan Z H, Chi M, et al. Multi-formation control of nonlinear leader-following

multi-agent systems[J]. ISA Transactions, 2017,69:140-147.

[20] Lee G, Chwa D. Decentralized behavior-based formation control of multiple robots considering obstacle avoidance[J]. Intelligent Service Robotics, 2018, 11(1):127-138.

[21] Li H, Yang S X, Seto M L. Neural-network-based path planning for a multirobot system with moving obstacles[J]. IEEE Trans on Systems, Man, and Cybernetics, Part C:Applications and Reviews, 2009,39(4):410-419.

[22] Li S C, Xu H Z, Ji Y H, et al. Development of a following agricultural machinery automatic navigation system[J]. Computers and Electronics in Agriculture,2019,158:335-344.

[23] Li S C, Zhang M, Cao R Y, et al. Development of the automatic navigation system for combine harvester based on GNSS[J]. Int J Agric & Biol Eng, 2021,14(5):163-171.

[24] Li S C,Zhang M,Ji Y H, et al. Agricultural machinery GNSS/IMU-integrated navigation based on fuzzy adaptive finite impulse response Kalman filtering algorithm[J]. Computers and Electronics in Agriculture,2021,191:106524.

[25] Noguchi N, Will J, Reid J,et al. Development of a master-slave robot system for farm operations[J]. Computers & Electronics in Agriculture, 2004,44(1):1-19.

[26] Rasekhipour Y, Khajepour A, Chen S K, et al. A potential field-based model predictive path-planning controller for autonomous road vehicles[J]. IEEE Transactions On Intelligent Transportation Systems, 2017, 18(5):1255-1267.

[27] Schlanbusch R, Kristiansen R, Nicklasson P J. Spacecraft formation reconfiguration with collision avoidance[J]. Automatica, 2011,47(7):1443-1449.

[28] Yu X, Liu L, Feng G. Coordinated control of multiple unicycles for escorting and patrolling task based on a cyclic pursuit strategy[C]. 2016 American Control Conference (ACC), 2016:7289-7294.

[29] Yu Y, Bao Y, Wang J,et al. Crop row segmentation and detection in paddy fields based on treble-classification Otsu and double-dimensional clustering method[J]. Remote Sensing, 2021,13(5):901.

第 6 章　应用实例

本章学习目的与要求

本章共列举了 10 个农业机器人在大田、果园、设施、养殖中的应用案例，包括无人收获机器人、田间管理机器人、果园对靶喷雾机器人、果园收获机器人、果实采摘机器人、表型测量机器人、农用无人船、畜牧巡检机器人、畜禽舍防疫消毒机器人、食用菌采收机器人。通过对案例的学习，熟悉不同机器人的结构，并可以针对不同的应用场景，提出不同的解决方案。

6.1　大田机器人

6.1.1　无人收获机器人

在智慧农业生产实践中，首先要定量认识田间小区产量及土壤肥力等因素的时空差异性，研究这些差异间的相互关系，分析产生差异的原因，因地制宜，提出根据空间差异性的分布特征进行定位管理的手段，按照实际需要变量投入化肥、农药等，从而达到节本增效的目的。作物产量是多种影响作物生产因素共同作用形成的结果，是变量作业管理的重要依据。所以，获取农作物小区产量信息，建立小区产量分布图，是实施智慧农业的起点，也是实现农作物生产过程中科学调控投入和制定管理决策方案的基础。

无人收获机器人，以小麦、水稻联合收割机为例，要获取谷物小区产量信息，建立小区产量分布图，需要在联合收割机上安装自动导航系统和产量监测系统，在自动导航作业的同时，实时记录产量空间分布信息，为变量管理提供决策依据。其中，自动导航系统与其他大田作业机器人相同，在前面章节已介绍，本章主要介绍产量监测系统。

6.1.1.1　谷物联合收割机产量监测系统组成及工作原理

产量监测系统主要由全球导航卫星系统 GNSS、谷物流量传感器、谷物含水率传感器、车速传感器、割台高度传感器、升运器转速传感器、中央处理和智能终端等组成。以美国 CASE IH 公司 2366 谷物联合收割机为例，图 6-1 为产量监测系统各部分在收割机上的安装位置。

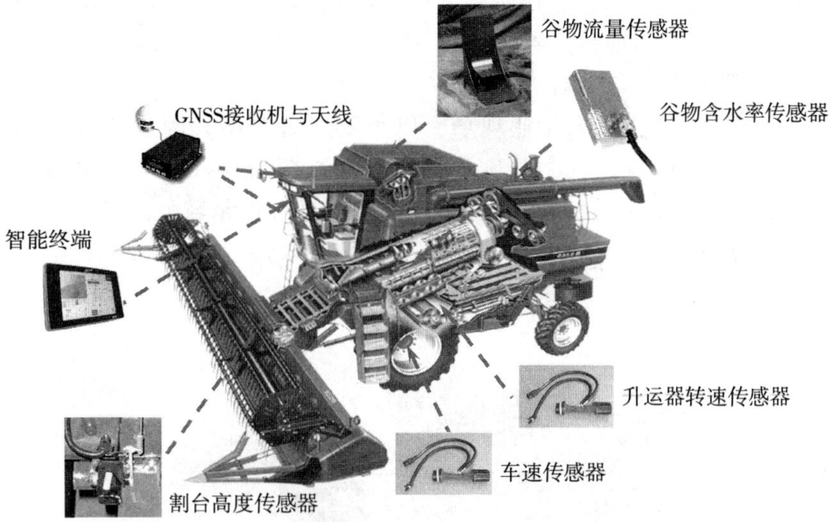

图 6-1 产量监测系统在收获机器人上的安装位置

谷物流量传感器位于净量升运器顶部。谷物进入升运器顶部时，在导流板引导下打击传感器的冲击板，冲击力的大小和谷物流量成正比。由净量升运器转速传感器的输出信号对流量传感器的数据信号进行校正。中央处理单元对车速传感器、升运器转速传感器、谷物含水率传感器、割台高度传感器及谷物流量传感器的输出信息进行处理，GNSS 接收机为这些数据提供对应的位置信息。测产量时，将设定时间间隔内的产量数据与 GNSS 定位数据相匹配并进行存储，通过后续插值分析处理，可得到产量分布图，作为产量分析和实施变量作业的基础，系统组成如图 6-2 所示。

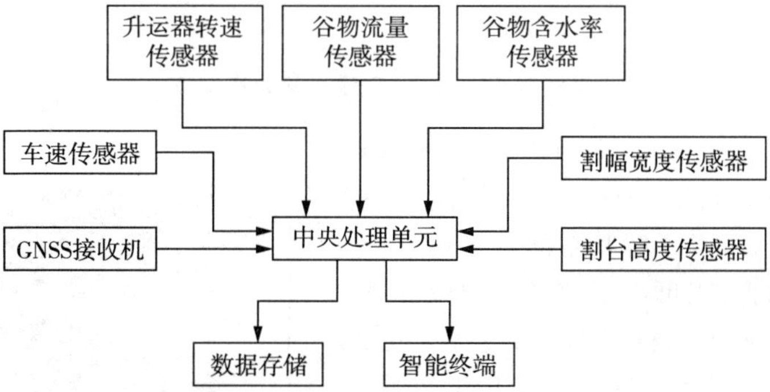

图 6-2 产量监测系统组成

对应于农田内某一小区的产量数据，可根据式(6-1)计算(此公式暂不考虑测量的滞后时间)。

$$y_i = f(F_i, M_i, w_i, d_i, U_i) = \frac{\left(\dfrac{F_i}{w_i \times d_i}\right) \times \left(\dfrac{1-M_i}{1-M_{st}}\right)}{1-U_i} \tag{6-1}$$

其中：y_i 为 i 时间段内的谷物平均产量，kg/hm^2；F_i 为 i 时间段内的谷物流量，由流量传感器测量，kg/s；M_i 为 i 时间段内的谷物含水率；M_{st} 为谷物标准含水率；w_i 为 i 时间段内的进入割台的作物宽度，割幅宽度传感器还在研制之中，故由操作人员人工调节设置，m；d_i为 i 时间段内收割机的行驶距离，由车速传感器测量，m；U_i为 i 时间段内的谷物损失率。

6.1.1.2　产量数据分析与处理

图 6-3 所示为小麦收获机器人作业现场。以小麦产量数据为例，不同形式的产量空间分布如图 6-4 所示，图(a)、(b)、(c)、(d)分别为原始数据点图、栅格图、平滑栅格图和等值线图，图中的产量数据被划分为 6 个等级，可以看出地块边界部分产量较低。其中，原始数据点图可以反映自动导航系统的性能。

图 6-3　小麦收获机器人作业现场

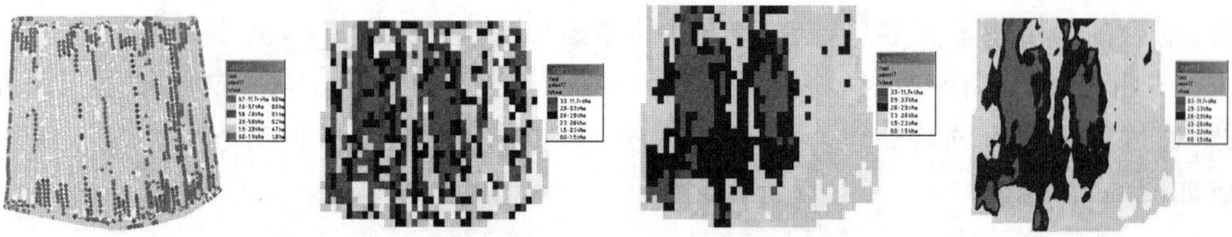

(a) 原始数据点图　　(b) 栅格图　　(c) 平滑栅格图　　(d) 等值线图

图 6-4　小麦产量空间分布

对于农田内的每一个区域，作物产量不但具有空间分布的变异性，还具有时间变异性。分析某一年的产量数据，可以了解其空间变异性；分析连续几年的产量数据，就可以了解其时间变异性；掌握作物产量的空间和时间变异性，进一步可以绘制农田管理区域划分图，对于连续几年产量比较稳定的区域，包括稳定低产、中产和高产区，采取的管理措施就可以相对少些；对于产量不稳定区域，则需要深入分析原因、加强管理，因为不稳定区域才有提高产量的潜力。

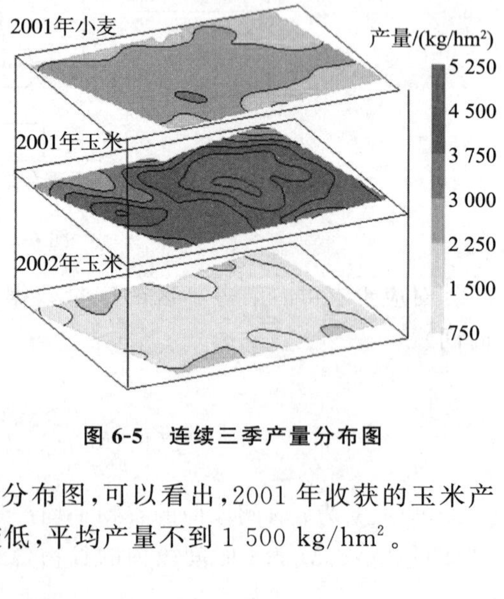

图 6-5　连续三季产量分布图

在时间变异性分析时，通常有 3 季以上的数据。国外基本是每年种植一季，在我国两季，几种作物轮流种植。图 6-5 是同一地块、不同时间的产量分布图，可以看出，2001 年收获的玉米产量较高，平均产量在 4 500 kg/hm^{2}左右，2002 年则较低，平均产量不到 1 500 kg/hm^2。

6.1.2 田间管理机器人

在大田生产中,作物从播种到收获的整个栽培过程需要不断采取各种管理措施,以便为作物的生长发育创造良好条件。大田作物中涉及的机械装备有很多,如中耕机、除草机、打药机及灌溉设备等。伴随智能化控制在田间管理机械上的应用与普及,中耕除草、植保等环节的田间管理机器人在大田农业生产中也逐步得到应用。本节以玉米中后期植保环节为例,介绍自走式植保机器人在玉米病虫害防治方面的应用案例。

6.1.2.1 玉米中后期植保作业背景

黄淮海平原麦玉轮作区小麦秸秆覆盖还田负效应使得夏玉米中后期病虫次生害加剧,影响玉米接穗质量和产量水平。夏玉米中后期处于 8 月中下旬,田间温度高,传统人工背负式喷雾施药效率低下且易造成人员中暑中毒;秸秆还田后,土壤表层、耕层秸秆覆盖量大,致使大型高地隙植保机行间行走困难,压苗伤苗率高;乳熟期玉米植株密度大、覆盖遮挡严重,行间窄且病发多集中于冠层中部叶片下方,无人机喷药难以穿透叶面,雾滴沉积、均匀性和覆盖率等方面均难以达到满意效果,综合防治效果不佳。针对玉米中后期封行后人工施药劳动强度大、作业效率低、传统植保机喷药穿透性差且窄行距下机具行走稳定性不佳等问题,结合玉米种植农艺和作物冠层病虫害防治的要求,设计了一种履带自走式玉米行间植保机器人。基于自走式底盘搭载热雾机,结合热雾沉降剂,能够满足 600 mm 以下的窄行距玉米冠层中部叶片下方病虫害防治的空间要求,防治效果明显优于其他植保作业方式。

6.1.2.2 履带自走式植保机器人结构与工作原理

1.整机结构

履带自走式植保机器人主要由履带底盘行走系统、脉冲式热喷雾系统、控制系统组成。结构如图 6-6 所示。其中履带底盘行走系统由仿形履带底盘、双驱动电机、减速器等组成;脉冲式热喷雾系统由喷管、电控化油器、电磁流量阀、药箱等组成;控制系统由 STM32 单片机、电机驱动器等组成,其控制系统包括远程遥控和行间自主行走 2 种作业模式,其中远程遥控作业模式主要基于 W5500 以太网芯片,采用奥维通 BreezeNET DS. 11 无线网桥构建局域网,人工通过操作控制系统界面按键完成无线路由器与网桥数据信号传输,可实现远程在线作业状态监控、点火、喷雾、熄火等功能。当履带底盘行走系统完全进入玉米行间时,通过切换操作界面自走作业模式按键,启动安装在底盘正前方的激光雷达传感器感知行间两侧玉米根茎信息,上位机实时处理、规划行走底盘作业路径并将驱动信号传输至底盘控制系统实现自主行走作业。履带自走式玉米行间喷雾机主要技术参数如表 6-1 所示。

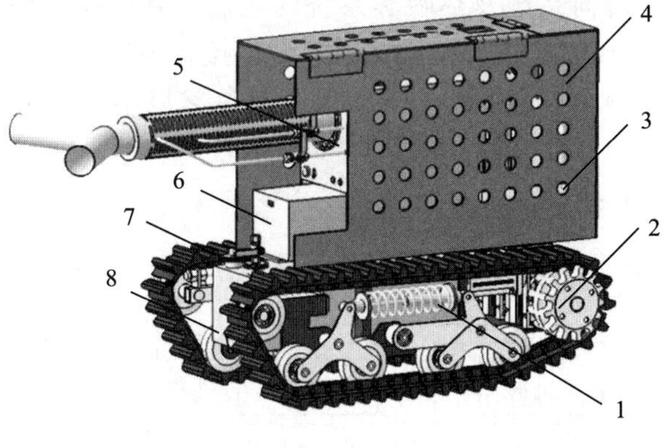

1.仿形弹簧 2.驱动轮 3.电控化油器 4.安全护罩
5.喷管 6.电池 7.压力监测阀 8.药箱

图 6-6 履带自走式玉米行间喷雾机结构示意图

表 6-1　履带自走式玉米行间喷雾机主要技术参数

参数	数值
结构型式	自走式(履带)
外形尺寸(长×宽×高)/(mm×mm×mm)	1 400×380×700
整机质量/kg	80
转向类型	双电机差速转向
驱动电机额定功率/kW	0.5
最大爬坡度/(°)	30
转弯半径/m	0～0.8
作业速度/(m/s)	0.5～1.5
配套动力型式	脉冲式汽油机＋蓄电池
药箱容积/L	15
喷药水平射程/m	≥3.0
供电电压/V	48
续航时间/h	4.0
作业效率/(亩/h)	80

2. 工作原理

履带自走式植保机器人田间作业时，履带底盘行走系统根据预先规划路径自主在玉米行间喷施，其工作原理如图 6-7 所示，上位机根据行间作业环境确定植保机航向偏差、热喷雾系统状态等信息，通过 SBUS 协议将控制指令传达至 STM32F4 单片机，控制器通过解析整机状态指令，实现对履带自走式玉米行间喷雾机驱动转向系统及热喷雾系统的控制。其中航向偏差由左右直流无刷电机的驱动器调节 PWM 占空比方式进行控制。通过 I/O 接口为脉冲式热喷雾系统提供控制信号，完成药液流量大小控制、药箱压力安全监测以及热雾机喷雾启停控制。

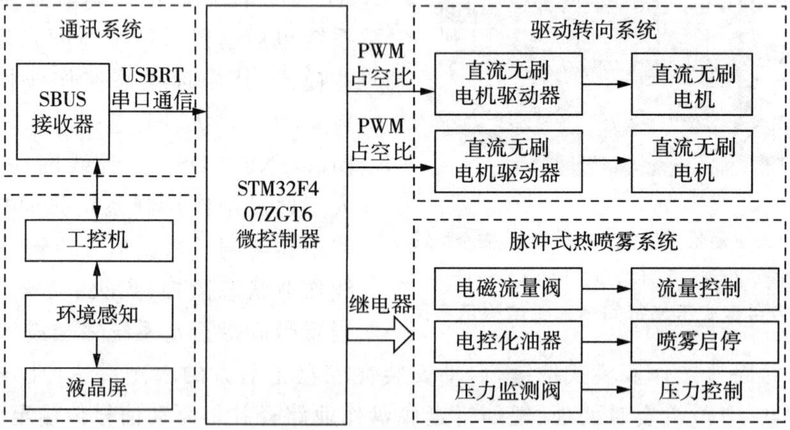

图 6-7　履带自走式玉米行间喷雾机系统结构框图

6.1.2.3 履带植保机器人玉米行间导航路径规划

1. 基于改进 k-means 算法的激光雷达点云数据聚类

K-means 聚类算法可以从初始 k 值的选取、初始聚类中心点的选取、距离和相似性度量、离群点的检测和去除等方面进行优化和改进。由于算法的实际应用环境不同，可能需要从不同的方面改进 k-means 聚类算法，以便达到算法的最优化。本章提出的改进 k-means 聚类算法是根据移动机器人在行间行走时，激光雷达不断地扫描移动机器人周围的农作物得到距离点云数据，以左右两行农作物作为划分两个类簇的依据，对传统 k-means 聚类算法进行优化。下面是在传统 k-means 聚类算法的基础之上改进的具体内容。

(1)初始 k 值的选取　K-means 聚类算法对于初始 k 值的选取较为敏感，选取不同的 k 值可能会导致不同的聚类结果。在本章提出的改进 k-means 聚类算法中，初始 k 值选取为 2，是根据移动机器人在行间行走的过程中，将机器人左右两边的农作物划分成两个类簇，作为初始 k 值选取的依据。

(2)初始聚类中心点的选取　传统 k-means 聚类算法对于初始聚类中心点的选取是随机的，若选取离群点作为初始聚类中心点，则会造成聚类中心偏离预定位置，使得聚类效果较差，所以选取合适的初始聚类中心点以产生较好的聚类效果。

假设含有 n 个数据对象的样本数据集合 $A_0=\{a_j \mid a_j \in R^d, i=1,2,\cdots,n\}$，聚类个数为 k，$S_i(i=1,2,\cdots,k)$ 代表 k 个类簇集，$C(S_1),C(S_2),\cdots,C(S_k)$ 分别代表 k 个类簇的聚类中心。改进 k-means 聚类算法的实现步骤如下：

①从样本数据集 A_0 中，初始 k 值选取为 2 个，初始聚类中心记作：$C(S_1)$ 和 $C(S_2)$。

②在坐标轴Ⅰ、Ⅱ象限内，分别构建长为 50 cm，宽为 15 cm 的矩形框；第Ⅰ象限内矩形框的 4 个顶点坐标分别为：(40,20)、(55,20)、(55,70)、(40,70)；第Ⅱ象限内矩形框的 4 个顶点坐标分别为：(−40,20)、(−55,20)、(−55,70)、(−40,70)。

③分别在两个矩形框内搜索横坐标的绝对值最小的数据对象，搜索结果作为初始聚类中心 $C(S_1)$ 和 $C(S_2)$。

④利用欧氏距离公式，计算数据对象到聚类中心 $C(S_1)$、$C(S_2)$ 的欧氏距离：$d_{ij}[a_i,C(S_j)]=\sqrt{\sum_{i=1}^{n}[a_i-C(S_j)]^2}$，$i=1,2,\cdots,n$，$j=1,2$。

⑤根据步骤④得到的欧氏距离值作为相似性度量标准，对样本数据集进行划分：若 $d_{ij}[a_i,C(S_j)]<d_{in}[a_i,C(S_n)]$，$j\neq n$，则将数据对象 a_i 划分到类簇 S_j 中。

⑥利用均值公式计算每个类簇中所包含数据对象的均值，并将计算结果作为该类簇的新聚类中心，记作 $C(S_i)'$，$C(S_i)'=\frac{1}{n_i}\sum_{S_j\in A}S_j$，其中 n_i 是以 $C(S_j)$ 为聚类中心的对象个数。

⑦计算聚类的误差平方和(sum of squares for error，SSE)，即每个类簇内的数据对象与其聚类中心的距离平方和：$S_E=\sum_{i=1}^{k}\sum_{P\in S_i}|P-C(S_i)'|^2$，其中 P 是样本数据集的数据对象。

⑧判断聚类的误差平方和是否收敛，如果收敛，则算法终止，返回最佳聚类中心；否则将坐标轴Ⅰ、Ⅱ象限内的矩形框沿 x 正半轴或负半轴方向水平移动 10 cm，并重复上述步骤③～⑦，直到聚类的误差平方和收敛。

改进 k-means 聚类算法实现的流程图如图 6-8 所示。

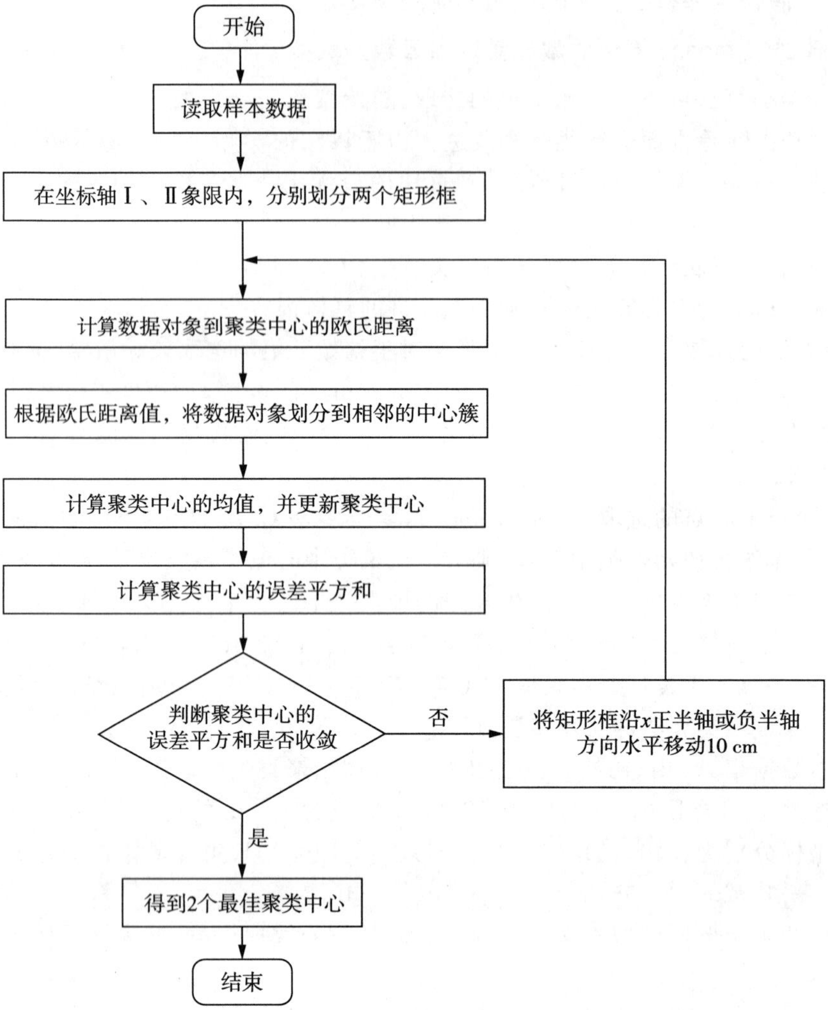

图 6-8　改进 *k*-means 聚类算法流程图

2. 导航路径拟合

履带植保机器人的实际应用环境中，存在杂草、倒伏庄稼等未知因素，因此，激光雷达点云数据通过 *k*-means 聚类算法得到的聚类中心可能包含上述因素。若采用传统建模方法，存在参数易跳变、鲁棒性较差等问题，所以本节首先采用 RANSAC（随机抽样一致）算法进行环境模型搭建。

为了能准确地搭建出自走式热雾机在玉米田间自主导航行走的环境模型，采用 RANSAC 算法搭建玉米作物的环境模型，该模型的样本数据来自改进 *k*-means 算法得到的作物行聚类中心，即 $C(S_1)$ 和 $C(S_2)$，其中 $C(S_1)$ 的横坐标记作：$L_{C(S_1)x}$，$C(S_2)$ 的横坐标记作：$R_{C(S_2)x}$；模型的未知参数为左右两行作物的有效点，分别记作为 L_P 和 R_P，其中 L_P 的横坐标为L_{Px}，R_P的横坐标为R_{Px}。

本节 RANSAC 算法搭建的环境模型是通过计算 $L_{C(S_1)x}$ 与 $R_{C(S_2)x}$ 的差值，并与实际玉米田的行间距进行比较，得到该模型的未知参数，算法实现的步骤如下。

(1)计算 $L_{C(S_1)x}$ 与 $R_{C(S_2)x}$ 的差值 d，记为模型 M。

(2)比较 d 的大小范围，判断由改进 k-means 算法得到的两个聚类中心 $C(S_1)$ 和 $C(S_2)$ 是模型 M 的“局内点”，还是模型 M 的“局外点”。

(3)如果为“局内点”，则保存当前模型 M 的未知参数，若是“局外点”，则舍弃，并计算左右聚类中心点的矫正值 L_d 和 R_d，得到 L_{Px} 和 R_{Px}，同时更新迭代次数 K。

(4)如果迭代次数大于 K，则退出算法循环，否则迭代次数加 1，并重复上述步骤。

“局外点”产生的示意图如图 6-9 所示。当激光雷达在包含缺苗、植株倒伏或杂草等因素的环境中应用时，将导致“局外点”产生。

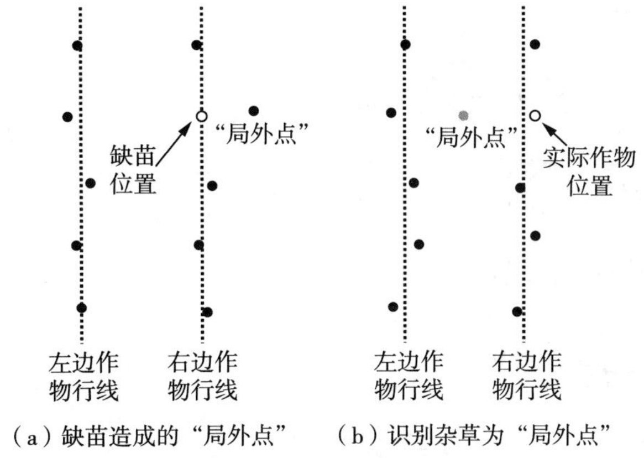

图 6-9 “局外点”产生示意图

关于“局内点”与“局外点”的判断以及“局外点”如何转换成“局内点”的方法，依据玉米行距与履带植保机器人底盘尺寸信息，具体判据如下。

(1) 若 $60 \leqslant d \leqslant 140$，则 $L_{C(S_1)x}$ 与 $R_{C(S_2)x}$ 为“局内点”，符合环境模型，为左右两行作物的有效点，即 $L_{C(S_1)x}$ 为 L_{Px}，$R_{C(S_2)x}$ 为 R_{Px}。

(2)若 $d > 140$，则 $L_{C(S_1)x}$ 或 $R_{C(S_2)x}$ 为“局外点”，此时比较 $L_{C(S_1)x}$ 与 L_Px 和 $R_{C(S_2)x}$ 与 R_{Px} 的大小：

①若 $L_{C(S_1)x} > L_{Px}$，则 $L_d = L_{Px} - L_{C(S_1)x}$，否则 $L_d = L_{C(S_1)x} - L_{Px}$。

②若 $R_{C(S_1)} > R_{Px}$，则 $R_d = R_{Px} - R_{C(S_1)x}$，否则 $R_d = R_{C(S_1)x} - R_{Px}$。

③比较 L_d 与 R_d 的大小，若 $L_d > R_d$，则 $L_{Px} = R_{Px} + 110$，否则 $L_{Px} = R_{Px} - 110$。

(3)若 $d < 60$，则 $L_{C(S_1)x}$ 或 $R_{C(S_1)x}$ 都为“局外点”，用使用 L_{Px} 替代 $L_{C(S_1)x}$，R_{Px} 替代 $R_{C(S_2)x}$。

基于 RANSAC 算法提取出左右两行作物的中心点后，再利用最小二乘法进行拟合，即得到导航路径。最小二乘法的核心思想是利用最小化误差的平方和去寻找最佳匹配的函数，即一组数据为 (x_i, y_i)，其中 $(i = 1, 2, \cdots, n)$，假设拟合函数为 $f(x)$，则使误差的平方和 ε 最小，方程如下。

$$\varepsilon = \sum_{i=1}^{n} [y_i - f(x_i)]^2 \tag{6-2}$$

由式(6-2)可知，当 ε 求得最小值时，数据 (x_i, y_i) 与拟合函数 $f(x)$ 的差值平方和最小，此时函数 $f(x)$ 为该组数据的最佳匹配函数。通过 RANSAC 算法得到的作物定位点，即假设 (x_i, y_i) 和 (x_j, y_j)，分别为自走式热雾机左右两行农作物的第 i 个点和第 j 个点的坐标，首先计算出第 i 个点和第 j 个点的中间点的坐标 (x_m, y_m)，计算公式如下。

$$\begin{cases} x_m = \dfrac{x_i + x_j}{2} \\ y_m = \dfrac{y_i + y_j}{2} \end{cases} \tag{6-3}$$

然后利用最小二乘法获得直线拟合函数，可求出自走式热雾机的导航路径，假设直线拟合函数的方程为：

$$y = k_2 x + b \tag{6-4}$$

其中，k_2 为直线拟合函数在 x 轴上的横坐标，b 为直线拟合函数在 y 轴上的纵坐标，将式(6-3)和式(6-4)代入式(6-2)中，可得：

$$\varepsilon = \sum_{i=1}^{n} (y_m - k_2 x_m - b)^2 \tag{6-5}$$

对式(6-5)分别对 k 和 b 求一阶偏导，化简得

$$\begin{cases} \dfrac{\partial \varepsilon}{\partial k} = -2\left(\sum_{i=1}^{n} x_m y_m - b\sum_{i=1}^{n} x_m - b\sum_{i=1}^{n} x_m^2\right) \\ \dfrac{\partial \varepsilon}{\partial b} = -2\left(\sum_{i=1}^{n} y_m - nb - k_2 \sum_{i=1}^{n} x_m\right) \end{cases} \tag{6-6}$$

在式(6-6)中，让 ε 分别对 k 和 b 的一阶偏导数等于零，得

$$\begin{cases} \sum_{i=1}^{n} y_m - nb - k_2 \sum_{i=1}^{n} x_m = 0 \\ \sum_{i=1}^{n} x_m y_m - b\sum_{i=1}^{n} x_m - k_2 \sum_{i=1}^{n} x_m^2 = 0 \end{cases} \tag{6-7}$$

对式(6-7)求解得：

$$\begin{cases} k_2 = \dfrac{n\sum_{i=1}^{n} x_m y_m - \sum_{i=1}^{n} x_m y_m}{n\sum_{i=1}^{n} x_m{}^2 - \sum_{i=1}^{n} x_m{}^2} \\ b = \dfrac{\sum_{i=1}^{n} y_m \sum_{i=1}^{n} x_m{}^2 - \sum_{i=1}^{n} x_m \sum_{i=1}^{n} x_m y_m}{n\sum_{i=1}^{n} x_m{}^2 - \sum_{i=1}^{n} x_m{}^2} \end{cases} \tag{6-8}$$

将式(6-8)代入式(6-4)中即可求出导航路径，其中 n 表示由农作物环境模型得到的未知参数。

3. 试验验证

为模拟行间距为 0.75 m、株距为 0.25 m 的玉米行间环境，利用仿真玉米秆搭建出直线型和 L 型两种不同行走环境，其中 L 型行走环境在 5 m 位置设置折弯，模拟试验主要考查自走式热雾机的横向偏差。模拟试验结束后又进行了田间遥控试验和自主行走试验，试验场景如图 6-10 所示。

（a）直线型行走环境　　（b）L型行走环境　　（c）田间试验

图 6-10　履带植保机器人试验场景

（1）直线型行走环境　履带植保机器人分别以 0.2 m/s 和 0.4 m/s 初始速度行走，表 6-2 为横向偏差统计结果，图 6-11 为行走距离与横向偏差关系图，其中，“＋”表示偏移中心线左侧，“－”表示偏移中心线右侧。

表 6-2　直线型环境下横向偏差结果统计

初始速度/(m/s)	最大偏差/cm	最小偏差/cm	平均偏差/cm
0.2	12.75	－0.25	4.39
0.4	13.50	0.25	5.26

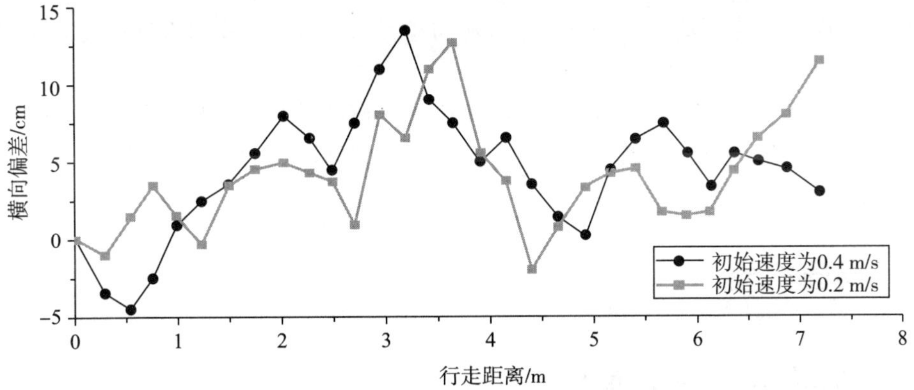

图 6-11　直线型环境下行走距离与横向偏差关系图

由表 6-2 可知，当履带植保机器人分别以 0.2 m/s 和 0.4 m/s 初始速度行走时，最大偏差值分别为 12.75 cm 和 13.50 cm，最小偏差值分别为－0.25 cm 和 0.25 cm，平均偏差值分别为 4.39 cm 和 5.26 cm。从图 6-11 可以看出，两条曲线的变化趋势差异较小，机器人在直线型行走环境下自主导航较为稳定，且两组试验的横向偏差值大多都偏向于中心线的左侧，可能受到履带底盘机械系统结构影响。

（2）L 型行走环境　履带植保机器人分别以 0.2 m/s 和 0.4 m/s 初始速度行走，表 6-3 为横向偏差统计结果，图 6-12 为行走距离与横向偏差关系图。

表 6-3　泥土地 L 型环境下横向偏差结果统计

初始速度/(m/s)	最大偏差/cm	最小偏差/cm	平均偏差/cm
0.2	9.70	−0.25	4.15
0.4	11.50	0.50	4.30

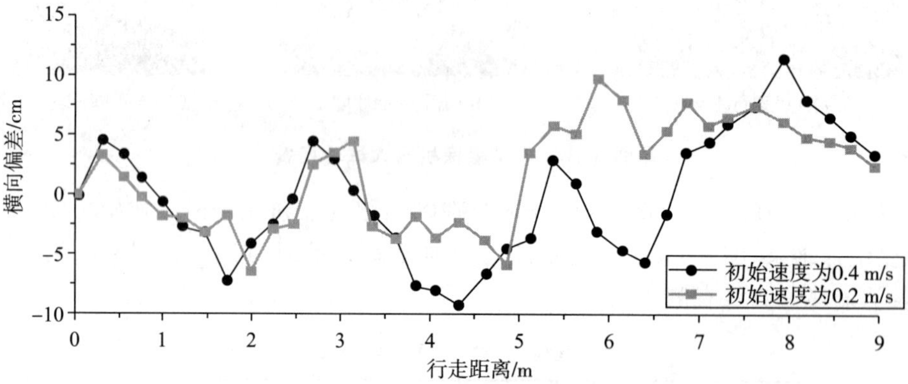

图 6-12　L 型环境下行走距离与横向偏差关系图

由表 6-3 可知，当自走式热雾机分别以 0.2 m/s 和 0.4 m/s 初始速度行走时，最大偏差值分别为 9.70 cm 和 11.50 cm，最小偏差值分别为 −0.25 cm 和 0.50 cm，平均偏差值分别为 4.15 cm 和 4.30 cm。从图 6-12 可以看出，行走距离在 0～5 m 范围内，两条曲线的横向偏差波动的范围较小，而当行走距离达到 5 m 之后，横向偏差逐渐增大，表明直线行走时其横向偏差值小于弯道部分行走的偏差值。

通过样机田间自走试验，也验证了该套控制方法的有效性，玉米中后期在经履带植保机器人病虫害防治后，玉米产量较未防治或其他防治方法具有较大提高，该机器人为玉米中后期植保提供了新方法。

6.2　果园机器人

6.2.1　果园对靶喷雾机器人

中国是世界上最大的水果生产与消费国家，据统计，截至 2020 年年底，其果园种植面积稳定在 0.133 亿 hm^2，且 2019 年水果的产量占到了全球的 14%，水果产业在为果农带来很大经济收益的同时，给果园的种植、管理、采摘、运输等环节带来巨大的人力物力需求压力。然而，随着中国人口老龄化的加重，农村劳动力呈现逐年减少的趋势，传统的依靠人工种植、管理果园的方式效率低下、成本高昂。

因此，大力发展以农业移动机器人为代表的果园作业机械自动化成为解决劳动力短缺问题的根本出路。果园作业机械自动化涉及水果生产的种植、施药、施肥、除草、剪枝、采摘、运输等全过程，不仅可以提高作业效率，缓解劳动力压力，还可以有效降低果业生产中的人工成本。

6.2.1.1　果园多模式自主导航对靶喷雾机器人结构设计

该喷雾机器人是中国农业大学药械与施药技术研究中心自主设计与研发的一款果园自主

导航喷雾机器人，集计算机、电子通信、自动控制和喷雾于一体，主要由树行检测与中心线提取、树行之外的转弯轨迹生成、树行与转弯轨迹跟踪、速度与航向控制、障碍检测与避障等关键技术组成，配合风送喷雾单元，实现果园无人对靶精准喷雾。最终设计的样机如图 6-13 所示。

1. 喷头 2. 风机 3. 履带式底盘 4. GNSS 定位系统 5. 3D LiDAR

图 6-13 果园多模式自主导航对靶喷雾机器人

果园喷雾机器人按照各部位功能的不同，主要分为导航系统、运动系统和喷雾系统。下面将依次对各系统进行介绍。

1. 导航系统

果园多模式自主导航喷雾机器人导航系统有两种模式：手动遥控和自主驾驶。

(1)手动遥控模式 手动遥控模式能够通过遥控器控制车体前进、后退、行进中转向(单边停止、单边转动的转向模式)、原地转向(单边前转、单边后转的滑移转向模式)等。

(2)自主驾驶模式 自主驾驶模式包括卫星导航与自动寻迹导航。果园喷雾机器人自动寻迹导航技术主要包括硬件与软件两部分。

软件系统基于美国斯坦福大学设计开发的开源机器人软件开发平台——机器人操作系统(ROS)平台进行开发，使用 C/C++作为主要开发语言，基于 ROS Melodic 分别进行树行识别功能包、行末行首识别功能包、障碍检测识别功能包、运动控制功能包的开发。

为实现喷雾机在果园中的自主行间导航、避障与行末自动换行功能，设计了如图 6-14 所示的自主导航硬件系统。此系统以 3D LiDAR 为主要感知设备，工控机为中心处理器，计算处理 3D LiDAR 检测到的果园三维环境信息，并向运动系统发送相应的控制指令；RTK GNSS 定位系统可实时定位与跟踪喷雾机器人；惯性测量单元

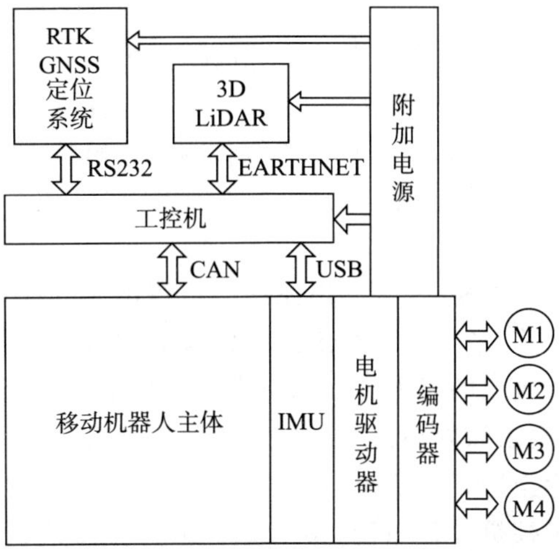

图 6-14 喷雾机器人自主导航硬件设计

(IMU)可以为运动系统提供精确的航偏角等信息；单独的附加电源可为除底盘之外的其他所有外设提供稳定电源，保证系统的稳定运行。

①激光雷达：为了获取丰富的果园三维环境信息，要求激光雷达具有较高的测距精度与视场角，选择了一款 16 线机械式激光雷达(型号：R-Fans-16)，图 6-15 为该型激光雷达的外形图。该激光雷达水平视场角为 360°，在帧频率为 5～20 Hz 时其水平角分辨率为 0.09°～0.36°，垂直视场角为±15°，垂直角分辨率为 2°，点频率为 320 kHz，最大测距为 200 m，测距精度为 2 cm，供电范围为直流 9～36 V。通过激光雷达探测靶标的有无，实现"有树叶的地方喷、叶多多喷、叶少少喷、没叶不喷"的自动对靶精准变量喷雾。

图 6-15　R-Fans-16 激光雷达

②RTK GNSS 定位系统：为了评价开发的自主导航系统的定位与跟踪性能，要求所使用的轨迹测量系统具有足够高的精度，能够直接被用来作为参考的真值。因此选择型号为 P3-DU 的 RTK GNSS 定位系统(图 6-16)。该定位系统兼容 GLONASS、GALILEO、QZSS、SBAS、BDS、GPS 六大卫星定位系统，集成了实时差分解算算法，能够提供厘米级的定位精度：在固定解下的水平定位精度为±1 cm，初始化时间＜10 s，数据输出频率最高为 20 Hz，供电范围为直流 9～36 V。

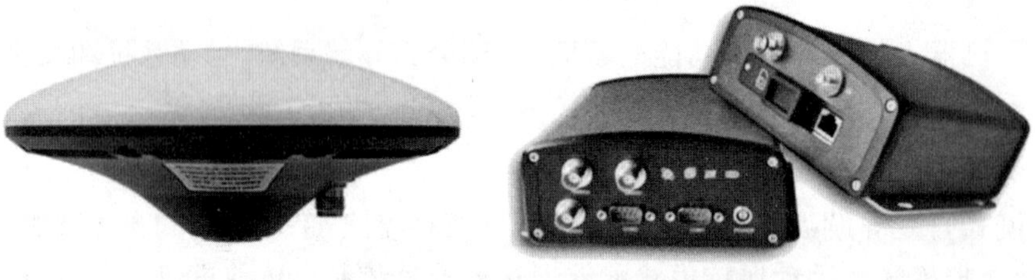

(a) 定位天线　　(b) 定位接收机

图 6-16　P3-DU RTK GNSS 定位系统

以 GNSS 导航方案进行路径规划与自主导航，当 GNSS 接收机受树冠遮挡丢失信号、多路径效应、射频干扰等给导航系统带来较大的误差甚至使导航失效时，结合实际作业环境，通过激光雷达导航系统，能够实现自动寻迹导航，自动探测果树，以两行中心线作为行进轨迹，行进作业，当到达地头时，能够自动完成转弯，进入下一行作业，最终开发出来的导航系统为 GNSS 导航与其他导航方式并存的组合导航系统。

图 6-17　自主导航系统工控机

③工控机：作为导航系统的运算单元，面对每秒最多 320 000 个点云的数据量，要求处理器具有极强的算力，同时，考虑恶劣的果园作业环境，要求该处理器具有足够的防护等级(主要应对尘土、水汽、震动等)。本研究选择了一款国产工控机(图 6-17)，其主要配置如下：处理器为 i7 10510U，搭配了 16 G 的 RAM、1 T 的固态硬盘，预装 Ubuntu 18.04 Linux 操作系统，拥有单独的 RS232 通信接口、以太网接口和

USB 接口，供电范围为直流 9～36 V。

④IMU：为了满足研究中获取底盘精准航向角的需求，为自主导航系统额外加装 IMU 模块（型号：ICM-20948）。经融合处理后，该模块在 x、y 轴方向的静态精度为 0.05°，动态精度为 0.1°，在无磁场干扰的情况下，z 轴精度为 1°，加速度精度为 0.02g，陀螺仪精度为 0.06°/s，IMU 数据的最高输出频率为 200 Hz，支持 USB 通信方式，通过 ROS 驱动包可以直接输出“/imu”与“/mag”的 ROS 话题，供开发者调用。

2. 运动系统

运动系统是果园多模式自主导航喷雾机器人的移动单元，通过移动机器人实现。作为所有传感器和喷雾系统的载体，要求移动机器人有一定的负载能力和越野能力。选择 PLT-1000 防护型履带式底盘（图 6-18），该底盘有 48 V 直流伺服电机，工作环境温度为 −20～60 ℃，采用克里斯蒂和玛蒂尔达四轮平衡两种悬挂方式，额定功率 3 000 W，额定扭矩 144 N · m，运行速度 0～1.6 m/s 可调，最大越障 180 mm，空载时最大爬坡达 40°，200 kg 负载时可续航 4 h，拥有左右独立 6 个避震器，空旷区域遥控距离达 300 m，防护等级为 IP67。此外，该动力系统还有配套的汽油机（型号：170F）。

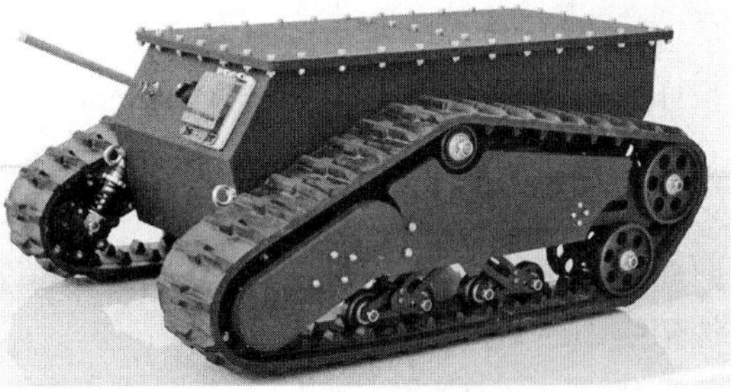

图 6-18　PLT-1000 防护型履带式底盘

3. 喷雾系统

与大田作物相比，果树冠层高大，枝叶繁密，因此果园喷雾机大多在果树行间进行作业。果园风送式喷雾机是一种兼有液泵和风机的喷雾机，以液体的压力使药液雾化成雾滴，再以风机的气流输送雾滴，风机产生气流使雾滴进一步雾化的同时吹动叶子而使雾滴渗透至树冠内部，它还能将雾滴吹送到高树的顶部，叶片正反面均能很好地着药，此类果园喷雾机具有省时省力省药的特点。

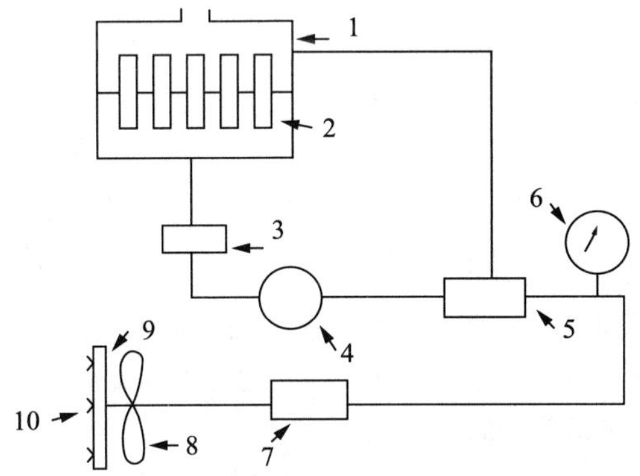

1. 药箱　2. 搅拌器　3. 过滤器　4. 液泵
5. 调压阀　6. 压力表　7. 管路控制系统
8. 风机　9. 分配器　10. 喷头

图 6-19　风送喷雾系统

3D LiDAR 实时探测果树冠层位置、大小等，通过智能控制系统计算果树体积控制各喷雾单元按照果树冠层密度自动调控喷量和风量，实现了“有树叶的地方喷、叶多多喷、叶少少喷、没叶不喷”的自动对靶精准变量喷雾。减少施药液量 50%、雾滴飘移 40%、雾滴流失 65%。

因此，果园自动对靶喷雾机器人搭载的喷雾系统即风送喷雾单元，主要工作部件包括药箱、液泵、过滤器、调压阀、压力表、管路控制部件、分配器、喷头、风机和搅拌器（图 6-19）。

6.2.1.2 果园多模式自主导航喷雾机器人控制系统设计

机器人要完成复杂的喷雾作业，需要将各模块集成起来进行有效配合。本节简要介绍机器人自主导航控制系统各功能模块的设计与集成。

1. 行间导航技术

果园行间导航作为果园导航作业中最基础的一环，在整个果园导航任务中占据了大部分的时间，故对果园行间导航技术的直线跟踪精度要求较高。

以 3D LiDAR 为感知设备，通过直通滤波器缩小导航所需感兴趣区域(region of interest，ROI)，使用欧氏聚类方法找到 ROI 中的果树，并使用每棵果树的体心等效树干位置，基于平行度实现对随机采样一致性算法(random sampling consensus，RANSAC)与最小二乘法(least square method，LSM)所拟合的左右树行的互补融合，并求其中心线得到目标导航线。此外，考虑移动机器人的线速度与航向偏差的影响，对纯跟踪控制算法进行改进。果园行间导航技术软件架构如图 6-20 所示。

P_k 为 LiDAR 产生$\{V\}$下的原始点云集；Q_k 为 ROI 选择与降采样后的点云集；E_k 为聚类与树干等效后的点云集；$L_{\text{l-RANSAC}}$ 为随机采样一致性算法拟合的左树行标志；$L_{\text{r-RANSAC}}$ 为随机采样一致性算法拟合的右树行标志；$L_{\text{l-LSM}}$ 为最小二乘法拟合的左树行标志；$L_{\text{r-LSM}}$ 为最小二乘法拟合的右树行标志；$\cos(\alpha_0)$为第 0 组余弦值；$\cos(\alpha_1)$为第 1 组余弦值；$\cos(\alpha_2)$为第 2 组余弦值；$\cos(\alpha_3)$ 为第 3 组余弦值；$\cos(\alpha_{\text{best}})$为最佳余弦值；$L_{\text{fit-l}}$ 为互补融合后的左树行标志；$L_{\text{fit-r}}$ 为互补融合后的右树行标志；$L_{\text{fit-nav}}$ 为互补融合后的导航线标志；v 为目标线速度，m/s；ω 为目标角速度，rad/s。

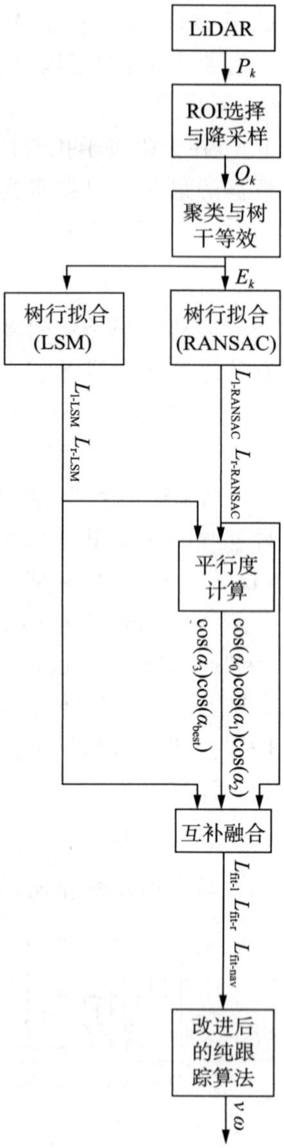

图 6-20 果园行间导航技术软件架构

2. 停车避障技术

常见的障碍检测传感器主要有激光雷达、视觉系统、超声波等，本研究设计的果园多模式自主导航喷雾机器人实现了在不增加传感器的前提下，基于同一 3D LiDAR 传感器对移动机器人前进道路中遇到的障碍进行实时检测与避障。障碍检测处理流程如图 6-21 所示。

障碍检测方面主要由障碍 ROI 的选择、欧式聚类、障碍检测、碰撞风险系数的提出 4 步组成；避障策略方面主要结合果园作业中的实际情况，通过考虑机具尺寸、果园尺寸等因素，确定了果园导航中的避障逻辑为停车避障，即当障碍进入所设定的安全区间，机具则停止运动，当障碍离开后，机具可恢复作业。

3. 自动换行技术

移动机器人行至果园行末，主要依靠航迹推算进行换行作业，果园行末、行首的准确识别可以有效地为机器人提供参考信息用于辅助其完成自动换行任务，或用于换行轨迹跟踪中的误差修正。常见的果园行末识别方法主要有通过在地头安装人工标志物或创建高精地图等以辅助系统完成识别，但这些方法都增加了导航中的工作量。

本研究设计的果园多模式自主导航喷雾机器人分别经过辅助定位 ROI 的提取、辅助定位直线的拟合等步骤实现了果园行末、行首的准确识别，然后又基于果园行距规则的假设分别设计了“U 形”与“直角”两种换行路径，均能成功实现篱壁式仿真果园下的自动换行。如图 6-22 所示为果园自动换行流程图。

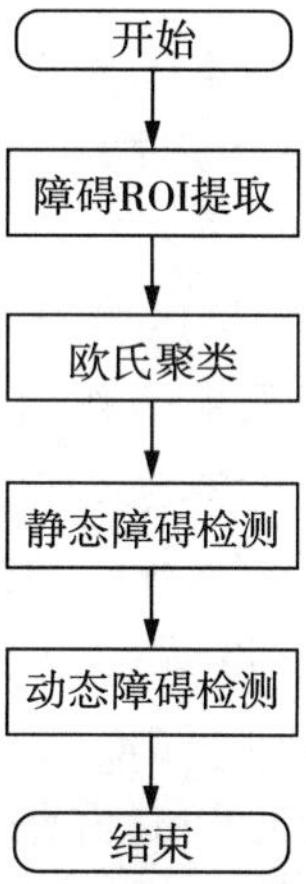

图 6-21　障碍检测处理流程

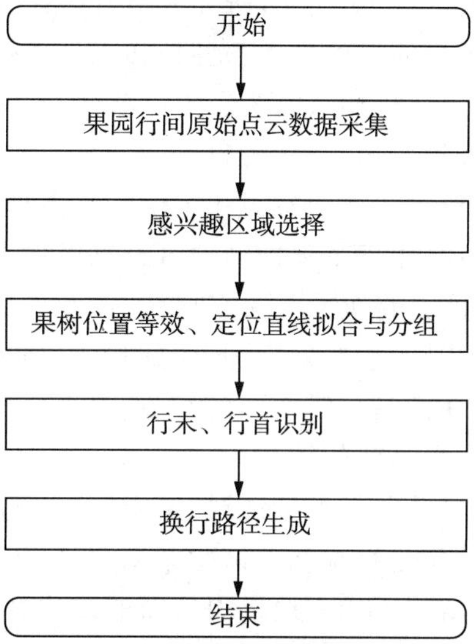

图 6-22　果园自动换行流程图

6.2.1.3　果园多模式自主导航喷雾机器人导航系统集成

喷雾机器人的自主导航模块主要包含果园行间导航、果园避障、果园自动换行。从应用实际情况出发，避障模块应当具有最高优先级，行间导航、自动换行具有相同优先级，按照此逻辑设计如图 6-23 所示的系统优先级，首先进行障碍检测，若存在障碍，则直接打断当前正在进行的一切作业，进入避障任务，否则，继续执行当前任务。

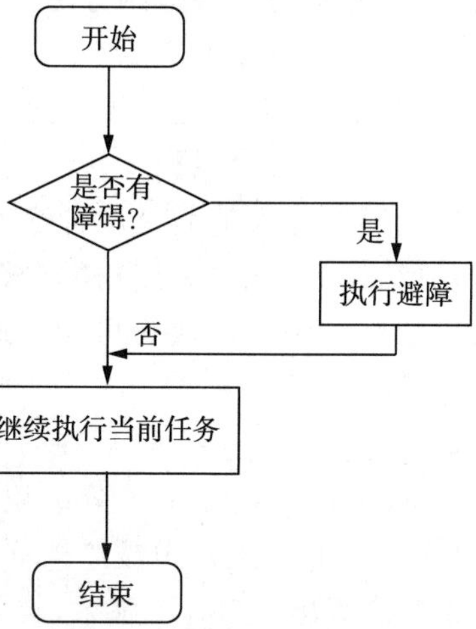

图 6-23　系统优先级设计

以果园避障系统是否检测到障碍为依据进行果园导航任务优先级的设计，以移动机器人在果园中所处位置进行不同的导航任务分配，最终实现任务间的自主切换。

6.2.2 果园收获机器人

水果收获是高度重复的机械劳动，更适合使用执行重复单调精密动作的收获机器人来完成，以缓解农业劳动力不足问题。本节以苹果收获机器人为对象，对其主要工作流程进行介绍。

从 20 世纪 70 年代起，研究人员开始研制用于鲜食苹果收获的机器人。与工业机器人不同，受田间环境的不可控性（光照）和工作条件的复杂性（水、灰尘、震动等）影响，苹果收获机器人进展缓慢。而机器人收获作为一项涉及传感器、自动化、机械设计、机器视觉等诸多技术领域的系统化、集成化工程，较为复杂。苹果机器人收获有 3 个基本任务需要完成，即苹果检测、定位以及分离。苹果的检测和定位任务由视觉系统完成，分离由末端执行器实现。

6.2.2.1 用于苹果检测的可见光图像

苹果检测是将苹果与具有树枝、树叶和其他重叠苹果的背景区分开。苹果的检测过程主要分为 4 个步骤：数据采集、图像分割、特征提取、目标检测。采集的数据格式由早期的二值图像发展到现在的高分辨率彩色图像，数据处理方法也由简单的算法（如线性判别分析和最近邻）发展到了更高效的算法，如支持向量机（SVM）和神经网络（NN）。例如，有科研工作者基于区域生长算法和颜色特性对“富士”苹果进行了图像分割，提取颜色和形状特征后，将其输入 SVM 和 NN 中进行检测。试验结果表明，SVM 的准确率达到 89%，优于神经网络的准确率 67%。其他科研工作者通过引入新的纹理特征，实现了对‘金冠’和‘乔纳金’苹果 89%的识别成功率。

随着机器学习技术在农业领域的广泛应用，研究人员开始测试和验证创新算法（尤其是深度学习算法，也包括一些其他的现代机器学习算法）在水果检测中的应用。有科研工作者开发并测试了一种用于不同品种苹果检测的新型多模态 Faster R-CNN 模型，其准确率为 80%。对‘富士’苹果的检测中测试了 Faster R-CNN 的模型性能，其准确率达到 95%。通过改进 Faster R-CNN 的卷积和池化层来提高检测精度与效率，改进后的模型精度达到 92%。通过对苹果检测方面的多种深度学习算法进行综述，得出现有研究的准确率范围为 84%～95%。研究人员还开发了一种新的基于语义分割的苹果检测方法，其算法的测试准确率＞95%，优于现有的深度学习算法（Faster R-CNN 和 YOLO）。新兴的深度学习算法在水果检测上的优异性能（＞90%的准确率）有望实现商业获益，尤其是苹果采摘机器人。

现有的苹果检测研究大多是在旧式树冠苹果树上进行的，存在大量苹果对苹果和叶片对苹果的遮挡（图 6-24），且由于水果检测图像大部分是在自然光照条件下采集的，存在光照条件不同且不均匀的问题。但随着树冠结构的演变，遮挡物减少，苹果可见度大幅度增加[图 6-24(b)]，且为树木提供人工或半人工的光照条件已成为可能。通过建造具有隧道和人工照明结构的跨行平台辅助器来提高水果检测精度[图 6-24(b)]，并通过迭代循环霍夫变换（CHT）和 blob 分析来分别检测清晰可见和部分遮挡的苹果，最后在对‘爵士’和‘富士’苹果的田间试验中实现了 90%以上的准确率。此外，工程师还提出了分级识别的概念，即先检测清晰可见的苹果，将其移除后，通过重新拍摄来增加原来图片中被遮挡苹果的可见度，并在 20 株‘爵士’树的 1 827 个苹果上进行了试验，成功检测出 1 789 个苹果，准确率达到 97%以上。由上述分析可知，在新冠层结构树木提供更好的苹果可见度有利于机器视觉系统对苹果的检测。

（a）旧式冠层树中的苹果　　（b）高纺锤形冠层中的苹果

图 6-24　不同树冠结构下的苹果

6.2.2.2　用于苹果检测的热图像和光谱图像

除用于苹果检测的可见光图像外，热成像和光谱传感技术也被用于水果检测。利用苹果、叶片以及树干对热量吸收和辐射的速率差异，采用热图像来实现苹果检测，且为了最大化目标苹果与背景之间的温差，常选择下午采集热图像。通过融合热图像和 RGB 图像实现了水果检测，并证明了该融合方法在检测精度方面优于单独的热图像。利用高光谱成像技术（可见光和近红外）实现了对‘金冠’苹果的检测，即利用主成分分析将高光谱成像的高维数据（41 个波段）压缩为多光谱数据（15 个波段）后，采用机器学习技术对同质物体进行提取和分类，准确率为 90%。与利用彩色图像进行苹果检测的广泛研究相比，基于热图像和光谱图像的研究相对较少。而大多数基于热图像和光谱图像的苹果检测研究均是在传统苹果树上进行的，因此需在冠层结构良好的新型苹果树上对其性能进行测试。此外，高光谱或多光谱技术在数据采集及处理环节的大量耗时阻碍了其在实际中的应用。

6.2.2.3　苹果定位

完成苹果检测后，引导末端执行器进行苹果抓取和分离的位置信息成为机器人收获的关键。若定位信息不准确，末端执行器将难以抓取和分离苹果，而风以及遮挡等带来的移位问题则进一步加剧了抓取的难度。为此，研究人员针对水果的精确定位开展了大量研究。首先是基于单个相机的定位研究。例如，利用黑白图像实现了对苹果的识别和质心的获取，并通过开发的数学变换模型将 2D 质心坐标映射至 3D 坐标系中以引导末端执行器运动。通过固定于管状末端执行器中心的 RGB 相机检测的果实中心与棱柱关节轴线的对齐实现了苹果的访问。除苹果的中心坐标外，为便于果实分离，利用 RGB 相机对果梗进行了定位。为进一步提高水果定位准确性，研究引入了激光系统。科研人员研发了一套组合系统，即先利用机器视觉系统确定出水果的二维位置，再通过激光测距系统确定末端执行器与水果之间的距离，但该系统的准确性并未见详细报道。其次为基于立体视觉的定位研究，其主要难点是在不同图像中获取对应于实际视野中同一点的参考点。有工程师开发了一个立体视觉系统并尝试解决参考点的对应问题。即左侧图像检测到苹果后，在右侧图像高度相同的矩形区域内进行对应关系的匹配，并通过增加苹果序列的约束条件来避免果实的错配问题，最终实现系统定位误差＜20 mm。除了立体视觉，RGB-D 相机（从 Kinect 到 RealSense Deep）的发布为同时检测和定位苹果（三维空间位置）提供了一种新方法。利用 Kinect V2 相机实现了苹果颜色和三维几何特征的融合，并将其输入支持向量机中进行苹果检测，准确率达到92%，但并未声明系统的定位准确性。通过Kinect V2相机并结合机器学习算法(如贝叶斯分类器和Faster R-CNN)，对自然果园环境下的水果进行了检测与定位，实现了92%～95%的检测精度，且x、y、z方向上的定位误差分别为(7.0±0.25)mm、(－4.0±3.0)mm、(13.0±3.0)mm。而RealSense因其比Kinect V2具有更高分辨率的深度图像和采样频率，受到了研究者们的广泛关注。例如，有研究者用最新发布的RGB-D相机RealSense对苹果进行实时检测和定位，并引导机械臂完成水果采摘。由于该研究仍处于研发阶段，RGB-D相机在实时准确地检测和定位水果方面具有巨大的应用前景。

6.2.2.4 苹果采摘末端执行器

苹果的检测和定位信息将用于指导末端执行器完成苹果分离。为满足实际应用需求，末端执行器应具备结构简单、适用性强、并能够有效消除苹果损伤等优点。目前，已设计和验证了数十种苹果采摘机器人的末端执行机构。例如，有研究者构建了一个具有三根手指并能实现自适应重组的手状末端执行器[图6-25(a)]。其具有12个自由度，因此能够实现多种物体(如高尔夫球、排球、瓶子等)的抓握。有研究者开发了由两根手指组成的末端执行器，用于夹持苹果花梗以便脱落。有研究者结合冠层减容(将树冠修剪为更有利于苹果检测和分离的外形)概念设计了一个简单的末端执行器，其主要由两个气缸组成：一个用于切割系统的伸缩运动，另一个用于刀具的打开和关闭[图6-25(b)]。经试验验证，该系统每分钟能够采摘55个苹果。真空漏斗状的苹果夹持器[图6-25(c)]，当夹持器靠近苹果时，苹果被真空吸向夹持器；当夹持器收回时，苹果在吸力的作用下脱离树枝。有研究者构建了一个带有四根手指的夹持器，且每根手指均与嵌入式传感器相连以实时监测并控制夹持力[图6-25(d)]。一种勺形末端执行器[图6-25(e)]由两个勺形圆盘夹住苹果后，电动切割装置会切断果梗使其与树枝分离。美国华盛顿州立大学的一个研究小组在关于苹果收获机器人的项目开发中设计了一种新的末端执行器[图6-25(f)]，其机械设计由均匀分布在圆形手掌内的三个完全相同的手指组成，且手指内部采用柔软的橡皮垫进行填充以避免水果的损伤。在试验中，所设计的末端执行器成功采摘了100个目标果实中的95个，采摘时间为每个1.2～6.8 s。另有研究者开发了另外一种基于软手指的末端执行器，且三根软手指被均匀(120°间隔)地安装在一个圆圈中[图6-25(g)]。当充气时，手指进行弯曲以抓取苹果；当放气时，手指释放苹果。而为避免在抓取小苹果时手指的重叠，三根手指设计为两短(95 mm)一长(152 mm)。

然而，上述几种末端执行器均未在苹果收获的实际应用中实现商业化。三指[图6-25(a)]和四指[图6-25(d)]夹持器虽具有抓取和分离苹果的能力，但都无法实现树冠内部苹果的采摘。此外，成本是阻碍其实际应用的又一因素。真空吸力式末端执行器[图6-25(c)]在分离正常大小苹果时功能良好，但面对异常(过大或过小)苹果时表现出了明显的不足。气动切割器[图6-25(b)]在枝干较长的老式树冠上效果良好，但在新型树冠上的表现未知。WSU设计的末端执行器[图6-25(f)]和勺形末端执行器[图6-25(e)]仍处于原型阶段，鲁棒性和可靠性是其进行实际和长期应用前需要解决的两个关键问题。而基于软手指的执行器[图6-25(g)]则处于概念阶段，需要进行更多的测试来验证其性能。

为更好地改进尚在研究阶段的末端执行器，研究人员对人工苹果采摘的动力学进行了分析。通过视频记录了采摘者以花蕾为支点，轻轻倒旋苹果的采摘动作。试验结果表明，手指(通常为工人的食指)与关节(苹果茎到苹果枝)的接触是苹果采摘成功的必要条件，对茎和花

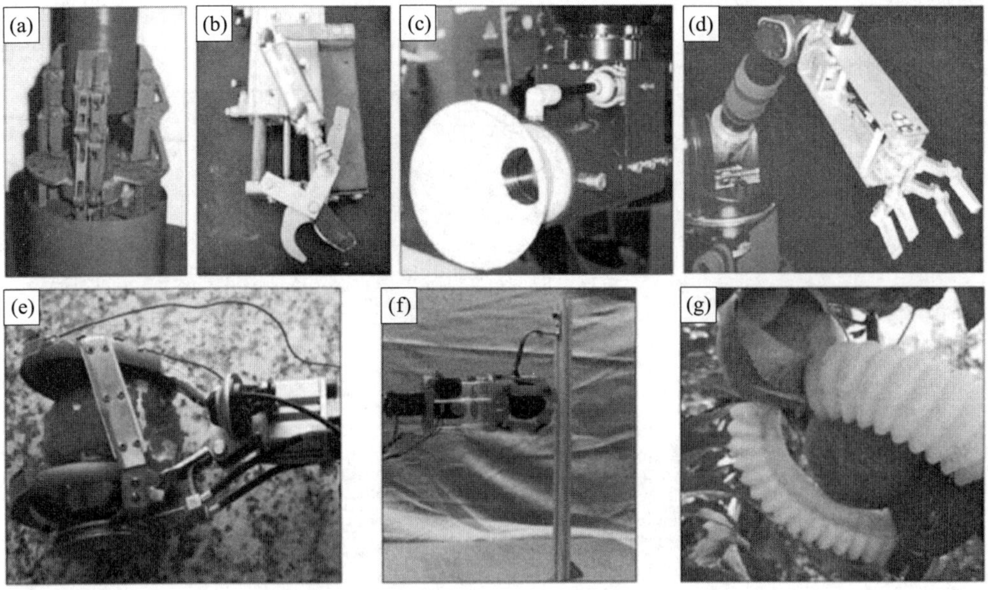

(a) 三指形设计 (b)气动切割 (c)真空吸盘 (d)四指夹持 (e)勺形设计 (f)WSU 设计 (g) 柔软手指

图 6-25 处于研究阶段的 6 种末端执行器

蕾的伤害较小,造成其他果实掉落的概率也较小。对人工采摘过程的抓取力进行了量化研究,构建了由力传感器和数据采集模块组成的抓取力监测系统,并以'澳洲青苹果''嘎拉''富士'3 种苹果为试验材料,测定了 4 种分离方式(拉、剪、逆梗扭转、顺梗扭转)下的抓取力。结果显示试验的最大抓取力范围为 2.4～57.6 N,远小于苹果的硬度范围 51.0～76.4 N,这为开发无损伤的苹果分离末端执行器提供了基础数据。通过增加加速度传感器和惯性测量单元对抓取力测量系统进行了更新,并利用更新后的系统监测人工抓取的过程。结果显示,在工人分离苹果所用的三根手指(拇指、食指、中指)中,拇指的最大法向接触力为 30 N,且分离过程中苹果的平均旋转角度为 32°～45°,并证实了弯矩在减小分离所需抓取力方面的重要性。综上所述,以上研究为后续末端执行器的设计与改进提供了坚实的基准。

6.2.2.5 具有创新末端执行器的商业化苹果采摘机器人

由于劳动力的减少和劳动成本的增加,苹果采摘机器人行业迅速发展。目前,有两家技术相对成熟的苹果收获机器人公司正在走向商业化——美国的 Abundant Robotics 和以色列的 FFRobotics。Abundant Robotics 末端执行器利用真空使苹果分离[图 6-26(a)]。即完成某一苹果的识别定位后,真空管逐渐接近目标苹果,并随着真空吸力的显著增大,苹果被吸入管内直至发生分离。该末端执行器的简单设计提高了其长期使用的可靠性和鲁棒性,并在对集成系统的广泛测试中[图 6-26(b)],实现了无损伤的高效采摘。而 FFRobotics 用于苹果分离的末端执行器是一个具有三根手指的线性执行机构[图 6-26(c)],其顺序执行的抓取、旋转和回缩动作能够有效避免分离苹果的果梗损失。图 6-26(d)为该集成机器人系统的现场测试图。为实现超越人工的采摘效率,两种机器人都设计了多个末端执行器。而随着新型树冠结构、传感和自动化技术的发展,苹果采摘机器人的采摘效率将被进一步提高。但目前,机器人系统仍处于广泛的测试和研发阶段,并在完全商业化前需要解决以下 3 个关键问题。首先是经济成本问题,即使用机器人的成本应等于或小于人工成本;其次为系统可靠性问题，即如何保证在短暂的收获季实现无故障地持续工作；最后为灵活性问题，即如何收获成簇生长的苹果。

(a)Abundant Robotics 的真空末端执行器 (b)Abundant Robotics 的田间试验
(c)FFRobotics 的伸缩式三指夹持器 (d)FFRobotics 的现场测试

图 6-26 商业化的自主苹果收获机器人及其末端执行器

6.3 设施园艺机器人

6.3.1 果实采摘机器人

果实采摘机器人综合利用人工智能、图像处理、多传感器融合等技术，集成环境感知、动态决策、行为控制和自动采摘，具备自主感知、自主行走、自主保护能力。在采摘工作过程中，果实采摘机器人首先按照预设的导航线路移动到果树附近，然后利用果实智能检测系统对果实的位置进行识别与定位，随后根据果实位置进行路径规划，最后运用规划好的路径指导机械臂、机械手完成果实采摘工作。现代农业环境具有许多开放性和未知性的难题，例如果实在生长过程中，其大小和颜色会随着时间不断变化，在采摘果实的过程中，采摘一个果实会导致其他果实的位置改变。对于一套鲁棒性高的机器人采摘系统来说，需要在解决上述难题的同时，保持稳定的果实采摘准确率，这对于果实智能检测系统设计提出了更高的要求。

1. 番茄果实采摘机器人总体设计

机器人整体硬件功能设计图如图 6-27 所示，由 5 个部分组成：自动导航系统、采摘系统、运动系统、控制系统及动力系统。自动导航系统包括用于室内导航的激光雷达和用于大田导航的 GNSS；采摘系统包括用于果实识别的双目立体视觉系统，完成果实采摘的六自由度机械臂和末端执行器（机械手）；运动系统包括机器人底盘和控制底盘车轮运动的伺服电机；控制系统包括业务工控和运动控制版。动力系统包括电池组、上电管理模块等。

机器人整体硬件结构设计示意图和机器人整体实物图如图 6-28 所示，包括单线激光雷达、

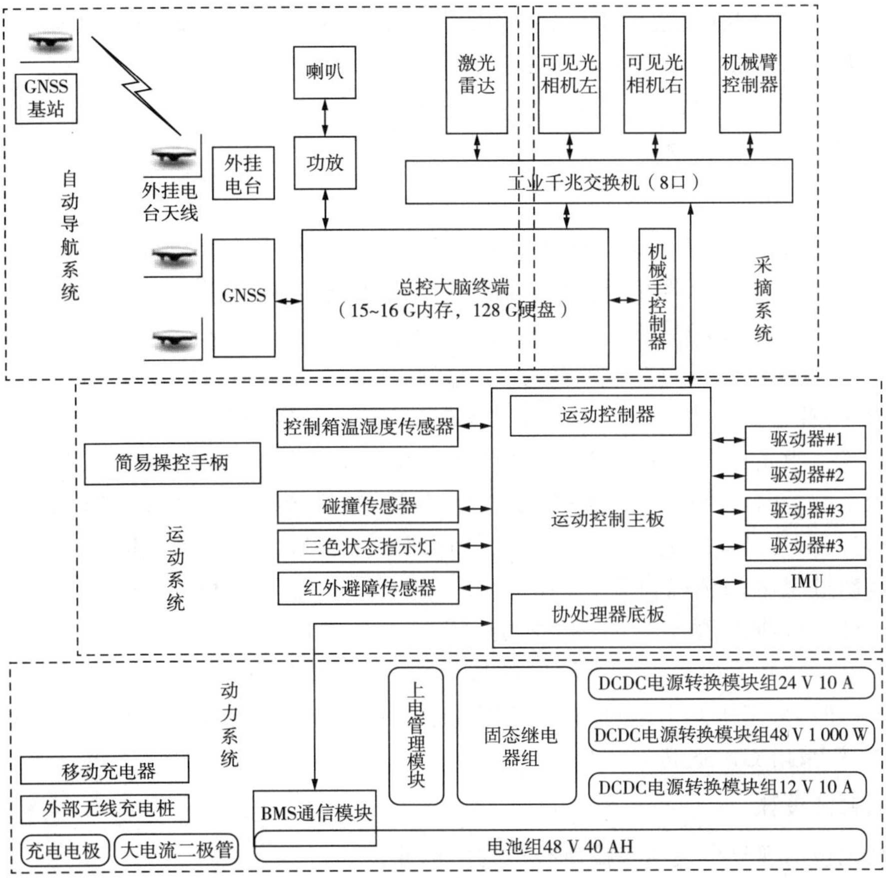

图 6-27　机器人整体硬件功能设计图

二维码 6-1
果实采摘机器人

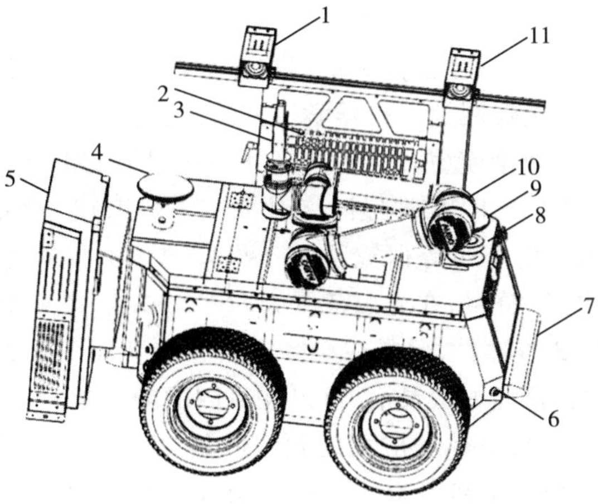

1. 左相机　2. 篮子　3. 机械手　4. 后 GNSS 天线　5. 无线充电桩　6. 红外避障传感器　7. 碰撞传感器　8. 激光雷达　9. 前 GNSS 天线　10. 机械臂　11. 右相机

(a)机器人整体硬件结构设计示意图

(b)机器人整体实物图

图 6-28　机器人整体示意图

前GNSS天线、后GNSS天线、左相机、右相机、机械臂、机械手、果篮、碰撞传感器、红外避障传感器以及无线充电桩。激光雷达为SICK LMS151(西克中国),GNSS系统采用P3-DT接收机(华测导航),机械臂型号为AUBO-i5[遨博(北京)智能科技有限公司],相机型号为DS-2ZCN2007(C)(海康威视)。

2.智能导航系统

如图6-27所示,机器人自动导航系统由激光雷达和GNSS两部分构成。根据机器人工作的不同环境(温室或大田),选用合适的方法(激光雷达或GNSS)进行导航。机器人的前侧装有单线激光雷达,通过单线激光雷达向机器人前进方向发射范围为270°的单线激光,激光扫描到遮挡物后会发生反射,通过反射回的激光计算遮挡物距离机器人的距离。采用单线激光雷达进行导航时,首先要通过激光雷达建立工作环境地图,然后根据建立好的地图设置路径点,规划工作路线。激光在空旷区域或遇到透明物体具有很强的穿透性,因此使用激光雷达导航应在面积较小的封闭环境中。GNSS导航通过卫星定位系统确定机器人(移动站)当前大概位置,同时获取基站的当前位置。对移动站的位置信号与基站接收的信号进行差分获得机器人(移动站)运动过程中的精确位置(经纬度)。采用GNSS进行定位时,无论是基站还是移动站,至少需要同时接收4颗卫星的信号才能保证定位的精确度。因此不适用于遮挡物较多的复杂环境。根据激光雷达和GNSS不同的技术特点,以温室和大田不同的工作环境,当机器人在温室工作时,采用激光雷达建图,设置路径点,规划工作路径的方法进行导航。当机器人在大田工作时,采用GNSS进行导航。

3.采摘系统设计

采摘系统包括视觉模块和采摘执行机构两部分。

(1)视觉模块　机器人视觉模块为两个可见光相机组成的双目立体视觉系统。两个相机同时采集果实的可见光图像,以左相机采集的图像为底图,对果实进行识别,再将右相机采集的图像与左相机图像进行匹配校准,计算出果实的位置和深度信息。

①果实识别方法:目前果实识别方法主要分为机器视觉方法和深度学习识别方法两种。

在果实检测方法方面,传统的"机器视觉+机器学习方法"已经有了大量应用,研究人员已经根据实际问题提出了不少相应的理论模型。贾伟宽等分别利用了Lab颜色空间、RGB颜色空间、HSV颜色空间的图像特征,基于RBF神经网络对果实进行识别分类,该方法对于重叠面积大于30%的苹果会造成漏识。傅隆生等研究了基于果萼图像的猕猴桃果实夜间识别方法。该研究利用HSV颜色空间的V分量,在光照范围为50～400 lx时,猕猴桃的正确识别率达94.3%。该方法对光照有较好的鲁棒性,但是在果实成簇状时会导致未识别或误识别。由此可以看出,使用机器视觉的方法,处理方法灵活,可以在不同的颜色空间下,选用颜色、形状、纹理等特征作为模型的输入,从而解决具体的应用问题。但是,也正是由于针对不同的对象,选用颜色、形状、纹理等特征灵活多样,导致针对不同的场景或者样本,图像处理的效果有很大的不同,从而也导致了算法的鲁棒性不够。与传统方法相比,深度学习方法使用卷积神经网络(convolutional neural network,CNN),是直接由数据本身驱动特征及表达关系的自我学习,对图像具有极强的数据表征能力,因此近几年在果实识别领域的应用逐渐增多,大多数集中在对果树果实的估产方面。基于深度学习的检测结果精确度往往使用F_1分数来表达。

近些年,基于CNN发展出一些经典的深度学习网络模型,包括R-CNN、ZFNet、VGG16、

YOLO、ResNet)等(注:这些网络模型的缩略词属于特定名词,因此这里没有展开)。第一个将深度学习应用于果实检测的是 Sa 等(2016)。Sa 等将 R-CNN 应用于 RGB 图像和 NIR 图像,对甜椒个数进行检测,得到的 F_1 分数为 0.84,但是该方法只是完成了甜椒的识别和计数,并没有开展进一步的定位研究。Bargoti 等(2017)使用深度学习对果实进行检测和计数。他们使用 VGG16 网络与 ZFNet 进行比较,结果显示 VGG16 的 F_1 分数要高于 ZFNet 的 F_1 分数,VGG16 对苹果、芒果、杏的检测 F_1 分数分别达到了 0.90、0.91、0.76。Koirala 等(2019)比较了不同的深度学习网络结构对芒果的检测效果,研究表明,YOLO 模型给出的结果最好,F_1 分数达到 0.97。以上方法均以果实计数为目标,并没有进一步结合机器视觉的方法,给出果实的轮廓信息。Fu 等(2020)应用包括 Faster R-CNN、MobileNet、YOLOv3-tiny、YOLOv3、YOLOv4 等不同深度学习网络进行了猕猴桃在体检测,取得了 90%以上的正确检测率。

②果实定位方法:果实定位,即确定果实的具体位置。后续通过果实位置规划路径,指导机械臂和机械手进行采摘。果实定位主要运用立体视觉技术,运用于重建场景的三维几何信息。通过双目相机拍摄图像之间的关系对目标物体进行定位。

A. 双目立体视觉原理:双目立体视觉进行空间点的三维测量是基于视差原理,即利用平面三角公式获取被测点距离测线的水平距离。立体双目相机的三维点云信息获取原理如图 6-29 所示。

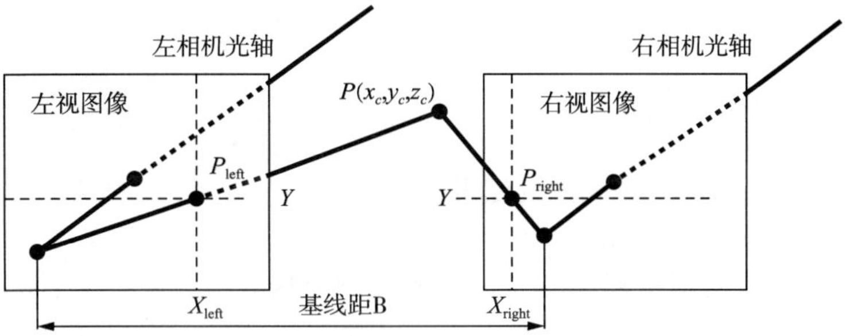

图 6-29 三维点云信息获取原理

图 6-29 中基线距 B 表示平行安装的两个相机的投影中心连线距离,它是双目相机的重要参数。通过相机标定可获取相机焦距等参数。

设左、右相机在同一时刻观看空间物体的同一特征点 $P(x_c, y_c, z_c)$时,分别在左右相机上获取了点 P 的图像,它们的图像坐标分别为 $P_{left}(X_{left}, Y_{left})$、$P_{right}(X_{right}, Y_{right})$。由于两相机平行安装,它们的成像平面是同一个平面,所以特征点 $P(x_c. y_c, z_c)$与其在两幅图像中的 Y 轴坐标都相同,即:

$$Y_{left} = Y_{right} = Y \tag{6-12}$$

根据几何关系可以得到:

$$\begin{cases} X_{left} = f\dfrac{x_c}{z_c} \\ X_{right} = f\dfrac{(x_c - B)}{z_c} \\ Y = f\dfrac{y_c}{z_c} \end{cases} \tag{6-13}$$

式中 f 为左、右相机的焦距，定义视差(Disparity)为特征点 $P(x_c, y_c, z_c)$ 在左右两幅视图中 X 轴方向上的坐标差，即可得：

$$\text{Disparity} = X_{\text{left}} - X_{\text{right}} \tag{6-14}$$

通过将式(6-13)和式(6-14)联合，可以计算出特征点 $P(x_c, y_c, z_c)$ 在相机坐标系下的三维坐标为：

$$\begin{cases} x_c = \dfrac{B \times X_{\text{left}}}{\text{Disparity}} \\ y_c = \dfrac{B \times Y_{\text{left}}}{\text{Disparity}} \\ z_c = \dfrac{B \times f}{\text{Disparity}} \end{cases} \tag{6-15}$$

通过以上推导可知，当在立体相机视野范围内的任意一点，只要能够在左右相机图像上找到其对应的匹配点，就可以确定出该特征点的三维坐标，这一过程称为立体匹配。通过立体匹配得到视差图像之后，就可以获取深度图像，并恢复场景的三维信息。

B. 基于半全局匹配(semi global matching, SGM)的视差图计算：半全局匹配算法采用全局匹配算法中最优化能量函数的思想，即寻找每个像素的最优视差，使得整张影像的全局能量函数最小，能量函数如公式(6-16)所示。

$$E(D) = \sum_p C(p, D_p) + \sum_{q \in N_p} P_1 T[|D_p - D_q| = 1] + \sum_{q \in N_p} P_2 T[|D_p - D_q| > 1] \tag{6-16}$$

式中 D 代表视差图，$E(D)$ 代表视差图的能量。p 代表任一像素，q 代表对像素 p 的 N_p 领域内任一像素。C 函数代表所有像素的匹配代价。$T[\,]$ 为判断函数，是则返回 1，否则返回 0。P_1 和 P_2 分别为较小和较大的惩罚函数，分别用来适应视差变化小与视差变化大的情况。

关于匹配代价的计算，需要定义一个大小为 $W \times H \times D$ 的三维矩阵 $\boldsymbol{C}$，其中 W 为图像宽度，H 为图像高度，D 为预设的视差最大值。$C(x, y, d)$ 代表像素 (x, y) 在视差为 d 时的匹配代价，匹配代价越小说明相似度越高。匹配代价得到代价三维矩阵后，通过代价聚合，对代价矩阵进行优化。聚合可以通过 4、8、16 等路径进行聚集，路径数越多时间开销越大，相对的效果也更好。

最后通过 Winner Takes All(WTA)算法进行视差的计算，即选择某一个像素在所有视差值中的最小位置。

C. 基于 SGM 的视差图定位试验：进行半全局配准方法操作前，需要将左右相机的果实图片进行平行校正，通过张正友标定得到两个相机的内部参数以及两个相机之间的外部参数。通过这些参数对图像进行校正。平行校正结果如图 6-30 所示。

由图 6-30 可知，经过平行校正后，左右图像中对应的特征点都校正到了同一个水平高度上。根据极线校正结果进行半全局配准。找到对应点之间视差关系，生成左图像的视差图，视差结果如图 6-31 所示。

图 6-30 平行校正结果图

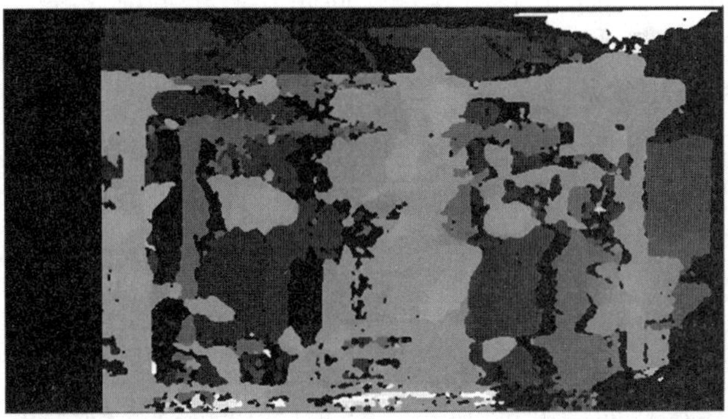

图 6-31 视差结果图

视差图为灰度图像，像素值越大，代表该像素点处视差越大，即该像素点相应的目标物距离相机位置越近。相反，像素值越小，代表像素点处视差越小，即该像素点相应的目标物距离相机位置越远。

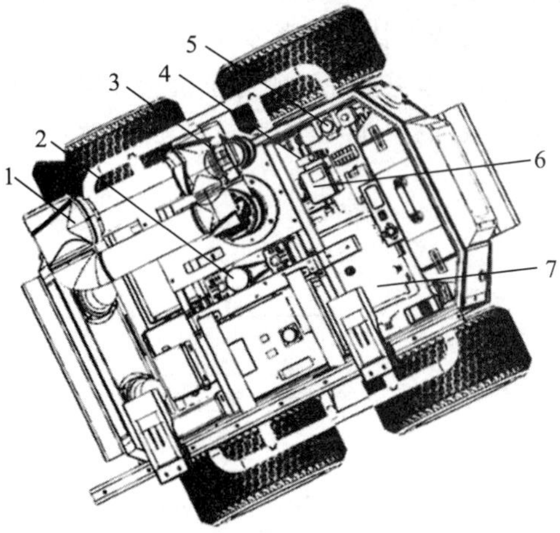

1.机械臂 2.气泵 3.机械手 4.电磁阀 5.空气滤清器 6.压力表 7.气罐

图 6-32 机器人采摘执行机构示意图

③采摘执行机构：如图 6-32 所示，采摘执行机构由机械臂和末端执行器（机械手）两个部分组成。机械臂采用六自由度的机械臂，有效工作半径为 800 mm，最大负重为 5 kg。末端执行器（机械手）采用刚性两指剪抓一体的机械手。机械手两根刚性手指顶部装有刀片，机械手工作时两个刚性手指闭合抓紧果梗的同时，机械手顶部的刀片剪断果梗完成果实摘取。机械手手指的开合由气压系统控制，通过改变气压系统中电磁阀的气路开闭改变机械手手指的开合状态。

4.系统软件设计

机器人系统软件使用 Microsoft Visual Studio 2015（美国微软公司）开发。主要包括机械臂运动控制软件设计和激光雷达导航软件设计两部分。

(1)机械臂运动控制软件设计 机械臂运动控制软件的功能是控制机械臂根据实际需求

运动，完成果实采摘执行工作。

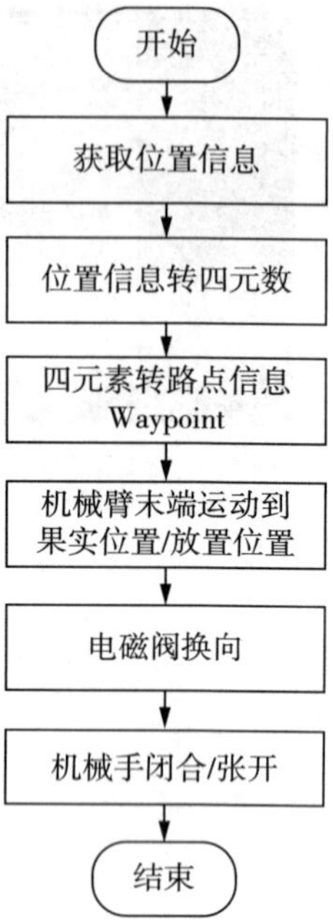

图 6-33 机械臂运动控制程序流程图

机械臂运动控制软件程序流程如图 6-33 所示，机械臂接收双目立体视觉相机获取的果实的位置坐标，首先将位置坐标（x，y，z）转换成四元数，其次将四元数转换成路点信息，即 6 个关节每个关节的转动角度，最后控制机械臂每个关节运动到指定的角度，实现机械臂末端运动到果实位置的目标。机械臂运动结束后，通过控制电磁阀开关控制机械手开合完成果实采摘。

（2）激光雷达导航软件设计　根据激光雷达导航的功能需求，激光雷达导航软件模块功能模块如图 6-34 所示，包括数据通信、数据处理、数据存储、界面显示 4 个部分。各个模块之间相互协作实现 3 种工作模式下的软件运行。激光雷达导航软件工作流程如图 6-35 所示，首先在建图模式下通过激光雷达扫描周围环境，建立机器人工作的环境地图；其次在设点模式下根据机器人的工作需求认为设置需要停车工作的路径点，计算各个工作点之间的距离权值，再根据距离权值计算结果完成路径规划；最后在导航模式下按照规划好的路径实现自动导航。

5. 机器人工作流程

采摘机器人的工作流程如图 6-36 所示。首先，根据机器人的工作环境选择合适的方法建立地图（大田采用 GNSS，温室采用激光雷达），然后根据建立的工作地图，对采摘过程中机器人的工作路线进行规划，设置需要停车抓取图像的路径点。采摘机器人会依次抵达设置好的路径点抓取图像，若发现果实，采摘机器人执行机构会在工作范围内摘取果实，并将无法抵达的果实位置反馈给工控机。执行机构工作结束后，视觉系统会重新抓取图像，确保工作范围内的果实已经全部被摘取。当所有路径点的采摘工作完成即到达路径末端点后，采摘机器人会自动回库为下一次采摘做准备。

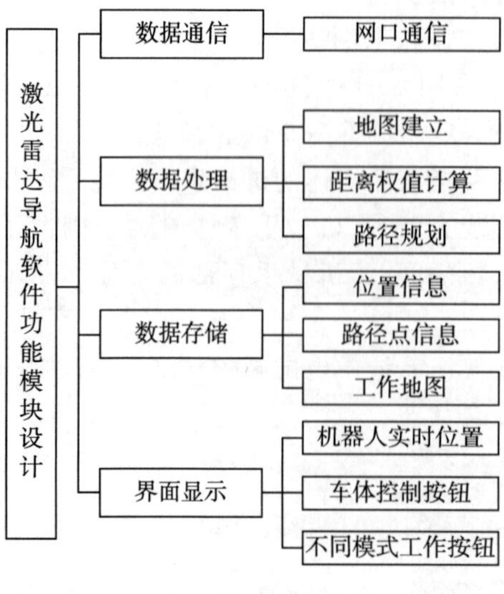

图 6-34 激光雷达导航软件功能模块

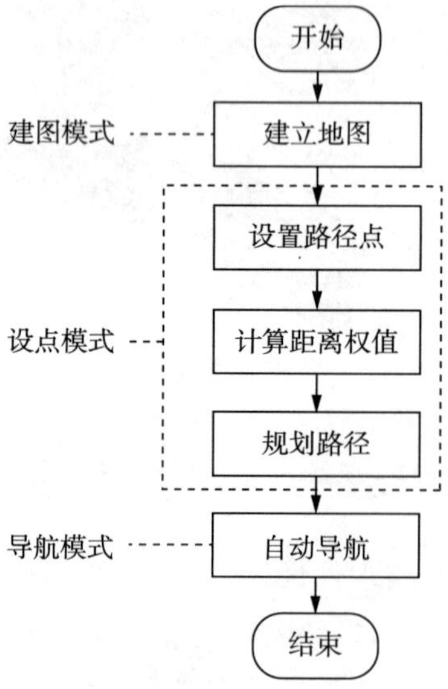

图 6-35 激光雷达导航工作流程

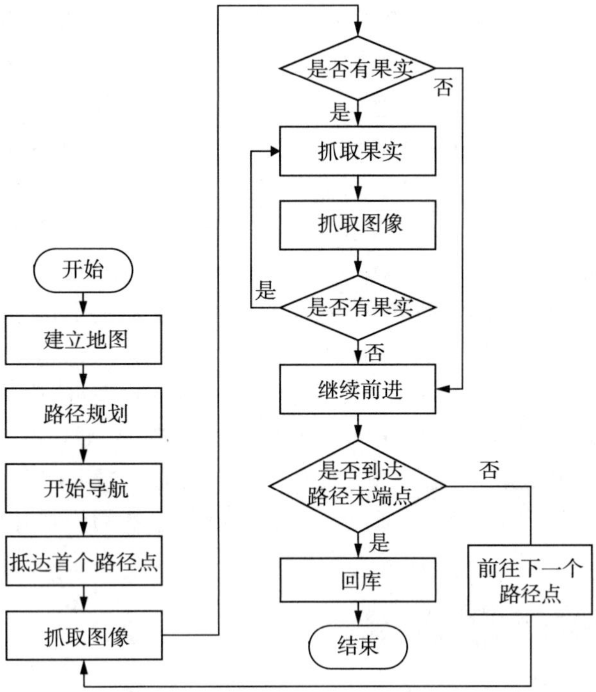

图 6-36　采摘机器人工作流程图

6.3.2　表型测量机器人

近年来，基于光学传感器的高通量表型测量技术得到了长足的发展。在硬件方面，近端光学传感器从应用于实验室的大而重的铁箱子升级到适用于田间的小而轻的便携式设备，大大提高了数据获取效率；在软件方面，人工智能的发展进一步简化了数据处理过程，同时使检测结果更加稳定精确。因此，将软硬件优势相结合的田间表型测量机器人研发在近几年间涌现了大量成果。

6.3.2.1　作物表型信息获取传感器

常见的用于作物表型信息获取的光学传感器如下。

(1)RGB 相机，作为大多数应用中最广泛使用的传感器，它能够获取冠层覆盖率和冠层颜色等信息，还可用于提取形状、密实度、坚实度等更复杂的信息。

(2)激光雷达(LiDAR)，是最著名和最广泛使用的三维冠层重建传感器，已被用于快速绘制叶面积指数地图和估计冠层的植物面积密度曲线。

(3)光谱传感器，近红外光谱仪、高光谱成像仪、多光谱相机等应用光谱反射率来获得冠层生物化学的信息，如水和茎部可溶性碳水化合物的含量，以及色素的含量，如叶绿素、类胡萝卜素和黄体素含量。

(4)荧光光谱，除了光谱反射率的被动感应外，还可以从作物的荧光分析中获得有用的信息。其中，最有用的信息可以从叶绿素荧光中获得，它是光合作用功能的有力指标。

(5)热传感器，该方法的基础是物体表面因蒸发而冷却，因此其温度与蒸发率成比例下降。在干旱胁迫下，植物叶片气孔关闭，外部表现为温度升高，所以热成像可以用来量化气孔关闭，是表型分析的最有力工具之一，特别是对与水胁迫反应有关的性状。

获取一片农田作物的表型信息最简单方法是使用搭载了传感器的手推车。例如，White等设计了一个简单的长 2 m、宽 1.2 m 的近端传感手推车，它由一个带有两个自行车轮子的钢架构成，见图 6-37。一方面，该类系统具有相对较低的成本和对不同田间情况的高适应性。但另一方面，它们的有效载荷有限，研究人员进行大型实验会很费力，有时还可能会导致作物被踩踏。

田间表型机器人的下一步发展是将检测平台与驱动机构和自主控制相结合，这在一定程度上减少了人力劳动，同时使数据采集更加灵活。很多学者设计了自主表型测量系统，如密苏里大学 ViGIR 实验室的 Vinobot 和 Vinoculer(图 6-38)，两台机器人互相配合形成检测系统，其中地面车辆 Vinobot 采集单个植物的数据，而观察塔 Vinoculer 则监督整个田地，识别特定的植物以便 Vinobot 进一步检测；澳大利亚悉尼大学田间机器人中心的 Ladybird(图 6-39)，该机器人使用多模式传感器套件为自主作物感知提供信息，并可以机械地调整宽度、中央传感塔的高度以及太阳能盖板的高度和角度，以适应不同的田间配置和作物高度；卡耐基梅隆大学机器人研究所的 Robanist(图 6-40)，该机器人能够在高粱或玉米等行作物的冠层下实现自动导航，还能够部署一个机械手来测量植物茎秆的强度，并通过一个非接触传感器的模块化阵列来收集表型数据。

图 6-37　近端传感手推车

图 6-38　The Vinobot(左)和 The Vinoculer(右)

图 6-39　The Ladybird

图 6-40　The Robanist

而对于一些移动平台，研究人员将标准的传感器阵列放在拖拉机吊杆上，用于植物表型的常规采集，如堪培拉高分辨率植物表型组学中心开发的移动表型平台 Phenomobile (图 6-41)，Phenomobile 本身的框架是为穿越成熟的小麦田而设计的(1.2 m 的离地间隙)，轮子的宽度是为配合用于播种试验的设备而设计的，从而最大限度地减少了测量时损伤作物的可能性。

其高度可调的传感器杆可以容纳一系列的传感器，包括 3 个 LiDAR 传感器、4 个高分辨率 RGB 相机、1 个热红外相机、3 个红外温度计、1 个全范围光谱辐射仪和 1 个高光谱相机。

①有 1.5 m 地面间隙的框架；②轮式编码器；③实时运动学的 GPS；④高度可调的吊杆；⑤可拆卸的灯箱；⑥3 个激光雷达传感器；⑦4 个 RGB 立体摄像机；⑧光谱仪/高光谱相机；⑨红外线温度计/红外线热像仪；⑩发电机和电子产品；⑪两轮驱动液压驱动系统

图 6-41　The Phenomobile

为了处理多任务情况并完成全面的植物表型数据采集任务，研究人员们开发了更大和更复杂的载人平台，这些平台能够支持更多的传感器和控制。例如，亚利桑那大学农业和生物系统工程系定制设计的植物表型系统（图 6-42），该系统携带 4 套传感器，同时测量 4 个相邻行的

(a)在亚利桑那州马里科帕进行田间部署期间的植物表型系统的正面视图。近距离观察仪器包括：(b)声呐接近传感器　(c)红外辐射仪传感器　(d)RTK-GPS 接收器及天线　(e)多光谱作物冠层传感器

图 6-42　亚利桑那大学研发的表型测量系统

冠层高度、反射率和温度，能够以 0.84 hm^2/h 的速度采集表型数据。堪萨斯州立大学生物和农业工程系设计的表型平台(图 6-43)，该平台由安装在高净度车辆上的 3 套传感器组成。每套传感器包括 2 个红外测温仪(IRT)、1 个超声波传感器、1 个 Crop Circle 多光谱作物冠层传感器和 1 个 GreenSeeker 作物感应系统。每套传感器都测量了一个植物小区的冠层温度、作物高度和冠层光谱反射率。因此，一次就可以同时测量 3 个地块。除传感器外，该平台还配备了一个激光距离传感器，用于测量传感器光束的高度，以及一个 RTK-GPS，为传感器测量的地理坐标提供精确的位置数据。堪萨斯州立大学植物病理学系在改装的 MudMaster 喷雾器上开发的地面 HTPP 平台(图 6-44)，其搭载了超声波传感器、LiDAR-Lite v2 传感器、Kinect v2 相机以及 4 个高分辨率相机组成的成像阵列，以获得测量田间植物高度的性能基线。

图 6-43 堪萨斯州立大学研发的表型平台

图 6-44 堪萨斯州立大学研发的 HTPP 平台

还有一种田间表型测量平台，其传感器安装在固定的轨道上，如英国植物生物学和作物科学系开发的 Field Scanalyzer(图 6-45)，该平台有一个专用的传感器阵列，可以在三维空间中进行准确定位，以实现对作物性能的持续和高通量监测。使用的传感器包括高分辨率的可见光、叶绿素荧光和热红外相机，两个高光谱成像仪和两个三维激光扫描仪。该传感器阵列能够进行具体的作物生长测量，并以密集的时间和光谱分辨率识别作物关键生长阶段。亚利桑那大学农业和生物系统工程系设计的农业灌溉成像系统(图 6-46),该系统用于开发 1 hm^2 田地的图像,分辨率为 11 m,以解决空间尺度问题,并利用水和氮胁迫指数的变异系数(CV)测试地基遥感系统分辨水和氮胁迫的能力。

图 6-45 The Field Scanalyzer

图 6-46 农业灌溉成像系统

为了实现高度自动化的表型测量,需要综合应用人工智能、手眼协同、多传感器融合等技术,提出了一种自主移动表型检测机器人平台。机器人在田间或温室等环境通过 SLAM 建立环境地图,并基于地图进行自主路径规划和导航。为了实现作物图像或点云信息的精确采集,通过深度学习和手眼协同等方法,对作物进行识别和定位,基于作物位置进行特定方位的数据采集,为后续配准和参数提取提供便利。

6.3.2.2 作物表型测量机器人举例

表型测量机器人硬件平台结构如图 6-47 所示,主要由导航系统、表型采集系统构成,导航系统由移动底盘、激光雷达、里程计、IMU 等导航传感器构成;表型采集系统主要由机械臂及其末端安装的表型采集传感器构成,导航系统和表型采集系统均由工控机上的 ROS 进行控制。

1. 表型采集传感器　2. 机械臂　3. 工控机　4. 四轮差速转向底盘　5. 单线激光雷达　6. 显示屏幕

(a)机器人整体硬件结构设计示意图

(b)机器人田间玉米表型采集

图 6-47　表型测量机器人示意图

二维码 6-2
表型测量机器人

1. 导航系统设计

表型测量机器人的工作环境一般为温室或作物行间，GNSS 信号遮挡严重，一般使用基于激光雷达的室内导航方法。即时定位与地图构建(simultaneous localization and mapping，SLAM)是机器人导航技术的关键技术之一，可以实现作物环境地图构建，用于后续自动导航和避障(图 6-48)。为了应对田间道路崎岖不平、轮胎打滑等问题，可以融合里程计、IMU 等信息，对激光雷达和里程计数据进行矫正，提升建图和导航精度。

图 6-48　机器人 SLAM 建立的田间玉米作物二维栅格地图

在已知环境地图的情况下，结合传感器数据，进行自身定位与路径规划，并根据路径规划情况下发速度控制指令即可实现机器人导航。ROS 中集成了 move_base 导航功能包，通过订阅激光雷达、map 地图、amcl 的定位等数据，规划出全局和局部路径，再将路径转化为机器人的速度信息，最终实现机器人导航。

2. 表型采集系统设计

为了适应作物高度的不断变化，以及单一方向难以采集到完整的植株图像或点云的问题，将表型采集传感器安装在机械臂末端，可以实现从不同高度、不同视角进行表型数据采集(图 6-49)。为了实现固定角度的作物信息采集，相机对特定植株进行识别与定位后，需要将植株的姿态从相机坐标系转换到机械臂的坐标系中，辅助机械臂规划后续动作(如抓取或拍摄)，这一过程称为手眼协同。

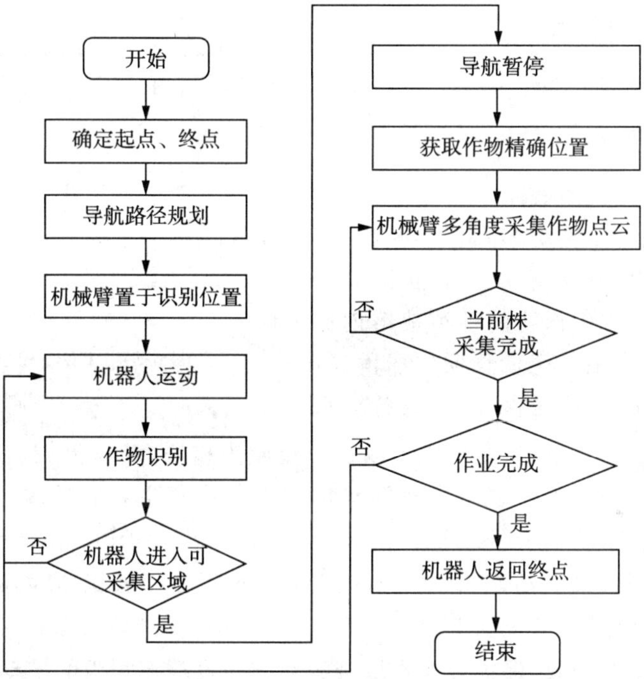

图 6-49　表型测量机器人工作流程图

图 6-50　HDL-32 激光雷达采集数据

通过手眼协同可以实现多角度作物点云或图像信息采集，结合机器人自动导航，即可实现田间表型自动化测量，提升表型测量的效率，为智能化作物表型监测和无人农场提供重要技术支持。

6.3.2.3　表型测量机器人数据采集和处理

自动导航表型测量机器人具有较好的运动性和机动性，为了进一步验证其整体性能并完成表型测量任务。在 2021 年 7 月 30 日，在机械臂上安装 HDL-32 激光雷达采集点云数据如图 6-50 所示，获取玉米拔节期、大喇叭口期和抽雄期的点云数据。

表型数据处理主要包括3部分：数据预处理、数据分割和表型参数测量，以点云数据为例进行说明，如图6-51所示。

点云数据预处理包括进行点云数据配准，玉米行数据提取，下采样、数据格式转换和单株玉米分割等操作。点云分割主要包括去除地面点云，判断是否存在玉米植株，玉米区域点云分割，茎叶分割等操作。表型参数测量根据不同的参数使用相应的测量方法，如株高测量玉米植株最高点和玉米基部之间 Z 轴值的差，茎粗通过椭圆或者圆柱拟合测量。

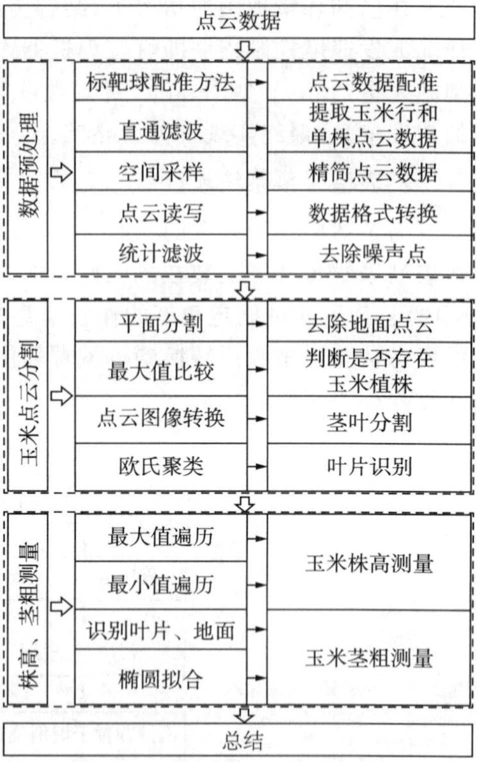

图 6-51　HDL-32 激光雷达采集数据

6.4　养殖机器人

6.4.1　农用无人船

6.4.1.1　农用无人船概述

我国幅员辽阔、水系众多，陆地水域面积约2 667万 hm^2。丰富的水资源为以水稻和水生蔬菜为代表的喜水作物和水生作物的种植栽培创造了优越条件。其中，我国水稻总产量长期位居世界第一，生产总面积仅次于印度，位居世界第二；各类水生蔬菜的栽培面积也稳居世界第一，并形成了以长江流域为核心，黄河流域、钱塘江流域和珠江流域为主要产区的优势产业带。现阶段我国栽培的水生蔬菜主要有莲藕、水芹、慈姑、荸荠、芡实、莼菜、菱角、蒲菜、水芋和水蕹菜等十余种（赵有为，1999）。图6-52所示为列举的代表性水生蔬菜田。随着我国人民生活水平的不断提高，2015年全年我国水生蔬菜人工种植面积为73.3万 hm^2，年总产值在600亿元以上（柯卫东等，2015）。水生蔬菜产业在我国农业产业结构调整、农民增收、企业增效、保护湿地水域资源等方面发挥着积极的推动作用。

图 6-52　代表性水生蔬菜田

然而，由于水田水环境的特殊性和复杂性，传统农用机械入田困难，且容易损伤农作物，破坏田块泥面，这使得水田的田间管理复杂且人工劳动强度大(图 6-53)。另外，近年来我国老龄化问题和农村劳动力短缺现象日益严重。这些都为水稻和水生蔬菜的平稳有序生产带来巨大挑战。特别是莼菜、荸荠、慈姑等传统特色水生蔬菜生产受用工量大、人工成本快速增长等影响，种植规模逐年递减(徐云焕，2015)。昔日那些耳熟能详的杭州"西湖莼菜"、丽水"处州白莲"和嘉兴"南湖菱"等名优产品正在被逐渐淡忘。近年来，农用多旋翼无人机田间作业方案备受关注，在水田作业中也有一定应用案例。但该方案的水田作业模式续航时间有限(20～30 min)、载药量较小(5～10 kg)，且需专人持航空器驾驶执照作业。此外，受环境风和旋翼风影响，无人机在水田上方喷施药剂过程中会出现施药不均和药液飘移(spray drift)现象，容易破坏生态环境且对操作员的健康构成威胁(Woods 等，2001)。这些都严重影响农用无人机在水田作业的应用效果。

水稻田　　芡实田　　菱角田　　莼菜田

图 6-53　水稻苗期和代表性水生蔬菜的田间农作业实例

针对上述问题，近年来日本产业界研发了一种独特的用于水田的农用无人空气动力船，通过基于 2.4 G 远程遥控的方式，业内首次实现了对水稻苗期的自动化除草和施肥作业。操作无人空气动力船及其船载喷施系统可以降低劳动力成本且不需要操作执照，药液能够直接作用于水体，不存在药液在空中飘移的问题，因而受到日本农民的欢迎。以雅马哈(YAMAHA)和洋马(YANMAR)为代表的日本相关农机巨头公司均有涉足该领域，相关产品如图 6-54 所示。

图 6-54 雅马哈和洋马公司开发的遥控式水田农用无人空气动力船产品

6.4.1.2 空气动力船的系统组成

空气动力船是一种硬质平底船，由电动机或燃油发动机提供动力，由空气螺旋桨提供推进力。船体前进的动力主要依靠推动空气，“空气动力船”由此而得名。1905 年，由 Alexander Graham Bell 博士领导的一个研究小组在加拿大新斯科舍(Nova Scotia)省建造了世界上第一艘空气动力船，命名为“丑小鸭”号。15 年后，Bell 博士的同事 Glenn Hammond Curtiss 在美国佛罗里达州注册了其第一艘空气动力船，并命名为 Curtis Scooter，如图 6-55 所示。

一般情况下，空气动力船由三个主要部分组成——空气动力螺旋桨、尾舵和船体，如图 6-56 所示。其中，发动机带动空气螺旋桨转动产生空气柱，空气柱作为推进力；尾舵使气柱偏离以产生转向力，迫使船体按照设定的方向转向；船体则作为一个平台，使螺旋桨和尾舵及其他机构均位于水面以上。由于发动机、螺旋桨和尾舵等部件都不在水面以下，空气动力船具有显著的吃水深度浅的特性。因此，空气动力船非常适合在浅水区域或沼泽地带中航行。时至今日，空气动力船已经得到了极大的改进，并应用于诸多领域，如生态旅游、环境监测、军事行动和紧急救援等方面。

图 6-55 Curtis Scooter 空气动力船

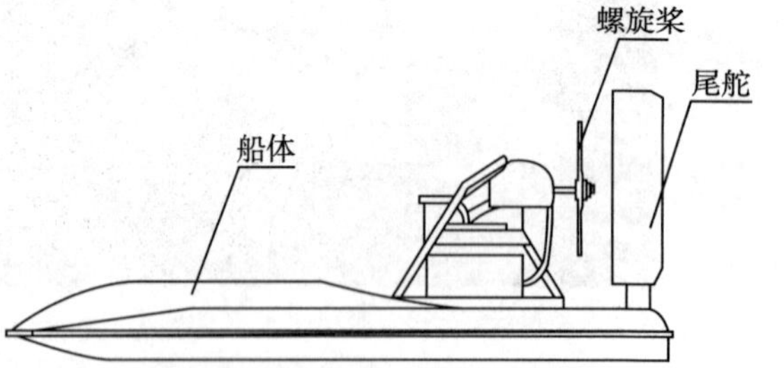

图 6-56 空气动力船的系统组成

虽然空气动力船的应用已经有了很大的发展和迅速的迭代。事实上，机器人技术正在推动空气动力船产业的发展。相关科研机构正在努力研制具有避障、自主导航、自我安全检查等功能的新型空气动力船。近年来发表了许多关于空气动力船相关研究的报告。Tarek 等(2013)利用智能手机在湖泊、河流等河流环境中为低成本的自主空气动力船构建了视觉避障系统。每艘游艇都配备了智能手机，通过单目摄像头提供单一的感知源。Valada 等(2013)开发了一个低成本的多机器人自主平台，具有广泛的应用前景，包括水质监测、防洪减灾和浮标验证。Wilde 等(2015)以自主空气动力船为平台进行辐射定位和核能核查，或用于核事故后采样。Kaizu 等(2011)利用差分全球定位系统接收机和全球定位系统罗盘作为导航传感器和水质传感器,研制了用于水质测绘的温度、pH、溶解氧等的无人驾驶空气动力船。这些研究和应用都涉及工程、环境学、流体力学和交通运输等多学科的交叉研究。

综上所述,空气动力船适用于沼泽和浅水区域等传统船舶无法航行的区域。水上植物和水下动物不会受到空气动力船航行的影响。这些都为空气动力船在稻田和水生蔬菜田能特殊农田作业的应用奠定了基础。

6.4.1.3　农用无人空气动力船

正如本章 6.4.1.1 小节所述的稻田用无人空气动力船采用 2.4 GHz 遥控的方式,实现水田的远程遥控除草作业。该种方式有效地提高了水田施药的效率,降低了劳动力成本。然而,因为采用人工遥控的控制方式,当面对大区块的水田区域远程遥控时,农民操作员很难在目视范围内分辨空气动力船位置坐标和航行姿态,极易引起船只航行路径错误,造成漏施或重复施药现象,甚至发生船只碰撞事故等危险。

针对以上问题,北海道大学的科研人员将 GPS Compass 传感器安装于农用无人空气动力船上,对无人船的位置信息和航向信息进行实时获取,并计算导航偏差,实现无人空气动力船的自动导航,在无大风干扰情况下,导航精度约为 25 cm。该研究中,一款日本洋马农机公司生产的遥控农用空气动力船(RB-26)被作为研究平台(图 6-57),并在其平台基础上进行了改装以适应自动导航和防撞控制的要求。该款空气动力船的吃水深度仅为 3 cm,船体相关的主要性能指标参见表 6-4。除草剂或液体肥料可以从船底部的导管中流出到水田中,流速由一台小型水泵进行控制。空气动力船的航向、航速分别由尾舵舵机、螺旋桨舵机和油门舵机控制。

图 6-57　洋马公司空气动力船外观

二维码 6-3
农用无人船

表 6-4　洋马公司空气动力船的性能参数

项　目	参　数
尺寸	
长	1 850 mm
宽	780 mm
高	680 mm
净重	19 kg
性能	
发动机型号	ZENOAH G260PU (26 cc)

续表 6-4

项 目	参 数
最大马力	1.62/12 000 [kW/(r·min)]
最大扭矩	1.48/9 000 (N·r/min)
怠速转速	1 800 (APC18×8)
燃料类型	汽油机油混合型
燃料容积	1 L
遥控系统	
遥控器型号	FUTABA T8J
接收机型号	FUTABA R2008SB

为了实现空气动力船的自动控制，对控制平台的改装分为船载控制系统和岸上控制系统两部分。在船载控制系统上，一台运行 Windows 7 操作系统的船载计算机(DN2800MT，英特尔公司)作为中央处理器，被用来进行路径规划，且与其他的电子设备进行通信。一台 GPS Compass 定位设备(V100，Hemisphere 公司)被固定在空气动力船的安全面罩上。该 GPS 设备内部集成陀螺仪，可为空气动力船提供实时位置坐标和航向信息。基于 Arduino Uno 开发的电子控制最小系统分别与尾舵舵机、螺旋桨舵机及油门舵机连接，通过 PWM 波控制空气动力船航行状态。发动机上固定有磁性传感器(GV-101，FUTABA 公司)用于计算发动机实时转速，且作为反馈与油门舵机配合进行 PID 控制航速。

在水田的堤岸上，基于一台大功率无线路由器(WXR-2533DHP，Buffalo 公司)组建无线局域网。本研究中，选用一台笔记本电脑(X220，Lenovo 公司)作为基站，通过无线局域网接收来自空气动力船的航行状态信息，包括速度、航向误差、横向误差和导航地图上的位置信息等内容。所有这些参数都将通过编写的远程监视软件显示并保存成航行日志文件，存储到计算机中。此外，在紧急情况下，远程紧急制动系统(WT-01&WR-01，Circuit Design 公司)可直接远程制动空气动力船的发动机，避免发生危险。整个空气动力船的控制平台构架如图 6-58 所示。

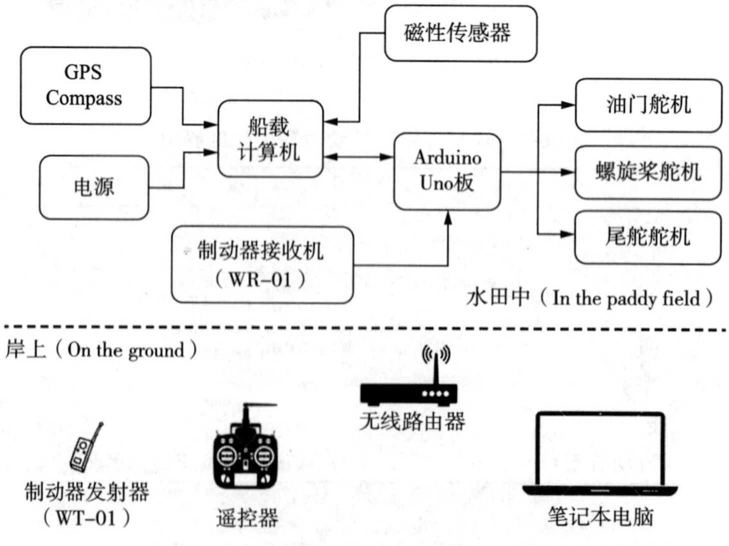

图 6-58 空气动力船的控制平台构架

相关田间试验表明，该系统在无风或者微风的条件下，导航精度可以控制在 0.25 m 范围内，该精度可以基本满足日常田间喷施作业的控制要求。

此外，为了进一步提高导航精度，需要对农用无人船的运动模型进行深入的研究。相关研究者基于 Nomoto 模型对农用无人船进行建模分析，通过 Zigzag 运动实验对模型参数舵增益常数(K)、时间常数(T)进行了系统性的测定，测定结果如表 6-5 所示。试验表明，随操舵量的增大，K、T 参数值逐渐减小，呈负相关。

表 6-5　不同操舵量/航向角比率下 Nomoto 模型 *K*、*T* 参数与航向误差表

指标	Zigzag 机动状态		
	15°/15°	25°/25°	35°/35°
K	1.349	1.006	0.825
T	1.950	1.854	1.312
δ_r/(°)	0.18	2.22	−1.83

在此基础上，为进一步验证模型的可用性，研究者在仿真环境与真实环境中进行了圆周轨迹动态实验与正弦轨迹动态实验，实验结果如图 6-59 和图 6-60 所示。实验表明，Nomoto 模型能够很好地反映方向舵偏转与空气动力船转弯角速度之间的动力学关系，计算机仿真和相应的现场测试验证模型指标 K 和 T 的可行性(Liu 等，2017)。

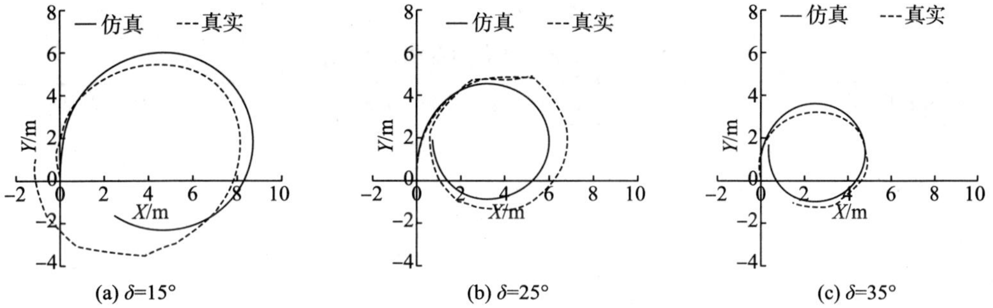

图 6-59　不同舵角下圆周轨迹比较实验结果

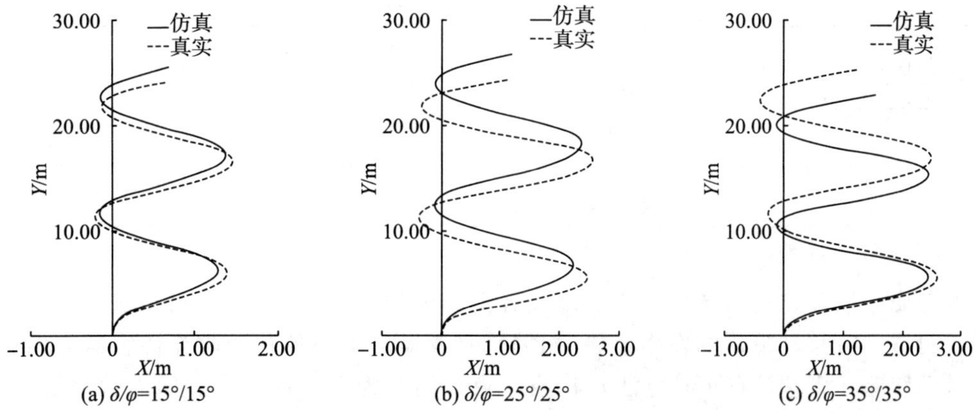

图 6-60　不同舵角下正弦轨迹比较实验结果

为了使农用无人船能够在GPS受限的环境下(工作区域靠近高大障碍物、天气条件恶劣等)仍具备导航行驶的能力,相关研究者进一步探究了基于无人机的联合导航方法。该方法利用搭载于UAV的机器视觉技术代替了GPS定位技术,通过机器视觉绘制视觉导航地图如图6-61所示,并对视野范围内的农用无人船进行精确定位,从而实现自动导航。

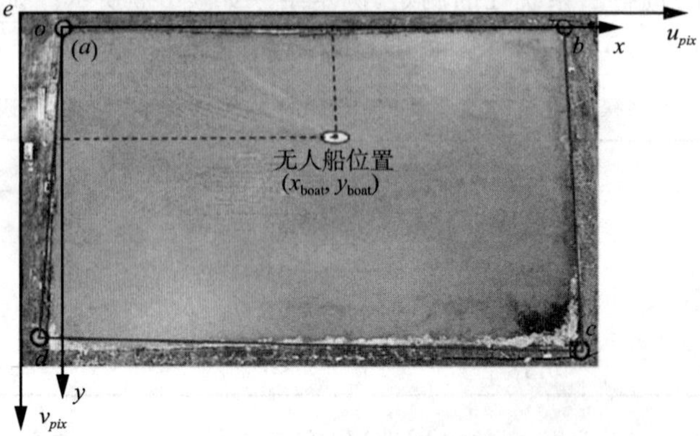

图 6-61 机器视觉导航地图

研究者设计了静态实验与动态导航实验,实验结果如表6-6、表6-7和图6-62所示。实验结果显示,导航误差RMS在0.1 m以内,充分证明了该导航方法的可行性,以及其对GPS导航的替代性(Liu 等, 2019)。

表 6-6 6个静态点的定位精度表

静态点序号	UTM坐标系下的坐标/m	测量误差/cm
1	(527 506.655, 4 769 188.872)	3.5
2	(527 516.356, 4 769 195.758)	2.7
3	(527 522.974, 4 769 199.951)	1.9
4	(527 509.053, 4 769 183.068)	1.2
5	(527 516.510, 4 769 187.659)	3.6
6	(527 524.793, 4 769 192.838)	2.0

表 6-7 动态导航实验横向偏差表

航线序号	导航误差[a]/m		
	平均误差	均方根误差	最大误差
1	−0.30	0.17	−0.77
2	0.12	0.10	−0.32
3	−0.24	0.11	−0.50

注:[a] 初始导航误差已忽略。

为避免由于全球定位系统信号不稳定或者受到风的影响,空气动力船在水田作业时与水田边缘及行进前方移动障碍物发生碰撞,相关研究者提出了一种基于激光传感器的船载防撞系统。该系统基于大津法(Otsu算法),将激光束数据分为水岸数据集和田内数据集2类,寻找边界位置点的最优解,进而确定空气动力船到水田边界的距离信息。动态实验结果如图6-63和表6-8所示,当空气动力船沿与水田边界相距3 m的方向行进时,均方根误差为0.18 m,

可以满足防撞要求(刘羽飞等,2018)。

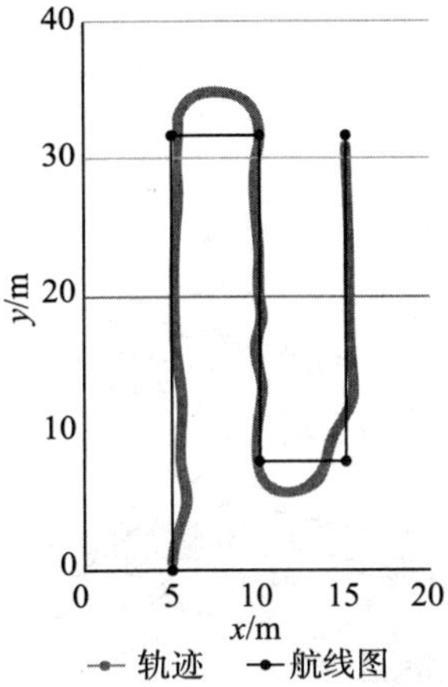

图 6-62 动态导航实验轨迹图

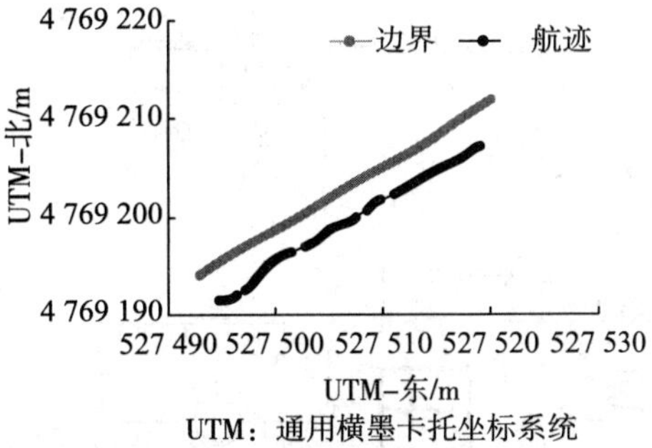

图 6-63 动态实验的行进航迹(3 m 距离)

表 6-8 动态实验测量结果

标准距离/m	距离误差/m		
	平均误差	均方根误差	最大误差
3	−0.04	0.18	−0.41
4	−0.28	0.13	−0.47

6.4.2 畜牧巡检机器人

当前,我国畜禽养殖业处于由传统的劳动密集型养殖向现代化知识、技术密集型养殖转型过程中,发展历程分为人工—机械化—自动/半自动化—智能化等几个阶段。近年来,物联网、大数据、深度学习和智能化装备技术快速发展,与畜禽养殖行业深度融合,推动着畜禽养殖产业向着信息化、智能化方向转型。针对当前生猪、肉牛、奶牛、蛋鸡等产业集约化、规模化养殖模式,如何采用新一代信息技术和智能化装备技术,开展人工巡检替代,实现畜禽个体数量、体征、体况和健康状况的数字化表征和基于知识经验模型的特征、行为准确判别,推动畜牧巡检机器人的研发和应用,成为畜牧行业的首要切入点之一。

具体的,畜牧巡检机器人在猪、牛巡检方面有着重要的应用。巡检机器人可以检测养殖环境中的有害气体、温度和湿度,盘点畜禽数量和重量,监测畜禽体温等数据,并将信息反馈给控制中心,统计畜禽的健康情况,对畜牧养殖业的发展具有重要的意义。

1. 畜牧巡检机器人机构设计

一般来讲,畜牧巡检机器人包含两大类,一类是地面式巡检机器人,另一类是吊轨式巡检机器人。地面式巡检机器人主要包括运动底盘、巡检分析部分、信息采集组件和充电站等,如图 6-64 所示。吊轨式巡检机器人主要包括运动吊轨、吊装组件、巡检分析部分和充电站,如图 6-65 所示。其中巡检分析组件是主要巡检功能单元,主要由设置在机体中的信息采集传感器、边缘计算处理器及信息采集组件构成。信息采集组件由热红外传感器、彩色相机、深感相机及环境监测传感器构成。

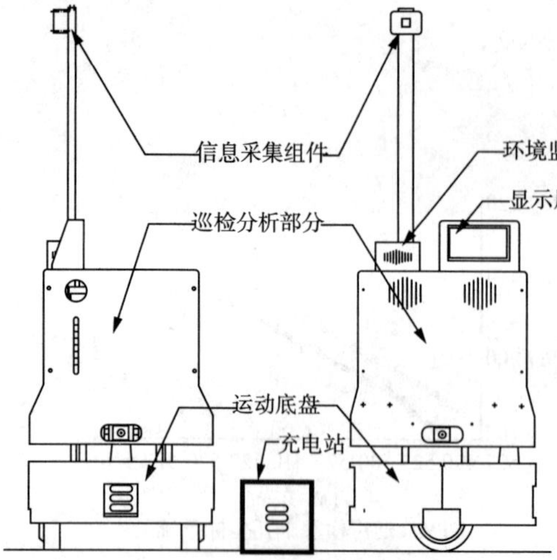

图 6-64　地面式巡检机器人

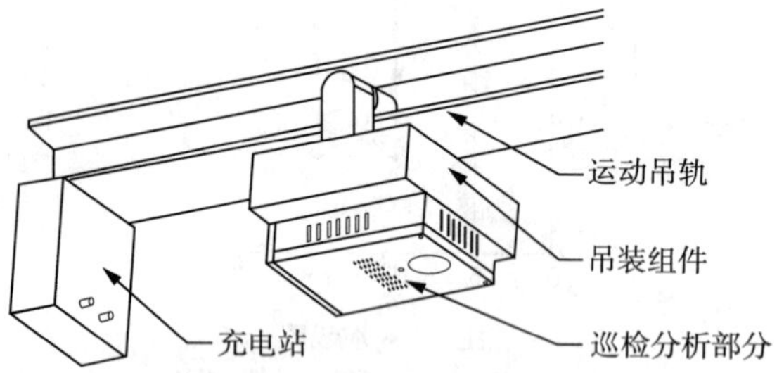

图 6-65　吊轨式巡检机器人

2. 畜牧巡检机器人控制系统设计

畜牧巡检机器人系统主要包含巡检分析系统、运动控制系统和通信系统，是集机器人、无线通信、远程监控和智能分析等多种技术于一体的综合系统，其主要构成如图 6-66 所示。

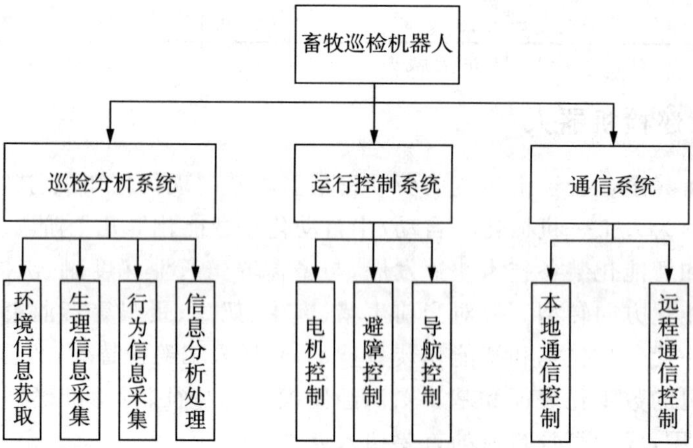

图 6-66　畜牧巡检机器人总体框图

(1)运动控制系统设计　运动控系统可依据现场条件采用不同运动方式，一般分为两大类：吊轨式或者地面式。地面式又根据不同的设计要求，采用轮式或者履带式。运动控制系统通过感知周围环境(一般借助激光雷达、磁条、反光板、惯性测量单元等手段进行辅助导航或者多种导航方式的融合)，实现运动环境的地图建立和路径导航规划等复杂畜舍环境下的运动控制(图 6-67)。

(2)巡检分析系统设计　畜牧巡检机器人的关键部分是巡检分析系统，主要包括畜舍采集环境信息、牲畜生理、行为信息采集和数据实时存储，并对采集的信息进行分析处理。利用图像传感器、音频传感器、热红外测温传感器，以及环境信息采集设备等采集大量数据，构建模式识别技术数据库，通过强大的边缘/云端计算处理器，结合牲畜养殖位置和身份个体识别算法，实现大数据统筹分析和牲畜异常监测，为管理人员提供报警及决策(图 6-68)。

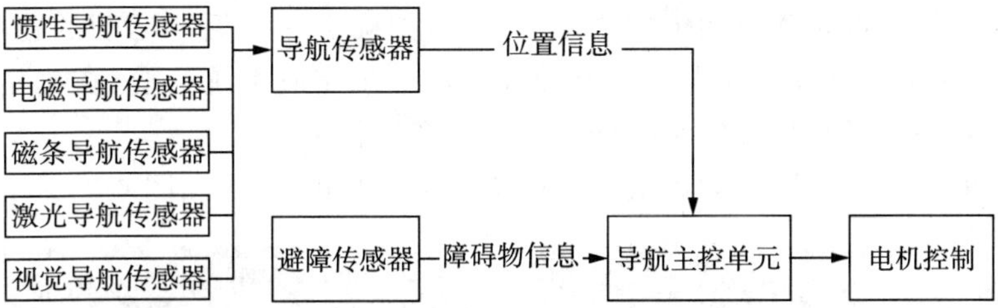

图 6-67　运动控制系统方案框图

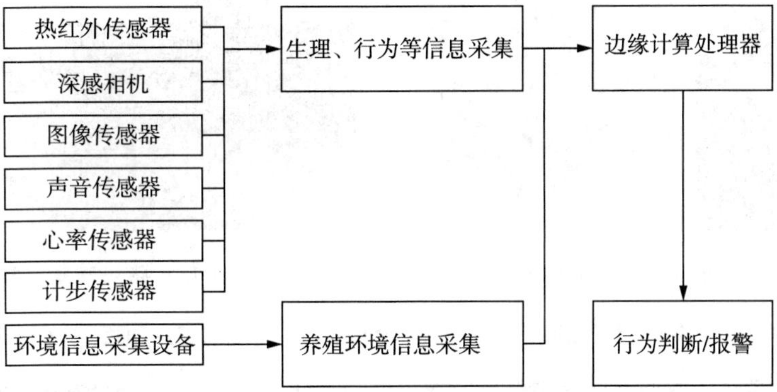

图 6-68　巡检分析系统方案框图

环境信息采集设备主要包括温度传感器、湿度传感器、氨气传感器、二氧化碳传感器、氧气传感器、硫化氢传感器、甲烷传感器、粉尘传感器、光照强度传感器、压力传感器、风速传感器等。借助上述设备获取相应环境信息，依据环境调控曲线，联动环境控制装备，及时改善舍内环境，为牲畜提供舒适的生长环境。

生理信息识别采用体温、心率和计步等传感器采集畜禽体温、心率和活动量等生理信息，采用智能化模型算法，得到畜禽的发情、疾病、采食量和活动量等信息。

行为特征识别设备主要用于畜禽典型行为识别，包括趴卧、打斗、吃食、饮水、睡觉、发情、分娩和哺乳等行为，主要包括：①视觉识别，通过使用 3D 相机、彩色相机等获取畜禽视频、图像数据，结合畜禽行为学特征，运用机器视觉、深度学习等算法分析畜禽行为特征。②声音识别，采用麦克风，结合声学特征、语言识别技术和畜禽行为学特征，对畜禽生长状态和健康状况做出判断。

(3)通信系统设计　通信系统实现设备的本地和远程通信控制，及时了解设备状态，控制设备执行相关操作。本地通信多采用 WiFi、蓝牙、Lora 等通信方式实现，远程通信多采用 WiFi、4G/5G 等通信方式实现(图 6-69)。

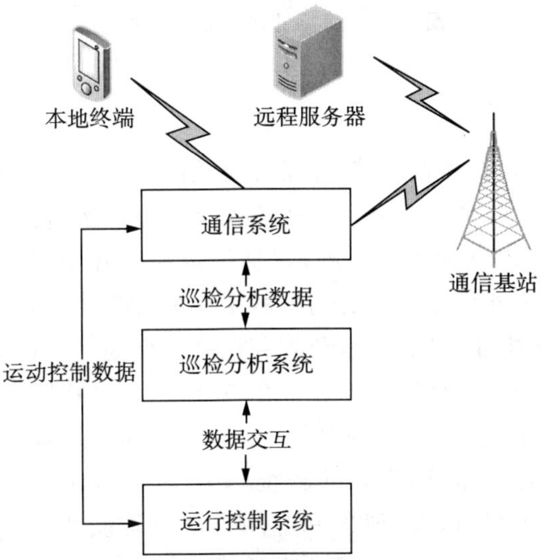

图 6-69　畜牧巡检机器人数据传输

3. 畜牧巡检机器人的养殖过程巡检案例

畜牧巡检机器人，首先读取相关配置参数，包括如确定往复循环运动的速度、图像的采集频率、电量阈值、巡检点位置和充电站的位置等。进一步完成系统自检，在确定当前系统状态良好和电量达到预先设置阈值之后，执行往复循环巡检任务。

（1）采用地面式巡检机器人的养殖过程巡检监测　见图 6-70 和图 6-71。

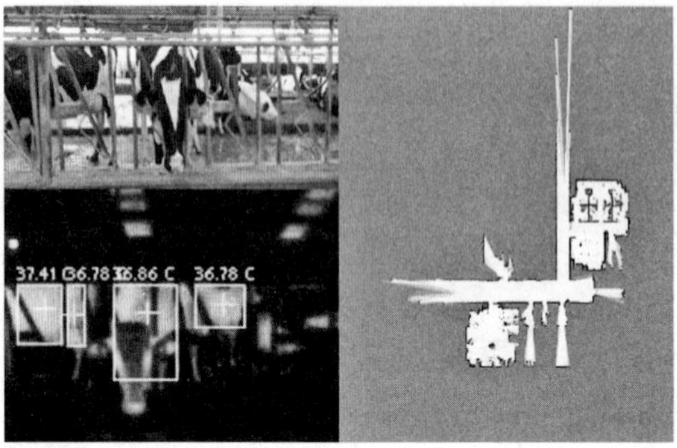

图 6-70　牛场养殖过程巡检监测

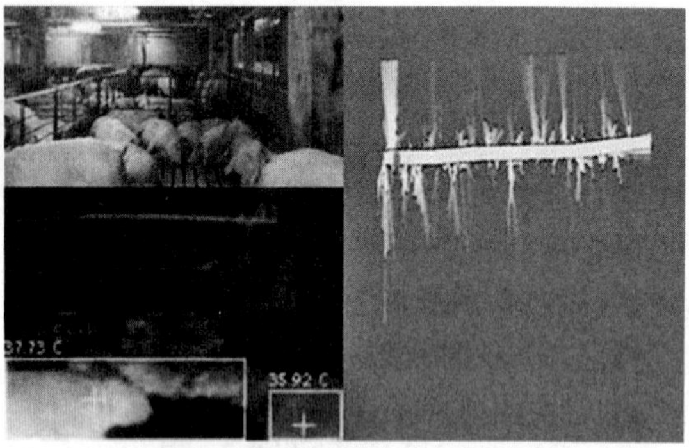

图 6-71　猪场养殖过程巡检监测

（2）采用吊轨式巡检机器人的养殖过程巡检监测　见图 6-72 和图 6-73。

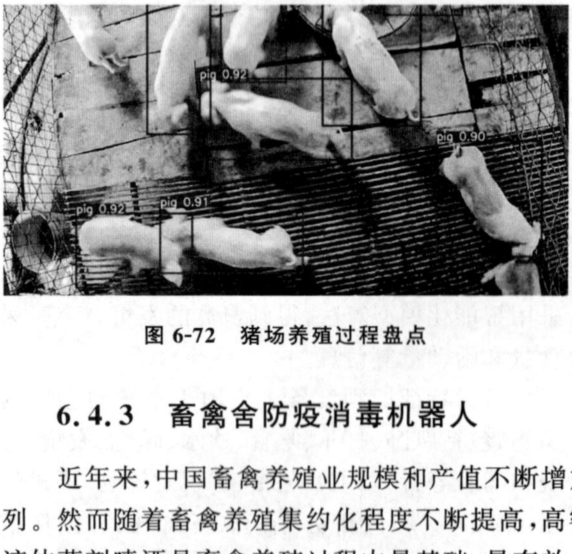

图 6-72　猪场养殖过程盘点

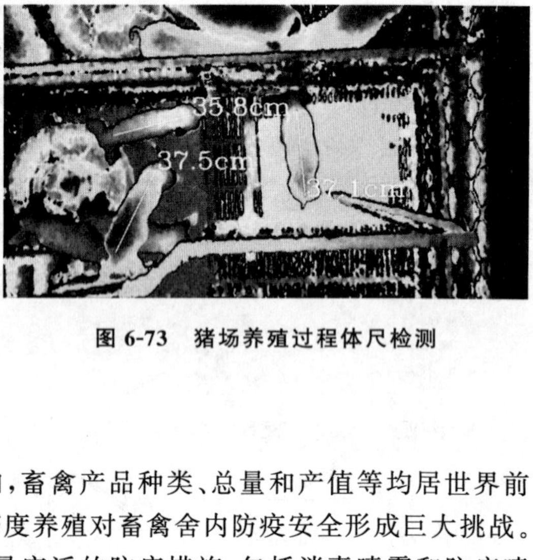

图 6-73　猪场养殖过程体尺检测

6.4.3　畜禽舍防疫消毒机器人

近年来，中国畜禽养殖业规模和产值不断增加，畜禽产品种类、总量和产值等均居世界前列。然而随着畜禽养殖集约化程度不断提高，高密度养殖对畜禽舍内防疫安全形成巨大挑战。液体药剂喷洒是畜禽养殖过程中最基础、最有效、最广泛的防疫措施，包括消毒喷雾和防疫喷雾两类作业方式。其中，消毒液喷雾可以消灭散播于外界环境中的病原微生物和有害物质，切断传播途径，阻止疫病的传入和蔓延，减少有害物质排放的风险，是预防和控制传染病、维持养殖环境生态安全的必要途径；防疫喷雾是将稀释的疫苗雾滴散布于养殖舍空气中，随动物呼吸而进入体内，具有应激刺激小、免疫保护快、免疫效率高、通用性好等特点，是禽类养殖环境免疫的必要环节。由于防疫消毒喷雾作业频次高、操作规范严格、作业环境恶劣，依靠人工进行防疫消毒耗时费力，且不利于保证作业标准和防疫效果，因此，研发和应用自动化防疫消毒设备，代替或辅助人力作业，对于保障中国畜禽养殖高效和安全生产具有重要意义。

近年来，随着养殖模式集约化和标准化程度的不断提高，研发和应用全自动移动式防疫消毒机器人,可有效促进养殖舍内智能化高效管理。国外以法国OCTOPUS公司的SCARIFIER消毒机器人为代表,实现了散养肉鸡舍内的无人化消毒防疫,并形成了商业化应用。养殖舍内自主移动和药液高效雾化喷洒是机器人防疫消毒的必要前提。国外当前针对散养鸡舍采用的激光导航和超声雾化技术,存在移动平台生产成本高、药液扩散范围小的问题,难以满足国内集约化笼养禽舍防疫消毒作业需要。

针对畜禽养殖舍内智能化防疫喷雾需要,北京农业智能装备技术研究中心研制了防疫消毒机器人系统,以实现畜禽舍防疫消毒喷雾智能化作业,缓解恶劣环境下人工消毒的劳动强度。机器人系统由移动承载平台、防疫喷雾部件、环境监测传感器以及远程监控终端等4个主要部件构成,支持全自动运行和遥控操作两种工作模式。以禽舍免疫试剂喷雾为例,与人工背负喷雾器作业相比,机器人作业空间覆盖面积提高6倍、移动速度提高3倍,总体作业效率提高10～15倍。此外,机器人可承担养殖舍环境监测和巡检图像采集工作,预期节约80%的畜禽防疫消毒和巡检人力投入,对于规模化养殖生产场景具有较好的应用前景。

1.机器人系统构成与作业原理

如图6-74所示,畜禽舍防疫消毒机器人主要包括移动承载平台、防疫喷雾部件、环境监测传感器以及控制器等4部分。环境监测传感器包括机载摄像机和有害气体、温度、湿度和粉尘检测传感器,用以实时探测养殖舍内不同空间位置的环境信息,为机器人喷雾或人工管理提供决策依据。防疫喷雾部件包括消毒喷雾和免疫喷雾两种,以满足消毒液喷洒和免疫试剂喷雾的特定要求。移动承载平台用于承载机器人在畜禽舍内按既定路线巡行导航。机器人控制器包括机载控制器、远程电脑监控终端和用户手持终端。

二维码6-4
畜禽舍防疫消毒机器人

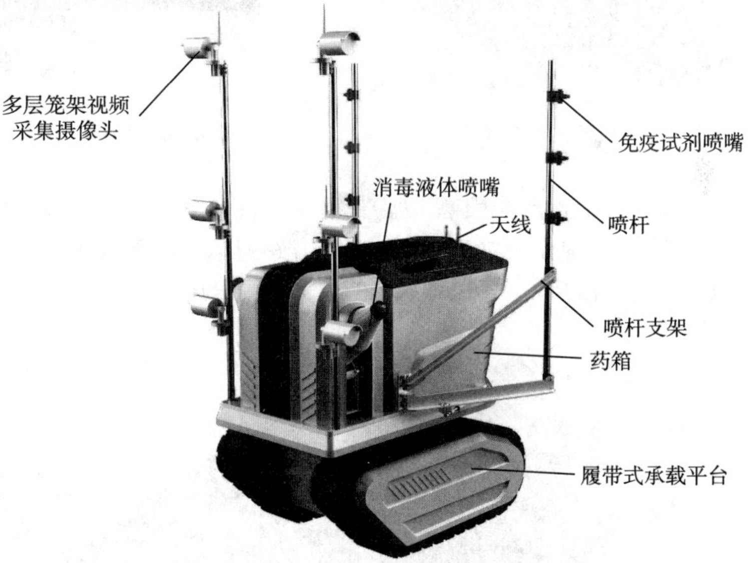

图6-74 防疫消毒机器人模型

防疫消毒机器人支持自动和遥控两种作业模式。在自动模式下,用户按照既定防疫规范要求,设置养殖场内药液喷洒时间、剂量和作业范围,形成机器人防疫消毒作业计划。机器人按照预设参数自动启动,在养殖舍内巡线移动。根据控制器预设的药液喷雾要求,自动调节电磁阀开闭频率控制消毒液喷洒流量、调节风机转速控制消毒液喷洒距离,从而实现养殖环境内的无人化消毒作业。在遥控模式下，用户通过电脑或手机终端向机器人发送操作指令，根据用户自主判断，对养殖场内不同作业区域的消毒剂量和喷雾距离进行动态调节。

2. 防疫消毒机器人关键部件

（1）自动导航承载平台　移动平台作为机器人系统的移动承载部件，需要搭载药液喷雾、环境监测和控制器等其他执行部件，在畜禽舍内自动导航巡行。鉴于养殖舍内光照弱、管道和沟壑起伏、移动空间狭窄的特征，移动平台（图 6-75）驱动底盘采用“玛蒂尔达”型履带结构，以保障机器人对舍内管道和沟槽的通过性。机器人采用“磁标-射频识别（Magnet-RFID）”组合标记（图 6-76）进行导航路径探测，其中地表预埋磁钉标记形成直行路线，磁钉之间由机载惯性导航传感器实时感知机器人姿态；RFID 标签埋置于机器人移动路径的转弯处，其内部存储对应路径点的转角编码数据。当移动平台读取到转弯数据后，继续直行至下一个磁钉处，按照预定角度原地调整自身姿态转弯后继续直行，如此沿路标轨迹在养殖舍内移动，直到移动至停止路标。直行过程中，每经过一个磁钉，测算一次车身姿态，以更新惯性导航传感器的定位数据，消除惯导误差。

图 6-75　机器人移动平台

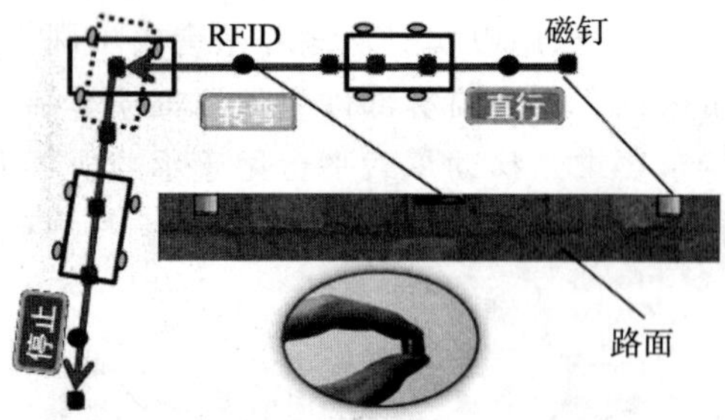

图 6-76　“磁标-射频识别”导航标记设置

（2）风助式大流量消毒药液喷嘴　鉴于养殖设备和空间消毒作业大流量、远射程的需求，采用气液外混式喷头结构作为消毒液雾化和扩散一体化喷洒部件。如图 6-77 所示为风助式消毒液雾化喷嘴，主要由风机、导流罩、药液管、端盖、出风口、出液口、导流栅板和导流垫块等

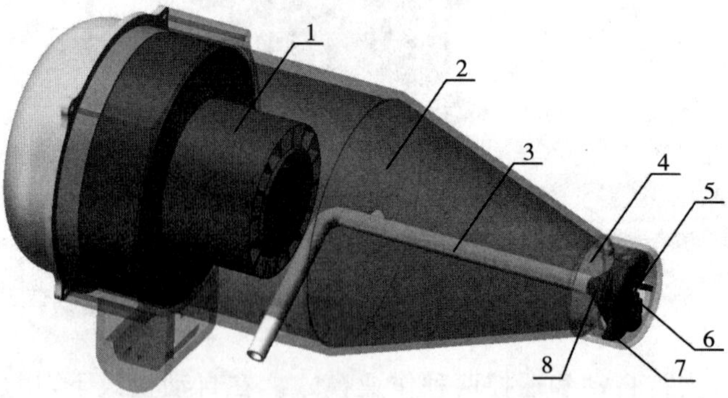

1. 风机　2. 导流罩　3. 药液管　4. 端盖　5. 出风口　6. 出液口　7. 导流栅板　8. 导流垫块

图 6-77　风助式消毒液雾化喷嘴

构成。其中导流垫块前端为栅板结构，且中心孔与药液管联通。空气由直流风机自喷嘴后端吸入，在导流罩内腔体形成高压，并经前端垫块与端盖间隙形成涡流，在栅板处分流后从出风口喷出。栅板分流的高速气体在出风口汇集，对从垫块中心流出的药液形成冲击，使得药液碎裂成雾滴，且雾滴随气体喷射至空气中，从而实现对药液的雾化与扩散。

(3)高层笼架消毒免疫喷雾装置　养殖舍顶部吊装管理和阵列分布的喷头，将消毒液向下喷洒，达到对养殖环境消毒的目的。但是对于高层笼养环境下，雾滴难以从顶层穿透养殖笼架到达底部，从而使得笼架纵向消毒液附着分布不均，且底层笼架无法达到预期效果。因此针对高层笼养禽类防疫消毒作业需要，需要设计新型消毒作业设备和使用方案。

针对笼养禽舍日常防疫消毒需要，设计了用于小流量喷雾的伸缩立杆式喷雾装置。采用模块化、快速换接设计理念，实现喷雾高度、喷嘴数量和喷嘴规格的方便调节。在喷雾作业前，根据养殖笼架高度和层次分布，安装相应数量的喷嘴和无线摄像头，并调节其高度与各层笼架相对齐。喷雾装置行走于笼架行中间过道，根据相邻笼架距离，调节伸缩支撑杆长度，喷杆与笼架之间保持合理距离。喷杆调节完成后，启动加压泵和移动平台，开启喷雾作业。喷雾装置在对禽舍笼架日常消毒过程中，实时回传笼架内养殖禽类的视频信息，协助管理人员及时发现病禽和死禽，有利于及时防控交叉感染，达到及早预防处理的目的。同时由人工对多层笼架进行观察，劳动强度极大，耗时费力，通过防疫消毒装置自动监测，可以节约人力投入，提高生存管理效率。

针对高层笼养禽舍免疫喷雾需要，如图 6-78 所示，模块化立体分布式微量喷雾装置，喷杆高度、姿态自动调节，单喷头喷雾流量 0.4～2 mL/s，可满足高 1.5～4.0 m、宽 0.7～1.5 m 笼架间喷雾需要。

图 6-78　高层笼架立杆式喷雾装置

(4)多终端监控平台开发　针对不同类别用户使用方便需要，开发了基于 PC 平台和 Android 平台的防疫消毒机器人控制软件(图 6-79、图 6-80)，用于用户查看监控画面信息、控制前端设备，包括对云台旋转速度和方向的控制、摄像机变焦聚焦的控制、风机调速的控制、移动小车消毒模式的控制以及移动小车作业监测的控制。根据 PC 监控终端或移动监测终端接收的来自机载全景摄像机、风机、移动小车的模拟量信号输入的遥测信号，用户自主地遥控输出用于执行监测终端改变设备运行状态的命令，从而高效、实时地控制防疫消毒机器人的运行状态和消毒作业范围。

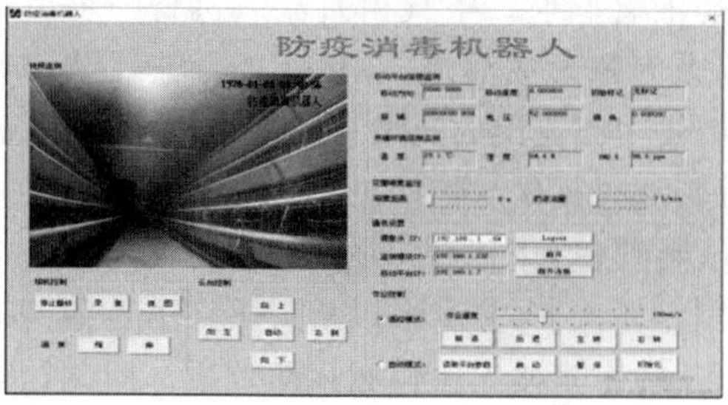

图 6-79　防疫消毒机器人控制界面(PC 版)

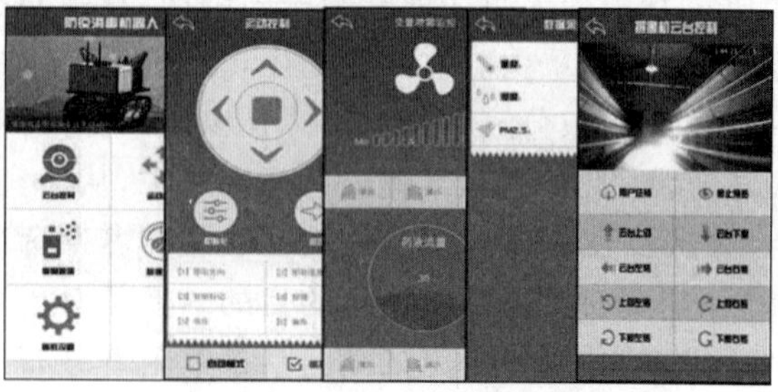

图 6-80　防疫消毒机器人控制界面(Android 版)

3.防疫消毒机器人应用与效益评估

为了验证防疫消毒机器人关键部件实际性能，选择阶梯式笼养禽舍进行现场试验，环境温度 25.8 ℃，空气湿度 55.4%，无风。试验过程中，机器人在笼架中间的过道自主导航移动，如图 6-81 所示，对 50 m 长度区域的笼架进行喷雾，笼架内、外边沿相距喷嘴射程方向的远距离分别为 2.0 m 和 0.5 m。导航效果评估方面，在机器人底部中心固定标记笔，用其在地面的画线标记表示机器人实际的移动轨迹。根据移动轨迹线与磁标布置路径的距离偏差，对 0.1 m/s、0.2 m/s、0.3 m/s、0.4 m/s 和 5.0 m/s 等 5 档速度模式下机器人的导航精度进行试验。喷雾效果评估方面，在笼架各层等间距(0.5 m)放置水敏纸，作为雾滴沉降效果采样点，如图 6-82 所示。利用扫描仪采集水敏纸图片，通过雾滴分析软件获得沉积雾滴大小和密度参数。此外，为了获得与消毒喷嘴相匹配的输入药液流量，分别对 100 mL/min、200 mL/min、300 mL/min、400 mL/min 和 500 mL/min 等 5 档药液流量进行试验。

图 6-81　现场试验

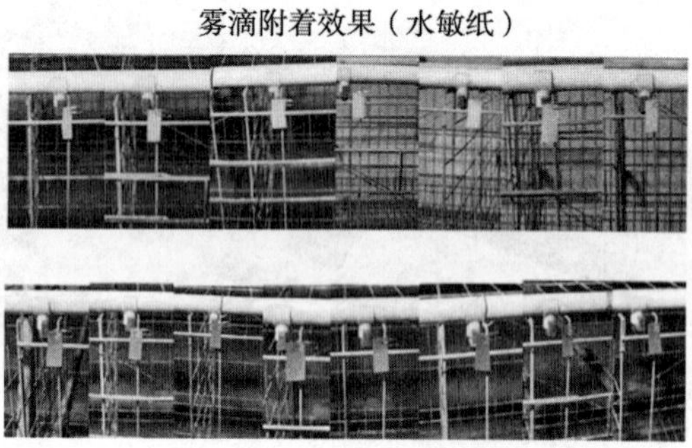

图 6-82　喷雾效果(水敏纸)

机器人自动导航轨迹偏差测量方法如图 6-83(a)所示，预埋磁钉间隔 800 mm，以各个磁钉为中心且与轨迹线相切圆的半径平均值表示为自动导航轨迹平均偏差。机器人分别以 0.1 m/s、0.2 m/s、0.3 m/s、0.4 m/s 和 0.5 m/s 速度各运行 5 次，每个运行速度对应的导航轨迹平均偏差及最大偏差统计如图 6-83(b)所示。尽管机器人在 0.1～0.5 m/s 速度下均可以进行直线轨迹导航，但是随着速度增加，其自动导航轨迹偏差由 8.5 mm 增加到 35.6 mm，且在0.5 m/s 速度下的最大偏差为 50.8 mm。

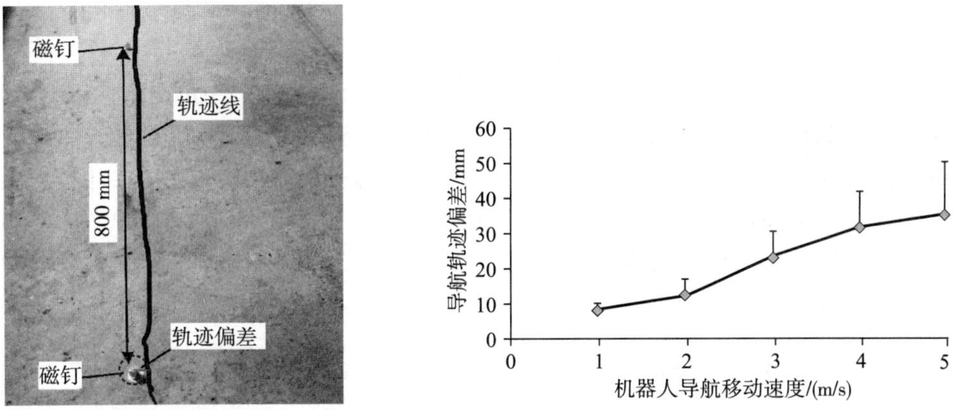

（a）轨迹偏测量　　（b）轨迹偏差与移动速度变化

图 6-83　机器人移动轨迹偏差统计

笼架内布置的水敏纸与机器人喷嘴距离分别为 0.5 m、1.0 m、1.5 m 和 2.0 m，以 50 m 笼架内水敏纸雾滴大小和密度的平均值作为机器人喷嘴在笼架内扩散附着效果的评价指标。在 0.5 m/s 移动速度下，喷嘴分别以 5 种流量对药液进行喷洒，在笼架内相距喷嘴不同距离的水敏纸上沉积的雾滴特征参数统计如图 6-84 所示，其中雾滴直径采用 DV.9 粒径表示，沉积密度采用单位面积分布的雾滴数量表示。

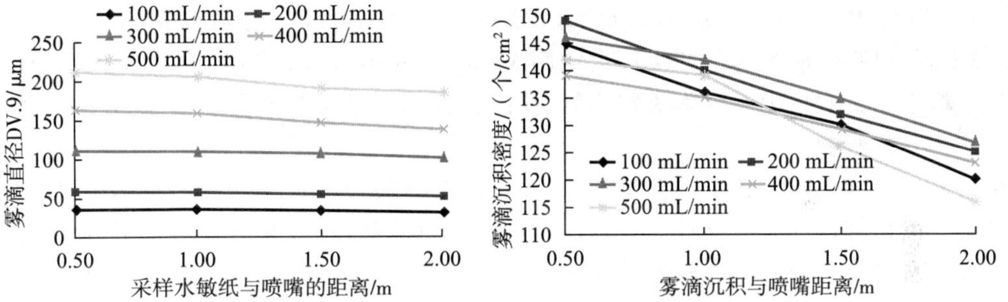

（a）雾滴直径　　（b）雾滴沉积密度

图 6-84　雾滴沉积参数统计

由雾滴沉降特征统计结果可得，消毒液雾滴大小主要受药液流量影响，随着药液流量增大，雾滴直径随之增加。100 mL/min、200 mL/min、300 mL/min、400 mL/min 和 500 mL/min 等 5 档喷雾流量，在相距喷嘴 2.00 m 区域（笼架边沿）形成的雾滴直径（DV.9）分别为31.49 μm、51.82 μm、101.58 μm、137.23 μm 和 185.46 μm。鉴于养殖笼架和食槽上附着病原体的最佳杀灭雾滴的粒径为 50～150 μm，因此消毒机器人单个喷嘴适宜采用的喷雾流量为 200～400 mL/min。消毒液雾滴沉积密度范围为 116～149 个/cm²，其主要受喷雾距离影响，随着喷雾距离增大而减小。在距喷嘴 2.00 m 区域（笼架边沿）沉积的雾滴密度分别为120 个/cm²、12 个/cm²、127 个/cm²、123 个/cm² 和 116 个/cm²。鉴于有效杀灭附着性病原生物的雾滴沉积密度要求不低于 28 个/cm²，喷嘴在笼架内部形成的雾滴最小沉积密度为 116 个/cm²，因此可充分满足防疫杀菌要求。

4.小结

防疫消毒机器人可有效缓解人力劳动强度并提高生产效益，对于我国养殖产业的可持续发展具有重要意义。在畜禽养殖防疫消毒方面，每周1～2次的人工喷雾作业，每1万只鸡每年消耗人力投入75人/天，人工成本约1.5万元。与人工背负喷雾器作业相比，消毒机器人作业空间覆盖面积提高6倍、移动速度提高3倍，总体作业效率提高10～15倍。此外，机器人可承担养殖舍环境监测和巡检图像采集工作，预期节约80%的畜禽防疫消毒和巡检人力投入，每1万只鸡每年节约人力成本投入1.2万元。此外，其作为养殖舍内通用作业平台，对于带动养殖管理全过程智能高效生产具有重要意义。

6.4.4 食用菌采收机器人

2020年的统计数据表明，食用菌在我国的年产量已经超过4 000万吨，占世界年产量的比例为70%，并且每年还在以3.5%的速度持续增长。市场上常见的菌类品种有香菇、平菇、黑木耳、金针菇、双孢蘑菇、毛木耳、杏鲍菇等，年产量均在百万吨以上。而与之形成对比的是，我国由于起步晚，当前的食用菌产业机械化程度较低。虽然，我国无法与全面实现食用菌产业机械化的发达国家日本相比，但是我们目前也有了部分工艺流程的规模化生产的机械设备。目前国内各种瓶栽式工厂化设备的研发和生产还处在一个初步阶段，如装瓶机、接种机、掘罐机等关键技术设备，有一部分还是来自日本和韩国。

中国早在公元800年就将金针菇作为一种食药两用菌，并开始人工栽培。金针菇是世界第四大食用菌。2006—2015年我国金针菇产量增长3.38倍，年复合增长率16.46%，在香菇、平菇、黑木耳之后，位居第四。其工厂化比例33%(2015年)，远高于食用菌行业平均值。与香菇市场价格主要由农户生产成本决定不同，我国金针菇产品市场价格主要受到工厂化生产成本和供求关系的影响。

金针菇的标准化工厂栽培工艺步骤：培养料配制→装袋→灭菌→接种→菌丝体培养→开袋→催蕾→出菇管理→采收→转潮管理。通过深入市场调研，除采收阶段的其他流程均已实现生产设备自动化。而采收阶段的工作主要包括两个部分：工人需要将金针菇从瓶装培养基取出；交由下一道工序的工人将金针菇根部切除。采用人工采收的方式存在很大不足：工人劳动强度大、生产效率低以及采收环境较差。一个生产金针菇的标准化工厂需要40～50名工人同时工作，与其他工序只需要5名工人相比形成了较大反差。重复性的工作对人来说不仅仅是身体上的折磨更是精神上的折磨，而且在切除根部过程中，工人时常会被利刃所伤，这无论是对于企业还是对于工人本身都是不利的场面。每名工人由于存在着个体差异性，对于金针菇根部的判断是不同的，不仅导致金针菇长短不一，品相较差，而且由于可食用部分被多余地切除，企业的效益无法得到保证。目前，金针菇使用人工采收，成本较高，产量有限，极大地限制了金针菇产业化的推广。因此，设计一种能够有效提高瓶栽金针菇生产效率，实现金针菇采收自动化的机械设备势在必行。

国内外目前没有成熟的工厂化金针菇采收设备。金针菇采收的机械自动装备主要存在一些技术困难：金针菇的采收没有成熟的行业标准；对于金针菇的物理特性以及材料特性没有深入的理解，这将对金针菇的夹取部位与金针菇的根部切割产生影响。为了保持金针菇的新鲜程度，对机械产品的封闭性、安全性、使用寿命和维护等有较高的要求；为了满足产业化需求，具有竞争力的金针菇采收设备，在加工效率和节能减排等方面要求也高。

6.4.4.1 食用菌采收机器人结构设计

为了能够和人工采集的金针菇质量保持一致，减少对成品金针菇的伤害，食用菌采收机器人采用模仿人的双手的环抱抓取金针菇的机械手结构设计，通过控制器精确地控制机械手的力度，从而实现金针菇的采集。切割模块则根据金针菇的工艺要求，调整刀具的切入角度，在保证金针菇采收质量的同时，尽可能多地保留金针菇可食用的部分，提高企业的生产效益。如图 6-85 所示为食用菌采收机器人的三维结构示意图，其由 1 台工业机械手、16 个定制机械爪以及 2 条传送带组成。

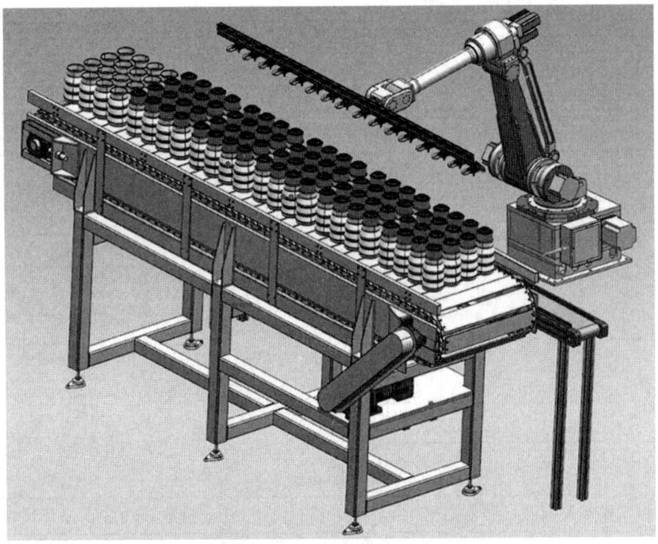

图 6-85 食用菌采收机器人三维结构示意图

具体的工作流程为：当成熟、可上市的金针菇从菇房中取出后，通过传送带 1 通过流水线送达到收取处，工业机械手控制 16 个机械夹爪同时夹取金针菇，再将其根部对准切割台实现根部切除，最后将切割根部的金针菇置于传送带 2 中，送入下一个工序进行包装。

工业机械臂的型号选定为 BO-6-45 型 6 关节机械臂，其有效载荷为 45 kg，经过核算可以满足工作需求，其尺寸参数如图 6-86 所示。通过伺服驱动器与控制器之间通过 CANopen 或 EtherCAT总线实现数据通信，集成 EUROMAP，完成六轴联动、圆弧插补、多轴插补。机械臂能在确保金针菇品质恒定如一的同时，实现小批量、短周期、多频次工作，从而提升金针菇的产品水准。自动化系统的重复精度定位(RP)达 0.15 mm，精度与一致性俱优，能够精确地控制 16 个机械爪相对空间位置的准确性，防止机械爪在重复工作时发生位置偏差及其角度的偏移，消除精准控制的不稳定性因素，加工公差更小，工艺控制更严，能长期确保优异的产品质量、最大限度降低生产和劳动力成本。

机械夹爪为保证食品的加工安全，选择以食品级 304 不锈钢为加工材料，其具体工作示意如图 6-87 所示。其完成的动作为：工业机械臂控制末端执行机构——机械夹爪伸入金针菇培养瓶中；再通过 4 个丝杆同时控制单边夹手向另一侧夹手运动，夹紧金针菇的 2/3 处，即金针菇较为强壮的部位；在完成夹紧动作后，工业机械臂开始模拟工人的手左右来回抖动，将金针菇从培养瓶中取下。

根部的切刀是 5Cr15MoV 钢材，含碳量高，极大地提高了刀具硬度，含铬、钼、钒金属元素

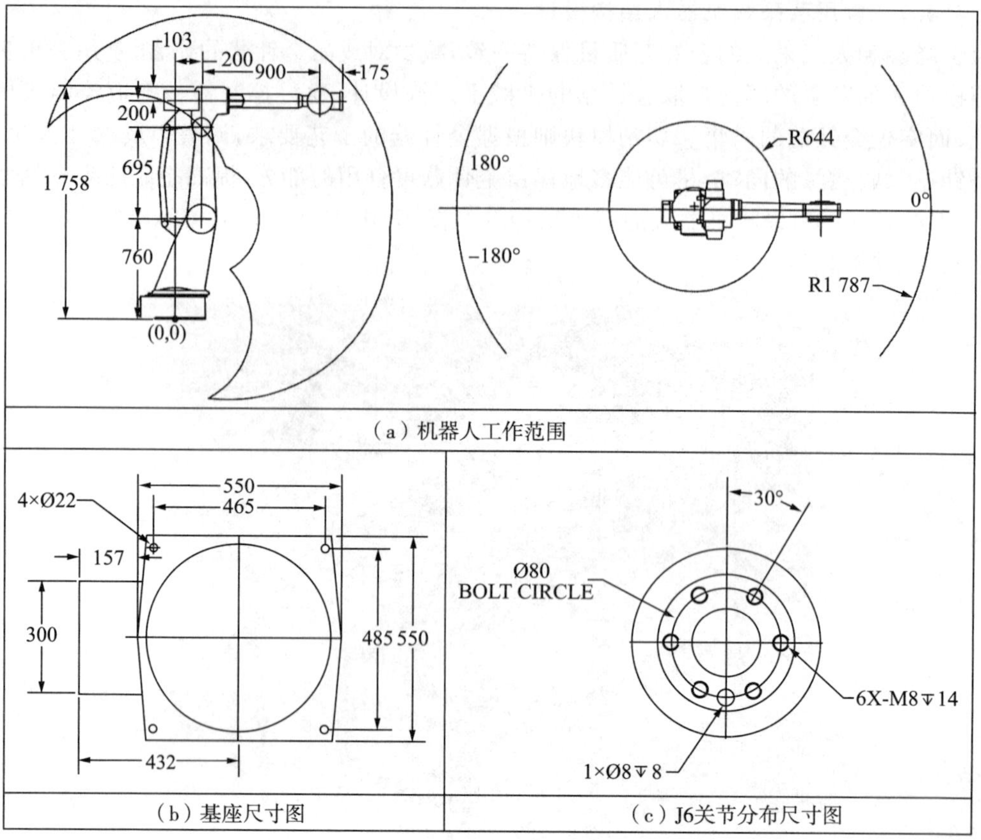

图 6-86　工业机械臂的尺寸参数(单位:mm)

成分对刀具的防腐蚀性、耐磨、韧性都有良好的特殊性能。通过对金针菇的材料特性以及物理特性分析,以模拟切削试验得到相对可靠的切割入射角,能够尽可能地保留金针菇的可食用未污染部分。其工作流程为:当光电传感器检测到由机械夹爪夹取的金针菇进入切割台时,控制丝杆上安装的两个刀具同时向金针菇的根部靠拢,最终完成切割后将金针菇置于指定的成品金针菇运输传送带上,进入下一次的金针菇采收工作。

图 6-87　机械夹爪工作图

传送带以及切割台都设置有光电测距传感器(型号:E3F-DS10C4,测距范围:10 cm)安装在传送带两侧,其内置纯铜屏蔽隔层,抗干扰性强;感应距离可通过调节旋钮控制距离远近,在一定范围内调节;并且支持IP68级别防水,适用于采收的工作环境。它可以检测金针菇培养瓶在传送带的位置,通过信号线传送给上位机其距离信号,进而控制金针菇培养瓶在传送带的启停。

6.4.4.2　食用菌采收机器人研究方案

(1)对金针菇的物理特性、材料特性的分析,得到其在不破坏金针菇品相的条件下所能承受的载荷大小。

(2)对食用菌采收机器人进行原理性的机械结构设计,得到可行的初步方案。

(3)采用数字化设计方法,对整体机器人的各个结构进行建模设计分析,并根据仿真结果对机械结构进行优化,最终得出部分加工零件图。

(4)搭建实验设备,验证食用菌采收机器人的关键功能是否能够实现。

食用菌采收机器人的技术路线图如图 6-88 所示。

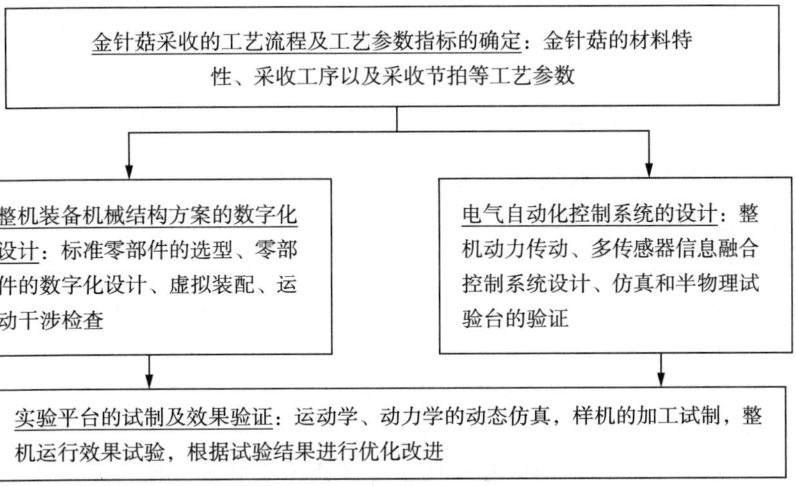

图 6-88　食用菌采收机器人技术路线图

拓展阅读

二维码 6-5　无人化智能农机装备的国内外发展对比

思想理论教育：

党的二十大报告强调“教育、科技、人才是全面建设社会主义现代化国家的基础性、战略性支撑。必须坚持科技是第一生产力、人才是第一资源、创新是第一动力,深入实施科教兴国战略、人才强国战略、创新驱动发展战略,开辟发展新领域新赛道,不断塑造发展新动能新优势。”作为引领新一轮科技革命和产业变革的战略性技术,人工智能正在深刻地改变人们的生活方式和价值观念,农业机器人技术正在改变着农业的作业模式。如何在复杂的农业环境中应用农业机器人技术,在减少人工成本的同时提质增效,是当前的研究热点和难点。按照党的二十大“实施科教兴国战略,强化现代化建设人才支撑”精神,全面贯彻党的教育方针,落实立德树人根本任务，培养德智体美劳全面发展的农业机器人领域创新型人才，是解决该问题的关键。

思考题

1. 采用大田无人收获机器人得到产量数据后，如何进行空间变异性和时间变异性分析？
2. 大田、果园、设施的导航传感器该如何选择？为什么？
3. 简述果实采摘过程中，果实识别的方法。

二维码 6-6
思考题及参考答案

参考文献

[1] 卜令昕. 结构化果园苹果收获机器人关键技术研究[D]. 咸阳：西北农林科技大学，2021.

[2] 常明昌，孟俊龙，程红艳. 我国食用菌工厂化栽培的初步研究与探索[J]. 山西农业大学学报(自然科学版)，2010，30(4)：289-295.

[3] 陈杰. 扇形喷头静电喷雾电极参数优化及禽舍静电喷雾实验研究[D]. 杭州：浙江大学，2019.

[4] 陈黎卿，许鸣，柏仁贵，等. 高地隙植保机辅助驾驶系统设计与试验[J]. 农业机械学报，2019，50(9)：25-32.

[5] 陈盛德，兰玉彬，李继宇，等. 植保无人机航空喷施作业有效喷幅的评定与试验[J]. 农业工程学报，2017，33(7)：82-90.

[6] 冯青春，张俊，王秀. 我国畜禽养殖防疫消毒设备研究应用现状[J]. 家畜生态学报，2019，40(5)：82-86.

[7] 傅隆生，孙世鹏，Vázquez-Arellano M，等. 基于果萼图像的猕猴桃果实夜间识别方法[J]. 农业工程学报 2017，33(2)：199-204.

[8] 顾万玉. 接触式荷电的静电喷雾流场特性及沉积性能试验研究[D]. 镇江：江苏大学，2016.

[9] 韩书庆，孙龙清，陈英义，等. 畜禽养殖物联网关键技术创新与应用展望 [J]. 农业展望，2020，16(9)：78-82.

[10] 何雄奎. 中国精准施药技术和装备研究现状及发展建议[J]. 智慧农业，2020，2(1)：133-146.

[11] 贾伟宽，赵德安，刘晓洋，等. 机器人采摘苹果果实的 K-means 和 GA-RBF-LMS 神经网络识别[J]. 农业工程学报 2015，31(18)：175-183.

[12] 贾伟宽. 基于智能优化的苹果采摘机器人目标识别研究[D]. 镇江：江苏大学，2016.

[13] 柯卫东，黄新芳，李建洪，等. 我国水生蔬菜科研与生产发展概况[J]. 长江蔬菜，2015，14：33-37.

[14] 李贺，许修宏，王相刚. 我国食用菌技术标准的现状问题及对策研究[J]. 中国食用菌，2015，34(3)：1-6.

[15] 李少昆，赖军臣，明博. 玉米病虫草害诊断专家系统[M]. 北京：中国农业科学技术出版

社，2009.
[16] 李晓贝，赵晓燕，刘海燕，等. 基于蒙特卡罗模拟技术的食用菌中二氧化硫膳食暴露风险评估[J]. 食品科学，2020,41(12):298-304.
[17] 李玉. 中国食用菌产业的发展态势[J]. 食药用菌，2011,19(1):1-5.
[18] 李玉. 中国食用菌产业现状及前瞻[J]. 吉林农业大学学报,2008(4):446-450.
[19] 连京华,孙凯,祝伟,等. 基于智能巡检机器人的家禽健康管理系统研究[J]. 山东农业科学,2019,51(7):152-155.
[20] 刘羽飞,何勇,野口伸. 基于激光传感器的农用空气动力船防撞系统开发[J]. 浙江大学学报(农业与生命科学版),2018,44(4):431-439.
[21] 龙长江,谭鹤群,朱明,等. 畜禽舍移动式智能监测平台研制[J]. 农业工程学报，2021,37(7):68-75.
[22] 陆蓉,胡肄农,黄小国,等. 智能化畜禽养殖场人工智能技术的应用与展望[J]. 天津农业科学,2018,24(7):34-40.
[23] 毛晓雅. 加快养殖业转型升级[N]. 中国畜牧兽医报，2019-03-17(002).
[24] 彭顺正,坎杂,李景彬. 矮化密植枣园收获作业视觉导航路径提取[J]. 农业工程学报，2017，33(9):45-52.
[25] 彭洋洋，何焕清，江涛，等. 金针菇工厂化瓶装栽培工艺流程与管理要点[J]. 特种经济动植物，2019,22(12):29-32.
[26] 秦喜田,刘学峰,任冬梅,等. 我国果园生产机械化现状及其发展趋势[J]. 农业装备与车辆工程,2019,57(S1):35-38.
[27] 宋卫东,王明友,肖宏儒,等. 我国食用菌工厂化生产技术[J]. 中国农机化,2011(6):80-82,86.
[28] 苏宗帅. 仿生机器鱼高机动运动控制研究[D]. 北京：中国科学院，2012.
[29] 唐伟. 苹果采摘机器人末端执行器无损主动抓取技术研究[D]. 镇江:江苏大学,2017.
[30] 滕光辉. 畜禽设施精细养殖中信息感知与环境调控综述[J]. 智慧农业，2019,1(3):1-12.
[31] 王成. 连云港市食用菌产业发展战略研究[D]. 昆明:云南师范大学,2017.
[32] 王海龙. 仿海蟹机器人游泳桨水动力性能及浮游步态规划方法研究[D]. 哈尔滨:哈尔滨工程大学，2016.
[33] 王明友，宋卫东，吴今姬，等. 中国食用菌生产装备发展现状与重点分析[J]. 江苏农业科学，2016,44(12):1-6.
[34] 王明友,宋卫东,王教领,等. 食用菌栽培基质粉碎设备的研发现状与展望[J]. 食药用菌，2014,22(6):352-354.
[35] 王睿. 波动鳍推进水下作业机器人运动控制方法研究[D]. 北京：中国科学院，2018.
[36] 王翾. 陕西省食用菌产业发展对策研究[D]. 咸阳:西北农林科技大学,2012.
[37] 吴任迪. 苹果收获机器人的快速采摘技术研究[D]. 镇江:江苏大学,2020.
[38] 邢振婕，冯建英，于清东. 手扶禽舍喷雾消毒车的研制[J]. 机械研究与应用，2016,29(4):71-72.
[39] 熊本海,杨振刚,杨亮,等. 中国畜牧业物联网技术应用研究进展[J]. 农业工程学报，2015

(S1):237-246.

[40] 徐云焕,杨新琴,杜叶红,等. 浙江省水生蔬菜产业可持续发展对策探讨[J]. 浙江农业科学,2016,57(10):1573-1576.

[41] 许冠杰. 自动导航系统在农业果园中的应用及适用性分析[J]. 时代农机,2019,46(11):106-107.

[42] 杨庆明. 丘陵山地果园机械化发展探索[J]. 农机使用与维修,2013(7):8-9.

[43] 叶小琴,陈超,基于图像边界提取的果园作业机器人自主导航系统[J]. 农机化研究,2017, 39(8):202-206.

[44] 袁会珠,王国宾. 雾滴大小和覆盖密度与农药防治效果的关系[J]. 植物保护, 2015 (6):9-16.

[45] 袁俊. 仿生机器鱼游动与滑翔运动的建模与控制研究[D]. 北京:中国科学院大学, 2018.

[46] 臧一天,李保明,郑炜超,等. 微酸性电解水雾滴沉积量及粒径对畜牧环境杀菌效果的影响[J]. 农业工程学报, 2017,33(9):224-229.

[47] 赵春艳,刘蓓,侯波,等. 近五年我国食用菌出口情况分析[J]. 中国食用菌,2012,31(6):58-61.

[48] 赵一广,杨亮,郑姗姗,等. 家畜智能养殖设备和饲喂技术应用研究现状与发展趋势[J]. 智慧农业, 2019,1(1):20-31.

[49] 赵有为. 中国水生蔬菜[M]. 北京:中国农业出版社,1999.

[50] 郑永德. 金针菇与杏鲍菇工厂化栽培工艺路线比较[J]. 中国食用菌, 2021,40(6):41-49.

[51] 郑永军,陈炳太,吕昊暾,等. 中国果园植保机械化技术与装备研究进展[J]. 农业工程学报,2020,36(20):110-124.

[52] Abdullah M O, Yek P N Y, Hamdan S, et al. An airboat for rural riverine transportation and mangrove marine environment applications[J]. International Journal of Research and Reviews in Applied Sciences, 2010,2(3):211-222.

[53] Andrade-Sanchez P, Gore M A, Heun J T, et al. Development and evaluation of a field-based high-throughput phenotyping platform[J]. Functional Plant Biology, 2014, 41(1):68-79.

[54] Bargoti S, Underwood J. Deep fruit detection in orchards[C]. In: Proceedings-IEEE International Conference on Robotics and Automation,2017:3626-3633.

[55] Bargoti S,Underwood J P, Image segmentation for fruit detection and yield estimation in apple orchards [J]. Field Rob,2017(34):1039-1060.

[56] Barker J, Zhang N, Sharon J, et al. Development of a field-based high-throughput mobile phenotyping platform[J]. Computers and Electronics in Agriculture, 2016,122:74-85.

[57] Bayar G, Bergerman M, Koku A B, et al. Localization and control of an autonomous orchard vehicle[J]. Computers and Electronics in Agriculture,2015,115:118-128.

[58] Chanprakon P, Sae T, Treebupchatsakul T, et al. An ultra-violet sterilization robot

for disinfection[C]. 5th International Conference on Engineering, Applied Sciences and Technology, Luang Prabang, 2019.

[59] Deery D, Jimenez-Berni J, Jones H, et al. Proximal remote sensing buggies and potential applications for field-based phenotyping[J]. Agronomy, 2014,4(3):349-379.

[60] Dumment R. The use of airboat in ice and water rescue emergencies[J]. Fire Engineering, 2004,157(3):113-126.

[61] Feng Q, Wang X. Design of disinfection robot for livestock breeding[J]. Procedia Computer Science, 2020,166:310-314.

[62] Fu L, Majeed Y, Zhang X, et al. Faster R-CNN-based apple detection in dense-foliage fruiting-wall trees using RGB and depth features for robotic harvesting[J]. Biosystems Engineering, 2020, 197:245-256.

[63] Fu L. Real-time kiwifruit detection in orchard using deep learning on Android smartphones for yield estimation[J]. Computers and Electronics in Agriculture, 2020(179): 105856.

[64] Gao M, Tang J, Yang Y, et al. An obstacle detection and avoidance system for mobile robot with a laser radar[C]. 2019 IEEE 16th International Conference on Networking, Sensing and Control (ICNSC), 2019:63-68. doi: 10.1109/ICNSC.2019.8743288.

[65] Gerald C N, Axel V K, Edward A B, et al. Experimental measurements of river-bank erosion caused by boat-generated waves on the gordon river, Tasmania[J]. River Research and Application, 1994,9(1):1-14.

[66] He K, Zhang X, Ren S, et al. Deep residual learning for image recognition[C]// Computer Vision and Pattern Recognition. IEEE, 2016:770-778.

[67] Hu D, Zhong H, Li S, et al. Segmenting areas of potential contamination for adaptive robotic disinfection in built environments [J]. Building and Environment, 2020, 184:107226.

[68] Hu Y, Liang J, Wang T. Parameter synthesis of coupled nonlinear oscillators for CPG-based robotic locomotion[J]. IEEE Transactions on Industrial Electronics, 2014,61 (11):6183-6191.

[69] James R. Winter survey by airboat on the frozen Mississippi river[J]. DPC: Dredging & Port Construction, 1999,26(2):12.

[70] Kaizu Y, Iio M, Yamada H, et al. Development of unmanned airboat for water-quality mapping[J]. Biosystems Engineering, 2011,109(4),338-347.

[71] Koirala A, Walsh K B, Wang Z, et al. Deep learning for real-time fruit detection and orchard fruit load estimation: benchmarking of 'MangoYOLO'[J]. Precision Agriculture, 2019:1-29.

[72] Kriel G. Robots: the new frontier in poultry production[EB/OL]. (2018-08-09)[2020-11-24]. https://www.thepoultrysite.com/article s/robots-the-new-frontier-in-poultry-production.

[73] Krizhevsky A, Sutskever I, Hinton G E. ImageNet classification with deep convolu-

tional neural networks[C]//Curran Associates Inc. International Conference on Neural Information Processing Systems, 2012:1097-1105.

[74] Li Y, Wang X, Liu D. 3D autonomous navigation line extraction for field roads based on binocular vision[J]. Journal of Sensors,2019,2019:1-16.

[75] Li Z Q, Chen L Q, Zhen Q, et al. Control of a path following caterpillar robot based on a sliding mode variable structure algorithm[J]. Biosystems Engineering, 2019(186):293-306.

[76] Liu Y F, Noguchi N, Ali R F. Simulation and test of an agricultural unmanned airboat maneuverability model[J]. Int J Agric & Biol Eng, 2017,10(1):88-96.

[77] Liu Y, Noguchi N, Liang L. Development of a positioning system using UAV-based computer vision for an airboat navigation in paddy field[J]. Computers and Electronics in Agriculture, 2019(162):126-133.

[78] Liu Y, Noguchi N. Development of an unmanned surface vehicle for autonomous navigation in a paddy field[J]. Engineering in Agriculture, Environment and Food, 2016,9(1):21-26.

[79] Lorenzia G, Borelaaa L, Alboralia L, et al. African swine fever: a review of cleaning and disinfection procedures in commercial pig holdings[J]. Research in Veterinary Science, 2020,132:262-267.

[80] Mori M, Sakagami Y, Hamazaki Y, et al. Evaluation of the influence of sprinkling powdered slaked lime on microorganisms for the prevention of domestic animal infectious diseases[J]. Environmental Technology, 2019,40(23):3094-3104.

[81] Mueller-Sim T, Jenkins M, Abel J, et al. The robotanist: a ground-based agricultural robot for high-throughput crop phenotyping[C]. IEEE, 2017.

[82] Niu X, Xu J, Ren Q et al. Locomotion learning for an anguilliform robotic fish using central pattern generator approach[J]. IEEE Transactions on Industrial Electronics, 2014,61(9):4780-4787.

[83] Rao T, Ling Q, Yu B, et al. Estimate the densities of pollutions in water quality monitoring systems based on UV/VIS spectrum[J]. The 26th Chinese Control and Decision Conference (2014 CCDC), 2014:2984-2989.

[84] Redmon J, Divvala S, Girshick R, et al. You only look once: unified, real-time object detection[J]. 2016 IEEE CVPR, 2016:779-788.

[85] Ryuh Y S, Yang G. H, Liu J, et al. A school of robotic fish for mariculture monitoring in the sea coast[J]. Journal of Bionic Engineering, 2015,12(1):37-46.

[86] Sa I, Ge Z, Dayoub F, et al. Deepfruits: a fruit detection system using deep neural networks[J]. Sensors, 2016,16(1222):1-23.

[87] Shafiekhani A, Kadam S, Fritschi F, et al. Vinobot and vinoculer: two robotic platforms for high-throughput field phenotyping[J]. Sensors, 2017,17(12):214.

[88] Sokovin S, Donnik I, Shkuratova I, et al. The use of nanosecond electron beam for the eggs surface disinfection in industrial poultry[C]. 6th International Congress on Energy

Fluxes and Radiation Effects, Tomsk, 2018.

[89] Tarek E, Tomaszewski C, Valada A, et al. Visual obstacle avoidance for autonomous watercraft using smartphones[C]. Proceedings of the Autonomous Robots and Multi-robot Systems Workshop, 6-10 May, 2013, Minnesota, USA.

[90] Tensa R, Jordan J. Comparison of the application parameters of coccidia vaccines by gel and spray[J]. Poultry Science, 2019,98(2):634-641.

[91] Tuna G, Arkoc O, Gulez K. Continuous monitoring of water quality using portable and low-cost approaches[J]. International Journal of Distributed Sensor Networks, 2013,9 (6): 249598. doi: 10.1155/2013/249598.

[92] Underwood J, Wendel A, Schofield B, et al. Efficient in-field plant phenomics for row-crops with an autonomous ground vehicle[J]. Journal of Field Robotics, 2017,34(6): 1061-1083.

[93] Valada A, Velagapudi P, Kannan B, et al. Development of a low cost multi-robot autonomous marine surface platform[M]. In: Yoshida K and Tadokoro S, editors. Field and Service Robotics, New York: Springer Berlin Heidelberg, 2013:643-658.

[94] Virlet N, Sabermanesh K, Sadeghi-Tehran P, et al. Field scanalyzer: an automated robotic field phenotyping platform for detailed crop monitoring[J]. Functional Plant Biology, 2017,44(1):143-153.

[95] Wang X, Singh D, Marla S, et al. Field-based high-throughput phenotyping of plant height in sorghum using different sensing technologies[J]. Plant Methods, 2018,14: 53. https://doi.org/10.1186/s13007-018-0324-5.

[96] White D,Guruna S, Zhao D, et al. Foam or spray application of agricultural chemicals to clean and disinfect layer cages[J]. Journal of Applied Poultry Research, 2018,27 (3):416-423.

[97] White J W, Conley M M. A flexible, low-cost cart for proximal sensing[J]. Crop Science, 2013, 53(4): 1646-1649.

[98] Wilde G A, Murphy R R, Shell D A, et al. A man-packable unmanned surface vehicle for radiation localization and forensics[C]. IEEE International Symposium on Safety, Security, and Rescue Robotics, West Lafayette, 2015. doi: 10. 1109/SSRR. 2015.7442944.

[99] Woods N, Craig I P, Dorr G, et al. Spray drift of pesticides arising from aerial application in cotton[J]. Journal of Environmental Quality, 2001,30(3):697-701.

[100] Yu J, Su Z, Wang M, et al. Control of yaw and pitch maneuvers of a multilink dolphin robot[J]. IEEE Transactions on Robotics, 2012,28(2):318-329.

[101] Yu J, Tan M, Chen J, et al. A survey on CPG-inspired control models and system implementation[J]. IEEE Transactions on Neural Networks and Learning Systems, 2014,25 (3):441-456.

[102] Yu J, Wu Z, Wang M, et al. CPG network optimization for a biomimetic robotic fish via POS[J]. IEEE transactions on neural networks and learning systems, 2016,27

(9):1962-1968.

[103] Zhai Z, Zhu Z, Du Y, et al. Multi-crop-row detection algorithm based on binocular vision[J]. Biosystems Engineering, 2016, 150: 89-103.

[104] Zhang S, Guo C, Gao Z, et al. Research on 2D laser automatic navigation control for standardized orchard[J]. Applied sciences, 2020, 10(8): 2763.